Amb Revola pots accedir a un entorn d'aprenentatge per veure el teu llibre digital, recursos, contingut i també per relacionar-te amb els teus docents i companys.

Entrar a Revola és molt fàcil

Accedeix al web:
digital.cruilla.cat

Si ja tens usuari, el pots seguir utilitzant. Si no en tens, registra't a l'entorn.

Accedeix-hi amb les teves dades i introdueix el codi de llicència que apareix a la pàgina esquerra per activar el teu llibre.

En cas de dubte, contacta amb nosaltres a través de la secció d'ajuda des de **digital.cruilla.cat**.

REVOLA

Això no és només un llibre de matemàtiques, és trobar similituds en coses diferents.

3
secundària

Matemàtiques

cruïlla

Així aprens amb REVOLA

Revola t'ofereix **situacions d'aprenentatge** contextualitzades que vinculen l'aprenentatge de les Matemàtiques amb REPTES que has de superar. Aquests REPTES estan connectats amb qüestions que passen al nostre voltant o en altres parts del planeta i que ens afecten a tots. Amb Revola:

Col·laboraràs amb els companys.
Aprenentatge cooperatiu

Organitzaràs les teves idees i cada vegada pensaràs millor.
Estratègies de pensament

Actuaràs per cuidar-te a tu i els altres, i també per cuidar el planeta.
Ètica de la cura

Adquiriràs destreses per expressar-te amb seguretat.
Habilitats comunicatives

T'adonaràs de quina és la millor manera d'aprendre.
Autonomia i autoconeixement

Les **situacions d'aprenentatge** s'organitzen per bloc de continguts:

- **BLOC 1** Sentit numèric
- **BLOC 2.** Sentit de la mesura i espacial
- **BLOC 3.** Sentit algebraic i pensament computacional
- **BLOC 4.** Sentit estocàstic

Així són les **situacions d'aprenentatge** de Revola:

Rúbrica descarregable.

Comencem!
Els nous continguts es presenten contextualitzats en situacions reals.

Aprenem!
Descobriràs el que aprendràs en cada situació.

El nostre repte
Aquí coneixeràs el teu repte. Ho faràs sol o amb el teu equip?

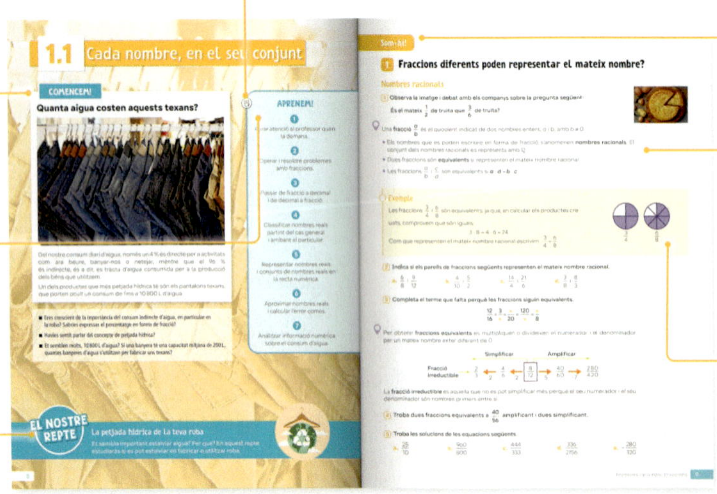

Som-hi!
Aprendràs de manera pràctica i competencial.

Explicacions teòriques imprescindibles perquè puguis enfrontar-te a les activitats.

Exemples que et mostraran de manera immediata i directa el que s'ha exposat a la teoria.

Trobaràs recursos digitals com vídeos, àudios, plantilles i interactius.

Les primeres activitats t'ajudaran a descobrir què saps sobre el contingut que treballaràs.

Activitats que podràs resoldre utilitzant aplicacions de GeoGebra perquè practiquis i entenguis millor els conceptes.

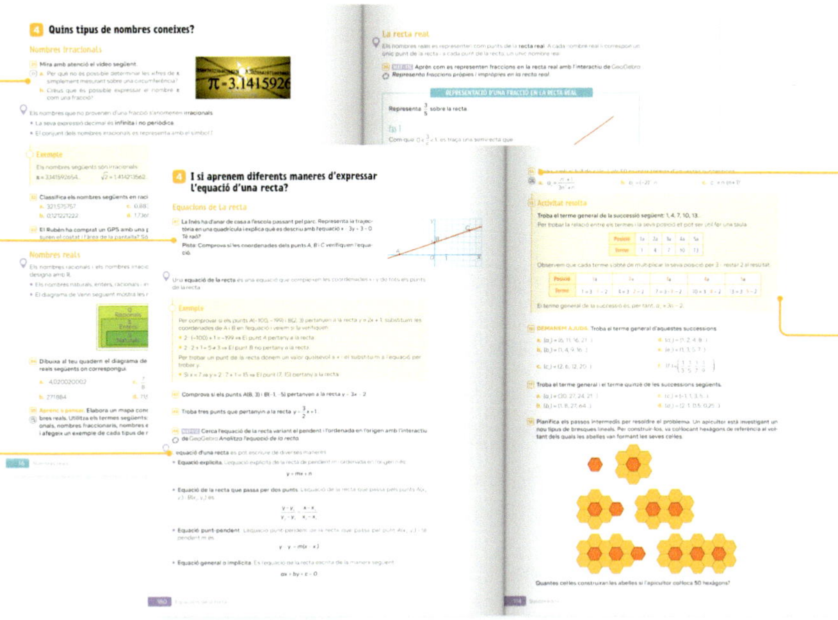

Trobaràs propostes per resoldre-les o comprovar els teus resultats utilitzant diversos programes.

Activitats resoltes que complementen la teoria i et permetran veure aplicacions del que s'ha tractat.

El nostre repte

Posaràs en pràctica el que has après i lliuraràs una evidència clau del teu aprenentatge que serà important per a la teva avaluació.

Com ha anat el repte?

Amb aquesta escala valoraràs com has fet el repte.

Practiquem

Trobaràs activitats i problemes per aplicar en diferents contextos els coneixements adquirits.

Amb plantilles que facilitin l'aprenentatge de tota la classe.

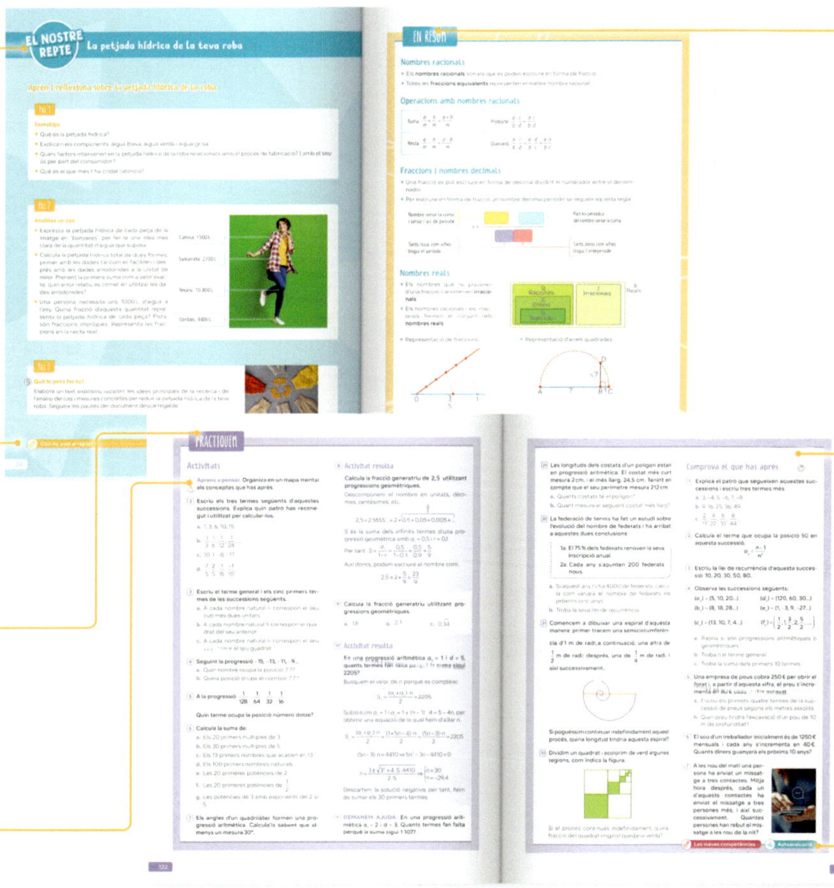

En resum

Pots consultar els conceptes que has après.

Comprova el que has après

Aquestes activitats recopilen tot el que s'ha treballat en la situació i podràs consultar les solucions per comprovar si ho has resolt correctament.

En el teu entorn digital trobaràs una rúbrica i activitats interactives per valorar les competències i els coneixements que has adquirit en la situació.

A les pàgines d'aquest llibre trobaràs aquestes icones, que indiquen diferents recursos que trobaràs en el teu entorn digital.

Materials			
Vídeo	Plantilla	Ofimàtica	GeoGebra

Avenç del teu aprenentatge	
Metacognició	Autoavaluació

Índex

	SOM-HI!		EL NOSTRE REPTE
SENTIT NUMÈRIC	**1.1 Cada nombre, en el seu conjunt** • Nombres racionals. Fraccions • Operacions amb fraccions • Expressió decimal i fraccionària d'un nombre racional • Nombres reals • Aproximació decimal d'un nombre. Càlcul d'errors • Intervals i semirectes • Parar atenció al professor quan la demana • Classificació: mapa conceptual descendent	8	**La petjada hídrica de la teva roba** • Analitzar informació numèrica sobre el consum d'aigua • El text expositiu
	1.2 La potència de les matemàtiques • Potències d'exponent enter • Propietats i operacions amb potències • Notació científica. • Arrels • Treballar de manera individual, encara que estiguem en grup • Pensament creatiu: pluja d'idees i TGN	30	**Potencia el teu costat eco** • Prendre conciència de la necessitat de reduir els nostres residus plàstics • L'estructura de la presentació
SENTIT DE LA MESURA I ESPACIAL	**2.1 Semblants però no iguals** • Polígons • Semblança. Teorema de Tales • Raons de perímetres, àrees i volums • Aplicacions de la semblança • Implicar-nos en les posades en comú de la classe • Comprensió: passarel·la de l'aplicació	50	**Vine al punt net** • Utilitzar la semblança per millorar la gestió de residus a les ciutats i fer-les més sostenibles • El cartell • El llenguatge no verbal
	2.2 Moviments en el pla: creant bellesa • Vectors, translacions i girs • Simetries axial i central • Eixos i centre de simetria en figures planes • Moviments compostos i inversos • Frisos i mosaics • Implicar-nos en situacions de treball en equip • Seqüenciació: diagrama de flux	68	**L'art de la geometria** • Valorar els moviments i la simetria en l'art com a punt comú entre persones i cultures • El soroll en la comunicació: les falques físiques i verbals
	2.3 Donant forma al nostre entorn • Poliedres • Cossos de revolució • Àrees i volums de cossos compostos • El globus terraqüi. Coordenades geogràfiques • Compartir l'espai i els materials • Presa de decisions: diagrama de Venn	88	**Aixafa els teus envasos** • Reflexionar sobre l'eficiència de reciclatge amb ajuda de la geometria • L'entonació

	SOM-HI!		EL NOSTRE REPTE
SENTIT ALGEBRAIC I PENSAMENT COMPUTACIONAL	**3.1 Investigant patrons** • Patrons numèrics • Successions • Progressions aritmètiques • Progressions geomètriques • Mantenir el nivell de soroll • Solució de problemes: passos intermedis	110	**Abelles arquitectes** • Conscienciar els altres sobre la importància de protegir les abelles • El text expositiu científic
	3.2 Àlgebra: el llenguatge de les matemàtiques • Expressions algebraiques • Monomis i polinomis • Operacions amb monomis i polinomis • Identitats notables • Divisió de polinomis • Prestar ajuda quan algú la necessita • Classificació: mapa mental	126	**Ocupa't en verd** • Reflexionar sobre la importància de les condicions justes en l'ocupació • La lectura en veu alta
	3.3 Igualtats que resolen problemes • Equacions • Equacions de primer grau • Equacions de segon grau • Equacions de grau superior a dos • Sistemes d'equacions lineals • Mètodes de resolució de sistemes • Ajudar donant pistes • Classificació: mapa conceptual descendent	144	**Posa en òrbita nombres i incògnites** • Reflexionar sobre la igualtat d'oportunitats entre homes i dones • La biografia
	3.4 Funcions: models per a estudiar la realitat • Funcions • Propietats de les funcions • Funcions lineals. • Equacions de la recta. Posicions relatives de les rectes • Funcions quadràtiques • Respectar el torn de paraula • Auto-coneixement: passarel·la del saber	168	**Prenent el sol** • Prendre consciència de la importància d 'estalviar energia • El volum i la dicció
SENTIT ESTOCÀSTIC	**4.1 Estadística: organitzant informació** • Termes estadístics • Taules de freqüències • Gràfics estadístics • Paràmetres de posició • Paràmetres de dispersió • Coeficient de variació • Arribar a acords • Anàlisi: Ishikawa	198	**Onada de calor** • Treure conclusions sobre el problema de l'escalfament global utilitzant l'estadística • L'escolta activa
	4.2 Un món aleatori • Experiments aleatoris • Successos. Operacions amb successos • Probabilitat d'un succés. Regla de Laplace • Probabilitat en experiments compostos • Permutacions • Probabilitat experimental • Complir les tasques assignades • Argumentació: amb evidències futures	222	**Matemàtiques davant la COVID-19** • Analitzar situacions relacionades amb la salut • Les fórmules de cortesia

Bloc 1 SENTIT NUMÈRIC

1.1. Cada nombre, en el seu conjunt

1.2. La potència de les matemàtiques

1.1 Cada nombre, en el seu conjunt

COMENCEM!

Quanta aigua costen aquests texans?

Del nostre consum diari d'aigua, només un 4 % és directe per a activitats com ara beure, banyar-nos o netejar, mentre que el 96 % és indirecte, és a dir, es tracta d'aigua consumida per a la producció dels béns que utilitzem.

Un dels productes que més petjada hídrica té són els pantalons texans, que porten ocult un consum de fins a 10 800 L d'aigua.

- Eres conscient de la importància del consum indirecte d'aigua, en particular en la roba? Sabries expressar el percentatge en forma de fracció?
- Havies sentit parlar del concepte de petjada hídrica?
- Et semblen molts, 10 800 L d'aigua? Si una banyera té una capacitat mitjana de 200 L, quantes banyeres d'aigua s'utilitzen per fabricar uns texans?

APRENEM!

1. Parar atenció al professor quan la demana.
2. Operar i resoldre problemes amb fraccions.
3. Passar de fracció a decimal i de decimal a fracció.
4. Classificar nombres reals partint del cas general i arribant al particular.
5. Representar nombres reals i conjunts de nombres reals en la recta numèrica.
6. Aproximar nombres reals i calcular l'error comès.
7. Analitzar informació numèrica sobre el consum d'aigua.

EL NOSTRE REPTE

La petjada hídrica de la teva roba

Et sembla important estalviar aigua? Per què? En aquest repte estudiaràs si es pot estalviar en fabricar o utilitzar roba.

Som-hi!

1 Fraccions diferents poden representar el mateix nombre?

Nombres racionals

1 Observa la imatge i debat amb els companys sobre la pregunta següent:

És el mateix $\frac{1}{2}$ de truita que $\frac{3}{6}$ de truita?

Una **fracció** $\frac{a}{b}$ és el quocient indicat de dos nombres enters, a i b, amb $b \neq 0$.

- Els nombres que es poden escriure en forma de fracció s'anomenen **nombres racionals**. El conjunt dels nombres racionals es representa amb $\mathbb{Q}$.
- Dues fraccions són **equivalents** si representen el mateix nombre racional.
- Les fraccions $\frac{a}{b}$ i $\frac{c}{d}$ són equivalents si $\boldsymbol{a \cdot d = b \cdot c}$.

Exemple

Les fraccions $\frac{3}{4}$ i $\frac{6}{8}$ són equivalents, ja que, en calcular els productes creuats, comprovem que són iguals:

$$3 \cdot 8 = 4 \cdot 6 = 24$$

Com que representen el mateix nombre racional escrivim: $\frac{3}{4} = \frac{6}{8}$

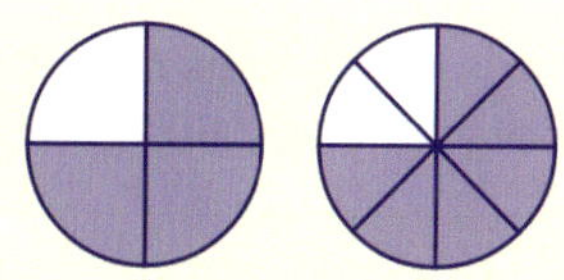

2 Indica si els parells de fraccions següents representen el mateix nombre racional.

a. $\frac{6}{8}$ i $\frac{9}{12}$ **b.** $\frac{4}{10}$ i $\frac{5}{2}$ **c.** $\frac{14}{4}$ i $\frac{21}{6}$ **d.** $\frac{3}{8}$ i $\frac{8}{3}$

3 Completa el terme que falta perquè les fraccions siguin equivalents.

$$\frac{12}{16} = \frac{3}{\bullet} = \frac{\bullet}{20} = \frac{120}{\bullet} = \frac{\bullet}{8}$$

Per obtenir **fraccions equivalents** es multipliquen o divideixen el numerador i el denominador per un mateix nombre enter diferent de 0.

Simplificar ← → Amplificar

Fracció irreductible → $\frac{2}{3} \xleftarrow{:2} \frac{4}{6} \xleftarrow{:2} \boxed{\frac{8}{12}} \xrightarrow{\cdot 5} \frac{40}{60} \xrightarrow{\cdot 7} \frac{280}{420}$

La **fracció irreductible** és aquella que no es pot simplificar més perquè el seu numerador i el seu denominador són nombres primers entre si.

4 Troba dues fraccions equivalents a $\frac{40}{56}$ amplificant i dues simplificant.

5 Troba les solucions de les equacions següents.

a. $\frac{25}{10}$ **b.** $\frac{960}{800}$ **c.** $\frac{444}{333}$ **d.** $\frac{336}{2156}$ **e.** $-\frac{280}{320}$

Per **comparar fraccions** les podem **reduir a comú denominador**, és a dir, busquem fraccions equivalents que tinguin el mateix denominador. El denominador comú més senzill és el **mínim comú múltiple** dels denominadors.

6 **Activitat resolta**

Ordena $\frac{5}{6}$, $\frac{7}{8}$ i $\frac{13}{18}$ de més petit a més gran.

El mínim comú múltiple dels denominadors és: m.c.m. (6, 8, 18) = 72

Reduïm les fraccions a comú denominador. $\frac{5}{6}=\frac{60}{72}$; $\frac{7}{8}=\frac{63}{72}$; $\frac{13}{18}=\frac{52}{72}$

Ara només cal comparar els numeradors: $\frac{52}{72}<\frac{60}{72}<\frac{63}{72}\Rightarrow\frac{13}{18}<\frac{5}{6}<\frac{7}{8}$

7 **Ordena les fraccions $\frac{15}{24}$, $\frac{13}{18}$, $\frac{7}{10}$ i $\frac{11}{14}$ de més petita a més gran.**

8 **Si dues fraccions tenen el mateix numerador, quina és la més gran?**

9 **La taula mostra les quantitats de residus que van entrar a les plantes de reciclatge del nostre país l'any 2020. (Font: Ecoembes)**

Tipus de residu	Plàstic	Paper i cartró	Metall	Bric	Fusta
Milers de tones	620	515	250	105	10

a. Escriu en forma de fracció irreductible la quantitat de cada tipus de residu respecte del total.

b. Ordena les fraccions de més petites a més grans.

Fracció d'una quantitat

Per calcular la **fracció d'una quantitat** podem utilitzar la **fracció com a operador**:

$$\frac{a}{b}\text{ d'}x=\frac{a}{b}\cdot x=\frac{ax}{b}$$

Exemple

En una classe de 32 estudiants, per veure quants són $\frac{5}{8}$, podem representar els 32 estudiants mitjançant un rectangle i dividir-lo en 8 parts iguals. Cada part és $\frac{1}{8}$ del total i representa 4 estudiants, per la qual cosa $\frac{5}{8}$ de 32 són $5\cdot 4=20$ estudiants.

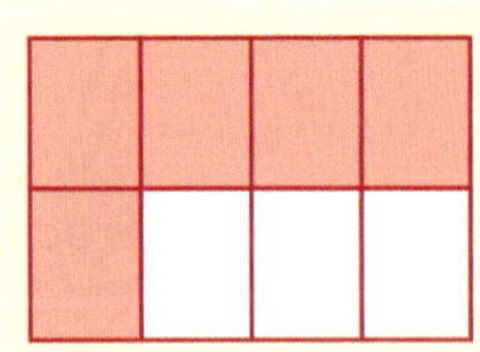

El càlcul també es pot fer utilitzant la fracció com a operador:

$$\frac{5}{8}\text{ de }32=\frac{5}{8}\cdot 32=\frac{5\cdot 32}{8}=20$$

10 **En una classe de 3r d'ESO han aprovat 4 de cada 5 alumnes. Quants suspensos hi ha hagut si en total hi ha 35 estudiants?**

11 **D'un dipòsit que contenia 4500 L d'aigua, se n'extreuen 300 i, posteriorment, $\frac{3}{4}$ de la resta. Quina quantitat d'aigua queda al dipòsit?**

2 Saps operar amb fraccions?

Operacions amb fraccions

12 L'Artur ha anat al mercat i ha demanat "quart i meitat" d'embotit de gall dindi.

a. Què creus que significa "quart i meitat"?

b. Quina fracció de quilo representa?

Operacions amb fraccions	
Per **sumar o restar** fraccions es redueixen a comú denominador i se sumen o es resten els numeradors. $\frac{a}{m} \pm \frac{b}{m} = \frac{a \pm b}{m}$	Exemple: $5 - \frac{5}{6} + \frac{3}{8} = \frac{120}{24} - \frac{20}{24} + \frac{9}{24} = \frac{109}{24}$
El **producte** de dues fraccions és una altra fracció el numerador de la qual és el producte dels numeradors i el denominador de la qual és el producte dels denominadors. $\frac{a}{b} \cdot \frac{c}{d} = \frac{a \cdot c}{b \cdot d}$	Exemple: $\frac{5}{3} \cdot \left(-\frac{2}{5}\right) = \frac{5 \cdot (-2)}{3 \cdot 5} = \frac{-10}{15} = -\frac{2}{3}$
El **quocient** de dues fraccions és igual al producte de la primera per la inversa de la segona. $\frac{a}{b} : \frac{c}{d} = \frac{a}{b} \cdot \frac{d}{c} = \frac{a \cdot d}{b \cdot c}$	Exemple: $\frac{5}{6} : \frac{3}{8} = \frac{5}{6} \cdot \frac{8}{3} = \frac{40}{18} = \frac{20}{9}$

13 Opera i expressa el resultat com a fracció irreductible.

a. $\frac{2}{5} + \frac{12}{4} - \frac{7}{10}$ b. $\frac{8}{6} + \frac{15}{24} + \frac{16}{9}$ c. $\frac{-9}{5} \cdot \frac{10}{3}$ d. $2 \cdot \frac{6}{7}$ e. $\frac{10}{21} : \frac{-5}{7}$

14 Activitat resolta

Per anar de casa seva al museu, la Jimena agafa dos autobusos. Amb el primer recorre $\frac{17}{20}$ del trajecte i, amb el segon, $\frac{2}{3}$ del que li queda. Si al final ha de caminar 200 m per arribar al museu, quina distància recorre en total?

	Recorre	Queda
1r autobús	$\frac{17}{20}$ del trajecte	$\frac{3}{20}$ del trajecte
2n autobús	$\frac{2}{3}$ de $\frac{3}{20}$ del trajecte	$\frac{1}{3}$ de $\frac{3}{20}$ del trajecte
Caminant	$\frac{1}{3}$ de $\frac{3}{20}$ del trajecte = 200 m	0

Per calcular $\frac{1}{3}$ de $\frac{3}{20}$, es multipliquen les fraccions: $\frac{1}{3} \cdot \frac{3}{20} = \frac{3}{60} = \frac{1}{20}$

Si $\frac{1}{20}$ del camí són 200 m, el camí sencer és: $200 \cdot 20 = 4000$ m = 4 km.

15 La meitat dels treballadors d'una obra són paletes, $\frac{3}{10}$ són pintors; $\frac{1}{6}$, fusters, i els 14 treballadors restants són lampistes. Quants empleats hi ha a l'obra?

16 Quantes pomes hi ha en un cistell si en repartir-les entre sis persones, la primera rep un terç del total; la segona, un quart; la tercera, un cinquè; la quarta, un vuitè; la cinquena rep deu pomes, i queda encara una poma per a la sisena persona?

(*Problema de Metrodor*, 500 dC)

17 L'Anna convida els amics a casa i decideixen fer *pizzes* amb ingredients saludables.

- L'Anna fa la seva *pizza* d'anxoves i la divideix en quatre parts iguals.
- En Braulio fa la seva *pizza* d'albergínia i la divideix en sis parts iguals.
- La Carme fa la seva *pizza* de carabassó i la divideix en vuit parts iguals.
- En Daniel la fa de cirerols i ruca i la divideix en cinc parts iguals.

La taula mostra les porcions que han menjat. Quina fracció de *pizza* s'ha menjat cadascú?

	Anxova	Albergínia	Carabassó	Cirerols i ruca
Anna	2	1	1	1
Braulio	1	1	2	2
Carme	1	3	2	–
Daniel	–	1	3	2

Com pots comprovar les solucions dels problemes?

18 Per estudiar la salubritat de l'aigua a la qual accedeix una població, s'examinaran 4 L, repartits en flascons de $\frac{2}{5}$ L. Cada flascó es deixarà reposar en condicions diferents de temperatura i il·luminació i s'observaran després amb el microscopi les mostres obtingudes. Quants flascons caldran?

Per fer operacions combinades amb fraccions se segueix la **jerarquia de les operacions**.

OPERACIONS COMBINADES AMB FRACCIONS

Calcula $2+\frac{3}{4}:\left(\frac{5}{6}-\frac{5}{8}\right)$.

En tots els passos convé simplificar les fraccions que no són irreductibles per facilitar els càlculs.

Pas 1

Es resolen les operacions dels **parèntesis**.

$$2+\frac{3}{4}:\left(\frac{5}{6}-\frac{5}{8}\right)=2+\frac{3}{4}:\left(\frac{20}{24}-\frac{15}{24}\right)=2+\frac{3}{4}:\frac{5}{24}$$

Pas 2

Es resolen les **multiplicacions i les divisions** en l'ordre en què apareixen.

$$2+\frac{3}{4}:\frac{5}{24}=2+\frac{3\cdot 24}{4\cdot 5}=2+\frac{72}{20}=2+\frac{18}{5}$$

Pas 3

Es resolen les **sumes i les restes**.

$$2+\frac{18}{5}=\frac{10}{5}+\frac{18}{5}=\frac{28}{5}$$

19 Fes aquestes operacions i comprova els resultats amb la calculadora.

a. $-\frac{5}{18}\cdot\left(\frac{4}{6}+\frac{2}{9}\right)$

b. $5\cdot\left(\frac{2}{15}+\frac{7}{20}\right)-\frac{3}{10}$

c. $2+\frac{3}{8}-\left(\frac{5}{6}+\frac{7}{12}\right)+\frac{1}{3}\cdot\frac{1}{8}$

d/c
a b/c

3 I si en comptes de fraccions utilitzem nombres decimals?

De fracció a decimal

20 Troba una fracció equivalent a cadascuna de les següents que tingui denominador 10, 100 o 1000. Llegeix les fraccions que has escrit. Les pots escriure com a nombre decimal?

a. $\frac{1}{2}$ b. $\frac{3}{50}$ c. $\frac{7}{200}$

Per passar **de fracció a decimal** dividim el numerador entre el denominador.

- Si tenen una fracció equivalent amb denominador 10, 100, 1000... s'obtindrà un **nombre decimal exacte**.
- En cas contrari, s'obtindrà un **nombre decimal periòdic**.

21 **Activitat resolta**

Escriu les fraccions en forma decimal i classifica els nombres obtinguts.

a. $\frac{21}{140}$ b. $\frac{10}{3}$ c. $\frac{127}{45}$

a. $\frac{21}{140}=\frac{3}{20}=\frac{15}{100}=0{,}15$

És un nombre decimal exacte.

També podem obtenir l'expressió decimal fent la divisió.

```
210  |140
700   0,15
  0
```

b. No hi ha fracció equivalent amb denominador 10, 100, 1 000...

Fent la divisió s'obté: $\frac{10}{3}=3{,}33333...=3{,}\widehat{3}$

És un nombre decimal periòdic pur.

```
10  |3
 10  3,33...
  10
   1
```

Part entera → $3{,}\widehat{3}$ ← Període

c. No hi ha fracció equivalent amb denominador 10, 100, 1 000...

Fent la divisió s'obté: $\frac{127}{45}=2{,}8222...=2{,}8\widehat{2}$. És un nombre decimal periòdic mixt.

```
127   |45
 370   2,822...
  100
   100
    10
```

Part entera → $2{,}8\widehat{2}$ ← Període

↑ Anteperíode

22 **Escriu en forma decimal i classifica els nombres decimals obtinguts. Comprova els teus resultats amb la calculadora.**

a. $\frac{8}{5}$ b. $\frac{1386}{99}$ c. $\frac{165}{111}$ d. $\frac{13}{18}$ e. $\frac{444}{333}$ f. $\frac{1}{6}$

Sense fer la divisió, es pot saber quin tipus de decimal obtindrem examinant els **factors del denominador de la fracció irreductible**.

- Si tots els factors són 2 o 5, s'obté un decimal exacte.
- Si cap factor no és ni 2 ni 5, s'obté un decimal periòdic pur.
- Si alguns factors són 2 o 5 i d'altres no, s'obté un decimal periòdic mixt.

$10 = 2 \cdot 5$
$100 = 2^2 \cdot 5^2$
$1000 = 2^3 \cdot 5^3$
$10\,000 = 2^4 \cdot 5^4$
...

23 Activitat resolta

Sense fer la divisió, indica quin tipus de decimal correspon a cada fracció.

a. $\frac{3}{600}$ b. $\frac{60}{21}$ c. $\frac{46}{70}$

a. $\frac{3}{600} = \frac{1}{200} = \frac{1}{2^3 \cdot 5^2}$ → nombre decimal exacte

b. $\frac{60}{21} = \frac{20}{7}$ → nombre decimal periòdic pur

c. $\frac{46}{70} = \frac{23}{35} = \frac{23}{5 \cdot 7}$ → nombre decimal periòdic mixt

24 Indica quin tipus de decimal correspon a cada fracció sense fer la divisió.

a. $\frac{143}{15}$ c. $\frac{33}{320}$ e. $\frac{62}{12}$

b. $\frac{148}{33}$ d. $\frac{14}{8}$ f. $\frac{99}{55}$

De decimal a fracció: La fracció generatriu

Un nombre decimal exacte o periòdic es pot expressar en forma de fracció irreductible. Aquesta fracció s'anomena **fracció generatriu**.

25 Activitat resolta

Classifica els nombres decimals i troba'n la fracció generatriu.

a. 1,85 b. $3,\overset{\frown}{69}$ c. $1,25\hat{4}$

a. És un **decimal exacte**. El numerador serà el nombre sense la coma i el denominador serà un 1 seguit de tants zeros com xifres tingui la part decimal.

$$1{,}85 = \frac{185}{100} = \frac{37}{20}$$

b. És un **decimal periòdic pur**. Es multiplica el nombre per la unitat seguida de tants zeros com xifres tingui el període i al resultat se li resta el nombre. Així, s'elimina la part decimal i s'obté una expressió de la qual es pot aïllar el nombre.

$$x = 3{,}\overset{\frown}{69} \qquad \begin{array}{r} 100x = 369{,}696969... \\ -\quad x = \quad 3{,}696969... \\ \hline 99x = 366 \end{array} \qquad \Rightarrow x = \frac{366}{99} = \frac{122}{33}$$

c. És un **decimal periòdic mixt**. Es multiplica el nombre per la unitat seguida de tants zeros com xifres tinguin el període i l'anteperíode, i per la unitat seguida de tants zeros com xifres tingui l'anteperíode, i es resten els nombres obtinguts. Així, s'elimina la part decimal i s'obté una expressió de la qual es pot aïllar el nombre.

$$x = 1{,}25\hat{4} \qquad \begin{array}{r} 1\,000x = 1254{,}44444... \\ -\quad 100x = \ \ 125{,}44444... \\ \hline 900x = 1129 \end{array} \qquad \Rightarrow x = \frac{1129}{900}$$

Per escriure els decimals periòdics en forma de fracció també es pot utilitzar aquesta regla:

Et veus capaç de resoldre l'activitat de dues maneres diferents?

26 Escriu la fracció generatriu dels nombres decimals següents.

a. $5,6$ c. $4,5678$ e. $1,\hat{9}$

b. $9,8\overset{\frown}{765}$ d. $1,\overset{\frown}{26}$ f. $-2,75\hat{3}$

27 ## Activitat resolta

Fes l'operació $2,\overset{\frown}{012}+1,38\hat{3}$

Expressem els nombres decimals en forma de fracció i a continuació operem.

$$2,\overset{\frown}{012}=\frac{2012-2}{999}=\frac{2010}{999}=\frac{670}{333}$$

$$1,38\hat{3}=\frac{1383-138}{900}=\frac{1245}{900}=\frac{83}{60}$$

$$\frac{670}{333}+\frac{83}{60}=\frac{13400}{6660}+\frac{9213}{6660}=\frac{22613}{6660}=3,39\overset{\frown}{534}$$

28 Passa els decimals a fraccions i opera. Expressa el resultat en forma decimal.

a. $3,4\hat{5}-\frac{7}{10}$ b. $2,\hat{5}\cdot 5,\hat{2}$ c. $1,2+2,\hat{3}+3,4\hat{5}$ d. $2,\hat{8}:1,\hat{3}$

29 Completa la taula següent.

Tipus de decimal	Decimal	Fracció
•••	4,50	•••
Periòdic mixt	•••	•••
•••	•••	$\frac{145}{7}$
•••	5,28585...	•••
•••	•••	$\frac{15}{24}$
Periòdic pur	•••	•••

30 Una família té un dipòsit d'1 m^3 de volum per recollir aigua de pluja i aprofitar-la per a l'hort. El dipòsit té una esquerda per la qual es perden $0,4\hat{6}$ m^3 d'aigua al dia. Si utilitzen $0,4$ m^3 d'aigua per regar diàriament, quina quantitat d'aigua els queda al final d'un dia?

4 Quins tipus de nombres coneixes?

Nombres irracionals

31 Mira amb atenció el vídeo següent.

a. Per què no és possible determinar les xifres de π simplement mesurant sobre una circumferència?

b. Creus que és possible expressar el nombre π com una fracció?

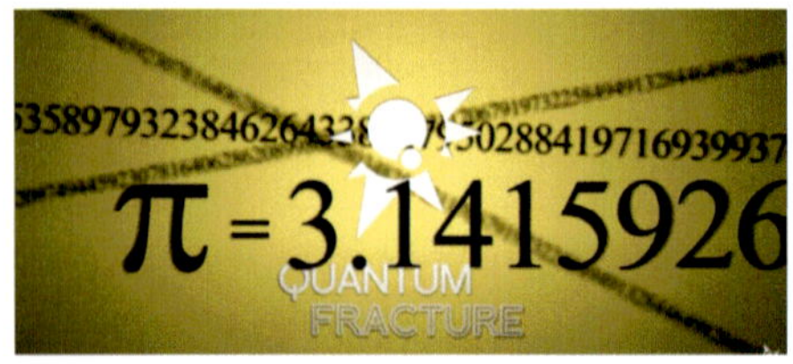

Els nombres que no provenen d'una fracció s'anomenen **irracionals**.

- La seva expressió decimal és **infinita i no periòdica**.
- El conjunt dels nombres irracionals es representa amb el símbol $\mathbb{I}$.

Exemple

Els nombres següents són irracionals:

$\pi = 3{,}141592654...$ $\sqrt{2} = 1{,}414213562...$ $0{,}101001000...$

32 Classifica els nombres següents en racionals i irracionals.

a. 321,575757...
b. 0,121221222...
c. 0,88333333...
d. 1,7365197326...
e. -3,8456456456...
f. -57,65876

33 El Rubèn ha comprat un GPS amb una pantalla quadrada de 10 cm de diagonal. Quant mesuren el costat i l'àrea de la pantalla? Són nombres racionals o irracionals?

Nombres reals

Els nombres racionals i els nombres irracionals formen el conjunt dels **nombres reals**, que es designa amb $\mathbb{R}$.

- Els nombres naturals, enters, racionals i irracionals són nombres reals.
- El diagrama de Venn següent mostra les relacions entre els diferents conjunts numèrics.

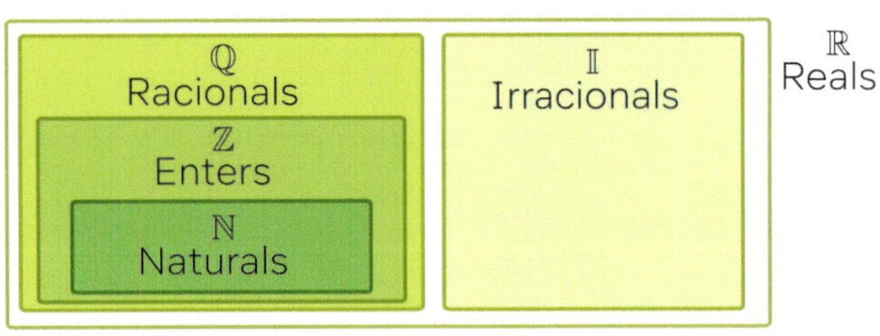

34 Dibuixa al teu quadern el diagrama de Venn dels conjunts numèrics i escriu els nombres reals següents on correspongui.

a. -4,020020002...
b. 271884
c. $\frac{7}{8}$
d. 71,919191...
e. -8
f. $\sqrt{5}$

35 **Aprenc a pensar.** Elabora un mapa conceptual descendent amb la classificació dels nombres reals. Utilitza els termes següents: nombres reals, nombres irracionals, nombres racionals, nombres fraccionaris, nombres enters, nombres enters negatius, nombres naturals i afegeix un exemple de cada tipus de nombre.

La recta real

Els nombres reals es representen com punts de la **recta real**. A cada nombre real li correspon un únic punt de la recta i a cada punt de la recta, un únic nombre real.

36 MAT-TIC Aprèn com es representen fraccions en la recta real amb l'interactiu de GeoGebra
Representa fraccions pròpies i impròpies en la recta real.

REPRESENTACIÓ D'UNA FRACCIÓ EN LA RECTA REAL

Representa $\frac{3}{5}$ sobre la recta.

Pas 1

Com que $0 < \frac{3}{5} < 1$, es traça una semirecta que parteixi del 0.

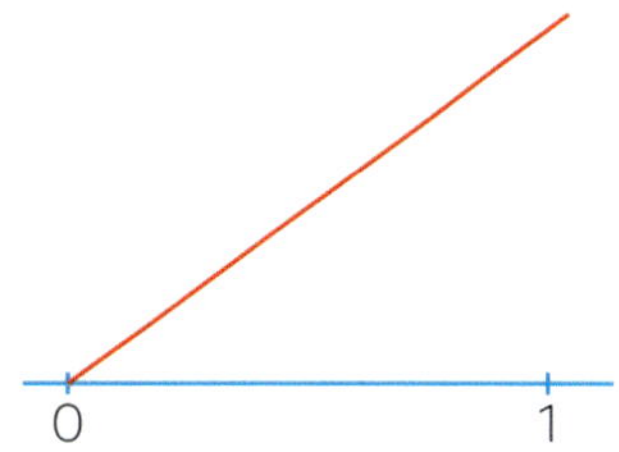

Pas 2

Sobre aquesta semirecta es marquen cinc segments iguals començant pel 0.

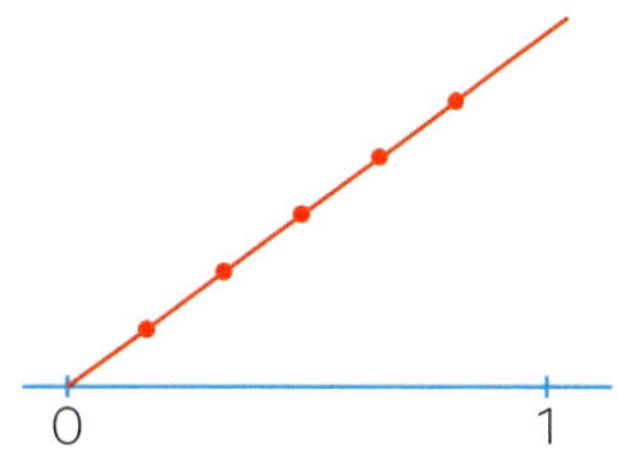

Pas 3

S'uneix l'última marca amb l'1 i es traça un paral·lel per la tercera marca.

El punt d'intersecció amb la recta real indica exactament el nombre $\frac{3}{5}$.

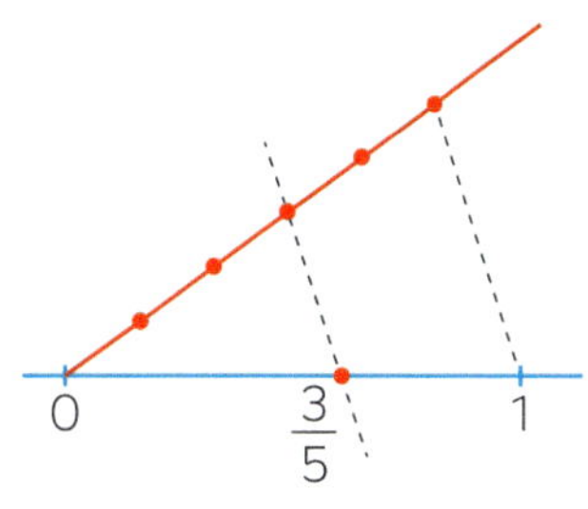

37 Quin nombre representa cada figura?

a.

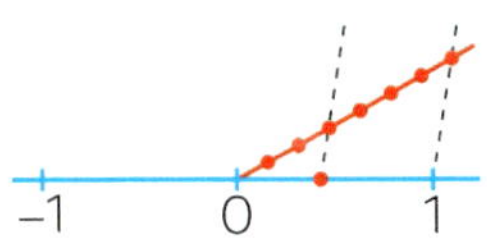

b.

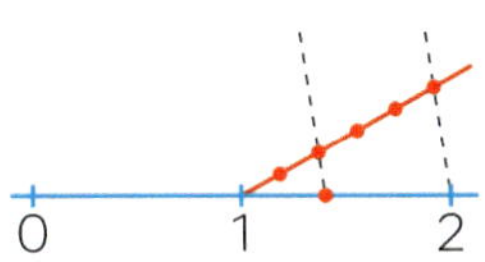

c.

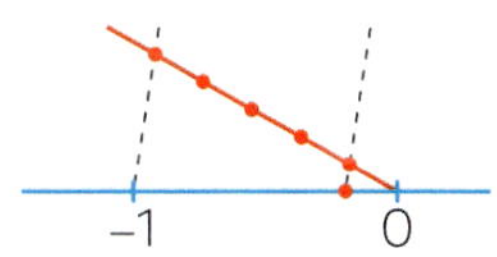

d.

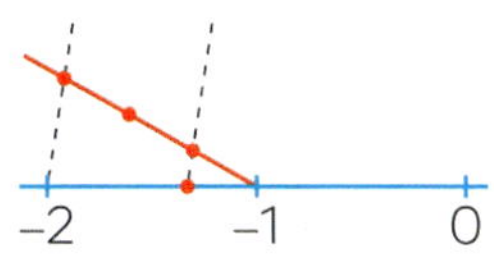

38 **PLANTEGEM JUNTS EL TREBALL.** Representa les fraccions següents en la recta real.

a. $\frac{1}{3}$

b. $\frac{4}{9}$

c. $\frac{2}{5}$

d. $\frac{5}{6}$

e. $\frac{32}{5}$

f. $\frac{85}{9}$

g. $\frac{47}{10}$

h. $\frac{65}{6}$

REPRESENTACIÓ D'UNA ARREL QUADRADA EN LA RECTA REAL

Representa $\sqrt{7}$ sobre la recta.

Pas 1

Dibuixem un segment *AB* de longitud 7 i, a continuació, un altre segment de longitud 1.

Pas 2

Tracem una semicircumferència el diàmetre de la qual és $AC = 8$.

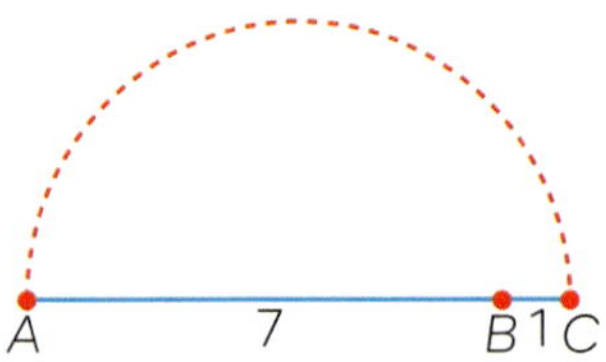

Pas 3

Aixequem una perpendicular pel punt *B* fins que talli la semicircumferència. El segment *BD* mesura exactament $\sqrt{7}$.

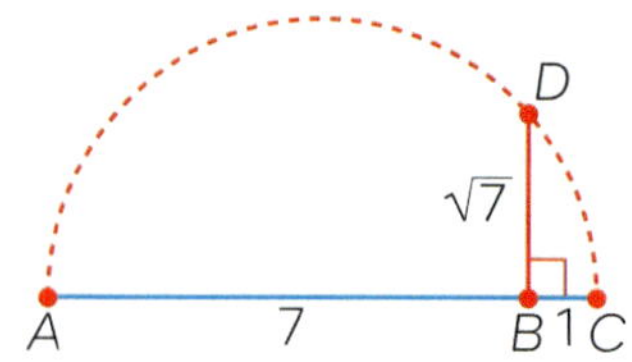

Pas 4

Amb el compàs traslladem el segment obtingut a la recta real.

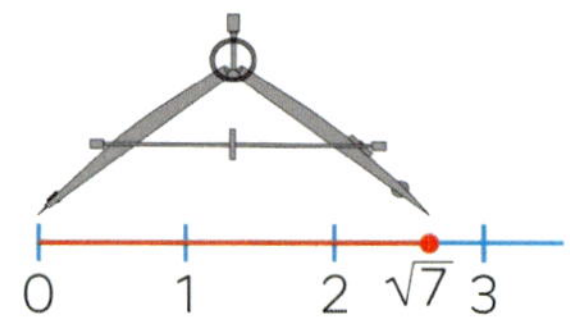

39 **PLANTEGEM JUNTS EL TREBALL.** Representa en la recta real els nombres següents.

a. $\sqrt{8}$ **b.** $\sqrt{5}$ **c.** $2+\sqrt{2}$ **d.** $2-\sqrt{2}$

40 Dibuixa un quadrat l'àrea del qual mesuri exactament $20\ cm^2$.

41 **MAT-TIC** Hi ha un altre mètode per representar arrels quadrades, que es basa en el teorema de Pitàgores. Descobreix-lo amb l'interactiu de GeoGebra *Nombres reals en el geopla*, i aplica'l per representar $\sqrt{10}$.

Valor absolut

El **valor absolut** d'un nombre real *x* és la distància entre *x* i el 0 i es representa per $|x|$. Com que és una distància, no pot ser negatiu.

Exemple

a. $|5| = 5$ **b.** $|-3{,}25| = 3{,}25$ **c.** $|0| = 0$

42 Calcula els valors absoluts que apareixen a continuació.

a. $|-1{,}6|$ **b.** $|5-7|$ **c.** $|7-5|$

43 Activitat resolta

Troba tots els nombres que satisfan la igualtat $|x| - 1 = 8$.

$|x| - 1 = 8$ equival a $|x| = 9$, és a dir, $x = 9$ i $x = -9$.

44 Troba tots els nombres que satisfacin les igualtats següents.

a. $|x+1| = 6$ **b.** $|x-3| = 3$ **c.** $|x| + 2 = 5$ **d.** $|x| = -3$

5 Podem treballar sempre de manera exacta?

Aproximacions decimals

45 El cartell mostra les tarifes d'un aparcament dissuasiu a l'entrada d'una gran ciutat.

a. Utilitza la calculadora per trobar el preu per estacionar-hi 25 minuts. Podries pagar de manera exacta? Quant pagaries?

b. Quant pagaries per 90 minuts?

Tarifes	
Preu per minut del minut 0 al 30	0,019480 €
Preu per minut del minut 31 al 60	0,027271 €
Preu per minut des del minut 61	0,024106 €
Màxim diari fins a 4 dies	14,65 €
Màxim diari a partir del 5è dia	11,65 €

Un nombre real es pot aproximar **per defecte**, triant valors inferiors al nombre, o **per excés**, triant valors superiors al nombre.

- **Truncar** un nombre consisteix a eliminar totes les xifres decimals a partir de cert ordre. L'aproximació obtinguda és sempre una aproximació per defecte.
- **Arrodonir** és escollir, entre les aproximacions per excés o per defecte, la més pròxima al nombre. Per això, s'eliminen totes les xifres decimals que segueixen l'ordre esmentat d'aquesta manera:
  - Si el primer decimal que s'elimina és entre 0 i 4, s'eliminen sense més ni més.
  - Si el primer decimal que s'elimina és entre 5 i 9, s'eliminen a partir d'aquest decimal i se suma 1 a l'última xifra que hagi quedat en el nombre.

46 **Activitat resolta**

Aproxima el nombre $\pi = 3{,}141592...$ a les centèsimes i a les mil·lèsimes per truncament i per arrodoniment. Són aproximacions per defecte o per excés?

- Truncament a les centèsimes: $\pi \simeq 3{,}14$. Aproximació per defecte.
- Truncament a les mil·lèsimes $\pi \simeq 3{,}141$. Aproximació per defecte.
- Arrodoniment a les centèsimes: $\pi \simeq 3{,}14$. Aproximació per defecte.

- Arrodoniment a les mil·lèsimes: $\pi \simeq 3{,}142$. Aproximació per excés.

47 Trunca els nombres següents a les dècimes.

a. $7{,}33\widehat{5}$ b. $3{,}9\widehat{5}$ c. $3{,}\widehat{73}$

48 Arrodoneix els nombres següents a les centèsimes.

a. $24{,}3\widehat{67}$ b. $6{,}13\widehat{5}$ c. $8{,}4\widehat{6}$

49 **Activitat resolta**

Arrodoneix a les mil·lèsimes el nombre $\sqrt{7}$.

Amb la calculadora s'obté: $\sqrt{7} = 2{,}64575131$

Per tant, l'arrodoniment a les mil·lèsimes és $\sqrt{7} \simeq 2{,}646$.

50 Arrodoneix els nombres següents a les mil·lèsimes.

a. $\sqrt{26}$ b. $\sqrt{10}$ c. $\sqrt{13}$

51 **Activitat resolta**

Troba les cinc primeres aproximacions per defecte i per excés del nombre $\sqrt{3} = 1,73205...$ i envolta per a cada ordre l'aproximació per arrodoniment.

Per defecte	1	(1,7)	(1,73)	(1,732)	1,7320
Per excés	(2)	1,8	1,74	1,733	(1,7321)

52 Sabent que $\sqrt{10} = 3,162277...$, escriu les cinc primeres aproximacions per defecte i per excés i indica quina és l'aproximació per arrodoniment en cada ordre.

Errors en l'aproximació

En treballar amb una aproximació en lloc del valor exacte d'un nombre, es comet un error que es pot mesurar de dues maneres.

- **Error absolut:** és el valor absolut de la diferència entre el valor exacte d'un nombre i la seva aproximació.

$$\text{Error absolut} = |\text{Valor exacte} - \text{Aproximació}|$$

- **Error relatiu:** és el quocient entre l'error absolut i el valor exacte d'un nombre. És l'error més utilitzat, ja que permet fer comparacions. Es pot expressar com a percentatge.

$$\text{Error relatiu} = \frac{\text{Error absolut}}{\text{Valor exacte}}$$

53 **Activitat resolta**

Troba l'error absolut i relatiu en arrodonir a les centèsimes el nombre $\sqrt{5}$, considerant com a valor exacte el que s'ha obtingut amb la calculadora, que és: $\sqrt{5} = 2,236067977$.

L'aproximació obtinguda per arrodoniment a les centèsimes és: $\sqrt{5} \simeq 2,24$

Error absolut = |Valor exacte − Aproximació| = |2,236067977 − 2,24| = 0,0039320225

$$\text{Error relatiu} = \frac{\text{Error absolut}}{\text{Valor exacte}} = \frac{0,0039320225}{2,236067977} = 0,001758454 \simeq 0,0018 \xrightarrow{\cdot 100} 0,18\,\%$$

54 Calcula l'error absolut i l'error relatiu comesos en aproximar el nombre $\frac{1}{6}$ per 0,17.

55 Calcula l'error absolut i relatiu per a les aproximacions següents de $\frac{2}{3}$.

a. 0,66 b. 0,67 c. 0,667

56 En mesurar un segment de longitud 1,26 cm amb una regla s'obté que mesura 1,2 cm. Quin error absolut es comet? I relatiu?

57 Una aixeta aboca un cabal de 6,74 L per minut. Calcula els litres d'aigua que es gasten si es deixa oberta durant cinc minuts.

Arrodoneix el resultat a les unitats i calcula l'error relatiu d'aquesta aproximació.

58 Una excel·lent aproximació del nombre irracional $\sqrt{2}$ és la fracció $\frac{17}{12}$.

a. Comprova aquest resultat amb l'ajuda de la calculadora.

b. Assenyala els errors absolut i relatiu de l'aproximació.

59 Es vol avaluar la precisió de dos calibres.

- Amb el calibre *A* s'obté un mesurament de 3,28 cm per a un cilindre de diàmetre 3,256 cm.
- Amb el calibre *B* s'obté un mesurament de 0,47 cm per a un cargol de diàmetre 0,458 cm.

Quin calibre és més precís? Calcula els errors relatius i compara'ls.

60 L'alçada del Xavier és de 168 cm i la de l'Elena, de 160 cm; però en mesurar-los s'ha obtingut 171 cm per al Xavier i 163 cm per a l'Elena. Calcula els errors absoluts i relatius dels dos mesuraments i indica quin et sembla més precís.

61 En un tauler babilònic del segon mil·lenni aC apareix aquesta aproximació de $\sqrt{2}$.

a. Amb l'ajuda de la calculadora, indica quants decimals correctes té aquesta aproximació.

b. Quin error relatiu s'hi comet?

62 Parlem dels camps de cultiu circulars.

Explica si t'ha agradat o no l'activitat i per què.

a. Utilitzar camps de cultiu circulars millora l'aprofitament eficient de l'aigua de reg. Per què?

b. Es pot calcular de manera exacta l'àrea d'un d'aquests camps de cultiu? Per què?

c. Si el braç aspersor d'un camp de cultiu circular mesura 25 m, quina àrea té el camp esmentat? Fes el càlcul de dues formes, utilitzant el valor de π que et dona la calculadora, i utilitzant l'aproximació $\pi \simeq 3{,}14$.

d. Calcula l'error absolut i relatiu comès en l'apartat anterior en utilitzar l'aproximació $\pi \simeq 3{,}14$.

6 Com s'expressen conjunts de nombres reals?

Intervals i semirectes

63 Observa la imatge i contesta les preguntes.

a. Quants nombres hi ha entre 1 i 2? Com podries assenyalar-los sobre la recta real?

b. Si *x* és un d'aquests nombres, sabries escriure en llenguatge matemàtic la seva relació amb 1 i amb 2?

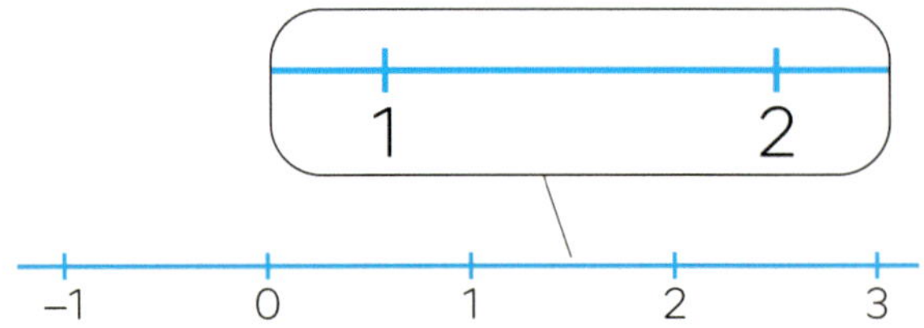

Un **interval** és un segment de la recta real que conté tots els nombres compresos entre dos nombres anomenats **extrems**. Si un extrem està inclòs en l'interval es diu que és **tancat** en aquest extrem; si no està inclòs, l'interval és **obert** en aquest extrem.

Exemple

		Desigualtats	Representació gràfica.
Interval obert	(–2, 1)	$-2 < x < 1$	
Interval tancat	[–2, 1]	$-2 \leq x \leq 1$	
Interval obert per l'esquerra	(–2, 1]	$-2 < x \leq 1$	
Interval obert per la dreta	[–2, 1)	$-2 \leq x < 1$	

Una **semirecta** és una part de la recta real que conté tots els nombres més petits o més grans que un d'anomenat **extrem**. Les semirectes poden ser **tancades** o **obertes** en el seu extrem.

Exemple

		Desigualtats	Representació gràfica.
Semirecta oberta per l'esquerra	(1, +∞)	$x > 1$	
Semirecta tancada per l'esquerra	[1, +∞)	$x \geq 1$	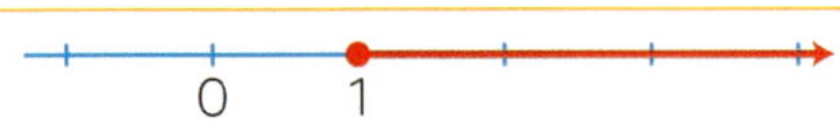
Semirecta oberta per la dreta	(–∞, 1)	$x < 1$	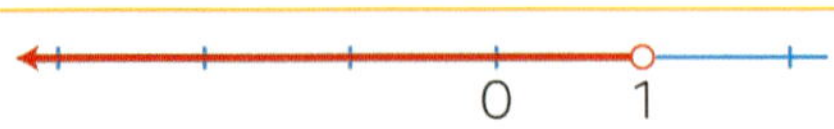
Semirecta tancada per la dreta	(–∞, 1]	$x \leq 1$	

64 Relaciona les diferents expressions dels intervals i semirectes següents.

A. [–1, 2]

B. (2, +∞)

C. (3, 6]

1. $x > 2$

2. $3 < x \leq 6$

3. $-1 \leq x \leq 2$

I. 

II. 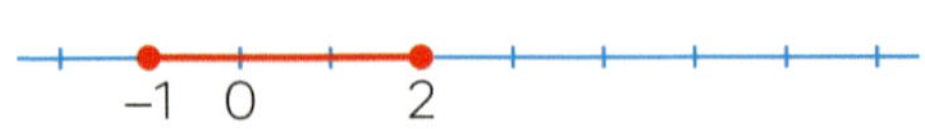

III. 

65 Indica l'interval o semirecta representat a cada dibuix.

a.

b.

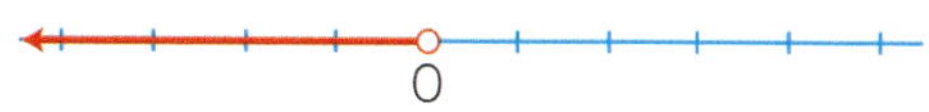

66 Escriu com a semirectes o intervals les desigualtats següents.

a. $x \geq 4$ **c.** $x < 8$ i $x > -9$ **e.** $8 < x$ i $x \geq 10$

b. $-6 \leq x < 8$ **d.** $9 > x$ **f.** $x < -4$ i $x \geq 2$

67
Activitat resolta

Expressa com a interval o semirecta els nombres que satisfan aquestes condicions:

a. La seva distància a 12 és més petita o igual que 3.

b. No són més grans que 5.

c. Nombres la part entera dels quals és 2.

d. Nombres x que compleixen que $|x| < 5$.

a. Són els nombres entre el 9 i el 15, tots dos inclosos, és a dir, l'interval tancat [9, 15].

b. Són els nombres més petits o iguals que 5, és a dir, la semirecta tancada $(-\infty, 5]$.

c. Són els nombres entre el 2 (inclòs) i el 3 (no inclòs), és a dir, l'interval obert per la dreta [2, 3).

d. Són els nombres la distància al zero dels quals és més petita que 5, és a dir, l'interval obert $(-5, 5)$.

68 Escriu els intervals o semirectes que es descriuen a continuació.

a. Almenys 20 €.

b. No menys de 5 km ni més de 7 km.

c. Com a mínim 13 anys, però no arriba als 20.

d. Entre 750 g i un quilo i mig.

69 Dibuixa en la recta real els intervals i les semirectes següents.

a. (2, 3) **c.** (2, 3] **e.** $(2, +\infty)$ **g.** $(-\infty, 3)$

b. [2, 3) **d.** [2, 3] **f.** $[2, +\infty)$ **h.** $(-\infty, -3)$

70 La família Puig ha decidit emprendre un cultiu sostenible d'espàrrecs ecològics. La taula recull els calibres oficials:

Rang del diàmetre (mm)	Denominació comercial	Pes mitjà (g)
$d < 6$	Prim (*small*)	4,6
$6 \leq d \leq 12$	Normal (*estàndard*)	13,1
$12 < d \leq 16$	Gros (*large*)	22,7
$16 < d \leq 19{,}5$	Extragròs (*extralarge*)	33,5
$19{,}5 < d < 23$	*Jumbo*	45,5
$d \geq 23$	Colossal	69,9

a. Escriu la primera columna de la taula fent servir intervals o semirectes i indica de quin tipus són.

b. Quin és el pes mitjà d'un manat d'una dotzena d'espàrrecs gruixuts?

EL NOSTRE REPTE La petjada hídrica de la teva roba

Aprèn i reflexiona sobre la petjada hídrica de la roba

Pas 1

Investiga

- Què és la petjada hídrica?
- Explica'n els components: aigua blava, aigua verda i aigua grisa.
- Quins factors intervenen en la petjada hídrica de la roba relacionats amb el procés de fabricació? I amb el seu ús per part del consumidor?
- Què és el que més t'ha cridat l'atenció?

Pas 2

Analitza un cas

- Expressa la petjada hídrica de cada peça de la imatge en "banyeres" per fer-te una idea més clara de la quantitat d'aigua que suposa.
- Calcula la petjada hídrica total de dues formes, primer amb les dades tal com es faciliten i després amb les dades arrodonides a la unitat de miler. Prenent la primera suma com a valor exacte, quin error relatiu es comet en utilitzar les dades arrodonides?
- Una persona necessita uns 1000 L d'aigua a l'any. Quina fracció d'aquesta quantitat representa la petjada hídrica de cada peça? Pista: són fraccions impròpies. Representa les fraccions en la recta real.

Pas 3

Què hi pots fer tu?

Elabora un text expositiu recollint les idees principals de la recerca i de l'anàlisi del cas i mesures concretes per reduir la petjada hídrica de la teva roba. Segueix les pautes del document descarregable.

Com ha anat el repte? Entra i fes la teva valoració

EN RESUM

Nombres racionals

- Els **nombres racionals** són els que es poden escriure en forma de fracció.
- Totes les **fraccions equivalents** representen el mateix nombre racional.

Operacions amb nombres racionals

Suma: $\frac{a}{m}+\frac{b}{m}=\frac{a+b}{m}$	Producte: $\frac{a}{b}\cdot\frac{c}{d}=\frac{a\cdot c}{b\cdot d}$
Resta: $\frac{a}{m}-\frac{b}{m}=\frac{a-b}{m}$	Quocient: $\frac{a}{b}:\frac{c}{d}=\frac{a}{b}\cdot\frac{d}{c}=\frac{a\cdot d}{b\cdot c}$

Fraccions i nombres decimals

- Una fracció es pot escriure en forma de decimal dividint el numerador entre el denominador.
- Per escriure en forma de fracció un nombre decimal periòdic se segueix aquesta regla:

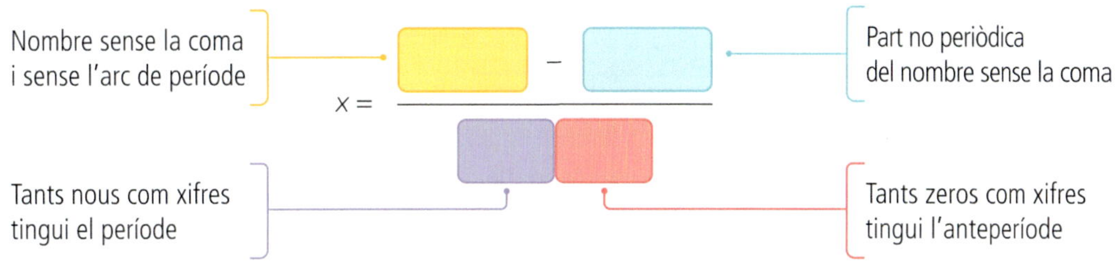

Nombres reals

- Els nombres que no provenen d'una fracció s'anomenen **irracionals**.
- Els nombres racionals i els irracionals formen el conjunt dels **nombres reals**.

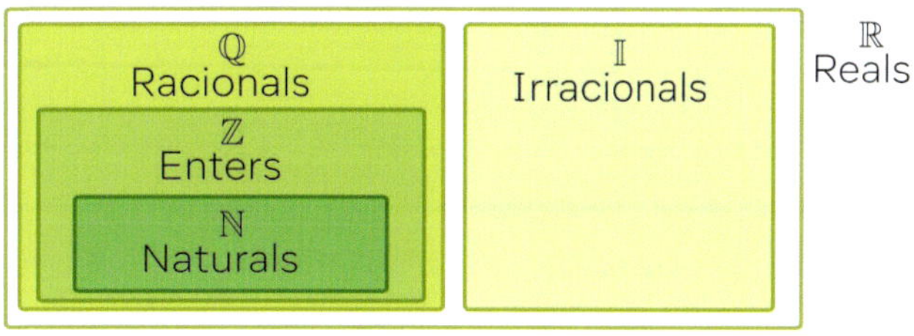

- Representació de fraccions:

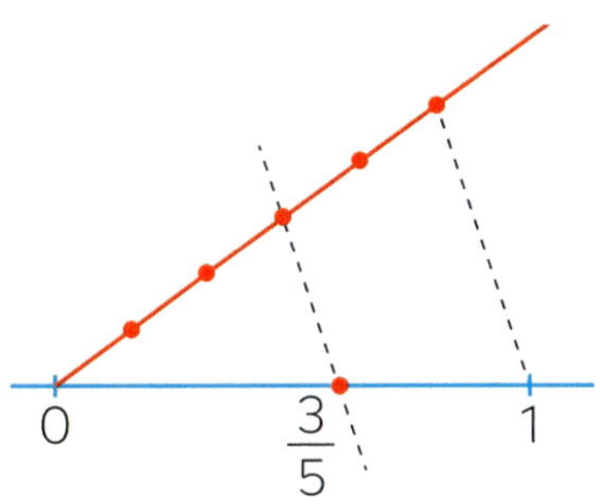

- Representació d'arrels quadrades:

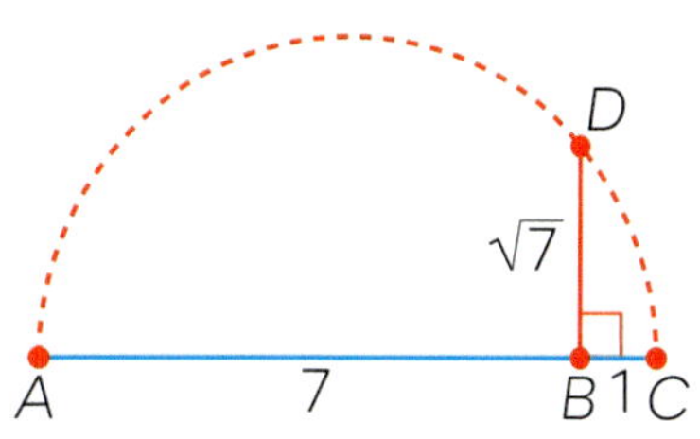

- El **valor absolut** d'un nombre real x, $|x|$, és la distància entre el nombre x i el 0.

EN RESUM

Aproximacions i error

Truncament	Arrodoniment
$2{,}242 \simeq 2{,}24$	$2{,}242 \simeq 2{,}24$
$2{,}247 \simeq 2{,}24$	$2{,}247 \simeq 2{,}25$

Error absolut = |Valor exacte – Aproximació|

$$\text{Error relatiu} = \frac{\text{Error absolut}}{\text{Valor exacte}}$$

Intervals i semirectes

		Desigualtats	Representació gràfica.
Interval obert	$(-2, 1)$	$-2 < x < 1$	
Interval tancat	$[-2, 1]$	$-2 \leq x \leq 1$	
Interval obert per l'esquerra	$(-2, 1]$	$-2 < x \leq 1$	
Interval obert per la dreta	$[-2, 1)$	$-2 \leq x < 1$	
Semirecta oberta per l'esquerra	$(1, +\infty)$	$x > 1$	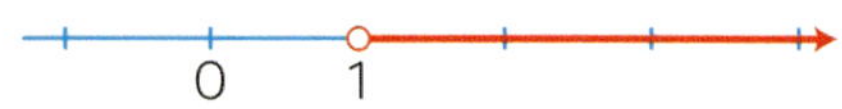
Semirecta tancada per l'esquerra	$[1, +\infty)$	$x \geq 1$	
Semirecta oberta per la dreta	$(-\infty, 1)$	$x < 1$	
Semirecta tancada per la dreta	$(-\infty, 1]$	$x \leq 1$	

PRACTIQUEM

Activitats

1 **Aprenc a pensar.** Organitza en un mapa mental els conceptes que has après.

2 Fes les operacions següents.

a. $1-\left(\frac{5}{6}-\frac{1}{2}\right)\cdot 6$ **b.** $15 \cdot 0{,}6 - 7$ **c.** $\frac{3}{2}-\frac{9}{4}-\frac{5}{4}$

3 Resol de dues maneres diferents l'operació combinada de cada apartat: primer utilitzant la jerarquia de les operacions i després aplicant la propietat distributiva per treure els parèntesis.

a. $\frac{3}{24}\cdot\left(\frac{2}{11}+\frac{18}{22}\right)$ **b.** $\left(\frac{3}{9}-\frac{4}{8}\right)\cdot\frac{5}{15}$

S'obté el mateix resultat?

4 Observa la pantalla de la calculadora.

En canvi, sabem que $\frac{35}{9} = 3,8888... = 3,\hat{8}$. Quina és l'explicació?

5 Classifica aquests nombres en racionals o irracionals, ordena'ls i representa'ls en la recta real.

a. $\varphi = 1,61803398874...$ b. $\sqrt{13}$ c. $\frac{8}{5}$

6 Quin és el valor més gran possible de la fracció, $\frac{3A+B}{4C-D}$ si els nombres A, B, C, D són diferents i pertanyen al conjunt $\{1, 3, 5, 7, 9\}$?

7 De les quatre fraccions següents, quin és un múltiple enter de $\frac{6}{7}$, $\frac{5}{14}$ i $\frac{10}{21}$?

A. $\frac{7}{30}$ B. $\frac{7}{15}$ C. $\frac{15}{7}$ D. $\frac{30}{7}$

8 Fes aquestes operacions aproximant les arrels a les mil·lèsimes per excés i per defecte. Compara els resultats.

a. $\sqrt{7} + 2\sqrt{3}$ b. $\sqrt{5} \cdot \sqrt{12}$

9 Fes el càlcul de les tres maneres que s'indiquen. Quina feina creus que és més precisa? Justifica la teva resposta.

$$\frac{2}{7} + \frac{6}{7}\left(\frac{2}{7} - \frac{1}{7}\right)$$

a. Arrodonint les fraccions a les dècimes.

b. Truncant les fraccions a les dècimes.

c. Operant amb les fraccions i arrodonint el resultat a les dècimes.

10 El resultat del càlcul de l'àrea d'un cercle de 3 cm de radi és 28,274337 cm^2.

a. Quina aproximació s'ha pres de π?

b. És una aproximació per excés o per defecte?

c. Quins són els errors absolut i relatiu?

11 Els quatre nombres $\frac{1}{2}$, x, y, $\frac{3}{4}$ estan col·locats en ordre creixent. Si la diferència entre cada dos de consecutius és constant, quin és el valor de y?

Problemes

12 En pesar una poma en una bàscula de cuina s'obté la mesura 0,122 kg. Suposant que el seu pes real és de 134,5 g, quins són els errors absolut i relatiu que comet la bàscula?

13 Tres germanes s'han repartit un pastís d'aquesta manera estranya: la Júlia s'ha quedat amb una $\frac{1}{6}$ part; la Marta amb $\frac{7}{18}$, i la Berta amb $\frac{4}{9}$.

a. Assegura't que el repartiment és correcte, és a dir, que les fraccions sumin 1.

b. Ordena les germanes de menys a més segons la quantitat de pastís que els hagi tocat.

14 L'Alícia estalvia cada setmana $\frac{3}{4}$ de la seva paga. Si aconsegueix estalviar 312 € a l'any. Quina és la seva paga setmanal?

15 La Irene va d'excursió al camp. Amb autobús recorre $\frac{13}{15}$ del camí i la resta la fa caminant. Si va caminar 350 m, quina distància va recórrer en total? Expressa el resultat en quilòmetres.

16 Quina fracció del quadrat representa cada regió acolorida en aquesta figura?

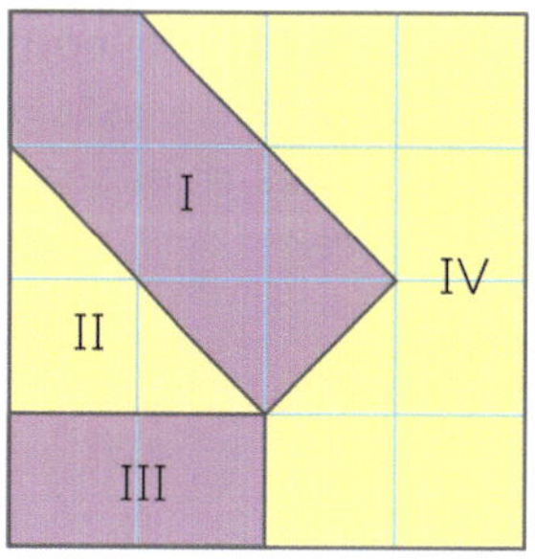

17 D'un bidó de 48,5 L ple d'aigua s'han tret 37 flascons de tres quarts de litre cadascun. Amb l'aigua que queda al bidó, quantes ampolles de litre puc omplir del tot?

18 Per a l'examen final de l'escola de màgia, en Harry va haver de preparar un enorme calder amb poció d'invisibilitat.

- $\frac{2}{5}$ L de pluja de Panamà
- $\frac{1}{3}$ L de lava del Kilimanjaro
- 12 mL de suc de xirimoia

- Quants litres de poció va preparar?

19 Se celebra un sorteig en un grup de 3r d'ESO amb una calculadora gràfica com a premi. Guanyarà l'alumne que extregui el nombre irracional més alt. Els finalistes obtenen els nombres *A* i *B*. Qui ha guanyat?

A. $\frac{7-3\sqrt{3}}{8}$ **B.** $\frac{5-3\sqrt{3}}{7}$

20 Un triangle equilàter té 2 cm de costat i altura *h*.

a. Troba l'altura i arrodoneix les mil·lèsimes.

b. Expressa l'altura obtinguda en l'apartat anterior mitjançant una fracció.

21 Observa la figura. Quant mesura l'àrea del cercle inscrit en un hexàgon regular de $\sqrt{5}$ cm de costat? Simplifica el resultat.

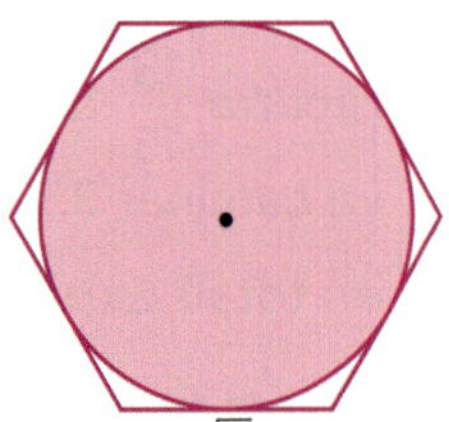

$\sqrt{5}$ cm

22 Un laboratori de física vol comprar un cronòmetre d'alta precisió. En vista dels anuncis següents, quina de les dues marques ofereix el millor cronòmetre?

CRONOS: no ha tingut mai cap error superior a una cent mil·lèsima en mesurar un temps de 25 centèsimes de segon.

TEMPUS: error inferior a una deu mil·lèsima de segon en mesurar un temps de 2,45 segons.

23 S'han fet dos càlculs diferents del volum d'un cilindre de 2 cm de radi i 3 cm d'altura. En cadascun s'ha utilitzat una aproximació diferent de π. Les mesures obtingudes són:

$$V_1 = 37{,}6992 \text{ cm}^3$$
$$V_2 = 37{,}69908 \text{ cm}^3$$

En quina d'aquestes mesures s'ha utilitzat la millor aproximació del nombre π?

24 Problema resolt

En una reunió, un de cada tres adults i dos de cada cinc nens són pèl-roigs. Si hi ha el doble de nens que d'adults, quina és la fracció de persones pèl-roges?

Podem anomenar *x* el nombre d'adults i escriure les altres dades en funció d'aquesta.

- Nre. d'adults: *x*
- Nre. d'adults pèl-roigs: $\frac{1}{3}$ d'$x = \frac{x}{3}$
- Nre. de nens: $2x$
- Nre. de nens pèl-roigs: $\frac{2}{5}$ de $2x = \frac{4x}{5}$
- Nre. de persones pèl-roges: $\frac{x}{3} + \frac{4x}{5} = \frac{5x}{15} + \frac{12x}{15} = \frac{17x}{15}$
- Nre. total de persones: $x + 2x = 3x$
- Fracció de persones pèl-roges: $\frac{\frac{17x}{15}}{3x} = \frac{17 \cdot \cancel{x}}{15 \cdot 3 \cdot \cancel{x}} = \frac{17}{45}$

La fracció de persones de la reunió que són pèl-roges és $\frac{17}{45}$.

25 Al meu jardí hi ha el doble de clavells que de roses. La meitat de les roses són vermelles. No hi ha cap rosa pansida i hi ha el doble de clavells pansits que de roses vermelles. Quina és la fracció de flors pansides al meu jardí?

26 En una bossa amb bales, tres cinquenes parts del total són bales blaves i la resta, vermelles. Si dupliquem el nombre de bales vermelles i mantenim el nombre de bales blaves, quina fracció de les bales seran vermelles?

27 L'organització de les Olimpíades escolars va ser un gran èxit.

Esportistes, familiars i aficionats van gaudir del gran dia de l'esport.

Hi va haver representació d'alumnes de tots els cursos.

Aquestes són les dades de participació que ha facilitat l'organització de l'acte:

- Una sisena part dels participants era de primària i dels restants, tres cinquenes parts estudiaven a l'ESO i 300 eren estudiants de batxillerat.
- Només hi havia 60 atletes de 4t d'ESO i tots els altres nivells de l'ESO tenien el mateix nombre d'inscrits.
- El $39,\hat{6}$ % dels participants eren de sexe masculí.
- Hi havia el doble de nois de primària que de secundària i aquests eren, al seu torn, el doble que els de batxillerat.
- Es van celebrar les mateixes proves als tres nivells i no es va produir cap empat.
- En total es van atorgar 45 medalles.
- Cada medalla d'or va costar a l'organització 2,345 €; cada medalla de plata, 1,975 €, i cada medalla de bronze, 0,835 €. Aquests preus, segons aclariments del fabricant, només s'arrodonirien al final, mai en els passos intermedis.

a. Quants participants hi va haver?

b. Quantes noies hi van participar?

c. Quants esportistes de 3r d'ESO hi va haver a la prova?

d. Quants atletes de sexe masculí de l'ESO van participar a les proves?

e. Quantes proves diferents hi va haver?

f. Quants diners van costar les medalles?

Comprova el que has après

1 Opera i simplifica.

a. $-2\cdot\frac{3}{6}-\frac{1}{3}\cdot\frac{2}{5}$ b. $\frac{2}{3}+\frac{1}{4}:\left(\frac{1}{4}-\frac{5}{6}\right)$

2 A la meva col·lecció de discos, $\frac{1}{3}$ són de Beethoven, $\frac{2}{5}$ de la resta són de Bach i els 42 restants són de Mozart.

Quants discos tinc en total?

3 Sense fer la divisió, indica quin tipus de decimal correspon a cada fracció.

a. $\frac{3}{14}$ b. $\frac{13}{50}$ c. $\frac{6}{11}$

4 Calcula la fracció generatriu dels nombres decimals següents.

a. 3,25 b. $-3,\hat{4}$ c. $0,5\hat{6}$

5 Classifica en racionals o irracionals.

a. 3,101001000... b. $\sqrt{7}$ c. $-0,3\hat{6}$

6 Indica tots els conjunts numèrics a què pertany cada nombre.

a. 1 000 b. -0,4 c. π d. $\frac{5}{6}$

7 Dibuixa a la recta real $\frac{11}{4}$ i $\sqrt{10}$.

8 Arrodoneix a les centèsimes el nombre 5,8953 i calcula l'error absolut i relatiu comès en l'aproximació.

9 Completa la taula amb les diferents maneres de representar un interval o semirecta.

Interval o semirecta	Desigualtat	Representació gràfica
(1, 3)	●●●	●●●
●●●	$1 \le x \le 5$	●●●
●●●	●●●	

1.2 La potència de les matemàtiques

COMENCEM!

EL PAÍS 7

OPINIÓ

2050: més plàstics que peixos als oceans

Els rebutjos de plàstic maten cada any 1 000 000 d'ocells i uns 100 000 mamífers marins i es calcula que el 80 % d'aquesta contaminació prové d'activitats terrestres.

Davant de l'alarmant presència de plàstic als ecosistemes marins, la FAO ha publicat un informe sobre la presència de microplàstics per donar una mica de llum. [...]
Amb tot el que hem llegit sobre el plàstic als oceans, a les costes, a l'aigua, en els peixos, sembla que hi ha una pregunta que és inevitable fer-se: estem menjant plàstic? [...]

- Què et sembla aquesta notícia? Eres conscient d'aquest problema?
- Saps què són els microplàstics?
- Se t'ocorre què pots aportar tu a la conservació sostenible dels recursos marins?

APRENEM!

1. Treballar de manera individual, encara que estiguem en grup.
2. Calcular potències d'exponent enter.
3. Aplicar les propietats de les potències per simplificar expressions.
4. Realitzar operacions i resoldre problemes aplicant la notació científica.
5. Comprendre la relació entre potències i arrels i aplicar-la per calcular arrels.
6. Impulsar el pensament creatiu i la participació.
7. Prendre consciència de la necessitat de reduir els residus plàstics.

EL NOSTRE REPTE

Potencia el teu costat eco

En grup, investigareu sobre el problema dels residus plàstics i preparareu una presentació. HI ha alternatives als envasos de plàstic?

Som-hi!

1 Com expressem un producte de factors iguals?

Potències d'exponent enter positiu

1 Els cianobacteris o algues blaves es reprodueixen per bipartició, dividint-se per la meitat cada cert temps. Si inicialment tenim 1 bacteri, a la primera generació en tindrem 2; a la segona generació, 4, i així successivament.

a. Continua aquesta llista amb el nombre de bacteris a cada generació fins a arribar a la desena: 1, 2, 4, ...

b. Pots escriure aquests nombres en forma de potència?

Si a és un nombre real i n és un enter positiu, la **potència a^n** és:

$$a^n = \underbrace{a \cdot a \cdot \ldots \cdot a}_{n \text{ vegades}}$$

base: a; exponent: n

Exemple

- $7^3 = 7 \cdot 7 \cdot 7 = 343$
- $\left(\frac{2}{3}\right)^4 = \frac{2}{3} \cdot \frac{2}{3} \cdot \frac{2}{3} \cdot \frac{2}{3} = \frac{2 \cdot 2 \cdot 2 \cdot 2}{3 \cdot 3 \cdot 3 \cdot 3} = \frac{2^4}{3^4} = \frac{16}{81}$

2 Fes les operacions següents i comprova els resultats amb la calculadora.

a. 3^4 b. 10^6 c. $\left(\frac{1}{2}\right)^5$ d. $\left(\frac{3}{4}\right)^2$

Saps on és la tecla per calcular potències a la calculadora?

Les **potències de base negativa** són negatives si l'exponent és senar i positives si és parell, ja que, per a cada parella de signes menys, es compleix $(-) \cdot (-) = +$.

Exemple

- $(-2)^1 = -2$
- $(-2)^2 = (-2) \cdot (-2) = 4$
- $(-2)^3 = (-2) \cdot (-2) \cdot (-2) = -8$

3 Determina el signe de les potències següents sense calcular el resultat.

a. $\left(-\frac{5}{7}\right)^8$ c. $\left(\frac{2}{3}\right)^{12}$ e. $\left(-\frac{7}{4}\right)^{11}$

b. $-\left(\frac{1}{3}\right)^6$ d. $-\left(-\frac{11}{6}\right)^{10}$ f. $\left(-\frac{5}{9}\right)^4$

4 Calcula les potències següents.

a. 3^2, -3^2 i $(-3)^2$

b. $\left(\frac{1}{3}\right)^2$, $-\left(\frac{1}{3}\right)^2$ i $\left(-\frac{1}{3}\right)^2$

c. 2^3, -2^3 i $(-2)^3$

d. $\left(\frac{1}{2}\right)^3$, $-\left(\frac{1}{2}\right)^3$ i $\left(-\frac{1}{2}\right)^3$

Potències d'exponent 0 i exponent enter negatiu

Qualsevol nombre real diferent de 0 elevat a **exponent 0** és igual a la unitat.

$$\text{Si } a \neq 0 \Rightarrow a^0 = 1$$

Una potència **d'exponent enter negatiu** és la inversa de la potència amb exponent positiu.

$$\text{Si } a \neq 0 \Rightarrow a^{-n} = \frac{1}{a^n} \qquad \text{Si } a \neq 0 \text{ i } b \neq 0 \Rightarrow \left(\frac{a}{b}\right)^{-n} = \left(\frac{b}{a}\right)^n$$

Exemple

- $2^0 = 1$
- $2^{-3} = \frac{1}{2^3} = \frac{1}{8}$
- $-2^{-3} = -\frac{1}{2^3} = -\frac{1}{8}$
- $(-2)^{-3} = \frac{1}{(-2)^3} = \frac{1}{-8} = -\frac{1}{8}$
- $\left(\frac{1}{2}\right)^0 = 1$
- $\left(\frac{1}{2}\right)^{-3} = 2^3 = 8$
- $-\left(\frac{1}{2}\right)^{-3} = -2^3 = -8$
- $\left(-\frac{1}{2}\right)^{-3} = (-2)^3 = -2^3 = -8$

El signe de l'exponent no afecta el signe de la potència, és a dir:

$a^{-n} \neq -a^n$

$(-a^{-n}) \neq a^n$

5 Calcula les potències següents.

a. $3^0, 3^{-2}, -3^{-2}$ i $(-3)^{-2}$

b. $\left(\frac{2}{3}\right)^0, \left(\frac{2}{3}\right)^{-2}, -\left(\frac{2}{3}\right)^{-2}$ i $\left(-\frac{2}{3}\right)^{-2}$

c. $5^0, 5^3, -5^{-3}$ i $(-5)^{-3}$

d. $\left(\frac{1}{5}\right)^0, \left(\frac{1}{5}\right)^{-3}, -\left(\frac{1}{5}\right)^{-3}$ i $\left(-\frac{1}{5}\right)^{-3}$

Cal parar molta atenció a la posició dels signes menys?

6 Calcula les potències següents.

a. $(-7)^{-3}$

b. $\left(-\frac{7}{4}\right)^0$

c. 0^{17}

d. $-\left(\frac{1}{4}\right)^{-1}$

e. -3^4

f. $\left(-\frac{3}{2}\right)^{-2}$

7 **Les potències de base deu, tant les d'exponents enters positius com les dels negatius, són molt fàcils de calcular. Saps per què?**

a. Elabora alguna regla que ens permeti calcular les potències de 10 amb facilitat.

b. Busca els prefixos amb què es denominen en el Sistema Internacional les potències de 10 amb exponents de l'1 al 9 i del –1 al –9. Per exemple, el prefix per a $10^1 = 10$ és *deca* i el prefix per a $10^{-1} = 0{,}1$ és *deci*.

8 **Una família ha generat 1 kg de residus plàstics aquest mes i es proposa reduir aquesta quantitat en un 50 % mensual durant els tres mesos següents.**

a. Assegura't que comprens l'enunciat: què significa reduir una quantitat en un 50 % mensual?

b. Completa la taula expressant les quantitats de plàstics mitjançant potències de 2.

	Mes inicial	1r mes	2n mes	3r mes
Quantitat de residus plàstics (kg)	1	●●●	●●●	●●●

2 Escriure els productes en forma de potència facilita els càlculs?

Propietats i operacions amb potències

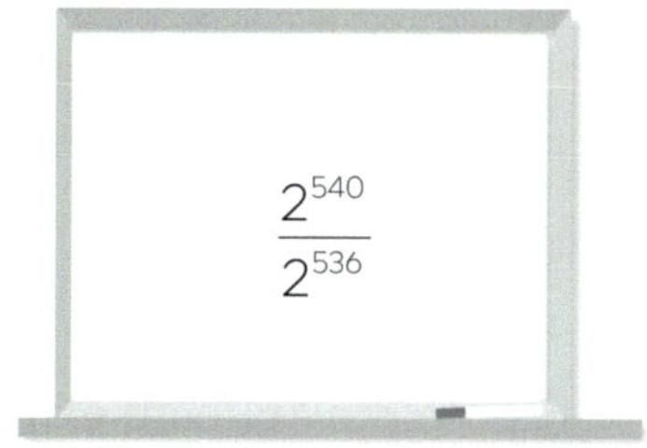

9 La professora d'en Teo ha proposat calcular l'operació de la pissarra.

Quan en Teo ha intentat trobar 2^{540} amb la calculadora, ha aparegut el missatge *Math ERROR*. La seva calculadora no té prou memòria per calcular aquesta potència. En Teo no s'ha rendit i ha pensat: "quina era la definició de potència?"

Al cap de poca estona ha calculat el valor exacte. Com ho ha fet?

Propietats de les potències		
Producte i quocient de potències amb la mateixa base	Producte i quocient de potències amb el mateix exponent	Potència d'una potència
$a^m \cdot a^n = a^{m+n}$ $\frac{a^m}{a^n} = a^{m-n}, a \neq 0$, si $a \neq 0$	$a^n \cdot b^n = (a \cdot b)^n$ $\frac{a^n}{b^n} = \left(\frac{a}{b}\right)^n, b \neq 0$, si $b \neq 0$	$(a^m)^n = a^{m \cdot n}$
Exemples: $\left(\frac{1}{3}\right)^6 \cdot \left(\frac{1}{3}\right)^{-4} = \left(\frac{1}{3}\right)^{6+(-4)} = \left(\frac{1}{3}\right)^2$ $\frac{2^3}{2^{15}} = 2^{3-15} = 2^{-12} = \frac{1}{2^{12}}$	**Exemples:** $3^3 \cdot 5^3 = (3 \cdot 5)^3 = 15^3$ $\frac{3^5}{6^5} = \left(\frac{3}{6}\right)^5 = \left(\frac{1}{2}\right)^5$	**Exemples:** $(5^2)^3 = 5^{2 \cdot 3} = 5^6$ $\left[\left(\frac{2}{3}\right)^3\right]^{-2} = \left(\frac{2}{3}\right)^{3 \cdot (-2)} = \left(\frac{2}{3}\right)^{-6} = \left(\frac{3}{2}\right)^6$

10 Escriu les expressions següents com una sola potència.

a. $\frac{5^6}{5^3}$ **b.** $\left[(-3)^3\right]^3$ **c.** $2^{-4} \cdot 2^6$ **d.** $\left(\frac{4}{3}\right)^5 \cdot \left(\frac{3}{2}\right)^5$

11 **Activitat resolta**

Simplifica aquestes expressions utilitzant les propietats de les potències.

a. $\frac{2 \cdot 5^{10} \cdot 5^{-6}}{2^3 \cdot 5^6}$ **b.** $\frac{(6^2)^4 \cdot 3^3}{2^6 \cdot 9^4}$

Descomponem les bases en factors primers i apliquem les propietats de les potències.

a. $\frac{2 \cdot 5^{10} \cdot 5^{-6}}{2^3 \cdot 5^6} = \frac{2 \cdot 5^{10+(-6)}}{2^3 \cdot 5^6} = \frac{2 \cdot 5^4}{2^3 \cdot 5^6} = 2^{1-3} \cdot 5^{4-6} = 2^{-2} \cdot 5^{-2} = 10^{-2} = \frac{1}{10^2} = \frac{1}{100}$

b. $\frac{(6^2)^4 \cdot 3^3}{2^6 \cdot 9^4} = \frac{\left[(2 \cdot 3)^2\right]^4 \cdot 3^3}{2^6 \cdot (3^2)^4} = \frac{(2^2 \cdot 3^2)^4 \cdot 3^3}{2^6 \cdot 3^8} = \frac{2^8 \cdot 3^8 \cdot 3^3}{2^6 \cdot 3^8} = 2^{8-6} \cdot 3^{8+3-8} = 2^2 \cdot 3^3$

12 Aplica les propietats de les potències per simplificar tant com sigui possible aquestes expressions.

a. $2^{-36} \cdot 2^{32}$ **b.** $\frac{(5^2)^{-3}}{5^4}$ **c.** $\frac{2^{-21}}{\left(\frac{1}{2}\right)^{26}}$ **d.** $\frac{3^7 \cdot 3^3 \cdot 3^{-4}}{3^4}$

13 Escriu les expressions següents com una única potència.

a. $2^8 \cdot \dfrac{8^{-2}}{4^3}$

b. $2^{14} \cdot \dfrac{5^7}{10^{-7}}$

c. $\dfrac{2^5 \cdot 2 \cdot 2^{-4}}{16^3 \cdot \left(2^{-3}\right)^2}$

d. $\dfrac{\left(3^5\right)^3 \cdot 27^3 \cdot 9^{-3}}{\dfrac{3^8}{(-9)^6}}$

e. $\dfrac{\left(2^5\right)^3 \cdot 8^3 \cdot (2)^{-3}}{4^8 \cdot (-2)^{-6}}$

f. $\dfrac{\left(\dfrac{1}{3}\right)^3 \cdot 27^2 \cdot 81^{-3}}{9^3 \cdot \left(\dfrac{1}{27}\right)^{-2}}$

14 Completa aquesta expressió al teu quadern amb les potències de 2 i 3 necessàries perquè el resultat de $\dfrac{6^3 \cdot 2^2 \cdot \bullet}{\bullet \cdot 2^8}$ sigui igual a 1.

15 **Activitat resolta**

Troba el valor de x en la igualtat següent: $7^x \cdot 7^{-2} = 7^8$

S'utilitzen les propietats de les potències fins a tenir una sola potència de la mateixa base a cada costat de la igualtat: $7^x \cdot 7^{-2} = 7^8 \Rightarrow 7^{x-2} = 7^8$

Si dues potències tenen la mateixa base, perquè siguin iguals han de tenir també el mateix exponent, raó per la qual podem igualar els exponents per obtenir una equació.

$$7^{x-2} = 7^8 \Rightarrow x - 2 = 8 \Rightarrow x = 10$$

16 Calcula el valor de x en cada cas.

a. $(-3)^x = 1$

b. $(5^x)^2 = 25$

c. $\dfrac{9^4}{5^4} = \left(\dfrac{9}{5}\right)^x$

d. $2^3 \cdot 2^x = \dfrac{1}{4}$

e. $\left(\dfrac{1}{4}\right)^x = 16$

f. $10^x \cdot 100 = 0{,}001$

Com podries demostrar que les solucions són correctes?

17 Digues si són certes o falses les igualtats següents i explica per què. En cas que siguin falses, escriu la igualtat correcta.

a. $4^5 \cdot 3^5 = 12^{10}$

b. $\dfrac{8^{-1}}{8^{-3}} = 8^{-4}$

c. $\left(\dfrac{1}{2}\right)^2 \cdot \left(\dfrac{1}{4}\right)^2 = \left(\dfrac{1}{2}\right)^6$

d. $\left(\dfrac{2}{3}\right)^3 \cdot \left(\dfrac{2}{3}\right)^{-3} = 0$

e. $\left[(-2)^3\right]^2 = -2^6$

f. $\left(\dfrac{2}{5}\right)^3 : \left(\dfrac{2}{5}\right)^{-2} = \dfrac{2^5}{5^5}$

18 Una empresa fabrica envasos sostenibles de formes i mides diferents. Calcula:

a. La superfície de cartró necessària per fabricar un envàs cúbic d'aresta *a*.

b. El volum que ocupa l'envàs esmentat.

c. Completa la taula expressant les superfícies i els volums com una única potència o, en cas que no sigui possible, com a producte d'un nombre per una potència.

a (cm)	Superfície	Volum
6^3	●●●	●●●
$2^4 \cdot 3^4$	●●●	●●●
$\dfrac{1}{6}$	●●●	●●●

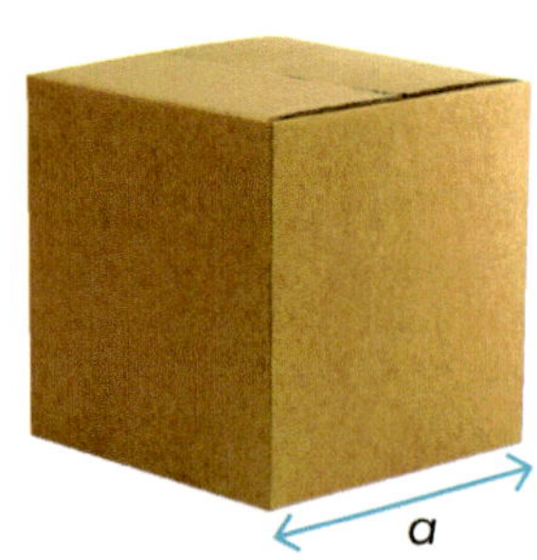

19 A la taula s'indiquen en centímetres els valors de la base i l'altura d'un rectangle. Completa la taula expressant l'àrea mitjançant potències de nombres primers.

Base	$\frac{4}{9}$	$10^4 \cdot 6$	$12^2 \cdot 6^3$
Altura (cm)	$\frac{2^3}{(3^2)^2}$	$\frac{2^3 \cdot 3^4}{3}$	$\frac{5^2}{3^5 \cdot 4^3}$
Àrea	•••	•••	•••

Sumes i restes amb potències

No hi ha propietats de les potències per a la suma i la resta.

Quan hi ha sumes o restes al costat de potències, cal tenir en compte la **jerarquia de les operacions**.

1r Parèntesis
2n Potències i arrels
3r Multiplicacions i divisions
4t Sumes i restes

Exemple

- $3^{-3} - 3^2 = \frac{1}{3^3} - 9 = \frac{1}{27} - 9 = \frac{1}{27} - \frac{243}{27} = -\frac{242}{27}$

20 Fes les operacions següents.

a. $2^{-3} - 4^{-2}$ **b.** $(-2)^{-3} + (-3)^{-2}$ **c.** $\left(\frac{1}{2}\right)^2 + \left(\frac{1}{2}\right)^{-2} - 2^{-2}$

21 Activitat resolta

Fes les operacions combinades amb potències següents.

a. $\left(2 - \frac{5}{3}\right)^3 - \left(-\frac{1}{3}\right)^2 - \frac{1}{6} \cdot 2^2$ **b.** $\frac{\left(2 - \frac{1}{2}\right)^2}{1 + \frac{2}{3}} - \frac{3}{10}$

$(a+b)^n \neq a^n + b^n$
$(a-b)^n \neq a^n - b^n$

a. $\left(2 - \frac{5}{3}\right)^3 - \left(-\frac{1}{3}\right)^2 - \frac{1}{6} \cdot 2^2 = \left(\frac{6}{3} - \frac{5}{3}\right)^3 - \frac{1}{9} - \frac{1}{6} \cdot 4 = \left(\frac{1}{3}\right)^3 - \frac{1}{9} - \frac{4}{6} = \frac{1}{27} - \frac{1}{9} - \frac{2}{3} = -\frac{20}{27}$

b. $\frac{\left(2 - \frac{1}{2}\right)^2}{1 + \frac{2}{3}} - \frac{3}{10} = \frac{\left(\frac{4}{2} - \frac{1}{2}\right)^2}{\frac{3}{3} + \frac{2}{3}} - \frac{3}{10} = \frac{\left(\frac{3}{2}\right)^2}{\frac{5}{3}} - \frac{3}{10} = \frac{9}{4} \cdot \frac{3}{5} - \frac{3}{10} = \frac{27}{20} - \frac{3}{10} = \frac{21}{20}$

22 Fes les operacions següents i comprova els resultats amb la calculadora.

a. $2 + \left(1 + \frac{1}{3}\right)^2$ **b.** $\frac{\left(1 - \frac{1}{3}\right)^2}{\left(1 + \frac{1}{2}\right)^3}$ **c.** $\left(3 - \frac{1}{4} - \frac{5}{2}\right)^2 - \left(\frac{2}{5}\right)^{-2}$ **d.** $\left(\frac{2}{5} \cdot \frac{3}{4}\right)^2 - 10^{-1}$

3 Com escrivim els nombres molt grans o molt petits?

Notació científica

23 Es calcula que l'any 2020 hi havia més de 14 milions de tones de microplàstics al fons marí.

a. Escriu aquesta quantitat en quilos. Quants zeros té el nombre?

b. Se t'acut una altra manera d'expressar-la que en faciliti la lectura i l'escriptura?

Un nombre real està escrit en **notació científica** si és de la forma:

$$a \cdot 10^p$$

- a és un nombre enter o decimal. El seu valor absolut compleix $1 < |a| < 10$.
- p és un nombre enter. S'anomena **ordre de magnitud**.

Exemple

- El nombre $3{,}541 \cdot 10^{22}$ està escrit en notació científica. El seu ordre de magnitud és 22.
- El nombre $0{,}3 \cdot 10^{-12}$ no està escrit en notació científica perquè $0{,}3 < 1$.
- El nombre $13{,}52 \cdot 10^9$ no està escrit en notació científica perquè $13{,}52 > 10$.

Per passar **de notació científica a notació decimal** es multiplica el nombre per la potència de 10.

Exemple

$1{,}7 \cdot 10^{-6} = 0{,}0000017$

6 posicions cap a l'esquerra

$3{,}45 \cdot 10^7 = 34\,500\,000$

7 posicions cap a la dreta

Nombre gran $\Rightarrow$ exponent positiu
Nombre petit $\Rightarrow$ exponent negatiu

24 Escriu en notació decimal.

a. $3{,}51 \cdot 10^6$ b. $2 \cdot 10^{-7}$ c. $1{,}03 \cdot 10^{-5}$ d. $9{,}41 \cdot 10^2$

Per passar **de notació decimal a notació científica** $a \cdot 10^p$:

- El nombre a s'obté movent la coma perquè es compleixi $1 < |a| < 10$.
- El nombre p és el nombre de posicions que es desplaça la coma, que es pren positiu si és cap a l'esquerra i negatiu si és cap a la dreta.

Exemple

$2\,580\,000\,000\,000 = 2{,}58 \cdot 10^{12}$

12 posicions cap a l'esquerra

$0{,}000\,000\,34 = 3{,}4 \cdot 10^{-7}$

7 posicions cap a la dreta

25 Expressa els nombres següents en notació científica. Indica l'ordre de magnitud.

a. Nombre de molècules d'aigua en una gota: 1670 000 000 000 000 000 000

b. Massa d'una molècula d'aigua: 0,000 000 000 000 000 000 000 029 8 g

c. Distància aproximada entre el Sol i Neptú: 4 497 000 000 km

26 Activitat resolta

Expressa en notació científica el nombre $0{,}023 \cdot 10^{12}$.

Substituïm el nombre decimal per la seva expressió en notació científica i operem:

$$0{,}023 \cdot 10^{12} = 2{,}3 \cdot 10^{-2} \cdot 10^{12} = 2{,}3 \cdot 10^{10}$$

27 Expressa els nombres següents en notació científica.

a. $0{,}78 \cdot 10^{-25}$ b. $47{,}3 \cdot 10^{12}$ c. $152 \cdot 10^{-10}$ d. $0{,}0007 \cdot 10^{32}$

Operacions en notació científica

Per **multiplicar i dividir nombres en notació científica** s'opera amb els nombres d'una banda i amb les potències de 10, de l'altra. Si cal, el resultat s'expressa en notació científica.

Exemple

- $7{,}5 \cdot 10^{-5} \cdot 5{,}2 \cdot 10^{8} = (7{,}5 \cdot 5{,}2) \cdot (10^{-5} \cdot 10^{8}) = 39 \cdot 10^{-5+8} = 39 \cdot 10^{3} = (3{,}9 \cdot 10) \cdot 10^{3} = 3{,}9 \cdot 10^{4}$

Saps quina és la tecla de notació científica de la teva calculadora?

28 Fes les multiplicacions i divisions següents en notació científica.

a. $2{,}15 \cdot 10^{-13} \cdot 6{,}7 \cdot 10^{4}$

b. $\dfrac{1{,}44 \cdot 10^{-3}}{1{,}2 \cdot 10^{-9}}$

c. $\dfrac{4 \cdot 10^{-6}}{3{,}2 \cdot 10^{11}}$

d. $-3 \cdot 10^{4} \cdot 7 \cdot 10^{-5}$

e. $\dfrac{10{,}32 \cdot 10^{6}}{2 \cdot 10^{-6}}$

f. $\dfrac{9{,}21 \cdot 10^{6} \cdot 3{,}5 \cdot 10^{-4}}{2 \cdot 10^{13}}$

Per **sumar i restar nombres en notació científica** s'escriuen els termes amb la mateixa potència de 10 i s'extreu factor comú.

Convé triar la potència de més exponent, perquè així, en la majoria dels casos, el resultat s'obtindrà directament en notació científica.

29 Activitat resolta

Calcula $1{,}5 \cdot 10^{12} + 7{,}3 \cdot 10^{14}$.

Com que l'exponent del primer sumant compleix $12 = -2 + 14$, escrivim:

$1{,}5 \cdot 10^{12} = (1{,}5 \cdot 10^{-2}) \cdot 10^{14} = 0{,}015 \cdot 10^{14}$

Ara ja podem sumar extraient 10^{14} com a factor comú:

$1{,}5 \cdot 10^{12} + 7{,}3 \cdot 10^{14} = 0{,}015 \cdot 10^{14} + 7{,}3 \cdot 10^{14} = (0{,}015 + 7{,}3) \cdot 10^{14} = 7{,}315 \cdot 10^{14}$

30 Fes les sumes i restes següents en notació científica.

a. $5{,}31 \cdot 10^{6} + 1{,}45 \cdot 10^{6}$

b. $2{,}3 \cdot 10^{5} + 1{,}2 \cdot 10^{6}$

c. $1{,}75 \cdot 10^{-3} - 5{,}81 \cdot 10^{-5}$

d. $4 \cdot 10^{7} + 2{,}1 \cdot 10^{6} - 1{,}3 \cdot 10^{5}$

31 Opera i després comprova el resultat amb la calculadora.

a. $\dfrac{1{,}4 \cdot 10^{9}}{3{,}5 \cdot 10^{6}}$

b. $\left(2{,}5 \cdot 10^{-4}\right)^{-2}$

c. $\dfrac{\left(2 \cdot 10^{-3}\right)^{2}\left(2 \cdot 10^{3}\right)^{2}}{\dfrac{5 \cdot 10^{3}}{3 \cdot 10^{5}}}$

d. $3{,}2 \cdot 10^{15} - 3{,}18 \cdot 10^{14}$

e. $\dfrac{\dfrac{3 \cdot 10^{15}}{2 \cdot 10^{7}}}{4 \cdot 10^{3} + 2 \cdot 10^{3}}$

f. $2 \cdot 10^{9} \cdot 7{,}3 \cdot 10^{-3}$

g. $\dfrac{3{,}6 \cdot 10^{-9}}{5 \cdot 10^{-11}}$

h. $\dfrac{2{,}3 \cdot 10^{6} - 1{,}1 \cdot 10^{5}}{3 \cdot 10^{14}}$

A les operacions combinades, cal respectar la jerarquia de les operacions.

32 Activitat resolta

Expressa en notació científica i opera en l'expressió $\dfrac{30\,000^3 \cdot 0{,}00002^4}{100^2 \cdot 72\,000\,000}$.

$$\frac{30\,000^3 \cdot 0{,}00002^4}{100^2 \cdot 72\,000\,000} = \frac{\left(3 \cdot 10^4\right)^3 \cdot \left(2 \cdot 10^{-5}\right)^4}{\left(10^2\right)^2 \cdot 7{,}2 \cdot 10^7} = \frac{27 \cdot 10^{12} \cdot 16 \cdot 10^{-20}}{10^4 \cdot 7{,}2 \cdot 10^7} = \frac{27 \cdot 16}{7{,}2} \cdot \frac{10^{12} \cdot 10^{-20}}{10^4 \cdot 10^7} =$$

$$= 60 \cdot 10^{-19} = 6 \cdot 10^{-18}$$

33 Expressa en notació científica i opera.

a. $(30\,000\,000)^3$

b. $\dfrac{0{,}00025 - 0{,}000006}{3500}$

c. $\dfrac{27\,300\,000 \cdot 0{,}000002}{108\,000\,000}$

34 La massa de la Terra és 5 972 200 000 000 000 000 000 000 kg aproximadament i la de la Lluna és $7{,}349 \cdot 10^{22}$ kg.

a. Quantes vegades és més gran la massa de la Terra que la de la Lluna? Expressa el resultat en notació científica.

b. Quin és l'ordre de magnitud de la diferència?

35 El krill antàrtic és un crustaci microscòpic fonamental a la cadena tròfica. La seva massa corporal és de només 2 g de pes, però és una espècie tan abundant que la massa total de tot el krill de l'oceà Antàrtic representa 500 milions de tones.

Calcula el nombre d'exemplars de krill a l'oceà Antàrtic expressant les dades i operant en notació científica.

36 El consum elèctric mitjà anual d'una llar a Espanya és de $3{,}25 \cdot 10^7$ kWh.

a. Si a Espanya hi ha 19 milions de llars. Quin és el consum anual d'electricitat a les llars espanyoles?

b. La despesa en electricitat a Espanya es distribueix com es mostra al diagrama. Quanta electricitat es consumeix a Espanya en total a l'any?

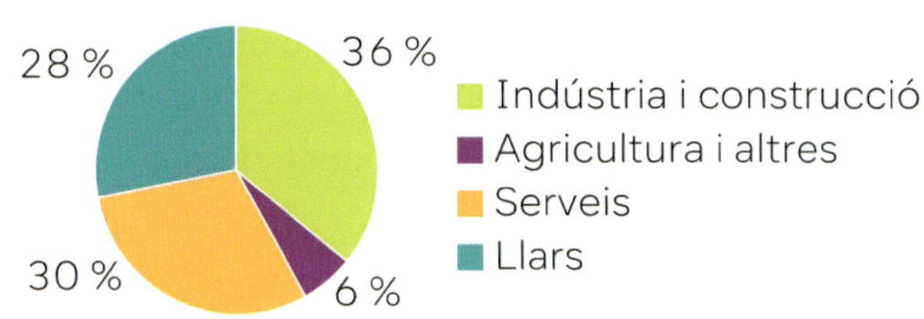

37 La població mundial és de $7{,}8 \cdot 10^9$ habitants. Els tres països més poblats són la Xina, amb $1{,}4 \cdot 10^9$ habitants; l'Índia, amb $1{,}38 \cdot 10^9$, i Estats Units, amb $3{,}3 \cdot 10^8$.

a. Quants habitants tenen entre aquests tres països?

b. Quin percentatge de la població mundial representen?

38 A la Terra hi ha un total de 1 386 milions de quilòmetres cúbics d'aigua distribuïda com mostra la infografia.

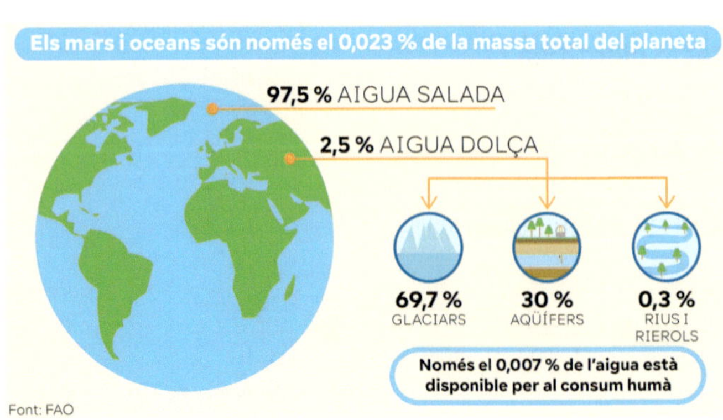

Calcula els litres d'aigua potable que hi ha a la Terra expressant totes les dades i els resultats i fent tots els càlculs en notació científica.

4 Què són les arrels? Quina relació tenen amb les potències?

Definició d'arrel enèsima

39 **Un artista ha reunit la barbaritat de 25 000 petits cubs de fusta per fer dos espectacles amb ajuda del públic.**

- *Quadrata*. Consisteix a col·locar els cubs petits a terra i cobrir amb aquests cubs el quadrat més gran possible, sense deixar buits.
- *Cubus*. Consisteix a formar el cub més gran possible amb els cubs petits.

L'acollida ha estat excel·lent i desenes de persones comencen a col·locar cubs petits.

a. Quants cubs petits té el quadrat de més costat possible? Quants en sobren?

b. Quants cubs petits té el cub de més aresta possible? Quants en sobren?

L'**arrel** és l'**operació inversa de la potència** i es defineix a partir d'aquesta.

- L'**arrel quadrada** d'un nombre real a és un nombre real b tal que en elevar-lo al quadrat s'obté a. $\sqrt{a} = b \Rightarrow b^2 = a$
- L'**arrel cúbica** d'un nombre a és un nombre b tal que en elevar-lo al cub s'obté a. $\sqrt[3]{a} = b \Rightarrow b^3 = a$

Generalitzant, l'**arrel enèsima** d'un nombre a és un nombre b tal que, en elevar-lo a l'índex n, s'obté a. $\sqrt[n]{a} = b$

$$\sqrt[n]{a} = b$$

Índex — Arrel — Radicand

El símbol $\sqrt[n]{a}$ s'anomena radical d'índex n i radicand a.

Exemple

Observa a la taula com el nombre d'arrels depèn del signe del radicand i de si l'índex és parell o senar.

Radicand	Índex n	Nombre d'arrels reals	Arrels
$a > 0$	Parell	Dues arrels oposades	$\sqrt[4]{16} = 2$, ja que $2^4 = 16$
			$-\sqrt[4]{16} = -2$, ja que $(-2)^4 = 16$
	Senar	Una arrel positiva	$\sqrt[3]{8} = 2$, ja que 23 = 8
$a < 0$	Parell	Cap arrel real	$\sqrt[4]{-16}$ no és un nombre real, ja que cap potència quarta és negativa.
	Senar	Una arrel negativa	$\sqrt[3]{-8} = -2$, ja que $(-2)^3 = -8$
$a = 0$	Parell o senar	Una arrel igual a 0	$\sqrt[6]{0} = 0$, ja que $0^6 = 0$

40 Indica el nombre d'arrels en cada cas i calcula-les.

a. Arrel cinquena de –32
b. Arrel quadrada de 625
c. Arrel sisena de –25
d. Arrel cúbica de 125
e. Arrel quarta de 81
f. Arrel onzena de –1

41 Calcula les arrels següents.

a. $-\sqrt{9}$
b. $\sqrt[6]{1}$
c. $\sqrt[10]{0}$
d. $\sqrt[3]{-64}$
e. $\sqrt[9]{-1}$
f. $\sqrt{2500}$
g. $\sqrt{-36}$
h. $-\sqrt{625}$

42 Comprova que les arrels són correctes calculant les potències corresponents.

a. $\sqrt[5]{243}=3$
b. $\sqrt[3]{-27}=-3$
c. $\sqrt[5]{1024}=4$
d. $\sqrt[5]{-32}=-2$

43 A cada apartat, escriu l'arrel relacionada amb la potència donada.

a. $5^4=625$
b. $(-7)^5=-16\,807$
c. $6^6=46\,656$
d. $(-1{,}4)^4=3{,}8416$

44 Completa la taula següent.

a	●●●	25	●●●	●●●	●●●	49	●●●
$\sqrt{a}$	●●●	●●●	6	●●●	4	●●●	9
a^2	16	●●●	●●●	81	●●●	●●●	●●●

Quina operació permet calcular els nombres de la segona fila a partir dels de la tercera directament, sense utilitzar els de la primera fila?

45 Troba l'índex de les arrels següents.

a. $\sqrt[n]{1024}=2$
b. $\sqrt[n]{343}=7$
c. $\sqrt[n]{256}=4$
d. $\sqrt[n]{10^8}=100$

46 Activitat resolta

Calcula les arrels $\sqrt{\frac{25}{4}}$ i $\sqrt[3]{-\frac{1}{27}}$ i comprova el resultat calculant les potències corresponents.

Les arrels de fraccions es poden calcular trobant l'arrel del numerador, d'una banda, i la del denominador, de l'altra.

- $\sqrt{\frac{25}{4}}=\frac{\sqrt{25}}{\sqrt{4}}=\frac{5}{2}$ Comprovació: $\left(\frac{5}{2}\right)^2=\frac{5^2}{2^2}=\frac{25}{4}$
- $\sqrt[3]{-\frac{1}{27}}=\frac{\sqrt[3]{-1}}{\sqrt[3]{27}}=\frac{-1}{3}=-\frac{1}{3}$ Comprovació: $\left(-\frac{1}{3}\right)^3=\frac{(-1)^3}{3^3}=-\frac{1}{27}$

47 Calcula les arrels de fraccions següents.

a. $\sqrt{\frac{100}{9}}$
b. $\sqrt[4]{\frac{16}{81}}$
c. $\sqrt[5]{-\frac{1}{100\,000}}$
d. $\sqrt[3]{\frac{125}{8}}$

48 Activitat resolta

Entre quins dos nombres naturals consecutius es troba $\sqrt{70}$?

Com que $8^2=64<70$, i $9^2=81>70$, és a dir, $64<70<81$, llavors $8<\sqrt{70}<9$.

49 Entre quins dos nombres naturals consecutius es troben les arrels següents?

a. $\sqrt[3]{200}$ b. $\sqrt[5]{340}$ c. $\sqrt{200}$ d. $\sqrt[6]{30}$

50 Sabem que l'arrel cúbica d'un nombre real x compleix $1{,}1<\sqrt[3]{x}<1{,}2$. A quin interval pertany el nombre x?

TALLER

Arrels amb calculadora

- **Arrels quadrades** [√]

La seqüència de tecles per calcular arrels quadrades és:

[√] [RADICAND]

Per exemple, en introduir $\sqrt{1300}$ s'obté el que mostra la pantalla.

Arrodonint a les mil·lèsimes: $\sqrt{1300}\simeq 36{,}056$

- **Arrels cúbiques** [x^3] ($\sqrt[3]{\ }$)

L'arrel cúbica és la funció secundària de la tecla d'elevar al cub.

Per tant, la seqüència de tecles és:

[SHIFT] [x^3] [RADICAND]

Per exemple, en introduir $\sqrt[3]{857}$ s'obté el que mostra la pantalla.

Arrodonint a les mil·lèsimes: $\sqrt[3]{857}\simeq 9{,}499$

- **Arrels de qualsevol índex** [∧] ($\sqrt[x]{\ }$)

L'arrel enèsima és la funció secundària de la tecla de potència.

Per tant, la seqüència de tecles és:

[ÍNDEX] [SHIFT] [∧] [RADICAND]

Per exemple, en introduir $\sqrt[5]{40}$ s'obté el que mostra la pantalla.

Arrodonint a les mil·lèsimes: $\sqrt[5]{40}\simeq 2{,}091$

51 Utilitza la calculadora i escriu el resultat arrodonint a les centèsimes.

a. $\sqrt{160}$ c. $\sqrt[3]{0{,}85}$ e. $\sqrt[7]{1{,}4}$ g. $\sqrt[6]{(-2{,}3)^4}$

b. $\sqrt{\frac{3}{4}}$ d. $\sqrt[3]{5000}$ f. $\sqrt[5]{-\frac{1}{2}}$ h. $\sqrt[9]{\frac{1}{2}-1}$

52 Troba el nombre x amb ajuda de la calculadora i arrodoneix el resultat a les dècimes.

a. $x^5=3$ b. $x^{12}=0{,}5$ c. $2x^{10}=7$ d. $x^4+2=10$

S'anomenen **radicals equivalents** els que tenen la mateixa arrel.

Exemple

- Els radicals $\sqrt{4}$ i $\sqrt[4]{16}$ són equivalents, ja que $\sqrt{4}=\sqrt[4]{16}=2$.
- Els radicals $\sqrt[3]{2}$ i $\sqrt[6]{4}$ són equivalents, ja que amb la calculadora veiem que $\sqrt[3]{2}=\sqrt[6]{4}=1{,}25992105...$

53 Comprova amb ajuda de la calculadora si els radicals són equivalents.

a. $\sqrt[5]{10}$ i $\sqrt[10]{100}$ b. $\sqrt[4]{2{,}1}$ i $\sqrt[12]{6{,}21}$

54 Indica si les afirmacions següents són certes o falses, explica per què i aporta exemples o contraexemples.

a. Totes les arrels d'índex senar i radicand –1 són equivalents.

b. Totes les arrels d'índex parell i radicand –1 són equivalents.

55 **PLANTEGEM JUNTS EL TREBALL.** Busca una regla per obtenir radicals equivalents. Per això, calcula les potències de 3 amb exponents de 2 a 6 i escriu l'arrel positiva que li correspon a cadascuna. Són equivalents? Pots deduir una regla que et permeti trobar radicals que també ho siguin?

56 L'ajuntament de Miraflors ha comprat 19 630 pensaments per fer un gran parterre quadrat al centre de la plaça.

a. Quants pensaments tindrà el costat del quadrat?

b. Quedaran pensaments per adornar el balcó de l'ajuntament?

57 En Miquel s'ha deixat les claus dins de casa i ara no hi pot entrar. Un bomber entrarà per la finestra de la seva habitació, situada a una altura de 8 m. Pot pujar per una escala, però just sota la finestra hi ha un porxo, per la qual cosa, per superar-lo, han de col·locar l'escala a 4 m de la paret, tal com mostra el dibuix.

De quina longitud ha de ser l'escala? Expressa el resultat arrodonint als decímetres. Creus que aquesta precisió és suficient?

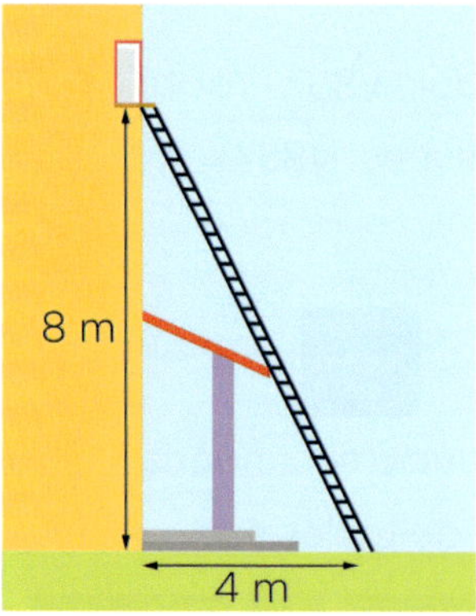

58 El cub de Rubik més habitual està format per 27 cubs petits, però també n'hi ha de 64 cubs petits i fins i tot de 216, com passa amb el gran cub de Rubik. Quants cubs petits formen el costat del gran cub de Rubik?

59 Un estudi recent calcula que les pèrdues reals d'aigua per fuites, ruptures i avaries a les xarxes públiques espanyoles de proveïment urbà són de 678 hm^3, la qual cosa suposa el 15,7 % del total d'aigua subministrada a les esmentades xarxes.

a. Si tota aquesta aigua es fiqués en una gran bola de vidre, quin radi tindria?

b. Quin radi tindria una bola de vidre que contingués un litre d'aigua?

c. Per què creus que no es construeixen envasos esfèrics per transportar líquids?

EL NOSTRE REPTE Potencia el teu costat eco

Investigueu sobre el problema dels residus plàstics

Pas 1

Investigueu

- Quina quantitat de plàstic acaba al mar en un any? Per què?
- Quant tarda a degradar-se, el plàstic?
- Quins danys provoquen els plàstics als oceans?
- Com s'originen els microplàstics? Per què són perillosos?
- Davant d'aquests problemes, quines mesures poden prendre els governs? I la ciutadania?

Pas 2

Analitzeu dades

La taula mostra els cinc països amb més residus plàstics d'un sol ús generats el 2019, en quilos. (Font: Fundació Minderoo).

Xina	EUA	Índia	Japó	Regne Unit
$2{,}54 \cdot 10^{10}$	$1{,}71 \cdot 10^{10}$	$5{,}58 \cdot 10^{9}$	$4{,}71 \cdot 10^{9}$	$2{,}89 \cdot 10^{9}$

a. Calculeu la quantitat total de plàstics d'un sol ús generats entre els cinc països i quin percentatge representa de la quantitat total d'aquell any, que va ser d'uns 130 milions de tones.

b. Busqueu la població de cada país per calcular la quantitat de residus per capita. Hi ha alguna dada que us cridi l'atenció? Per què?

Pas 3

Consciencieu els altres

Aprenc a pensar. Prepareu una presentació per conscienciar sobre el problema dels residus plàstics seguint aquesta estructura:

1. Obertura, dirigida a captar l'atenció del públic. Sigueu creatius! Utilitzeu la pluja d'idees. Podeu emprar la plantilla descarregable.
2. Cos, en el qual tots intervingueu per torns.
3. Tancament, en què convideu a fer una cosa concreta que ajudi a resoldre el problema.

Com ha anat el repte? Entra i fes la teva valoració

EN RESUM

Potències

Exponent enter positiu	Exponent 0	Exponent enter negatiu
$a^n = a \cdot a \cdot \ldots \cdot a$ (base: a; exponent: n; n vegades)	Si $a \neq 0 \Rightarrow a^0 = 1$	• Si $a \neq 0 \Rightarrow a^{-n} = \frac{1}{a^n}$ • Si $a \neq 0$ i $b \neq 0 \Rightarrow \left(\frac{a}{b}\right)^{-n} = \left(\frac{b}{a}\right)^n$

Propietats de les potències

Producte de potències amb la mateixa base	Quocient de potències amb la mateixa base	Producte de potències amb el mateix exponent	Quocient de potències amb el mateix exponent	Potència d'una potència
$a^m \cdot a^n = a^{m+n}$	$\frac{a^m}{a^n} = a^{m-n}, a \neq 0$	$a^n \cdot b^n = (a \cdot b)^n$	$\frac{a^n}{b^n} = \left(\frac{a}{b}\right)^n, b \neq 0$	$(a^m)^n = a^{m \cdot n}$

Notació científica

Nombre escrit en notació científica	Multiplicació i divisió	Suma i resta
$a \cdot 10^p$ $1 < \lvert a \rvert < 10$ p. enter (ordre de magnitud)	S'opera amb els nombres, d'una banda, i amb les potències de 10, de l'altra.	S'escriuen els nombres multiplicats per la mateixa potència de 10 i s'extreu factor comú.

Arrels

L'**arrel enèsima** d'un nombre a és un nombre b tal que en elevar-lo a l'índex n s'obté a:

$$\sqrt[n]{a} = b \Rightarrow b^n = a$$

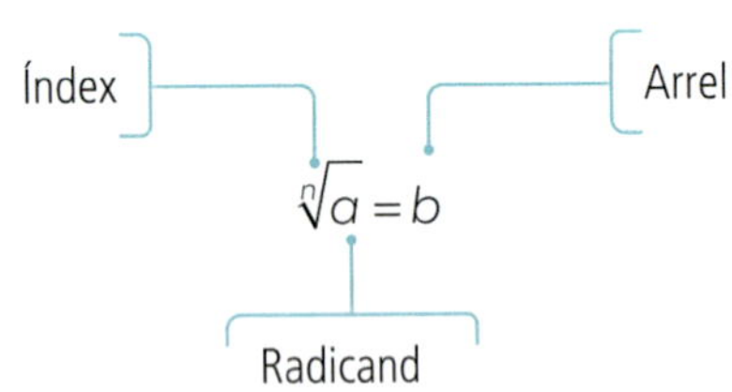

Radicand	Índex	Nombre d'arrels reals
$a > 0$	Parell	Dues arrels oposades
	Senar	Una arrel positiva
$a < 0$	Parell	Cap arrel real
	Senar	Una arrel negativa
$a = 0$	Parell o senar	Una arrel igual a 0

PRACTIQUEM

Activitats

1 **Aprenc a pensar.** Organitza en un mapa mental els conceptes que has après.

2 Expressa el resultat d'aquestes operacions fent servir potències d'exponent positiu.

a. $0{,}25^{-3}$

b. $\dfrac{3^2}{3^{-5}}$

c. $0{,}001^{-5}$

d. $\left(\dfrac{3}{2}\right)^{-5}$

e. $\left(5^{-3}\right)^{-3}$

f. $\left(\dfrac{3}{5}\right)^{2}\cdot\left(\dfrac{5}{3}\right)^{-5}$

3 Escriu com una única potència l'expressió: $\dfrac{a^b \cdot b^a}{b^b \cdot a^a}$

4 Explica, aportant evidències, si la igualtat següent és veritable o falsa. En cas que sigui falsa, escriu la igualtat correcta.

$$\left(\frac{4}{3}-1\right)^3=\left(\frac{4}{3}\right)^3-1$$

5 Indica si les afirmacions següents són certes o falses i explica per què. Posa exemples.

a. Les potències de 2 sempre són nombres més grans que 2.

b. En elevar un nombre negatiu a una potència parella el resultat sempre és positiu.

c. En elevar el nombre k a l'exponent -1 s'obté com a resultat $-k$.

d. En calcular les potències a^b i b^a sempre s'obté el mateix nombre.

6 En escriure $2^{2^{2^2}}$, es vol dir $2^{\left[2^{\left(2^2\right)}\right]}$ o, el que és el mateix, 2^{16}. En aquesta representació s'està utilitzant alguna propietat dels exponents? Explica-ho.

7 A quin exponent cal elevar 9 per obtenir $3^{15}\cdot 27^{-10}$?

8 A quin exponent cal elevar el nombre 3 per obtenir $9^{20}+9^{20}+9^{20}$? Justifica la teva resposta.

9 Analitza les igualtats següents i completa amb els factors que falten.

a. $2^3\cdot \bullet=\dfrac{1}{2^5}$

b. $1{,}2\cdot 10^5\cdot \bullet = 2{,}52\cdot 10^{-7}$

10 Escriu en notació científica aquests nombres.

a. 214 bilions

b. –5525 milions

c. 0,000 000 002 014

d. Quatre milionèsimes

e. 149 600 000

f. –381 000 000

g. 0,000 000 000 000 381

h. –0,000 000 000 001

11 Expressa en notació científica i simplifica.

$$\frac{10\,000^3\cdot 0{,}000\,03^4}{100^2\cdot 5\,000\,000\cdot 0{,}000\,2^5}$$

12 Expressa el nombre $25^{64}\cdot 64^{22}$ en notació científica.

13 **Activitat resolta**

El nombre $N=\dfrac{\left(9^{1000}-9^{999}\right)^3}{\left(3^{1000}-3^{999}\right)^6}$ és un enter positiu. Quin és el valor de N?

Com que $a^{1000}=a\cdot a^{999}$, tant al numerador com al denominador podem treure factor comú:

$$\frac{\left[9^{999}\cdot(9-1)\right]^3}{\left[3^{999}\cdot(3-1)\right]^6}=\frac{\left(9^{999}\cdot 8\right)^3}{\left(3^{999}\cdot 2\right)^6}=\frac{\left(9^{999}\right)^3\cdot 8^3}{\left(3^{999}\right)^6\cdot 2^6}=\frac{9^{999\cdot 3}\cdot 8^3}{3^{999\cdot 6}\cdot 2^6}$$

Escrivint com a potències de 2 i 3 tenim:

$$\frac{\left(3^2\right)^{999\cdot 3}\cdot\left(2^3\right)^3}{3^{999\cdot 6}\cdot 2^6}=\frac{3^{999\cdot 6}}{3^{999\cdot 6}}\cdot\frac{2^9}{2^6}=2^3=8$$

14 **PLANTEGEM JUNTS EL TREBALL.** El resultat de l'expressió $\sqrt{\dfrac{8^{10}+4^{10}}{8^4+4^{11}}}$ és un nombre enter. Troba'l sense la calculadora.

15 Si $8^{668}+2^{2005}+4^{1003}=7\cdot 16^x$, troba el valor de x.

Problemes

16 La cuina de casa meva és quadrada i té una superfície de 441 dm^2. Per cobrir el terra hem necessitat 225 rajoles quadrades. Quant mesura el costat de cadascuna de les rajoles?

17 Respon les preguntes següents utilitzant la notació científica.

a. Aproximadament, quants segons de la teva vida has passat dormint?

b. De quantes maneres puc ordenar els 20 llibres de la meva prestatgeria?

c. La longitud de l'equador terrestre és de 40 075 km. Quants espaguetis de 40 cm necessitaries per envoltar la Terra per l'equador?

18 El radi de la Lluna és 1737 km; el de la Terra, $6{,}371 \cdot 10^6$ m, i el del Sol, $6{,}96 \cdot 10^5$ km.

a. Quantes vegades és més gran el radi de la Terra que el de la Lluna?

b. Quantes vegades és més gran el diàmetre del Sol que el de la Terra?

c. Quantes vegades és més gran el diàmetre del Sol que el de la Lluna?

19 El professor diu que $A = 2 \cdot 5 \cdot 1000^2 \cdot 10^7$ i $B = 100^7$ són el mateix nombre. Per comprovar-ho, la Marina raona d'aquesta manera:

"Si divideixo A entre B i el resultat és 1, hauré comprovat, efectivament, que són el mateix nombre"

$$\frac{A}{B} = \frac{2 \cdot 5 \cdot 1000^2 \cdot 10^7}{100^7} =$$

$$= \frac{10 \cdot 10^6 \cdot 10^7}{10^{14}} = \frac{10^{13}}{10^{14}} = \frac{1}{10}$$

Segons els seus càlculs, la Marina pensa que el professor s'ha confós i que A és la desena part de B. Creus que té raó?

20 Les cèl·lules i les seves estructures internes tenen unes mesures molt petites, només observables amb el microscopi. Per mesurar-les, s'utilitza el micròmetre (µm).

$$1\,\mu m = 10^{-3}\,mm$$

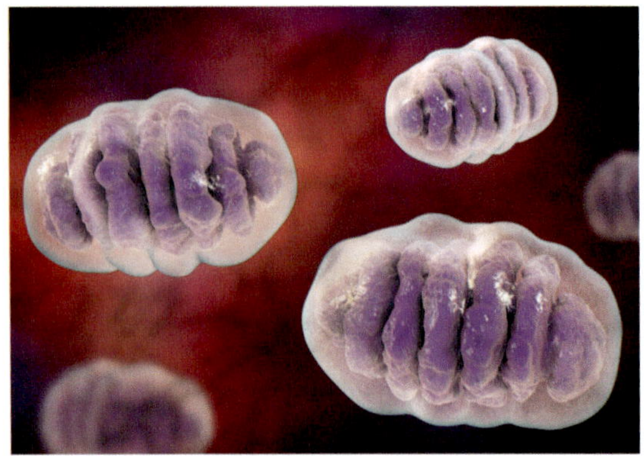

Calcula la mida en mil·límetres i en metres d'un mitocondri que mesura 0,5 µm.

21 El diàmetre d'un glòbul vermell és d'aproximadament $7 \cdot 10^{-6}$ m. Si col·loquéssim glòbuls vermells en fila, quants se'n necessitarien per cobrir un centímetre?

22 En astronomia s'utilitza l'any llum com a mesura de la distància. És la distància que recorre la llum en un any i equival a $9{,}46 \cdot 10^{12}$ km.

Si el radi de la Via Làctia és 50 000 anys llum, quant mesura en quilòmetres?

23 Un mol és la quantitat de matèria que conté $6{,}02 \cdot 10^{23}$ partícules elementals (ja siguin àtoms, molècules, ions, partícules subatòmiques...).

a. El nombre $6{,}02 \cdot 10^{23}$ s'anomena nombre d'Avogadro. Escriu-lo en notació decimal.

b. En un litre d'aigua hi ha 55,6 mols de molècules. Quantes molècules són?

c. Si el nombre d'àtoms del cos humà és aproximadament 10^{28}, quants mols d'àtoms té el nostre cos?

24 Una nau espacial surt de la Terra cap a un planeta situat a 2^{20} km. Després de fer un quart del trajecte, la nau perd el contacte per ràdio amb la Terra i el recupera quan és a 2^{19} km de distància. Quants quilòmetres ha recorregut la nau sense contacte per ràdio? Resol el problema sense utilitzar la calculadora.

25 **La llegenda de l'altar d'Apol·lo**

L'any 429 aC la pesta assolava la ciutat d'Atenes. Els seus habitants, molt espantats, decideixen consultar l'oracle d'Apol·lo a la ciutat de Delfos. L'oracle els va dir que la pesta remetria quan li construïssin un altar en forma de cub, igual al que en aquell moment hi havia a la ciutat, però duplicat en volum.

Si el costat de l'altar antic mesurava un metre, quant haurà de mesurar el costat del nou altar?

26 Una de les aplicacions de les potències a la vida real és la de l'interès bancari. Si un banc ens dona un *r* % d'interès anual pels diners que tenim ingressats en un compte, la fórmula per saber quants diners tindrem després de *t* anys és la següent:

$$\text{Capital final} = \text{Capital inicial} \cdot \left(1 + \frac{r}{100}\right)^t$$

a. Calcula quants diners tindrà en Joan si ingressa 10 000 € durant dos anys en un banc que dona el 3 % d'interès anual.

b. La Marta va ingressar fa deu anys 2000 € en un banc que li ha donat un 5 % d'interès anual. Avui ha tret els diners. Quina quantitat creus que ha rebut?

c. En Lluc va tenir diners durant cinc anys en un banc a un interès anual del 4 %. Ja no recorda quants diners va ingressar, però ara té gairebé 18 250 €. Si va ingressar una quantitat entera d'euros, quant era?

Comprova el que has après

1 Calcula les potències següents.

$$\left(\frac{1}{3}\right)^{-2},\ -\left(\frac{1}{3}\right)^{-2} \text{ i } \left(-\frac{1}{3}\right)^{-2}$$

2 Expressa en forma d'una única potència.

a. $\dfrac{2^5 \cdot 2 \cdot 2^4}{16^3 \cdot (2^3)^2}$

b. $\dfrac{0{,}001^2 \cdot 0{,}1^{-2}}{(100^3)^4}$

3 Redueix les expressions següents.

a. $\dfrac{\left(-\frac{1}{3}\right)^2}{\left(\frac{9}{2}\right)^{-1}}$

b. $\left(\dfrac{2^3}{3^2}\right)^2 \cdot \dfrac{1}{(2^2)^2 \cdot 3^{-3}}$

c. $\left(-\dfrac{7}{8}\right)^0 \cdot \left[\left(\dfrac{1}{2}\right)^{-2}\right]^3$

d. $\dfrac{\left(\frac{7}{4}\right)^{-2} \cdot \left(\frac{1}{9}\right)^2}{\left[\left(\frac{2}{3}\right)^2\right]^2}$

4 Escriu en notació científica aquests nombres.

a. 300 000 000

b. $0{,}25 \cdot 10^{16}$

c. 0,000 002 014

d. $101{,}5 \cdot 10^{-5}$

5 Fes les operacions següents.

a. $6{,}7 \cdot 10^3 \cdot 2{,}01 \cdot 10^{-6} + 4{,}3 \cdot 10^{-2}$

b. $\dfrac{4{,}5 \cdot 10^{-4}}{1{,}5 \cdot 10^{-8}} - 1{,}03 \cdot 10^4$

6 El peix més gran del món és el tauró balena, que pot assolir els 15 m de llarg. El més petit és el *Paedrocypris progenetica*, una varietat de carpa de la qual hi ha exemplars que no arriben als 8 mm.

Compara totes dues mides aplicant notació científica.

7 Escriu aquestes potències en forma d'arrel.

a. $2^7 = 128$

b. $6^4 = 1\,296$

c. $7^5 = 16\,807$

8 Calcula aquestes arrels i escriu la potència corresponent.

a. $-\sqrt[4]{81}$

b. $\sqrt[3]{-1000}$

c. $\sqrt{\dfrac{36}{25}}$

Les meves competències | Autoavaluació

Bloc 2 SENTIT DE LA MESURA I ESPACIAL

2.1. Semblants, però no iguals

2.2. Moviments en el pla: creant bellesa

2.3. Donant forma al nostre entorn

2.1 Semblants però no iguals

COMENCEM!

Bilbao, la millor gestió del reciclatge

Segons un estudi de l'OCU (Organització de Consumidors i Usuaris) que es va fer el 2019, Bilbao es va valorar com la ciutat amb la millor gestió dels residus urbans de tot Espanya.

En aquest estudi es van valorar la qualitat de la informació sobre reciclatge i el tractament dels diferents residus.

Un dels factors que s'ha de tenir en compte per gestionar eficaçment els residus en una ciutat gran és la seva geometria.

- Com valoraries el reciclatge a la teva ciutat? Saps què és l'economia circular?
- Coneixes la regla de les 3 R: reduir, reutilitzar i reciclar?
- Redueixes, reutilitzes i recicles en el teu dia a dia? Saps què és un punt net?
- Has reutilitzat alguna vegada materials reciclats? Quins usos els has donat? Cerca informació sobre l'artista Vik Muniz i sobre la seva obra.

APRENEM!

1. Implicar-nos en les posades en comú de classe.
2. Classificar figures geomètriques segons els seus angles i costats.
3. Identificar figures semblants i calcular-ne la raó.
4. Utilitzar el teorema de Tales en triangles i altres figures semblants.
5. Aplicar les raons de semblança en perímetres, àrees i volums.
6. Trobar la motivació per aprendre i aplicar la semblança en situacions de la vida real.
7. Utilitzar la semblança per millorar la gestió de residus a les ciutats i fer-les més sostenibles.

EL NOSTRE REPTE

Vine al punt net

Saps quin tipus de residus es dipositen en un punt net?

Perquè en una ciutat la gestió de residus es faci de manera eficient, és important la seva ubicació. Elaborareu un pla de Bilbao amb els seus punts nets i analitzareu on es localitzen a la ciutat.

Som-hi!

1 Com classifiquem les figures geomètriques?

Polígons

1 En Pere vol tancar un terreny amb una tanca de fusta i pot triar entre aquestes quatre opcions:

a 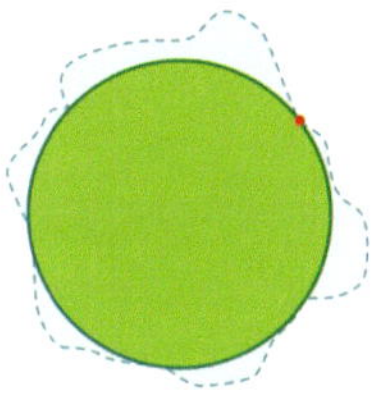

b 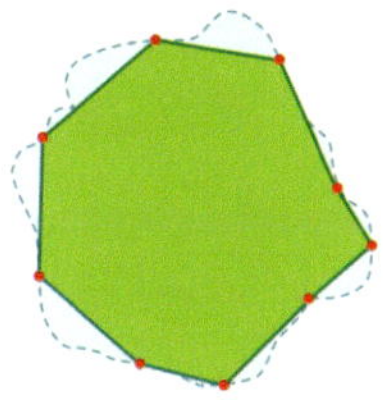

c 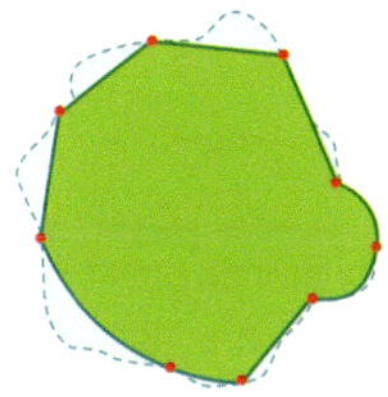

d 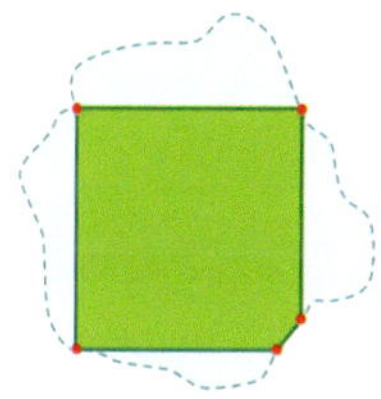

Els trossos de tanca corbs són més cars de construir que els rectes. Cobrint la superfície més gran possible, quina et sembla la millor opció? Quin té forma de polígon?

Els **polígons** són figures geomètriques del pla limitades per una línia poligonal tancada. Poden ser:

- **Convexos**: quan tots els seus angles interiors són de menys de 180°.
- **Còncaus**: quan tenen almenys un angle interior de més de 180°.

Els polígons s'anomenen a partir del nombre de costats que tenen i, així, un **triangle** té tres costats, un **quadrat** en té quatre, un **pentàgon** en té cinc...

Exemple

Els punts *A*, *B*, *C*, *D* i *E* que apareixen en la figura estan units per segments que formen una línia poligonal tancada.

La figura té cinc costats, cinc vèrtexs i cinc angles interiors.

Com que l'angle *D* mesura més de 180°, el polígon és còncau.

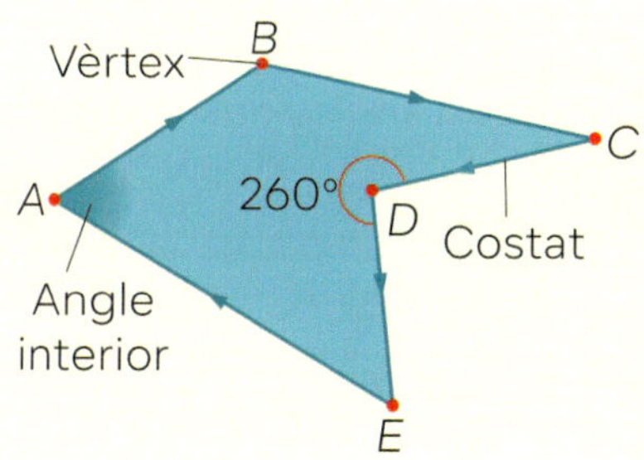

2 Justifica si les figures següents són polígons i, en cas que ho siguin, classifica'ls en convexos i còncaus.

a 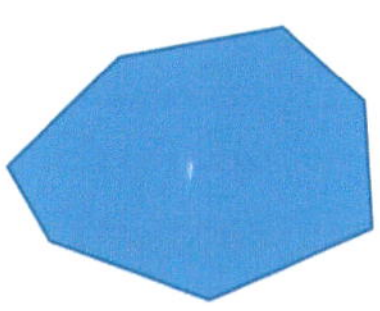

b 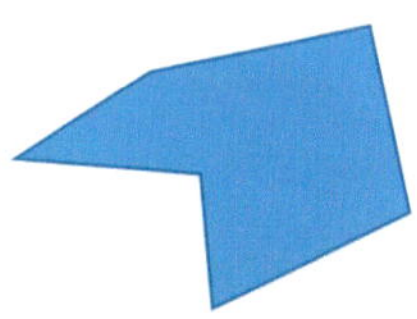

c 

Suma d'angles interiors d'un polígon

En un triangle, la suma dels seus tres angles és 180°.

Per comprovar la suma d'angles, considerem el triangle *ABC*.	Per *A*, tracem una línia paral·lela al costat *BC*.	Els angles del mateix color són iguals per ser **alterns interns**.
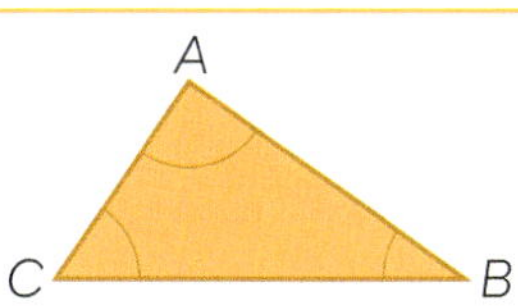	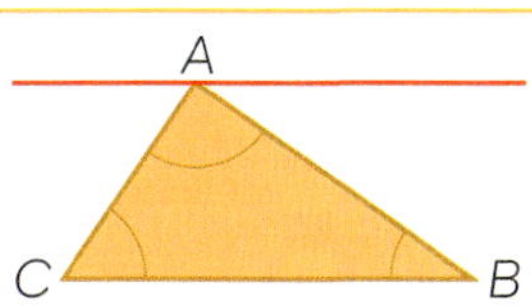	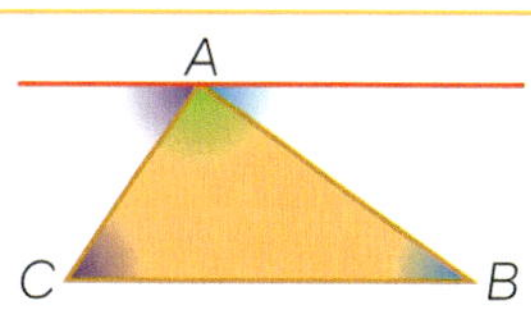
S'obté un angle pla, per tant: $\hat{A}+\hat{B}+\hat{C}=180°$		

Com que coneixem la suma dels angles interiors d'un triangle, podem calcular la de qualsevol polígon convex.

Tenim un hexàgon convex.	Des d'un dels vèrtexs es tracen totes les diagonals.	L'hexàgon queda dividit en quatre triangles.
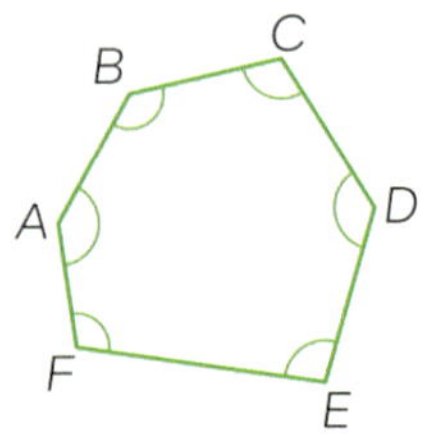	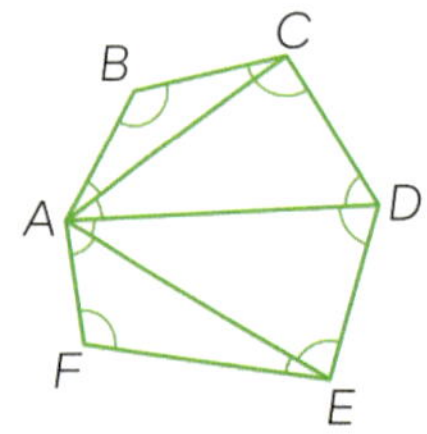	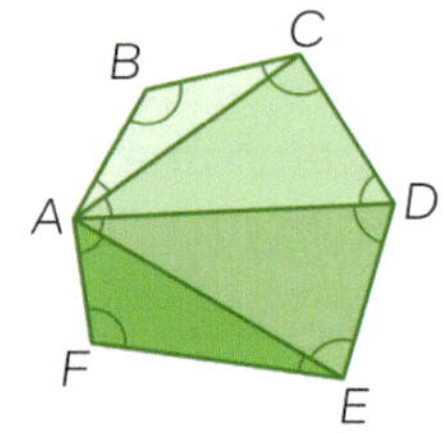
La suma dels sis angles interiors de l'hexàgon coincideix amb la suma dels angles interiors dels quatre triangles, de manera que tenim: $S = 180° \cdot 4 = 180° \cdot (6-2) = 720°$		

Per tant, **la suma** de *n* angles interiors d'un polígon convex de *n* costats és:

$$S = 180°(n-2)$$

3 Activitat resolta

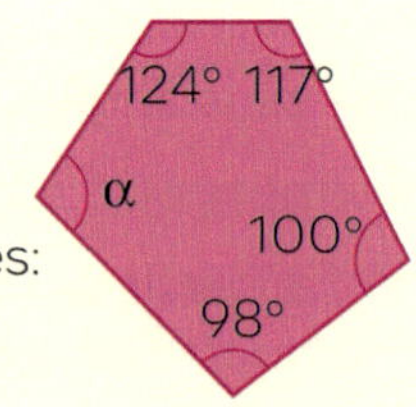

Troba la mesura de l'angle α en la figura següent.

La figura és un pentàgon, de manera que la suma dels seus angles interiors és:

$$S = 180°(n-2) = 180° \cdot 3 = 540°$$

Per tant: $124° + 117° + 100° + 98° + \alpha = 540° \Rightarrow \alpha = 101°$

4 **Calcula els angles desconeguts en aquestes figures.**

a 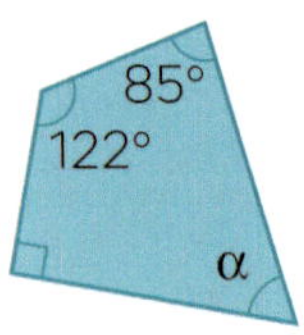

b 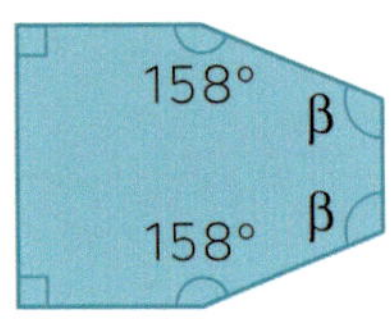

c 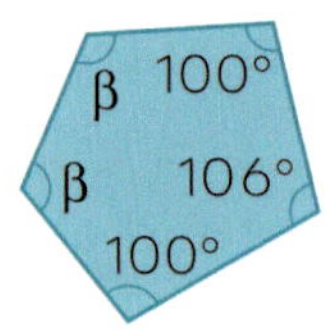

Polígons regulars

Un **polígon** és **regular** quan tots els seus costats i els seus angles són iguals.

Si dividim la suma d'angles interiors entre el nombre de costats, obtenim l'angle interior d'un polígon regular. Amb *n* costats i *n* angles interiors tenim:

$$\alpha = \frac{180°(n-2)}{n}$$

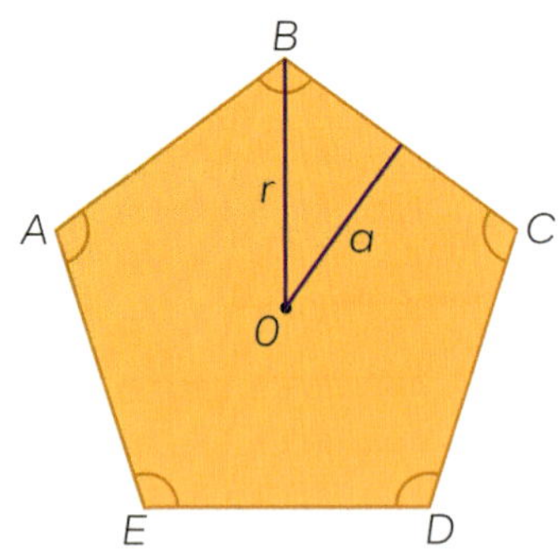

Angles interiors:
$\hat{A} = \hat{B} = \hat{C} = \hat{D} = \hat{E}$
L'**apotema**, *a*, és el segment del centre al punt mitjà d'un costat.

Exemple

Per a un pentàgon, els angles interiors són: $\alpha = \frac{180°(5-2)}{5} = \frac{540°}{5} = 108°$

5 **Els angles interiors d'un polígon regular mesuren 150°. Quants costats té?**

6 **Troba la mesura de cada un dels angles interiors de:**

a. Un hexàgon regular **b.** Un octàgon regular **c.** Un decàgon regular

Construcció de triangles

7 L'Alícia i en Joan volen fer una cabanya al bosc. Disposen de dos troncs de 3 i 2 metres per fer l'entrada en forma de triangle. Si volen deixar una distància de 6 metres entre els dos troncs, podran formar l'entrada?

Quina creus que hauria de ser aproximadament la distància entre tots dos?

Perquè tres segments puguin formar un triangle, cal que la suma de les longituds dels segments més curts sigui més elevada que la longitud del més llarg.

Exemple

No és possible construir un triangle amb tres segments de 15, 7 i 5 cm, perquè la suma dels segments de 7 cm i 5 cm és inferior a la longitud del tercer segment: $7 + 5 = 12 < 15$

A la figura podem comprovar que els arcs de ràdios 7 cm i 5 cm no es tallen.

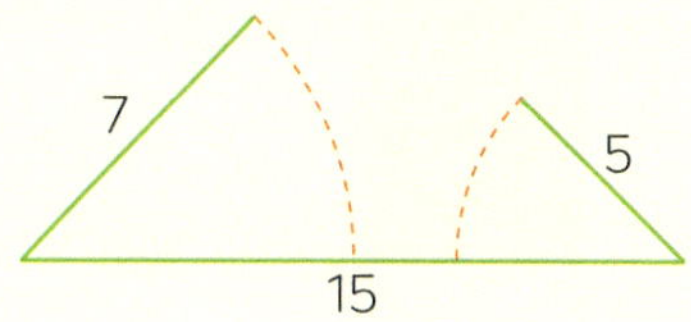

8 Comprova si les longituds següents poden formar un triangle.

a. $x = 10$ cm $y = 11$ cm $z = 8$ cm

b. $x = 10$ cm $y = 10$ cm $z = 21$ cm

c. $x = 20$ cm $y = 25$ cm $z = 5$ cm

d. $x = 12{,}5$ cm $y = \frac{30}{7}$ cm $z = \sqrt{50}$ cm

9 La suma dels tres angles d'un triangle és 180°. Comprova que la fórmula de la suma dels angles interiors d'un polígon de *n* costats es compleix per al triangle.

10 **Activitat resolta**

Calcula els valors de *a* perquè tres segments de 20 cm, 15 cm i *a* cm de longitud puguin formar un triangle.

- Si *a* és la longitud més gran de les tres, s'ha de complir que: $15 + 20 > a \Rightarrow a < 35$
- Si *a* és una de les longituds més petites, s'ha de complir que: $a + 15 > 20 \Rightarrow a > 20 - 15 = 5$

Per tant, *a* pot prendre qualsevol valor comprès entre 5 i 35, sense incloure-hi aquests extrems.

11 Si *z* és el costat més llarg, per a quins valors de *a* formen un triangle els segments següents?

a. $x = a$ $y = a + 1$ $z = 12$

b. $x = a$ $y = a$ $z = 12$

12 Tres segments mesuren 3, 6 i $a + 5$ cm, respectivament. Quins són els possibles valors de a perquè puguin formar un triangle, si *a* és un nombre natural?

13 Observa el tobogan i calcula'n les mesures desconegudes, *h*, *a* i *b*.

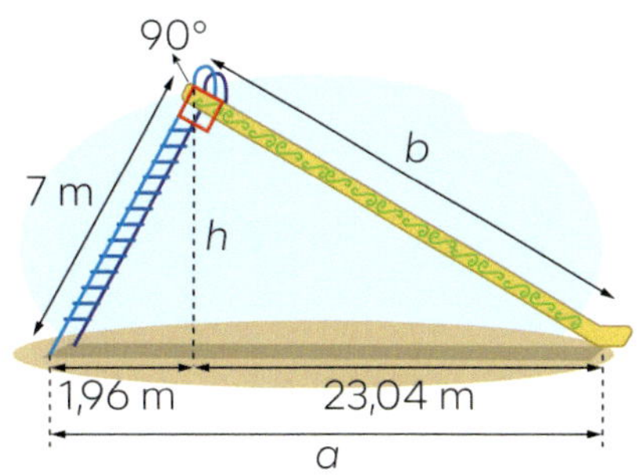

Recorda que en triangles rectangles es pot utilitzar el teorema de Pitàgores: $a^2 = b^2 + c^2$

2 Quan dues figures són semblants?

Semblança

14 Indica quina de les parelles de figures següents és una parella de figures semblants i explica en què et bases per a la teva elecció.

A

B

C

T'és fàcil identificar la semblança en figures que no són polígons?

Treballa les figures semblants en GeoGebra amb el *El Pantògraf*.

Dues figures són **semblants** quan tenen la mateixa forma, encara que les seves dimensions siguin diferents.

El quocient entre la distància de dos punts qualssevol d'una figura i la distància entre els punts corresponents en l'altra és constant i es denomina **raó de semblança**, *k*.

En un **polígon semblant** s'ha de complir que:

- Els angles corresponents són iguals.
- Els costats corresponents són proporcionals.

La raó de proporcionalitat dels costats és la **raó de semblança** dels polígons.

Els angles, punts, costats... que es corresponen en una semblança es diuen **homòlegs**.

Exemple

Entre aquests dos rectangles es verifica que:

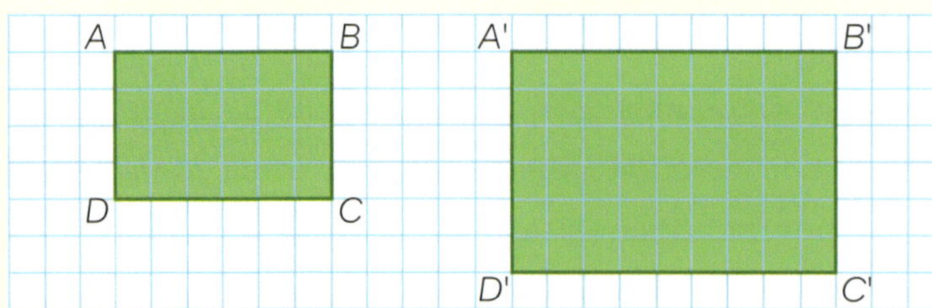

- Els seus angles corresponents són iguals.

$\hat{A}=\widehat{A'}=90°$ $\hat{C}=\widehat{C'}=90°$

$\hat{B}=\widehat{B'}=90°$ $\hat{D}=\widehat{D'}=90°$

- Els seus costats corresponents són proporcionals, amb raó de proporcionalitat $k = 1,5$.

$\overline{AB}=6;\ \overline{A'B'}=9 \Rightarrow \overline{A'B'}=1,5\cdot\overline{AB}$ $\overline{CD}=6;\ \overline{C'D'}=9 \Rightarrow \overline{C'D'}=1,5\cdot\overline{CD}$

$\overline{BC}=4;\ \overline{B'C'}=6 \Rightarrow \overline{B'C'}=1,5\cdot\overline{BC}$ $\overline{DA}=4;\ \overline{D'A'}=6 \Rightarrow \overline{D'A'}=1,5\cdot\overline{DA}$

15 Comprova en cada cas que els rectangles són semblants i indica'n la raó de semblança.
Continua treballant la semblança en rectangles amb l'interactiu de GeoGebra.

a
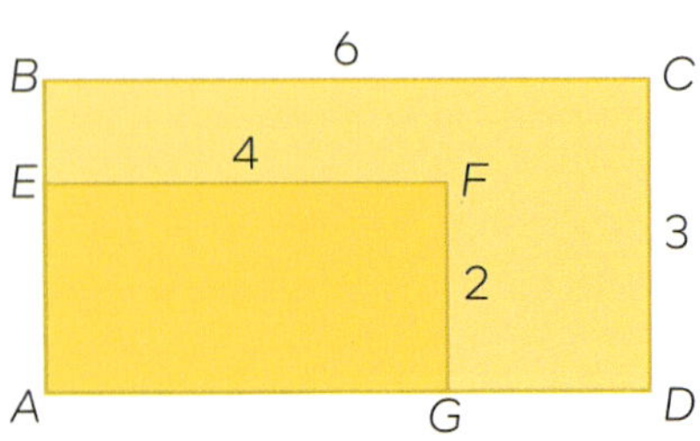

b
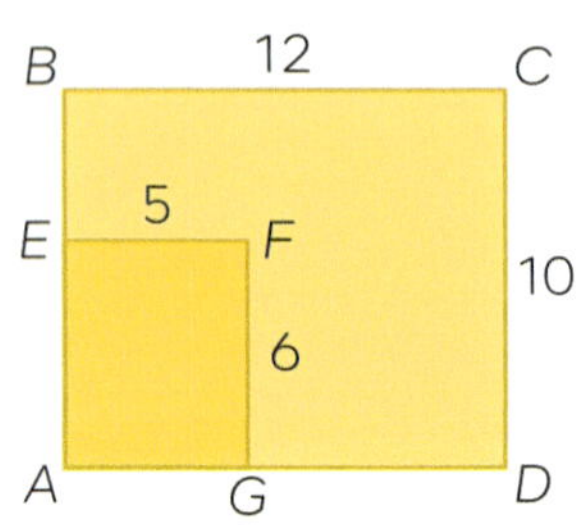

16 Els costats d'un rectangle mesuren 6 i 8 cm. És semblant a un de 15 i 24 cm? I a un de 12 i 16 cm?

17 Determina en cada cas si les figures són semblants o no. Si ho són, indica'n la raó de semblança.

a

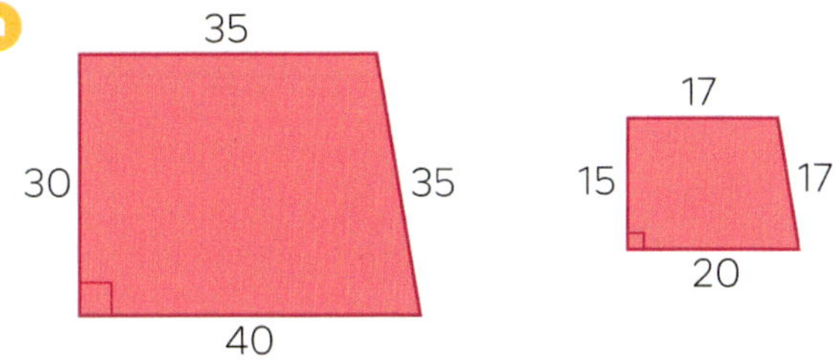

b

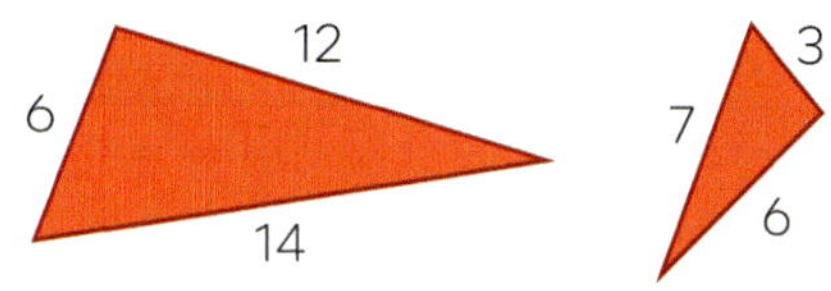

18 **Activitat resolta**

Calcula la mesura del costat d'un quadrat semblant al quadrat *ABCD* de la figura, que fa 6 cm de costat, amb una raó de semblança de 3.

Com que la raó de semblança és 3, es compleix que:

$$\overline{A'B'} = 3 \cdot \overline{AB} = 3 \cdot 6 = 18$$

Per tant, el costat del quadrat semblant mesura 18 cm.

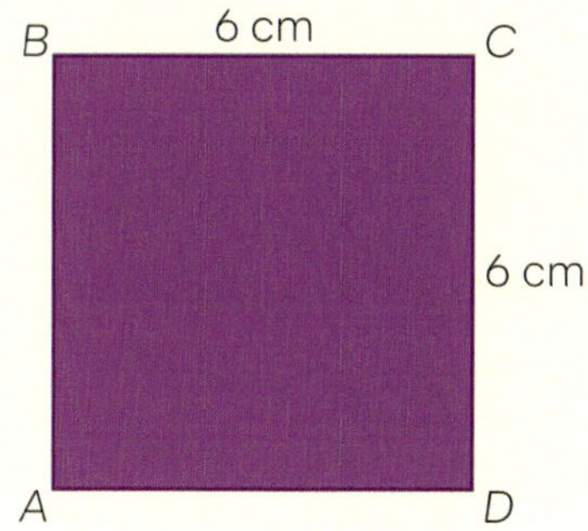

19 Calcula la mesura del costat d'un quadrat semblant a un que mesura 12 cm de costat, amb una raó de semblança igual a les següents.

a. 4 **b.** 2 **c.** $\frac{1}{3}$ **d.** $\frac{3}{2}$

20 **Activitat resolta**

Un rectangle semblant a un altre de 2 cm d'ample i 5 cm de llarg té el costat més curt igual a 3 cm. Troba'n l'altre costat.

Com que els rectangles són semblants, podem establir la proporció següent:

$$\frac{\overline{DA}}{\overline{D'A'}} = \frac{\overline{CD}}{\overline{C'D'}} \Rightarrow \frac{2}{3} = \frac{5}{x} \Rightarrow x = \frac{3 \cdot 5}{2} = 7,5$$

L'altre costat del rectangle mesura 7,5 cm.

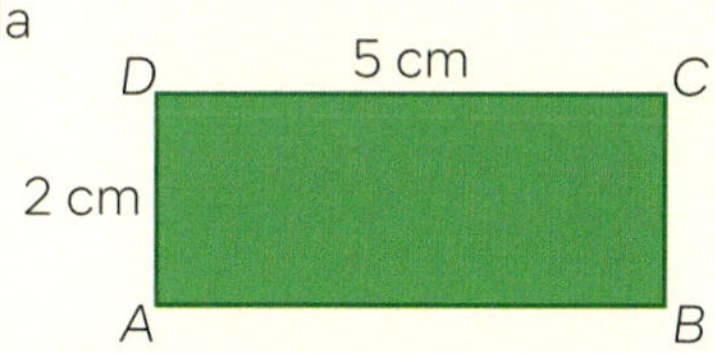

21 Un rectangle semblant a un altre de 3 cm d'ample i 8 cm de llarg té el costat més curt igual a 9 cm.

a. Calcula'n la raó de proporcionalitat. **b.** Troba l'altre costat del rectangle.

22 Quant mesuraran els costats d'un pentàgon semblant al següent si la raó de semblança entre tots dos és de $\frac{2}{3}$?

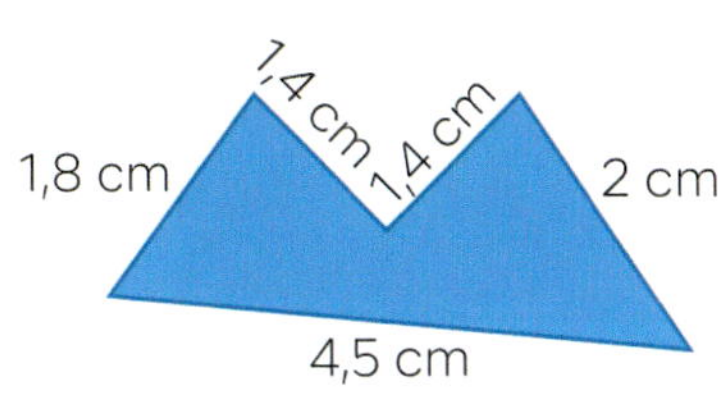

Teorema de Tales

Si dues rectes r i s es tallen amb dues o més rectes paral·leles, els segments que aquestes determinen en r i s són proporcionals.

$$\frac{\overline{AB}}{\overline{A'B'}}=\frac{\overline{BC}}{\overline{B'C'}}=\frac{\overline{AC}}{\overline{A'C'}}$$

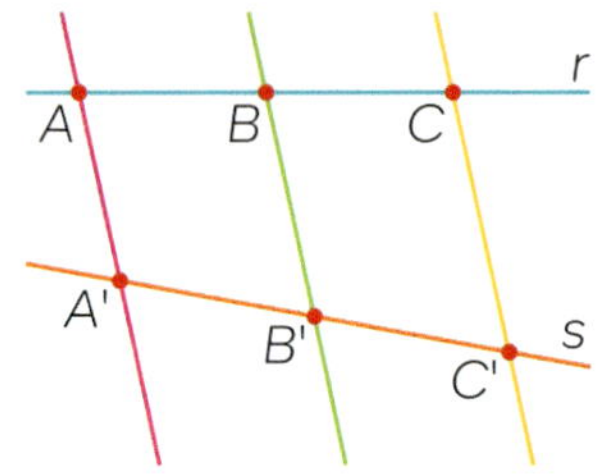

Exemple

Podem utilitzar el teorema de Tales per calcular els costats desconeguts de la figura de la dreta.

$$\frac{\overline{OA}}{\overline{OA'}}=\frac{\overline{AB}}{\overline{A'B'}}\Rightarrow\frac{2}{2,5}=\frac{5}{y}\Rightarrow y=\frac{5\cdot 2,5}{2}=6,25\text{ cm}$$

$$\frac{\overline{OA}}{\overline{OA'}}=\frac{\overline{BC}}{\overline{B'C'}}\Rightarrow\frac{2}{2,5}=\frac{x}{7,5}\Rightarrow y=\frac{2\cdot 7,5}{2,5}=6\text{ cm}$$

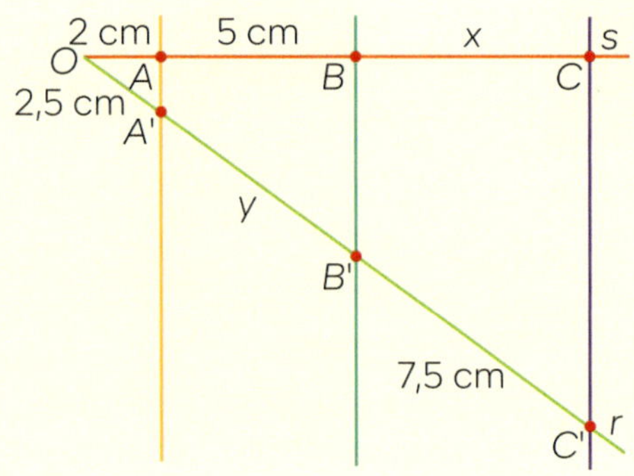

23 Troba el valor de x, si se sap que les rectes l_1, l_2 i l_3 són paral·leles entre si.

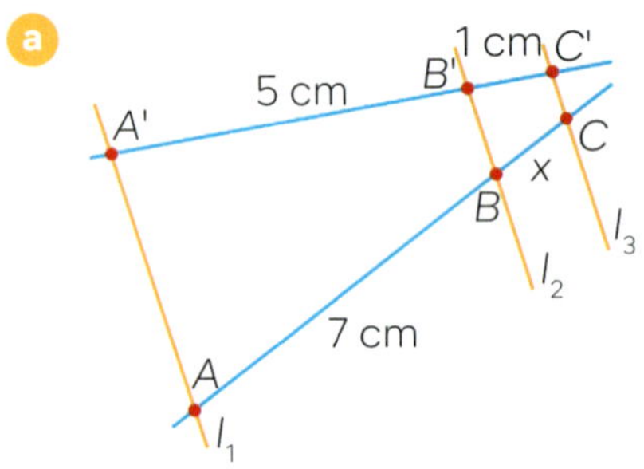

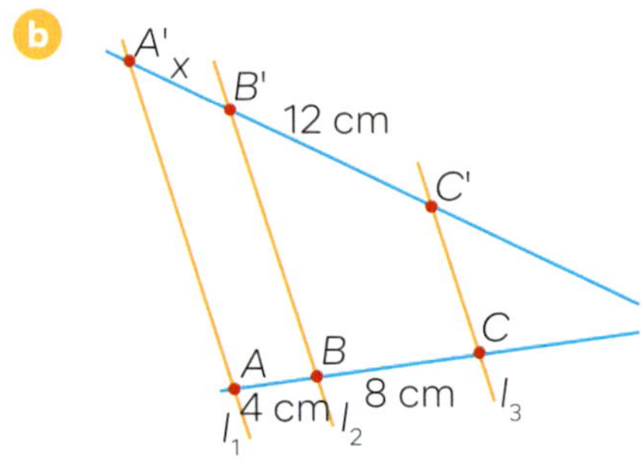

DIVISIÓ D'UN SEGMENT EN PARTS IGUALS

El teorema de Tales permet dividir un segment en parts iguals o proporcionals a un altre segment. Per dividir en tres parts iguals:

Pas 1

Tracem una semirecta en un dels extrems del segment.

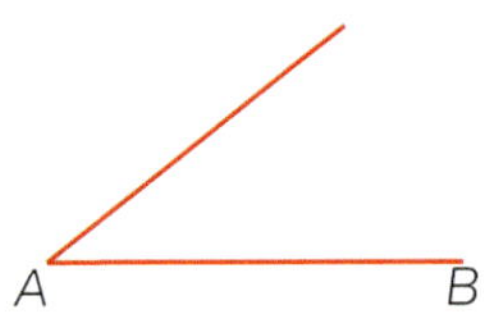

Pas 2

Amb un compàs i una mesura qualsevol, senyalem sobre la semirecta el nombre de punts igual al nombre de parts en què volem dividir el segment.

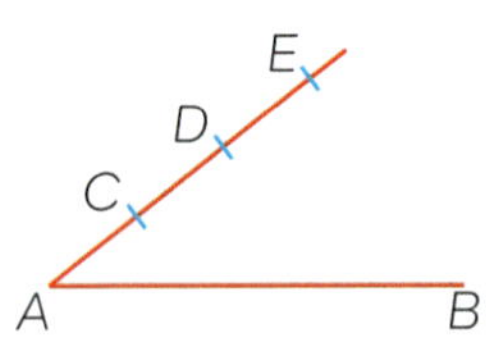

Pas 3

Unim l'últim punt amb l'altre extrem del segment (E amb B) i tracem paral·leles a EB des dels altres punts.

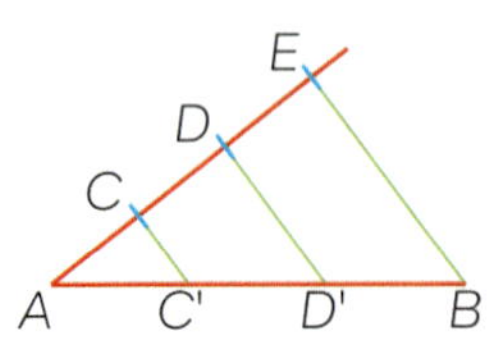

Pel teorema de Tales, es verifica que:

$$\frac{\overline{AD'}}{\overline{AD}}=\frac{\overline{AC'}}{\overline{AC}}$$

Com que $AD = 2 \cdot AC$, llavors:

$$\frac{\overline{AD'}}{\overline{2AC}}=\frac{\overline{AC'}}{\overline{AC}}\Rightarrow$$

$$\Rightarrow\overline{AD'}=2\cdot\overline{AC}\cdot\frac{\overline{AC'}}{\overline{AC}}\Rightarrow$$

$$\Rightarrow\overline{AD'}=2\cdot\overline{AC'}\Rightarrow$$

$$\Rightarrow\overline{AC'}=\overline{C'D'}$$

En quines situacions creus que pot ser útil la divisió de segments?

24 Divideix un segment de 7 cm de longitud en:

a. 4 parts iguals

b. 5 parts iguals

Triangles en posició de Tales

Dos triangles estan en **posició de Tales** quan tenen un angle en comú i els costats oposats a aquest són paral·lels.

Els triangles en posició de Tales són **semblants**.

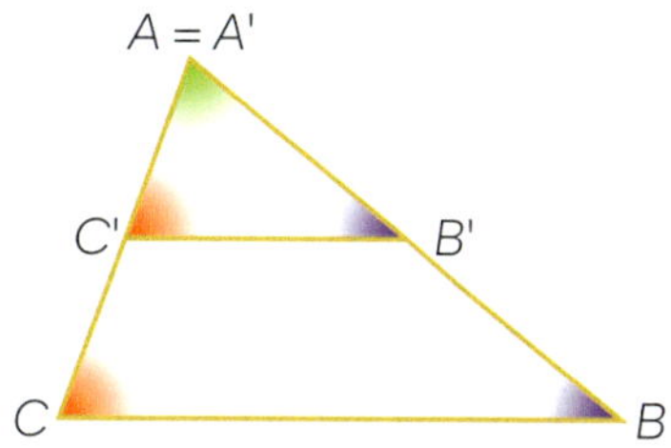

Exemple

Els triangles ABC i $AB'C'$ estan en posició de Tales i, per tant, són semblants:

- Els angles són iguals? $\widehat{A}=40°$; $\widehat{B}=\widehat{B'}=80°$ i $\widehat{C}=\widehat{C'}=60°$
- Els costats són proporcionals: $\frac{\overline{AB}}{\overline{AB'}}=\frac{\overline{AC}}{\overline{AC'}}=\frac{\overline{BC}}{\overline{B'C'}} \Rightarrow \frac{4,6}{11,04}=\frac{5}{12}=\frac{4,04}{x}$

El costat desconegut mesura: $\frac{5}{12}=\frac{4,04}{x} \Rightarrow x=\frac{4,04 \cdot 12}{5}=9,696$ cm

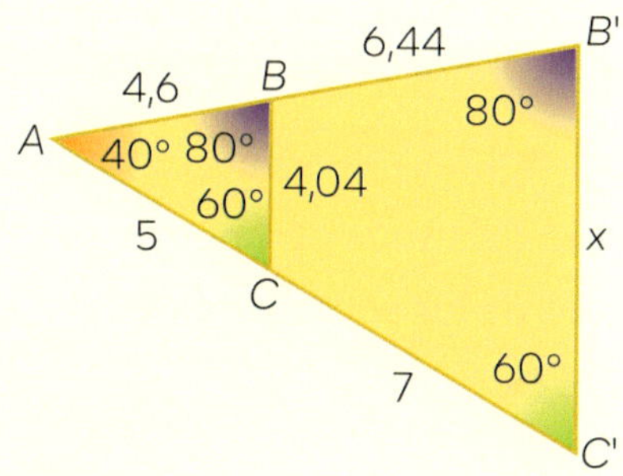

25 Troba el valor dels costats desconeguts, si se sap que els triangles estan en posició de Tales.

a

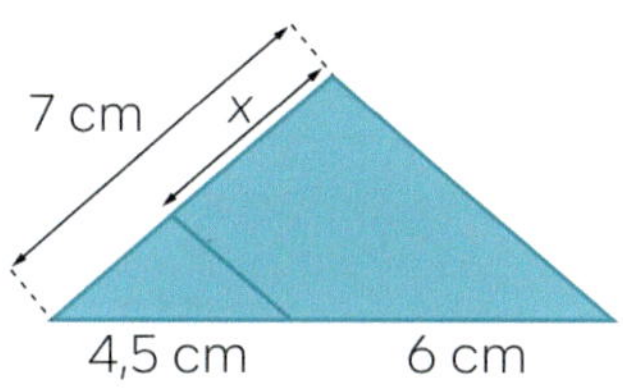

b

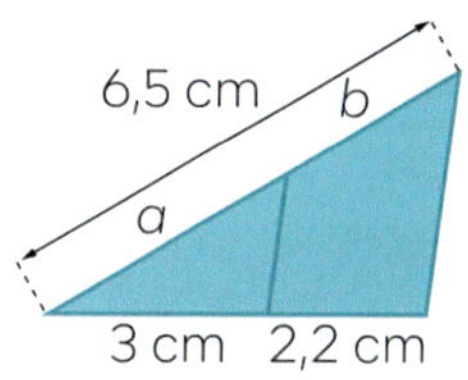

Criteris de semblança en triangles

Dos triangles ABC i $A'B'C'$ són **semblants** si compleixen algun dels criteris següents:

Criteri 1: tenen dos angles iguals.	Criteri 2: tenen dos costats proporcionals i l'angle que determinen igual.	Criteri 3: tenen els tres costats proporcionals.
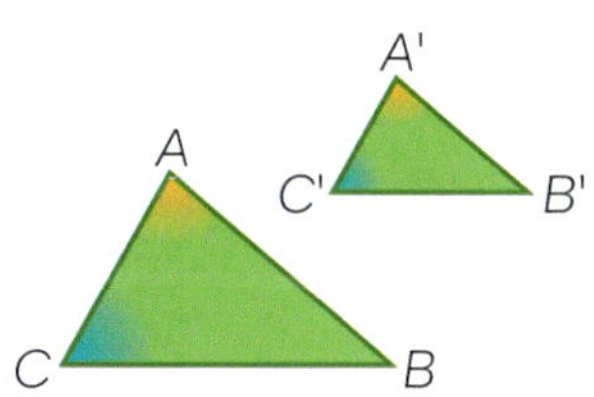	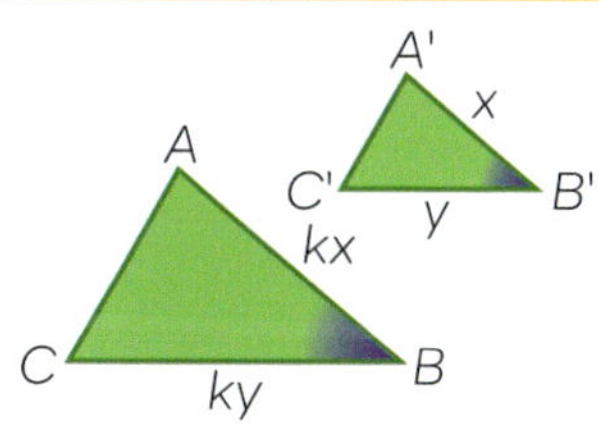	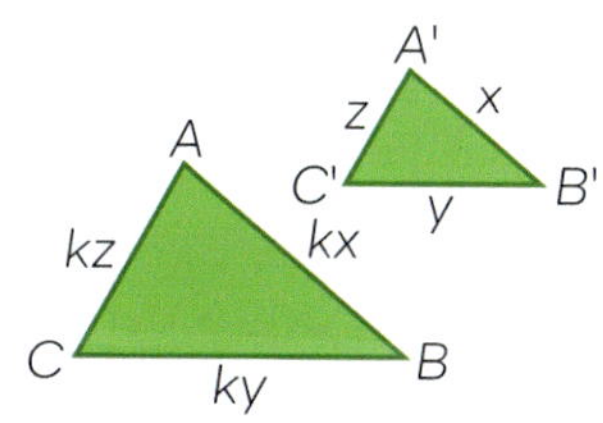
Exemple: $\widehat{A}=\widehat{A'}$ i $\widehat{C}=\widehat{C'}$	Exemple: $\frac{\overline{AB}}{A'B'}=\frac{\overline{BC}}{B'C'}=k$ i $\widehat{B}=\widehat{B'}$	Exemple: $\frac{\overline{AB}}{A'B'}=\frac{\overline{BC}}{B'C'}=\frac{\overline{CA}}{C'A'}=k$

26 Indica el criteri que compleixen aquests triangles semblants.

a

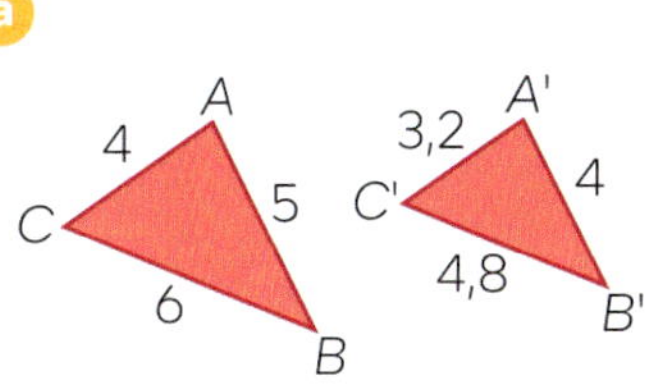

b

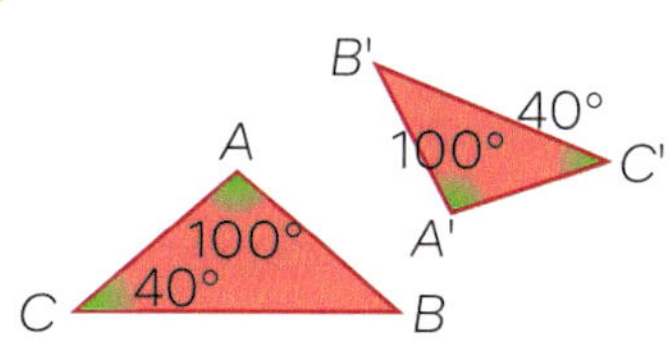

c

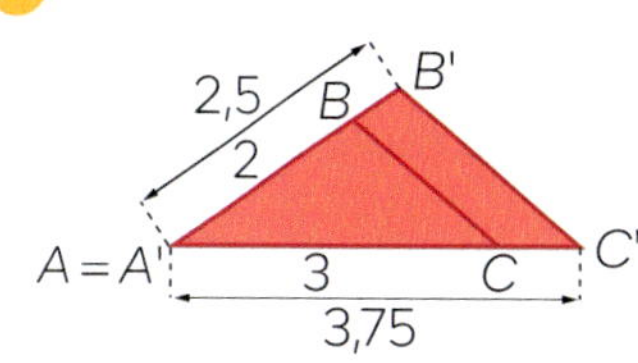

3 Com s'aplica la semblança en perímetres, àrees i volums?

Raons de perímetres i àrees de polígons

27 Per incentivar el reciclatge, es volen fabricar contenidors en miniatura en proporció 20:1. El seu cost de fabricació es pot calcular coneixent l'àrea total del plàstic necessari.

Si se'n vol calcular el cost, pot ser útil la semblança?

Sabent que les mesures de les rèpliques són 20 vegades més petites que les reals, es podria calcular com canvia la seva superfície? I el seu volum?

Si dues figures són semblants amb una raó de semblança k:

- La **raó dels seus perímetres** és també k.
- La **raó de les seves àrees** és k^2.

Exemple

Els polígons de la figura són semblants amb la raó de semblança $k = 2$.

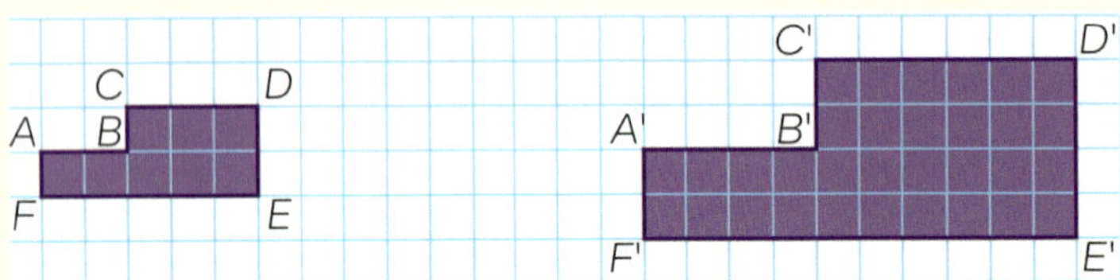

$\overline{AB}=2$ i $\overline{A'B'}=4$ $\quad$ $\overline{CD}=3$ i $\overline{C'D'}=6$ $\quad$ $\overline{EF}=5$ i $\overline{E'F'}=10$

$\overline{BC}=1$ i $\overline{B'C'}=2$ $\quad$ $\overline{DE}=2$ i $\overline{D'E'}=4$ $\quad$ $\overline{FA}=1$ i $\overline{F'A'}=2$

Els angles corresponents en les dues figures mesuren el mateix.

- Trobem la raó dels perímetres dels polígons:

$$\left.\begin{array}{l}\overline{AB}+\overline{BC}+\overline{CD}+\overline{DE}+\overline{EF}+\overline{FA}=2+1+3+2+5+1=14\\ \overline{A'B'}+\overline{B'C'}+\overline{C'D'}+\overline{D'E'}+\overline{E'F'}+\overline{F'A'}=4+2+6+4+10+2=28\end{array}\right\}\Rightarrow \frac{28}{14}=2=k$$

- Calculem la raó de les àrees dels polígons, prenent el quadradet com a unitat de superfície:

$$\left.\begin{array}{l}2+6=8\\ 8+24=32\end{array}\right\}\Rightarrow \frac{32}{8}=4=2^2=k^2$$

28 Calcula la raó de semblança i la raó de les àrees dels polígons de la figura.

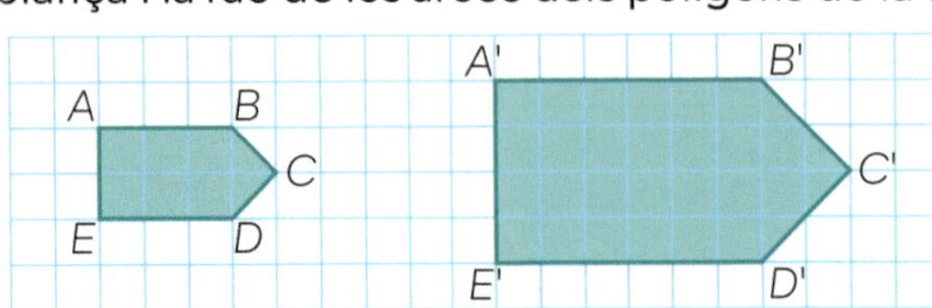

a. Calcula les àrees dels polígons

b. Comprova que la seva raó és igual al quadrat de la raó de semblança.

29 Els costats d'un quadrilàter mesuren 12, 15, 16 i 20 cm. Quant mesuren els costats del quadrilàter semblant a l'anterior i amb un perímetre de 21 cm?

Raó de volums

Si dos cossos són semblants amb una raó de semblança k, la **raó dels seus volums** és k^3.

Exemple

Coneixent la raó de semblança de dues caixes, $k = 1{,}5$, podem calcular la raó entre els seus volums.

La raó entre els volums dels dos envasos és:

$$\left.\begin{array}{l}10\cdot 4\cdot 12=480\,\text{cm}^3\\ 15\cdot 6\cdot 18=1620\,\text{cm}^3\end{array}\right\}\Rightarrow\frac{1620}{480}=1{,}5^3=k^3$$

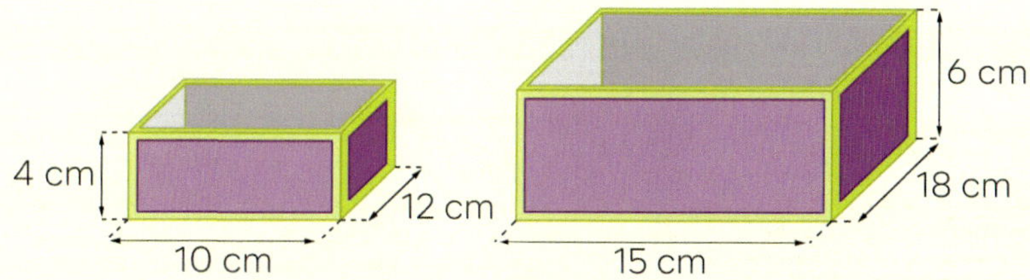

30 **Dues ampolles d'aigua són semblants i tenen capacitats de 0,640 L i 0,270 L.**

a. Calcula la raó de semblança de les ampolles.

b. Si l'alçària de l'ampolla més petita és de 30 cm, quina és l'alçària de l'altra ampolla?

31 **Dos recipients de vidre són semblants. Les capacitats respectives són de 80 cm³ i 270 cm³.**

a. Troba l'àrea del més gran tenint en compte que la del més petit és de 112 cm².

b. Troba l'alçària del més petit si la del més gran és de 6,6 cm.

Escales

La raó de semblança que relaciona les mesures reals amb les representades en un mapa es diu **escala**.

Les escales se solen definir mitjançant una relació de proporcionalitat numèrica o mitjançant una representació gràfica.

Exemple

L'escala numèrica 1:50 000 indica que cada centímetre del mapa es correspon amb 50 000 cm = 500 m = 0,5 km de la realitat.

La distància real que hi ha entre dos punts *A* i *B* separats per 2 cm en un mapa a escala 1:50 000 és:

$$2\cdot 50\,000 = 100\,000\ \text{cm} = 1\ \text{km}$$

L'escala gràfica de la figura indica que un centímetre del pla representa 20 km de la realitat.

L'escala numèrica corresponent és 1:2 000 000.

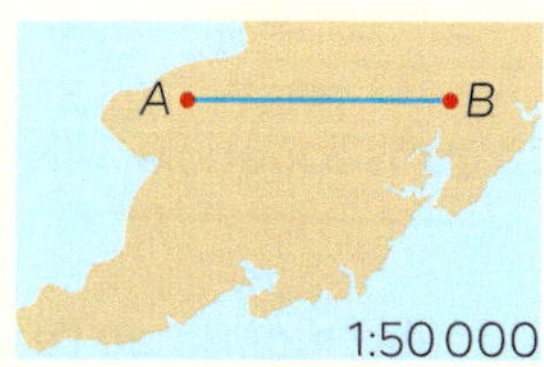

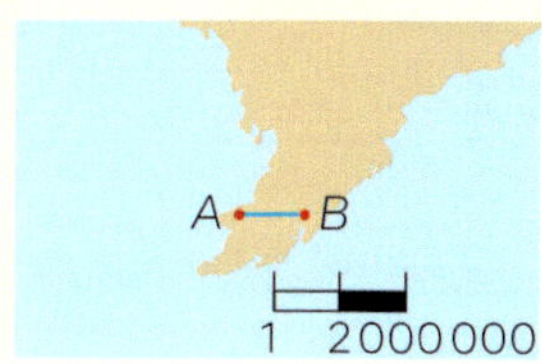

32 **Calcula, mesurant sobre el mapa, les distàncies reals entre els tres pobles A, B i C.**

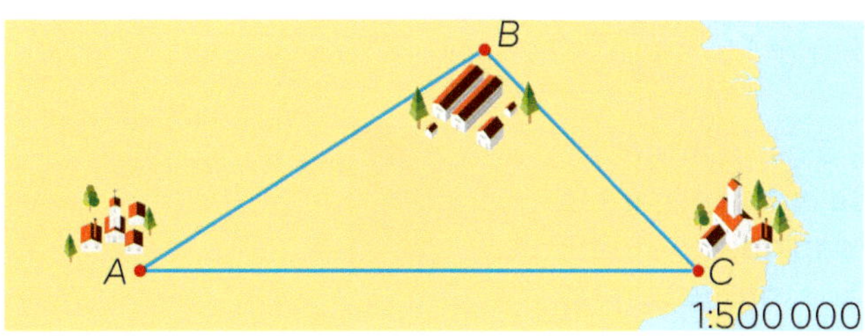

33 **La distància entre dues ciutats és de 243 km. Si en el mapa la distància que hi ha entre totes dues ciutats és de 8,1 cm, a quina escala està dibuixat el mapa?**

4 Com apliquem la semblança a la resolució de problemes?

Problemes de proporcionalitat geomètrica

34 **Aprenc a pensar.** Unes cigonyes han niat dalt del campanar.

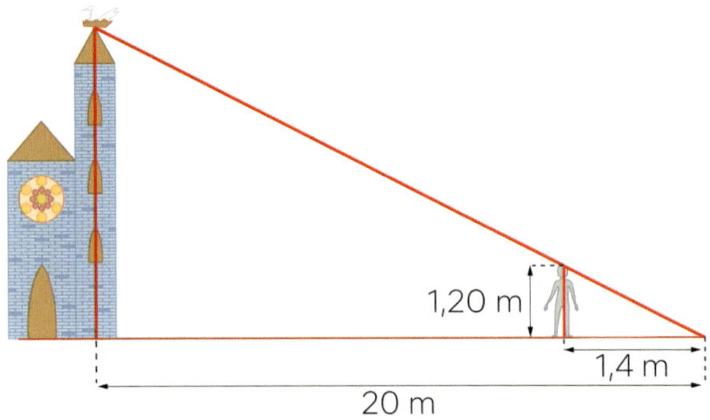

Podríem calcular l'altura a la qual es troba el niu, prenent com a referència la nostra alçada? Se t'ocorren altres aplicacions d'aquest mètode que siguin útils?

La semblança i la proporcionalitat s'utilitzen en nombrosos casos per calcular alçàries i distàncies de manera indirecta.

35 Activitat resolta

La torre d'un castell projecta una ombra de 60 m i un arbre de 3 m projecta una ombra de 4 m, com mostra la imatge. Calcula l'alçària *h* de la torre.

Els triangles que es formen amb la torre i l'arbre i les seves ombres respectives són semblants, per tant:

$$\frac{60}{4}=\frac{h}{3}\Rightarrow h=\frac{60\cdot 3}{4}=45$$

En conseqüència, l'alçària de la torre és de 45 m.

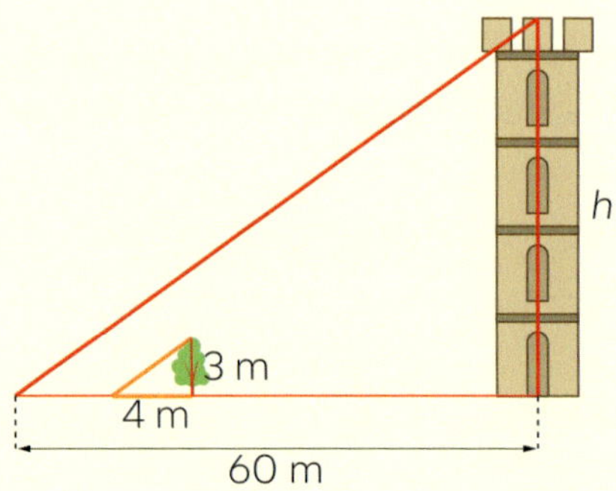

36 Calcula l'alçària de l'església.

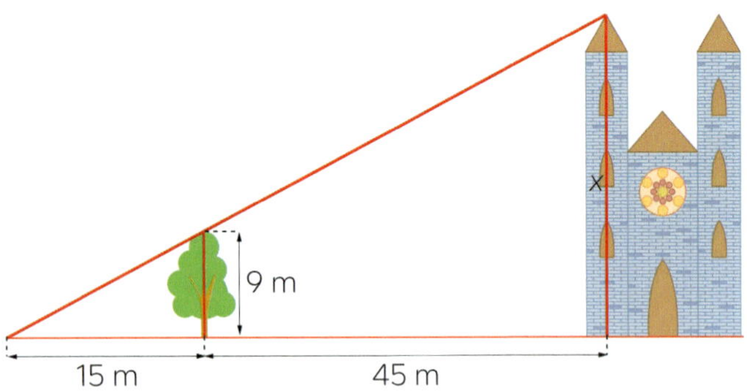

37 Un edifici de cinc plantes de la mateixa alçària projecta, en un cert instant, una ombra de 22 m. Calcula, aplicant la semblança, l'alçària de cada planta, si se sap que en aquell mateix moment un fanal de 3 m d'alçària projecta una ombra de 4,5 m.

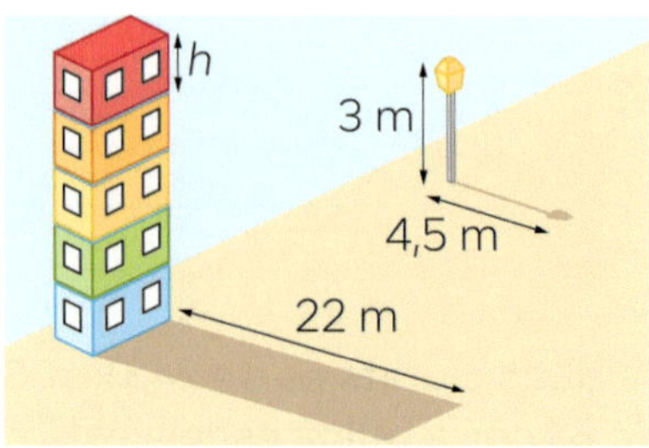

38 Activitat resolta

Una arquitecta vol fer el pla d'un dormitori que mesura 5 m de llarg i 4 m d'ample.

Quines han de ser les dimensions del dormitori en el pla si 2 cm del pla representen 1 m de longitud real?

Per saber quines han de ser les mesures en el pla de l'habitació, utilitzem les escales. L'escala demanada correspon a $\frac{2}{100}$, és a dir, 2 cm en el pla equivalen a 100 cm (1 metre) a la realitat. Per tant:

$$\frac{2}{100} = \frac{x}{500} \Rightarrow x = \frac{2 \cdot 500}{100} = 10$$

Per als 4 m d'ample:

$$\frac{2}{100} = \frac{x}{400} \Rightarrow x = \frac{2 \cdot 400}{100} = 8$$

Així, en el pla, les dimensions de l'habitació són de 10 i 8 cm.

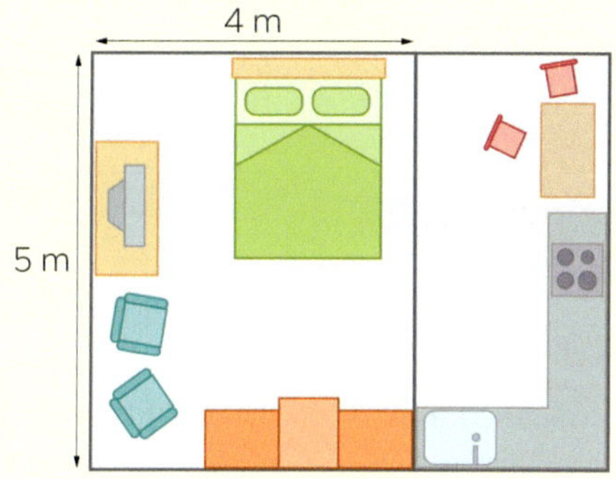

39 La carretera que uneix dues localitats mesura 12 km. Calcula la distància que separa aquestes ciutats en un mapa d'escala 1:25 000.

40 Un arquitecte vol representar un edifici amb una planta de 150 per 50 m en un full DIN A2 que mesura 59,4 per 42 cm. Quina escala li recomanaries?

Proporció àuria

Una de les proporcions més antigues que s'utilitza en l'art i l'arquitectura és la proporció àuria, també coneguda com a divina proporció. S'obté de la raó entre el radi i el costat d'un decàgon regular i correspon aproximadament a $\Phi = 1{,}618$.

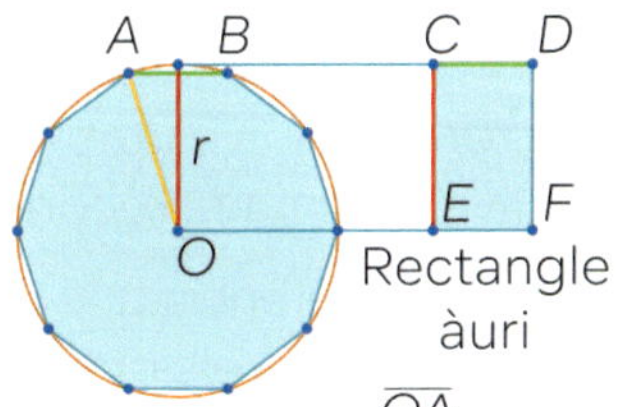

$$\Phi = \frac{\overline{OA}}{\overline{AB}} \approx 1{,}6$$

Un rectangle és auri, si en ubicar dos rectangles iguals, com mostra la figura, la diagonal $\overline{AB}$ passa pel vèrtex C.

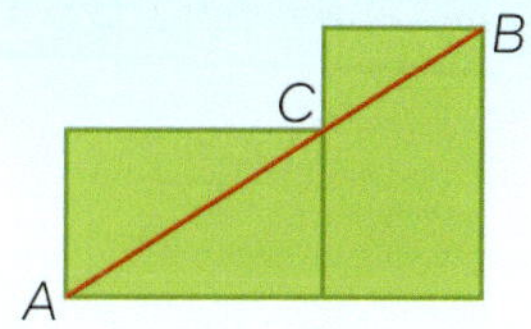

41 **CONTRASTEM JUNTS.** Determineu si les mesures del DNI (85,6 × 53,98 mm) compleixen la proporció àuria. Comproveu-ho també de manera gràfica per mitjà del rectangle auri. A quins altres objectes quotidians podeu observar aquest tipus de proporció?

42 Calcula el quocient entre el radi de la circumferència i el costat del polígon, indicats en cm, i comprova que la raó àuria només es compleix per al decàgon.

A

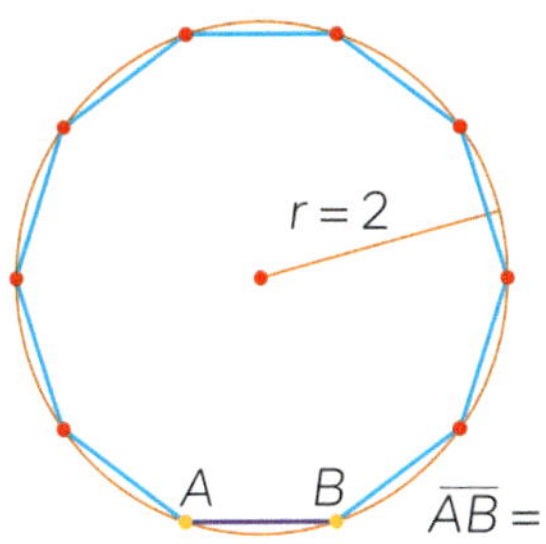

B

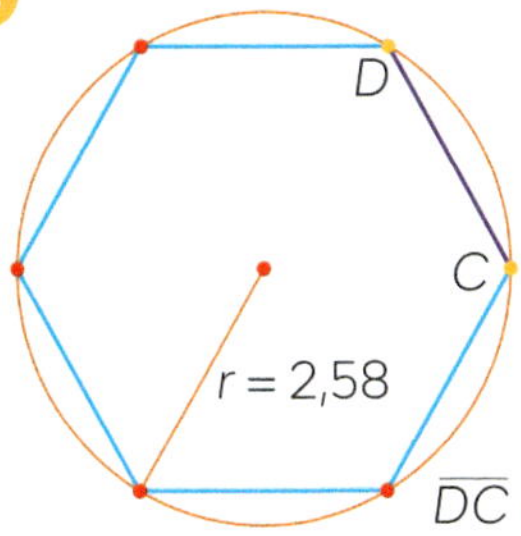

C

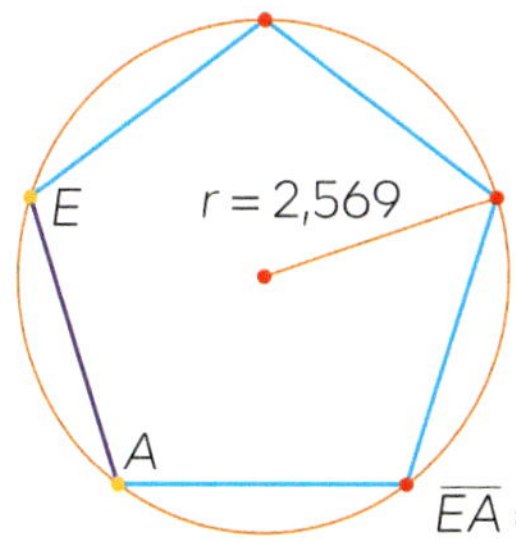

EL NOSTRE REPTE Vine al punt net

Construirem un pla dels punts nets de Bilbao i hi farem alguns càlculs.

Per fer-ho, segueix amb atenció aquests passos:

Pas 1

Recollim dades

Busqueu a internet la localització dels punts nets següents de la ciutat de Bilbao: Artxanda, Zozorra i Larraskitu. Consulteu a internet la distància que els separa. Fixeu-vos en quin lloc de la ciutat estan.

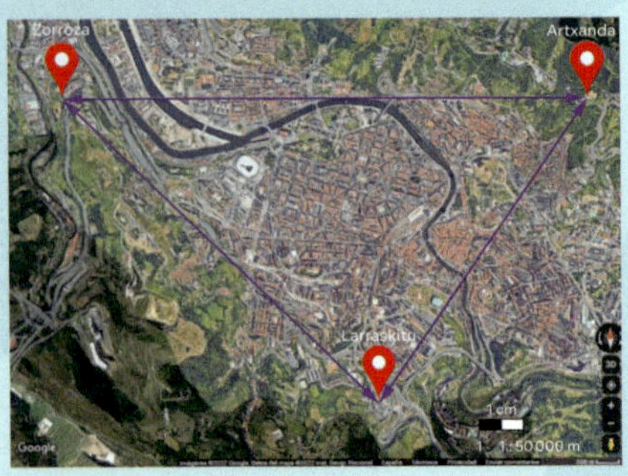

Punts sobre el mapa

Pas 2

Elaborem el pla

Treballareu amb un pla descarregable amb aquests tres punts nets de la ciutat de Bilbao a una escala 1:50 000. Pareu atenció als punts següents:

- Fixeu-vos que formen un triangle. Calculeu l'àrea que té el triangle que apareix sobre el pla.
- Calculeu quina és l'àrea real del triangle que formen a la ciutat.
- Calculeu la raó entre les distàncies en el pla i les reals i verifiqueu que es correspon amb l'escala.
- Si decidíssiu fer un tomb per la ciutat i passar per aquests tres punts nets, quina distància aproximada recorreríeu?
- Intenteu traçar una circumferència que passi pels tres punts nets de la ciutat. Jugueu amb el centre i els radis.
- Si calgués col·locar un quart punt net, quina ubicació triaríeu?

Pas 3

Conclusió final

Cada grup haurà d'elaborar un lliurable amb el pla i les conclusions a les qüestions que s'han plantejat.

A més, aplicant el que heu après al vostre entorn, haureu de treballar amb un pla aproximat de la vostra localitat i hi haureu de col·locar els punts nets que considerareu necessaris.

L'haureu d'exposar a la resta de la classe en forma de cartell, haureu d'explicar-ne les mesures i haureu de posar molta atenció al llenguatge no verbal.

Com ha anat el repte? Entra i fes la teva valoració

EN RESUM

Polígons

Són figures geomètriques limitades per una línia poligonal tancada. Poden ser:

- Convexos: quan tots els seus angles interiors són de menys de 180°.
- Còncaus: quan tenen almenys un angle interior de més de 180°.

La **suma dels angles** interiors d'un polígon és: $S = 180°(n-2)$

Els **polígons regulars** consten de:

- Centre: O
- Vèrtexs: A, B, C, D i E
- Costats: $\overline{AB} = \overline{BC} = \overline{CD} = \overline{DE} = \overline{EA}$
- Radi: r
- Apotema: a
- Angles interiors: $\hat{A} = \hat{B} = \hat{C} = \hat{D} = \hat{E}$

$$\alpha = \frac{180°(n-2)}{n}$$

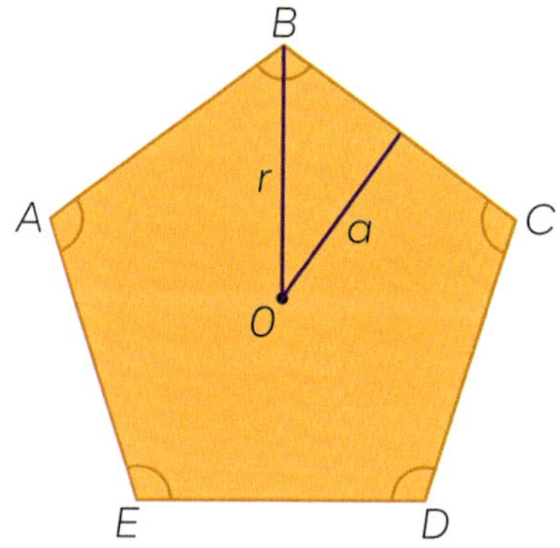

Semblança

Dues figures són semblants quan tenen la mateixa forma, encara que les seves dimensions siguin diferents.

Polígons semblants
Raó de semblança k
→ **Angles corresponents iguals**
→ **Costats corresponents proporcionals**

Teorema de Tales

$$\frac{\overline{AB}}{\overline{A'B'}} = \frac{\overline{BC}}{\overline{B'C'}} = \frac{\overline{AC}}{\overline{A'C'}}$$

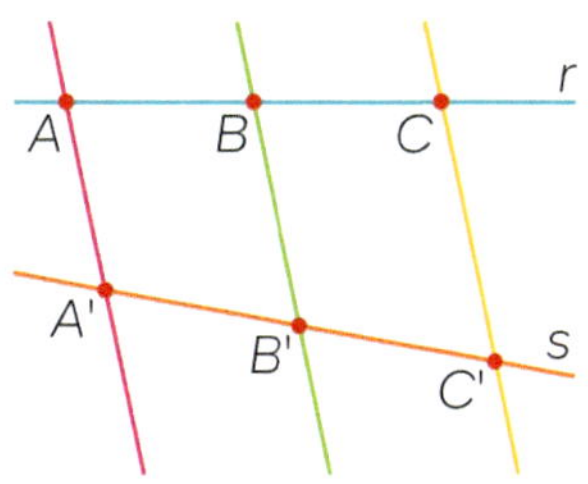

Triangles en posició de Tales:

- Angle comú
- Costats oposats a l'angle paral·lel

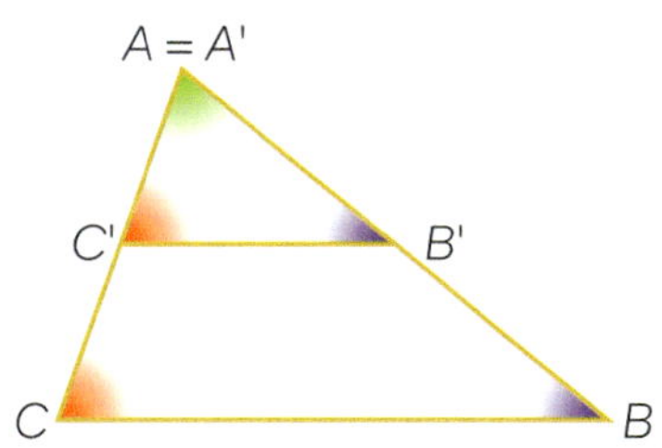

Criteris de semblança de triangles:

- Dos angles iguals
- Dos costats proporcionals i l'angle que determinen igual
- Tres costats proporcionals

Raó de perímetres, àrees i volums. Escales

Raó de perímetres: k Raó d'àrees: k^2 Raó de volums: k^3

Escales
→ **Representació numèrica** → **1:2 000 000**
→ **Representació gràfica** →

PRACTIQUEM

Activitats

1 **Aprenc a pensar.** Organitza en un mapa mental els conceptes que has après.

2 Calcula la suma dels angles interiors:

a. En un heptàgon **b.** En un decàgon

3 Calcula el nombre de costats d'un polígon sabent que la suma dels seus angles és:

a. 1 980° **b.** 3 420°

4 Dos costats d'un triangle mesuren 18 i 11 cm. Si el tercer costat és un nombre natural, quins valors podria tenir?

5 Comprova que els rectangles són semblants i indica'n la raó de semblança.

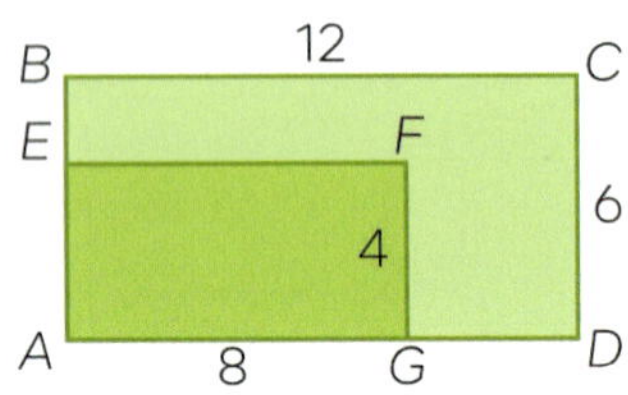

6 Els costats d'un pentàgon mesuren 2, 4, 5, 5 i 8 cm. Calcula els costats d'un pentàgon semblant a l'anterior i amb un perímetre de 12 cm.

7 Els costats d'un quadrilàter mesuren 5, 5, 6 i 10 cm. El costat més llarg d'un quadrilàter semblant a l'anterior mesura 15 cm. Calcula la resta de costats d'aquest nou quadrilàter i comprova que la raó dels perímetres coincideix amb la raó de semblança.

8 Activitat resolta

Calcula la mesura del segment $A'B'$.

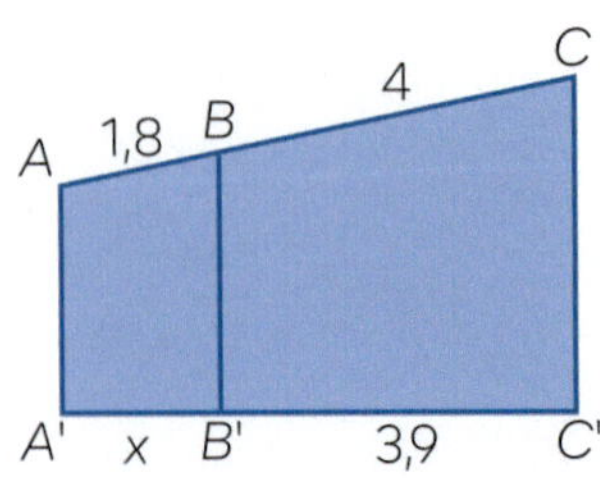

Aplicant el teorema de Tales a la figura:

$$\frac{\overline{AB}}{\overline{A'B'}}=\frac{\overline{BC}}{\overline{B'C'}}\Rightarrow\frac{1,8}{x}=\frac{4}{3,9}\Rightarrow x=\frac{1,8\cdot 3,9}{4}=1,755$$

9 Calcula els costats desconeguts aplicant el teorema de Tales.

a

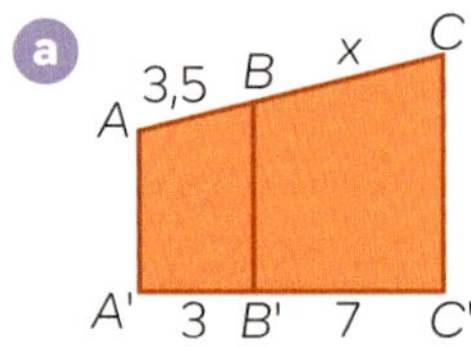

b

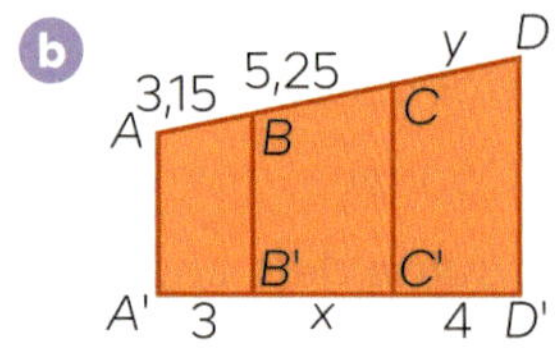

10 Calcula el valor de x i i en el triangle.

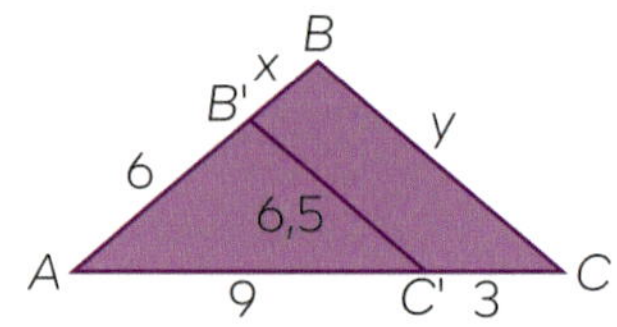

11 Activitat resolta

Calcula la longitud del costat desconegut del triangle següent.

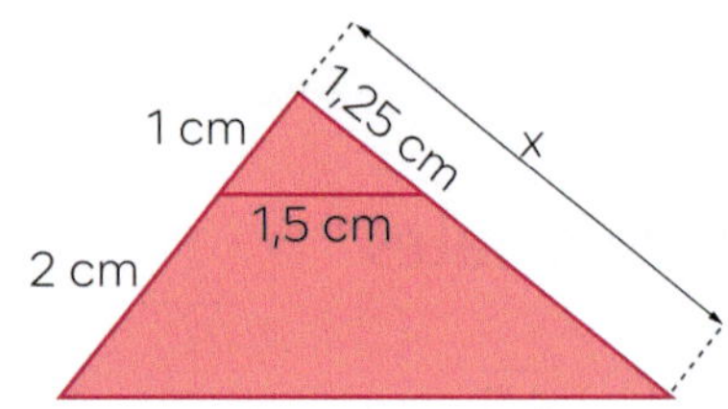

Els triangles estan en posició de Tales; per tant, són semblants.

$$\frac{1}{1,25}=\frac{1+2}{x}\Rightarrow x=3\cdot 1,25=3,75$$

12 Si els segments AB i MN són paral·lels, troba la mesura del costat BC, sabent que el segment MN mesura 3,5 cm.

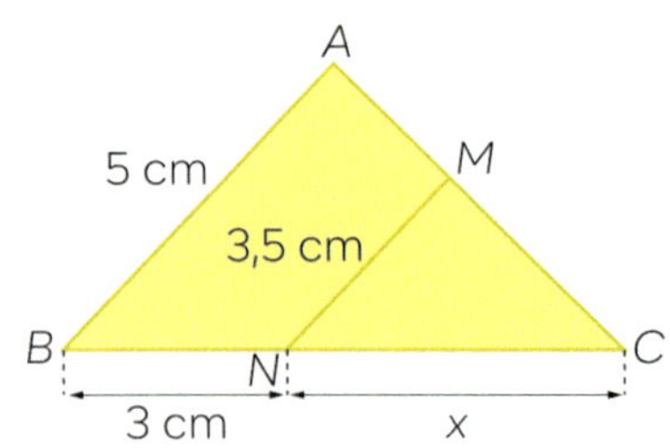

13 Calcula la mesura del costat a.

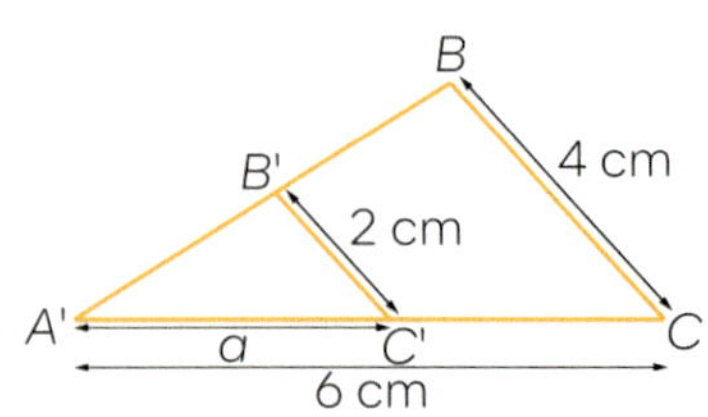

14 Troba el valor de x, sabent que els triangles estan en posició de Tales.

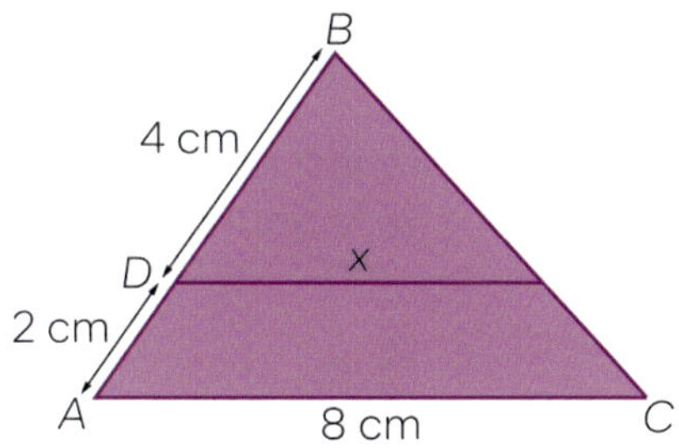

15 Considera els triangles ABC i $A'B'C'$.

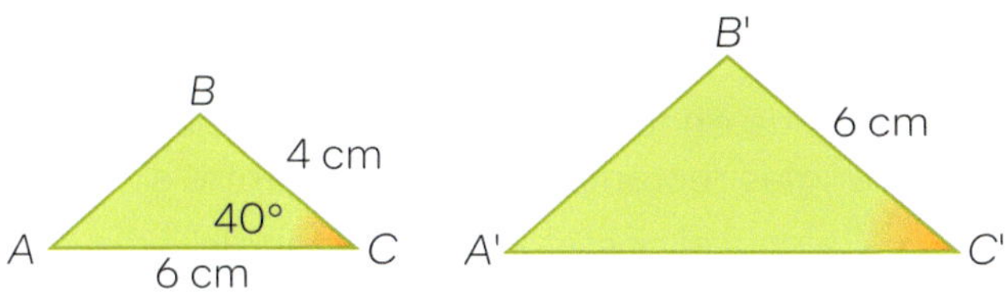

Quant han de mesurar el costat $A'C'$ i l'angle $\widehat{C'}$ perquè siguin dos triangles semblants? Quin criteri de semblança utilitzes?

16 Calcula el costat BC en el triangle següent.

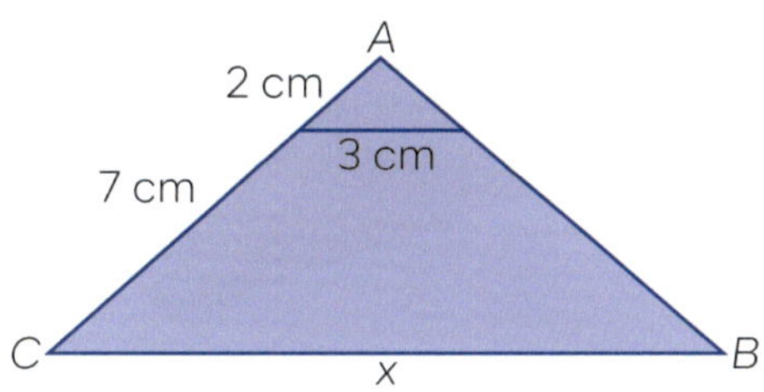

17 Troba el valor del costat AC en la figura següent.

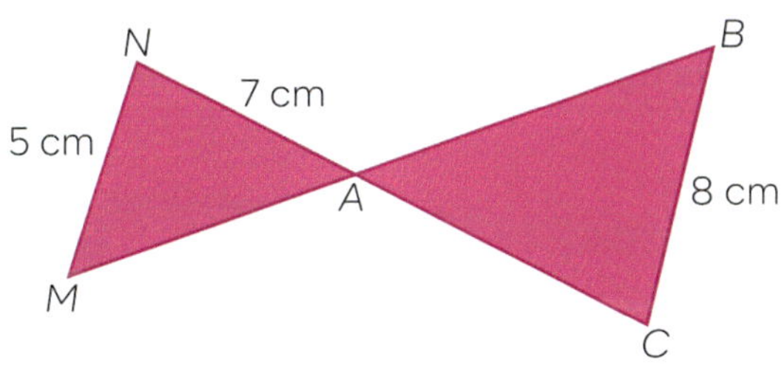

18 Calcula la mesura dels segments x i y.

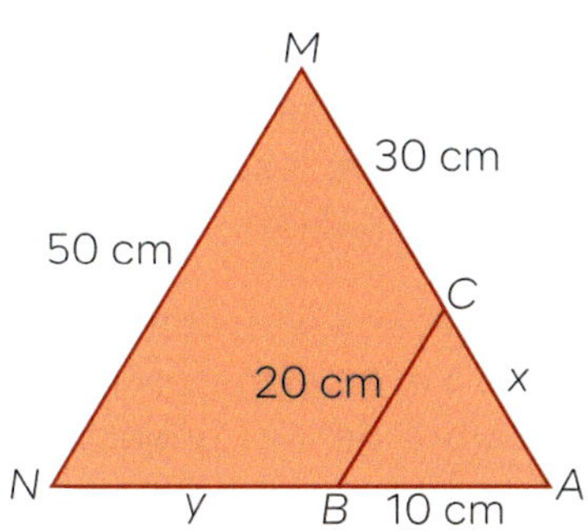

19 Aquests dos quadrilàters són semblants, amb una raó de semblança de 3. Calcula la raó de proporcionalitat que hi ha entre els seus perímetres.

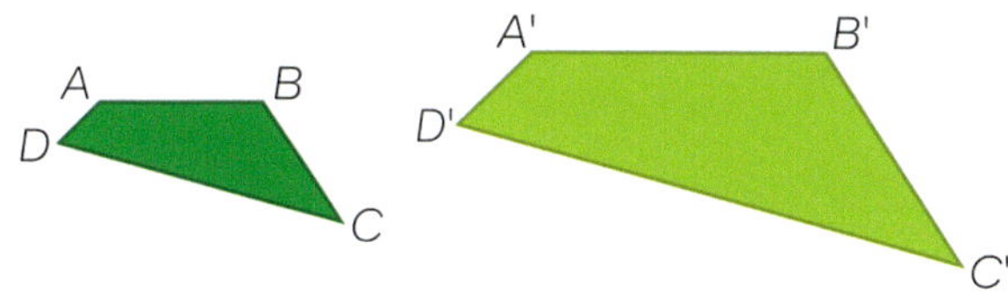

20 La raó de les àrees de dos hexàgons regulars semblants és $\frac{49}{36}$. Si el costat més curt d'aquests fa 18 cm, quin és el perímetre de l'altre?

21 L'àrea d'un triangle ABC mesura 128 m^2. Quina és l'àrea d'un triangle semblant $A'B'C'$ els costats del qual mesuren la meitat?

22 Un rectangle mesura 4×25 cm. Un rectangle semblant a l'anterior té una àrea de 900 cm^2. Calcula els costats d'aquest nou rectangle.

23 Dos ortoedres són semblants. Les dimensions del més petit són les següents: $2 \times 3 \times 6$ cm. El volum del més gran és de $\frac{256}{3}$ cm^3. Calcula les dimensions de l'ortoedre més gran.

24 Activitat resolta

L'escala del mapa d'una zona muntanyosa és 1: 30 000. Calcula la distància real que separa dos refugis si en el mapa estan separats per 2,7 cm.

Si 1 cm en el mapa equival a 30 000 cm a la realitat, la distància real entre els refugis és: $2{,}7 \cdot 30\,000 = 81\,000$ cm = 810 m

25 La distància entre dues ciutats és de 756 km. En un mapa a escala 1: 1 500 000, a quina distància estan les dues ciutats?

26 Un mapa té escala 1: 25 000.

a. Calcula la distància real que separa dos punts que en el mapa estiguin separats 15 cm.

b. Calcula la distància que separa en el mapa dos punts que a la realitat estiguin separats 25 km.

27 En un pla fet a escala 1:50 000, la distància entre dues ciutats, mesurada amb un regle graduat, és de 45 mm. Quina és la distància a la realitat?

Problemes

28 Activitat resolta

Un magraner projecta una ombra de 5 m. Al seu costat, un llorer d'1,2 m d'alçària projecta una ombra de 2 m. Quant mesura el magraner?

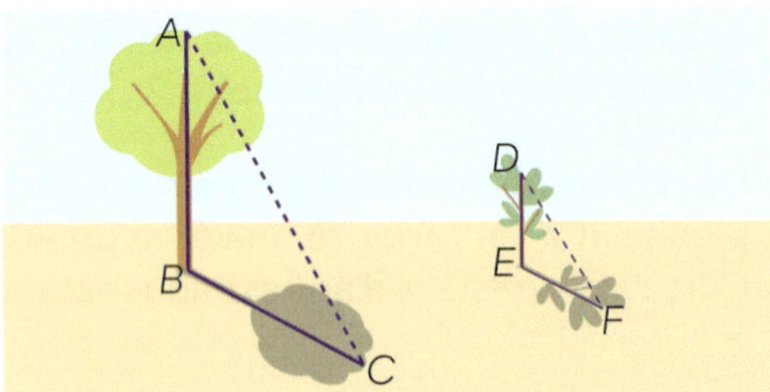

Aplicant el primer criteri, comprovem que els triangles *ABC* i *DEF* són semblants, perquè $\hat{B}=\hat{E}=90°$ i $\hat{A}=\hat{D}$, ja que els rajos de llum són paral·lels.

$$\frac{\overline{AB}}{\overline{DE}}=\frac{\overline{BC}}{\overline{EF}} \Rightarrow \frac{h}{1{,}2}=\frac{5}{2} \Rightarrow h=\frac{5\cdot 1{,}2}{2}=3\text{ m}$$

El magraner mesura 3 m d'alçària.

29 En Manel mesura 1,73 m d'alçada i projecta, en un moment donat del dia, una ombra d'1,5 m. Calcula l'ombra que projecta en aquell mateix instant un fanal que mesura 3,7 m d'alçària.

30 Un edifici projecta una ombra de 144 m en el mateix instant que un arbre de 5 m projecta una ombra de 12 m. Calcula l'alçària de l'edifici.

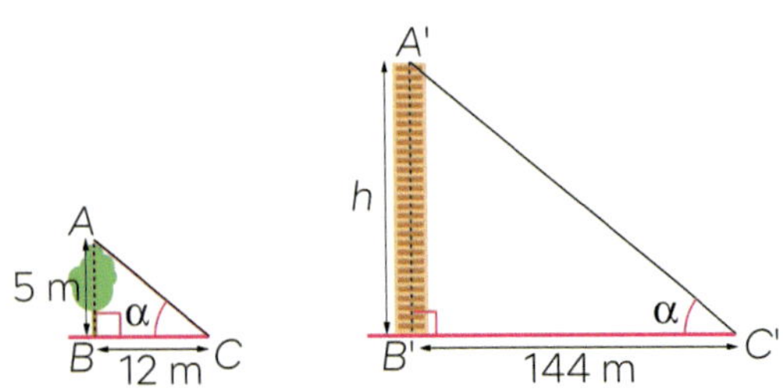

31 La Valèria espera una amiga al costat d'un arbre i observa que la seva ombra mesura 40 cm, i la de l'arbre, 60 cm. Si ella mesura 1,6 m, quina és l'alçària de l'arbre?

32 Un rectangle està inscrit en un triangle isòsceles, com mostra la figura.

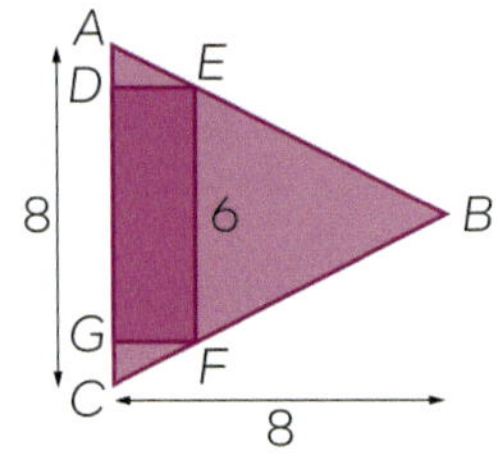

a. Indica en la figura els vèrtexs dels tres triangles rectangles semblants entre si.

b. Calcula el costat *DE* del rectangle.

c. Calcula el perímetre i l'àrea del rectangle.

33 Es vol construir un estel de costats 1,5 vegades més grans que els de la figura.

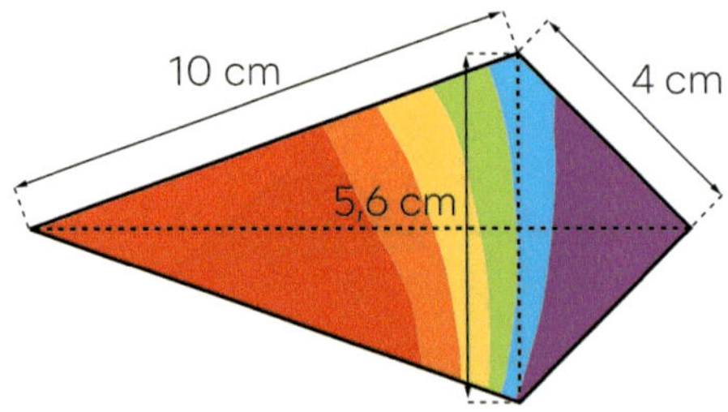

N'hi ha prou amb un metre quadrat de paper per construir l'estel?

34 Calcula la diferència d'alçària entre els arbres de la figura següent.

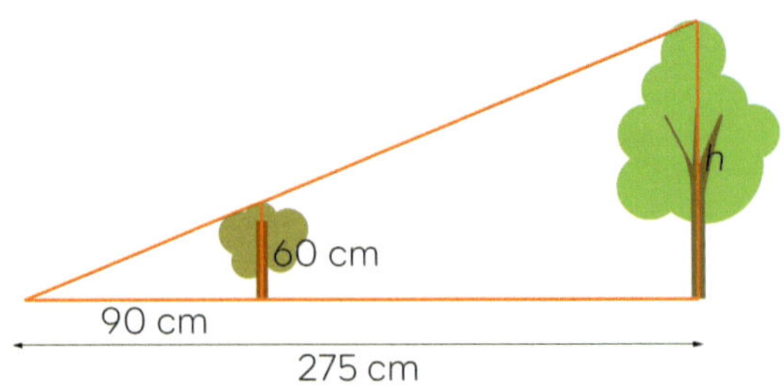

35 Calcula l'escala d'un mapa en el qual una longitud de 975 km està representada per un segment de 81,25 cm.

36 Quina és l'alçària d'un edifici que projecta una ombra de 6 m en el mateix moment del dia en què un arbre de 4 m projecta una ombra de 75 cm?

37 Un senyal de circulació de 2 m d'alçària projecta una ombra de 10 m. Alhora, una paret d'un edifici projecta una ombra de 80 m. Quina és l'alçària de la paret?

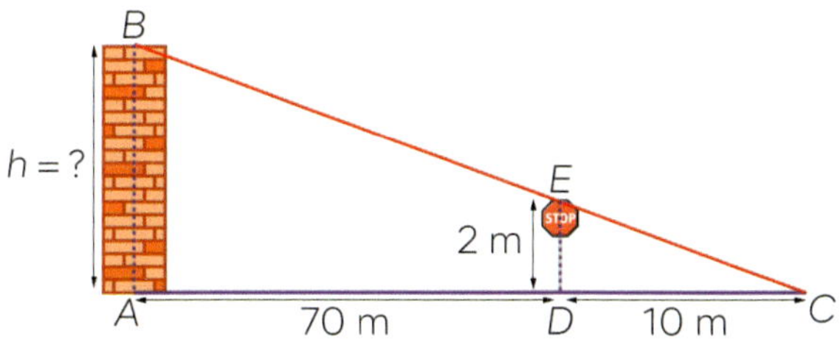

38 En un moment determinat del dia, l'ombra d'una torre mesura 18 m i l'ombra d'un pal que mesura 1 m, col·locat verticalment, és d'1,60 m. Quina és l'alçària de la torre?

39 El túnel d'Eupalinos. Quan Polícrates va encarregar a Eupalinos construir un túnel sota la muntanya que, partint simultàniament de *A* i *B*, es trobés a les profunditats de la roca, el savi grec va recórrer als triangles semblants.

El mètode següent li va permetre calcular la direcció amb què s'havia de perforar la muntanya des de cada un dels extrems.

a. Traça el triangle imaginari *ABC* i, a la falda de la muntanya, pren les mesures *AP* = 100 m, *PQ* = 700 m, *QR* = 1060 m i *RB* = 300 m, en les quals tots els angles són rectes. Obtén les distàncies *AC* i *CB*.

b. Quant mesura el túnel?

c. Com han de ser els segments *PX* i *RY* perquè els triangles *ABC*, *XPA* i *BRY* siguin semblants?

d. Troba les distàncies *PX* i *RY*.

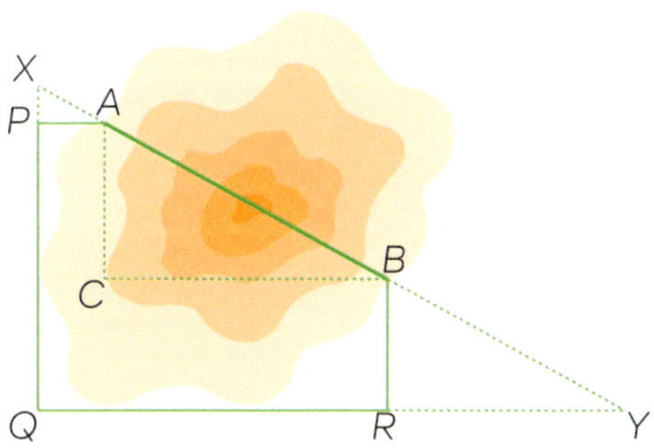

40 Un pal vertical de 3 m projecta una ombra d'1,5 m. Quina alçària té un arbre que a la mateixa hora projecta una ombra de 4 m?

Comprova el que has après

1 Calcula quants costats té un polígon regular si sabem que cada un dels seus angles mesura 135°.

2 Calcula els angles desconeguts dels triangles següents.

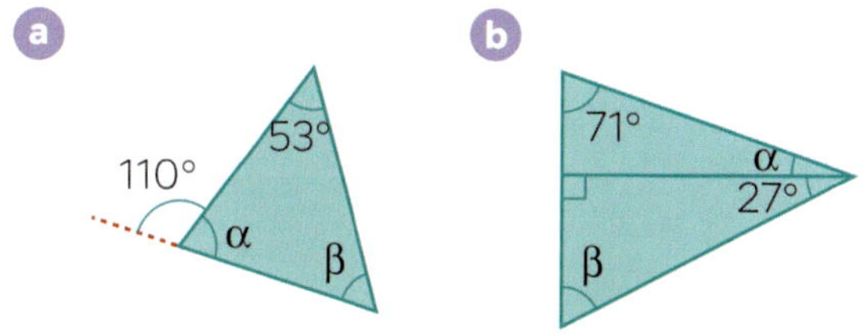

3 Una torre projecta una ombra de 12 m de longitud al migdia i una casa de 4,5 m d'alçària projecta una ombra de 5 m de longitud a la mateixa hora. Quant mesura la torre?

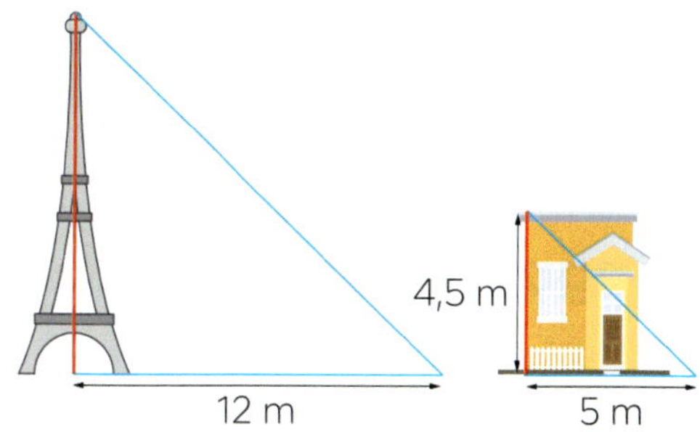

4 Les dimensions d'un rectangle són 4 × 10 cm. Troba les mesures d'un rectangle semblant a l'anterior i que tingui una àrea de 360 cm².

5 Els esglaons d'aquesta escala són paral·lels i se n'ha trencat un. Quant mesuren els trams *x* i *y*?

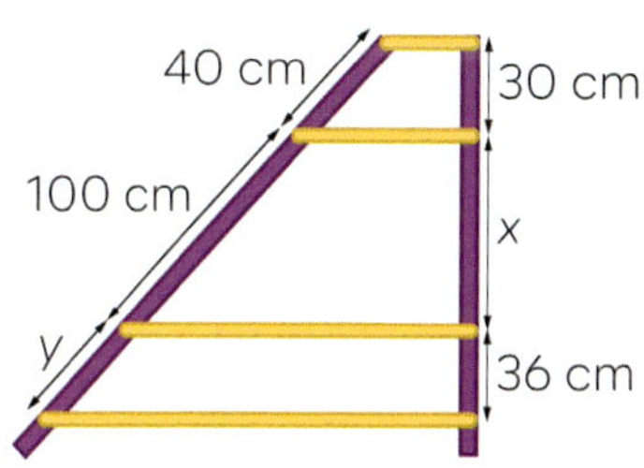

6 En un pla es veu dibuixat un riu que mesura 1 cm d'ample. Si l'escala del pla és 1:25 000, quant mesura a la realitat?

Les meves competències | Autoavaluació

2.2 Moviments en el pla: creant bellesa

COMENCEM!

Un llenguatge universal

L'art i les matemàtiques han anat sempre íntimament lligats al llarg de la història. Tots dos han tingut sempre un caràcter integrador de diferents cultures com un llenguatge universal.

La geometria troba la bellesa a través de l'harmonia i la simetria, un estàndard comú a través del temps. Trobem un dels principals exponents de l'art per mitjà de la geometria als mosaics i les tessel·les que adornen des de l'Alhambra o el Partenó fins a qualsevol edifici contemporani.

- Quins exemples coneixes de l'art a través de la geometria en l'Antiguitat?
- I en l'actualitat?
- Per què creus que es diu que l'art i les matemàtiques són un llenguatge universal?
- Podries citar algun cas d'integració de diverses cultures a través de l'art?

APRENEM!

1. Implicar-nos en situacions de treball en equip.
2. Utilitzar vectors per fer translacions.
3. Girs en figures planes.
4. Fer simetries axials i centrals.
5. Identificar eixos de simetria.
6. Fer composicions de moviments en figures planes i organitzar-les seqüencialment mitjançant un fluxograma.
7. Valorar els moviments i la simetria en l'art com a punt comú entre persones i cultures.

EL NOSTRE REPTE

L'art de la geometria

Treballareu en equip per fer el disseny d'un mosaic en forma de mural. Per això fareu el disseny d'un patró geomètric que, utilitzant els moviments en el pla, el recobreixi completament.

Som-hi!

1 Com ens movem en el pla?

Vectors

1 El moviment de la barqueta de paper sobre un rierol es produeix a causa de dues forces: la del corrent de l'aigua i la del vent.

Podries traçar el camí que seguirà la barqueta? Com ho fas?

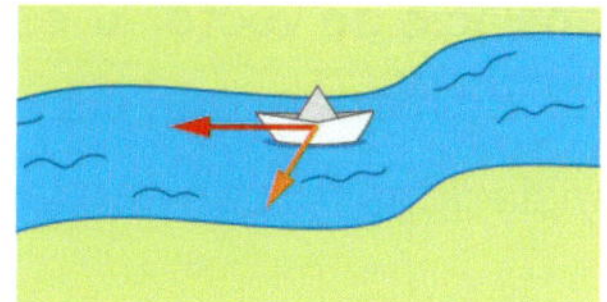

Un **vector** $\overrightarrow{AB}$ del pla és un segment orientat, amb origen en el punt A i extrem en el punt B.

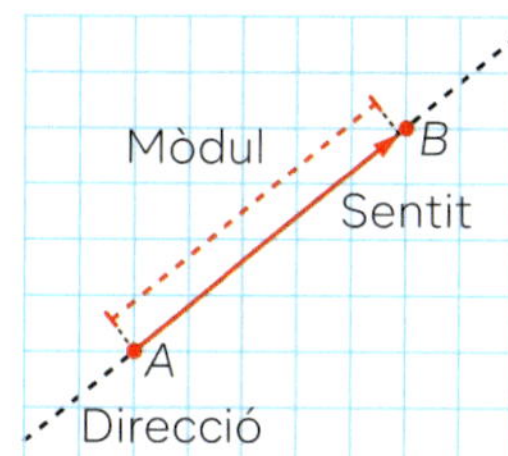

Els elements d'un vector són:

- **Mòdul**: és la longitud del segment AB. Es designa per $|\overrightarrow{AB}|$.
- **Direcció**: és la recta que passa per A i B i tots els seus paral·lels.
- **Sentit**: és el que queda determinat en anar des de l'origen A cap a l'extrem B.

Dos vectors són **equipol·lents** si tenen el mòdul, la direcció i el sentit iguals.

Les components o coordenades d'un vector $\overrightarrow{AB}$ d'origen $A(a_1, a_2)$ i d'extrem $B(b_1, b_2)$ són:

$$\overrightarrow{AB}=(b_1-a_1, b_2-a_2)$$

La primera component indica el desplaçament horitzontal i la segona, el vertical.

Exemple

Per calcular les coordenades del vector $\overrightarrow{AB}$:

Origen d'$\overrightarrow{AB}$: $A(2, 1)$ — Coordenada horitzontal: $6-2=4$

Extrem d'$\overrightarrow{AB}$: $B(6, 3)$ — Coordenada vertical: $3-1=2$

$\overrightarrow{AB}=(4, 2)$

2 Calcula les coordenades del vector $\overrightarrow{AB}$.

a. $A(-3, 5)$ i $B(-1, -4)$

b. $A(2, -1)$ i $B(3, 1)$

Suma de dos vectors del pla

El **vector suma** de dos vectors $\vec{u}=(u_1, u_2)$ i $\vec{v}=(v_1, v_2)$ és el vector:

$$\vec{u}+\vec{v}=(u_1+v_1, u_2+v_2)$$

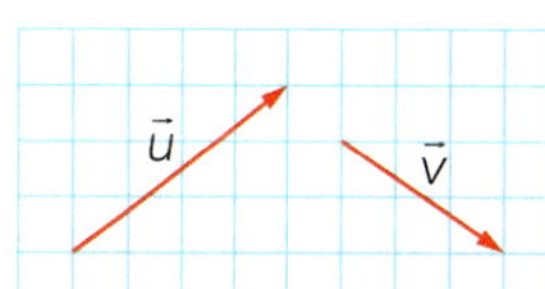

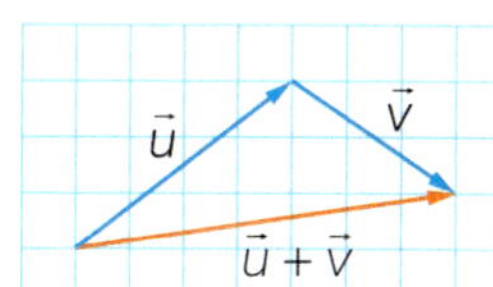

Exemple

Sumem els vectors $\vec{u}=(3, 4)$ i $\vec{v}=(5, -2)$: $\vec{u}+\vec{v}=(3+5, 4+(-2))=(8, 2)$

Per representar-ho gràficament, col·loquem el vector $\vec{v}$ a continuació del $\vec{u}$ i obtenim el vector summa $\vec{u}+\vec{v}$.

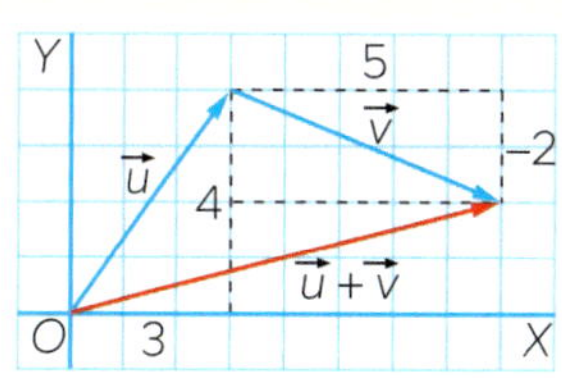

3 Considerem els vectors $\vec{u}=(-1, 2)$, $\vec{v}=(0, -4)$ i $\vec{w}=(1, -2)$; calcula $(\vec{u}+\vec{v})+\vec{w}$ i $(\vec{w}+\vec{v})+\vec{u}$ i comprova que obtens el mateix resultat. Fes-ho també gràficament.

4 Considerem el triangle els vèrtexs del qual són $A(-1, 3)$, $B(0, -1)$ i $C(2, -2)$, calcula les coordenades dels vectors $\overrightarrow{AB}$, $\overrightarrow{AC}$, $\overrightarrow{BA}$ i $\overrightarrow{CB}$. Comprova que $\overrightarrow{BC} = \overrightarrow{BA} + \overrightarrow{AC}$.

Translacions

Una **translació de vector** $\vec{u}$ és un moviment en el pla que transforma cada punt P en el seu homòleg P', de manera que els vectors $\vec{u}$ i $\overrightarrow{PP'}$ són equipol·lents.

Les translacions no canvien la forma ni la mida d'una figura.

Exemple

Per representar la figura homòloga d'$ABCD$ en la translació de vector $\vec{u}$ es calcula cadascun dels punts homòlegs.

$\vec{u} = (5, -1)$; $A(4, 5)$, $B(5, 2)$, $C(2, 2)$ i $D(1, 4)$

$A' = A + \vec{u} = (4, 5) + (5, -1) = (9, 4)$ $C' = C + \vec{u} = (2, 2) + (5, -1) = (7, 1)$

$B' = B + \vec{u} = (5, 2) + (5, -1) = (10, 1)$ $D' = D + \vec{u} = (1, 4) + (5, -1) = (6, 3)$

Els vectors $\vec{u}$, $\overrightarrow{AA'}$, $\overrightarrow{BB'}$, $\overrightarrow{CC'}$ i $\overrightarrow{DD'}$ són equipol·lents.

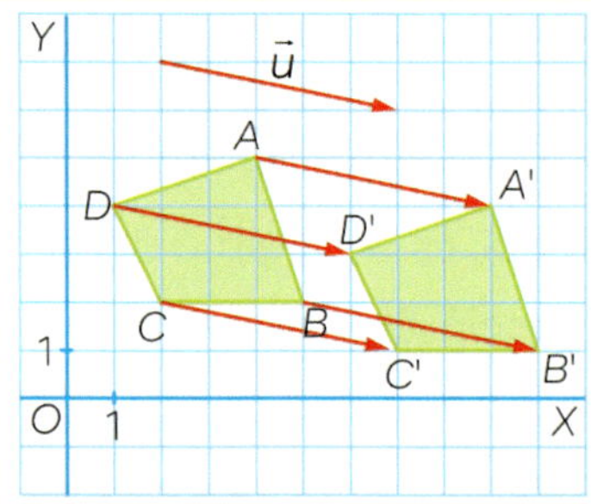

5 Calcula les coordenades del quadrilàter $A'B'C'D'$ que resulta en traslladar el quadrilàter $ABCD$ segons el vector $\overrightarrow{PQ}$.

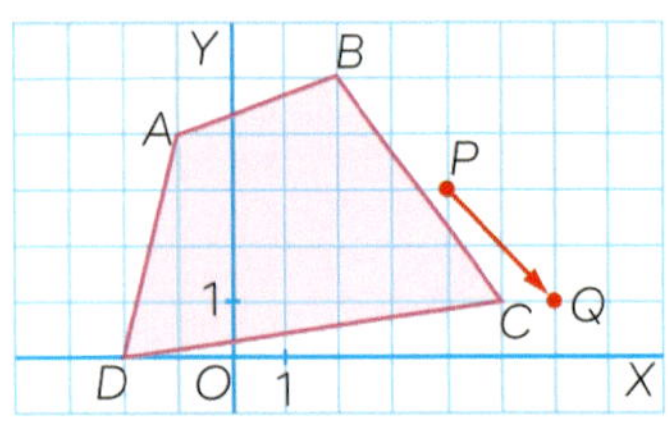

6 Calcula els punts homòlegs a les translacions que s'indiquen.

a. Homòleg del punt $P(-3, 4)$ en la translació de vector $\vec{u} = (-3, 2)$

b. Homòleg del punt $R(-2, -3)$ a la translació del vector $\vec{v} = (1, 0)$

c. Homòleg del punt $Q(0, -4)$ en la translació de vector $\vec{x} = (-2, 4)$

7 Mitjançant una translació, el punt $A(-1, 2)$ es transforma en $A'(6, 8)$. Quin és el vector de translació?

8 MAT-TIC El punt $A(-1, 2)$ ha estat traslladat mitjançant quatre vectors diferents, $\vec{u}_1 = (1, 4)$, $\vec{u}_2 = (-4, -4)$, $\vec{u}_3 = (-4, 2)$, $\vec{u}_4 = (0, -2)$. Troba les posicions que ocuparà. Continua practicant amb l'interactiu de GeoGebra *Translacions amb coordenades*.

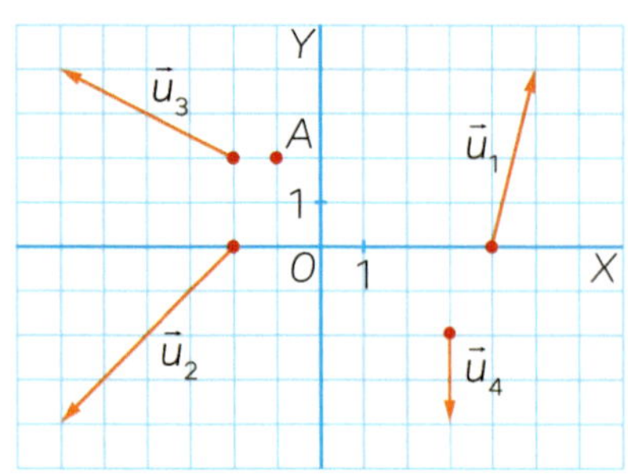

Girs

Un **gir de centre** O **i amplitud** α és un moviment en el pla que fa correspondre a cada punt P un altre d'homòleg P', que verifica:

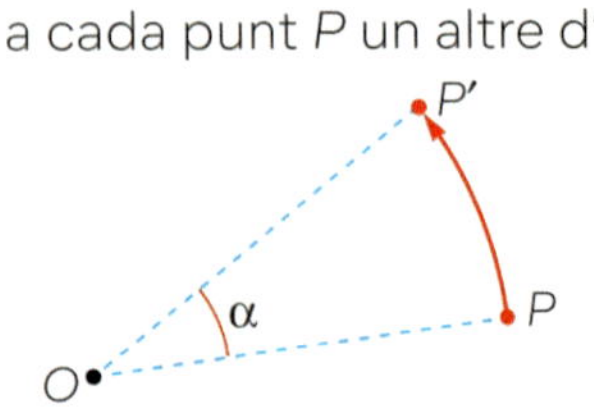

$\widehat{POP'} = \alpha$ $|\overrightarrow{OP}| = |\overrightarrow{OP'}|$

GIRS

Per calcular l'homòleg P' d'un punt P en un gir de centre O i amplitud 40°, es fan els passos següents.

Pas 1

Es traça el segment d'extrems O i P.

Pas 2

Prenent OP com a costat, es dibuixa l'angle de 40°.

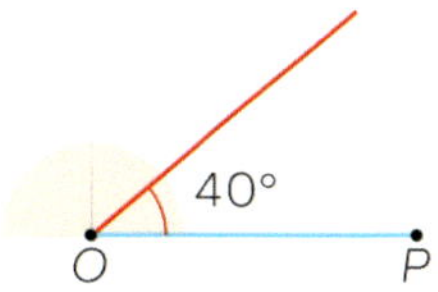

Pas 3

Es traça l'arc de centre O i radi OP. El punt de tall és P'.

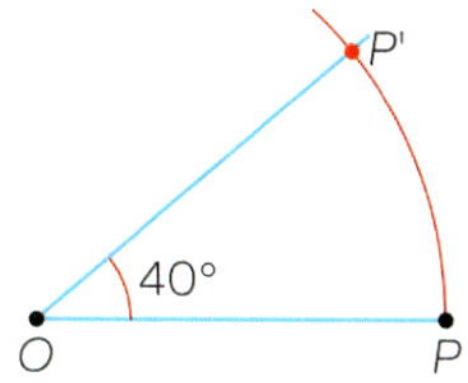

Per a l'aplicació de girs consecutius sobre el mateix punt, se sumen els angles.

9 Activitat resolta

Considerant el quadrilàter $ABCD$, troba'n l'homòleg mitjançant un gir de centre C i amplitud –70°.

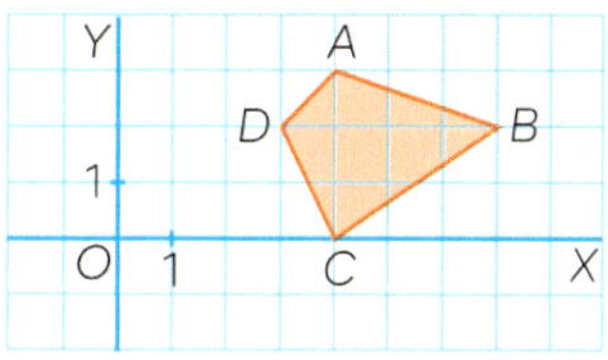

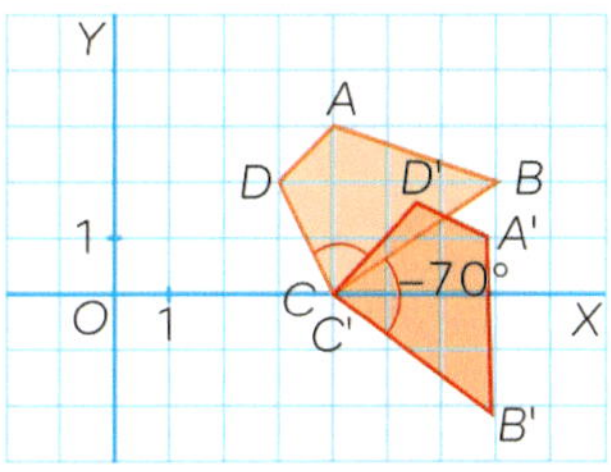

$\widehat{ACA'} = \widehat{BCB'} = \widehat{DCD'} = -70°$

$|\overrightarrow{CA}| = |\overrightarrow{CA'}|$ $|\overrightarrow{CB}| = |\overrightarrow{CB'}|$ $|\overrightarrow{CD}| = |\overrightarrow{CD'}|$

Si l'amplitud de gir és negativa, el sentit de gir és el de les agulles del rellotge

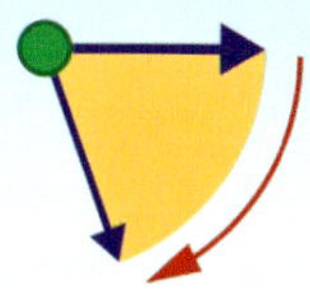

10 Aplica els moviments a la figura. Tingues en compte que per traçar la figura homòloga has de calcular l'homòleg de cada vèrtex. Practica més girs amb l'interactiu de GeoGebra.

a. Un gir de centre A i amplitud 90°

b. Un gir de centre O i amplitud 90°

c. Un gir de centre D i amplitud –90°

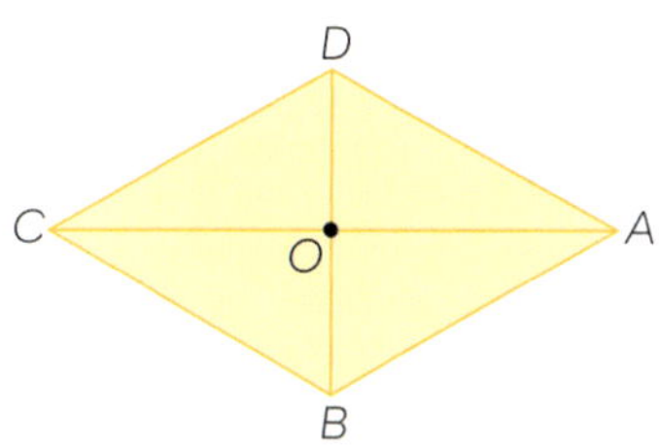

11 En un centre escolar es vol desenvolupar un projecte de cooperació que inclogui les quatre classes de 3r d'ESO i les altres quatre de 4t d'ESO.

Per això s'ha dissenyat una ruleta amb la qual es pot sortejar quina classe farà els murals, segons la posició que prengui la icona  .

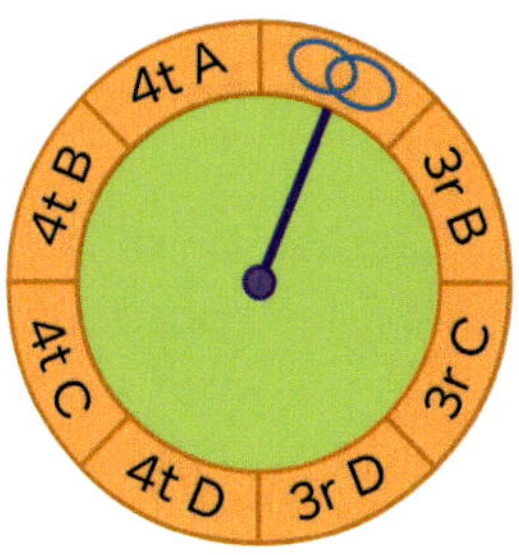

a. En girar s'ha obtingut la posició  A quin grup li ha tocat fer els murals? Quin angle ha girat?

b. I si les el·lipses del símbol haguessin quedat de la manera següent  ? Es podria saber amb tota seguretat a quin grup li ha tocat?

2 Què és una simetria i quines podem trobar?

Simetria axial

12 En un foli s'ha dibuixat una careta i la seva imatge reflectida. Sabries indicar per on s'ha de doblegar el foli perquè totes dues quedin superposades?

Una **simetria axial que té per eix la recta *r*** és un moviment en el pla que associa cada punt *P* amb el seu homòleg *P'*, de manera que *r* és la mediatriu del segment *PP'*.

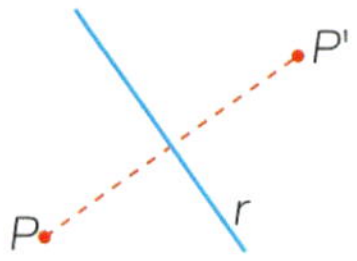

SIMETRIA AXIAL

Per calcular l'homòleg de *P'* d'un punt *P* en una simetria axial d'eix *r* se segueixen els passos següents.

Pas 1

Es traça la semirecta d'extrem *P* perpendicular a *r*. La intersecció és el punt *O*.

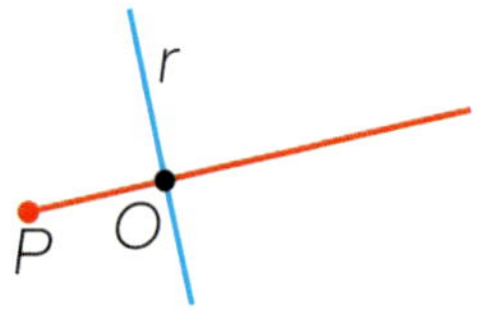

Pas 2

Es traça l'arc de circumferència de centre *O* i radi *OP* que talla a la semirecta en el punt homòleg *P'*.

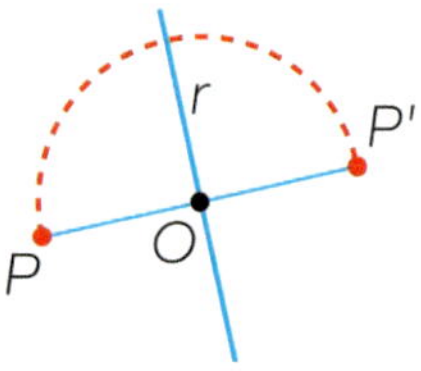

Exemple

Calculem i representem els punts simètrics del punt *A*(2, –1) respecte dels eixos de coordenades.

- Respecte de l'eix *X* és *A'*(2, 1).
- Respecte de l'eix *Y* és *A''*(–2, –1).

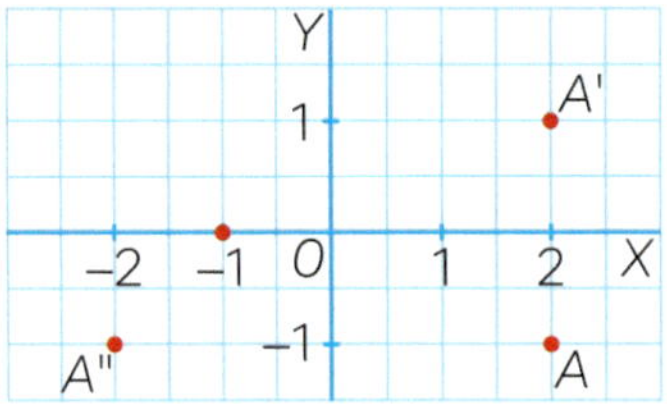

En una simetria axial, tots els punts que pertanyen a l'eix són homòlegs de si mateixos, és a dir, queden invariants.

13 Calcula i representa els punts simètrics del punt (5, 3) respecte de:

a. L'eix d'abscisses.

b. L'eix d'ordenades.

c. La recta vertical $x = 7$.

d. La recta horitzontal $y = 1$.

14 Activitat resolta

Dibuixa el quadrilàter *ABCD* de vèrtexs *A*(5, 4), *B*(4, 1), *C*(3, 2) i *D*(1, 2). Calcula les coordenades del quadrilàter homòleg en aplicar-li una simetria respecte de l'eix *X*.

Per calcular la simetria d'un polígon respecte d'una recta, es calcula el simètric de cada vèrtex. Així, les coordenades del quadrilàter *A'B'C'D'* segons la simetria respecte de l'eix *X* són *A'*(5, –4), *B'*(4, –1), *C'*(3, –2) i *D'*(1, –2).

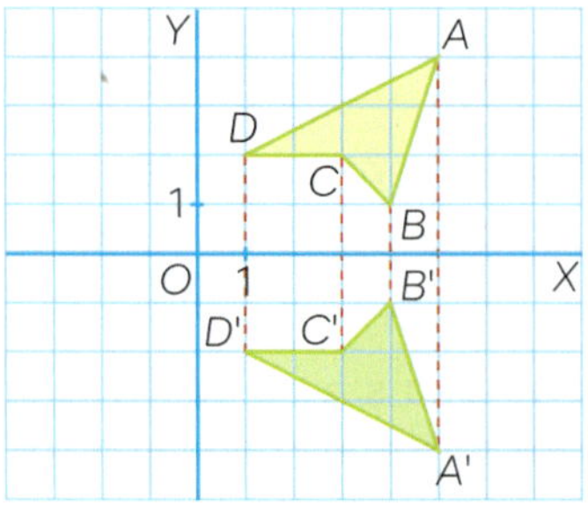

15 Calcula les coordenades del triangle homòleg al de vèrtexs *A*(–2, 3), *B*(5, 0) i *C*(0,–3) en aplicar-li:

a. Una simetria respecte de l'eix *X*.

b. Una simetria respecte de l'eix *Y*.

Aplica simetries en éssers vius amb l'interactiu de GeoGebra *Simetria axial.*

Simetria central

Una **simetria central de centre *O*** és un moviment en el pla que associa cada punt *P* amb el seu homòleg *P'*, de manera que *O* és el punt mitjà del segment *PP'*.

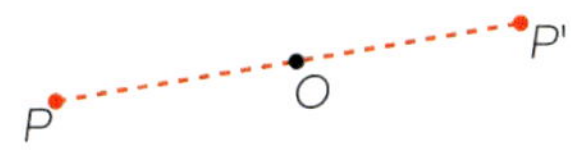

SIMETRIA CENTRAL

Per calcular l'homòleg *P'* d'un punt *P* en una simetria central de centre *O* es fan els passos següents.

Pas 1

Es traça la semirecta d'extrem *P* que passi pel punt *O*.

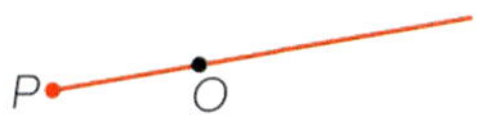

Pas 2

Es traça l'arc de centre *O* que passi per *P*. Aquest arc talla la semirecta anterior a *P'*.

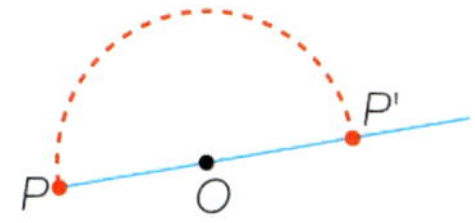

Exemple

Calculem i representem els punts simètrics del punt *A*(–2, –1) respecte de l'origen de coordenades i respecte del punt *P*(–1, 0).

- Respecte de l'origen de coordenades és *A'*(2, 1).
- Respecte del punt *P*(–1, 0) és *A''*(0, 1).

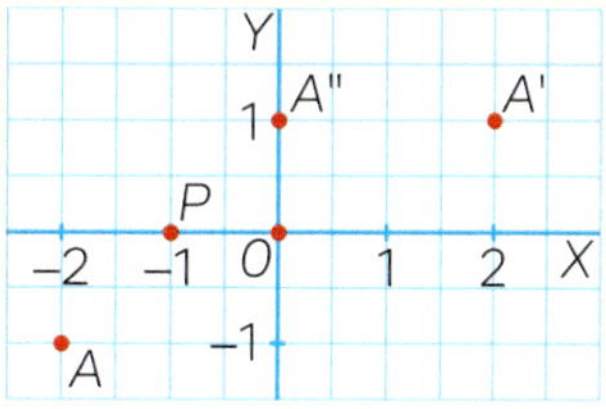

En una simetria central, l'únic punt que roman invariant és el centre.

16 Calcula i representa els punts simètrics del punt (–4, 2) respecte de:

a. L'origen de coordenades.
b. El punt *P*(0, 1).
c. El punt *B*(0, –1).
d. El punt *C*(–1, 0).

17 A cada pla cartesià s'ha representat un punt *A* i el seu homòleg *A'* obtingut mitjançant una simetria central. Quines són les coordenades del centre de la simetria en cada cas?

a

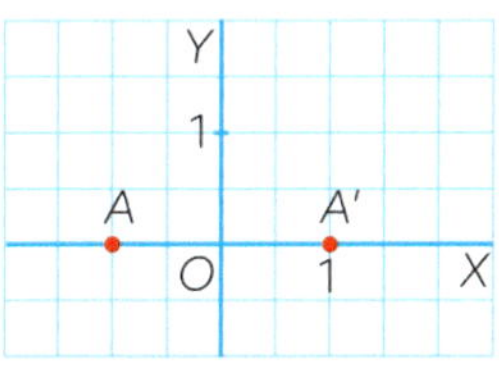

b

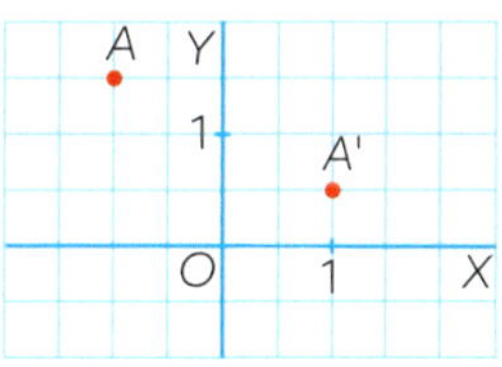

c

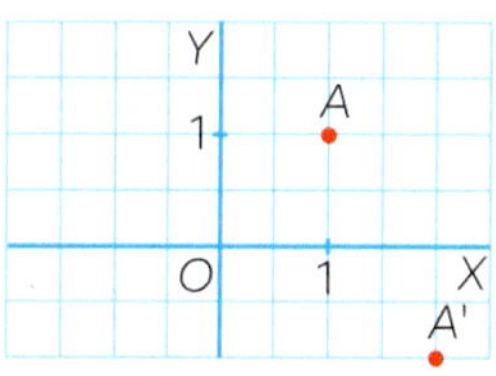

18 **Activitat resolta**

Dibuixa el quadrilàter *ABCD* de vèrtexs *A*(–6, 3), *B*(–3, 2), *C*(–2, –2) i *D*(–8, 0). Calcula les coordenades del quadrilàter homòleg en aplicar-se una simetria respecte de l'origen de coordenades.

Per calcular la simetria d'un polígon respecte d'un punt, calcularem el simètric de cada vèrtex.

Les coordenades del quadrilàter *A'B'C'D'* segons simetria respecte del punt *O*(0, 0) son *A'*(6, –3), *B'*(3, –2), *C'*(2, 2) i *D'*(8, 0).

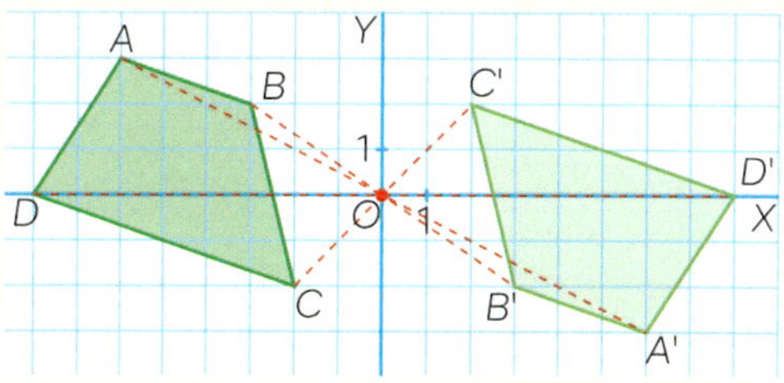

19 Calcula les coordenades del triangle homòleg al de vèrtexs *A*(1, 1), *B*(3, 4) i *C*(6, 0) en aplicar-li:

a. Una simetria respecte de l'origen de coordenades.
b. Una simetria respecte del punt *P*(–2, 1).

3 Simetria respecte de què?

Eixos de simetria de figures planes

20 Hi ha alguna manera de plegar una sola vegada el paper de manera que totes dues parts de la lletra quedin superposades? I si es fessin dos plecs?

Una recta *r* és un **eix de simetria** d'una figura geomètrica quan l'homòleg de qualsevol punt d'aquesta figura respecte de *r* pertany també a la figura.

Exemple

Un quadrat presenta quatre eixos de simetria.

Les rectes que uneixen els punts mitjans de dos costats oposats del quadrat són eixos de simetria.

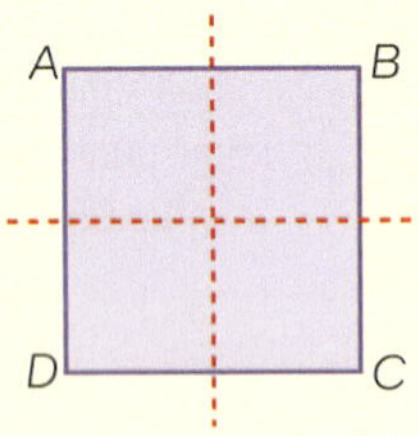

Les diagonals del quadrat són eixos de simetria.

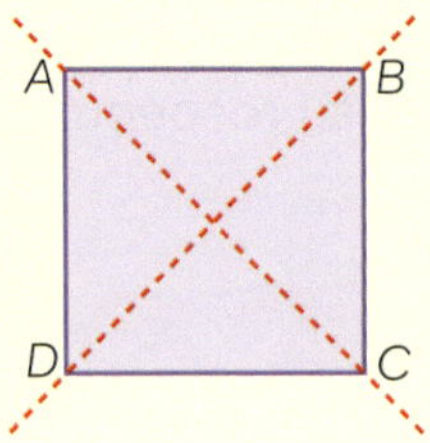

Una figura és simètrica si té almenys un eix de simetria.

L'eix de simetria d'una figura la divideix en dues parts iguals.

21 Assenyala quines de les figures següents són simètriques i quines no. En cas que siguin simètriques, calcula quants eixos de simetria tenen.

a 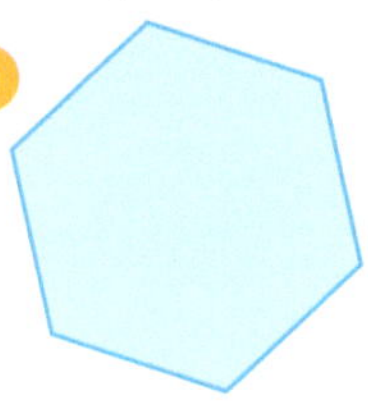

b 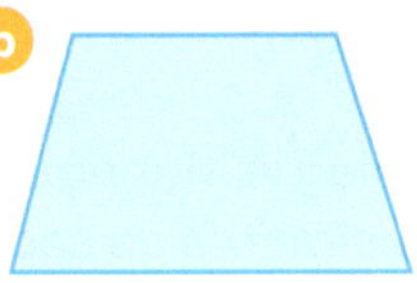

c 

22 Observa la figura i determina si alguna de les rectes *a*, *b* o *c* són eixos de simetria del trapezi.

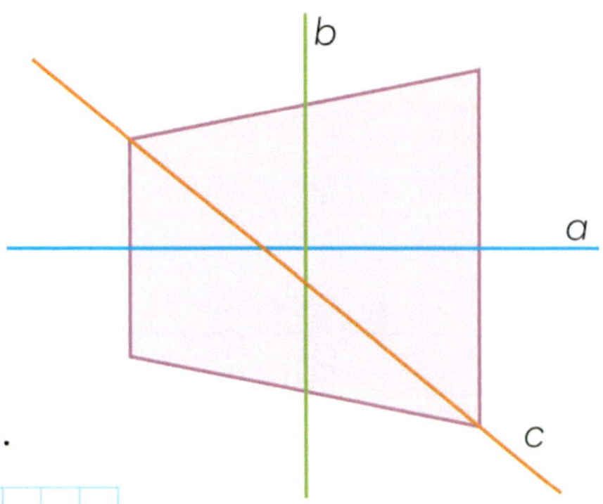

23 Completa cada figura tenint en compte que les rectes *r* i *s* són eixos de simetria.

a 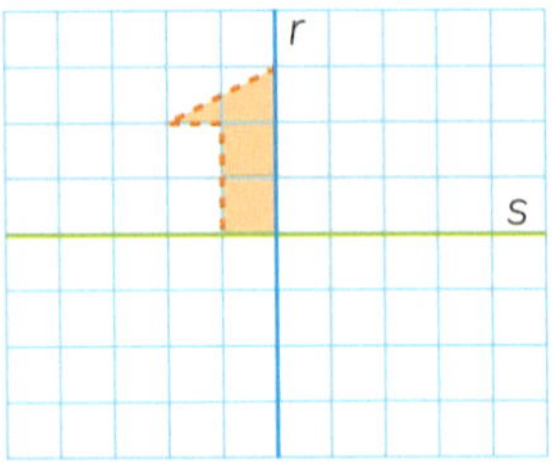

b 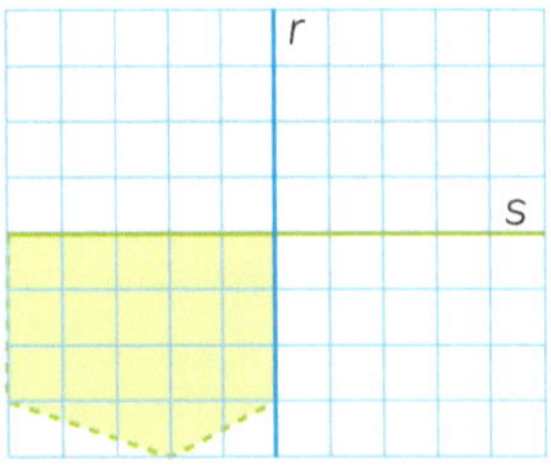

c 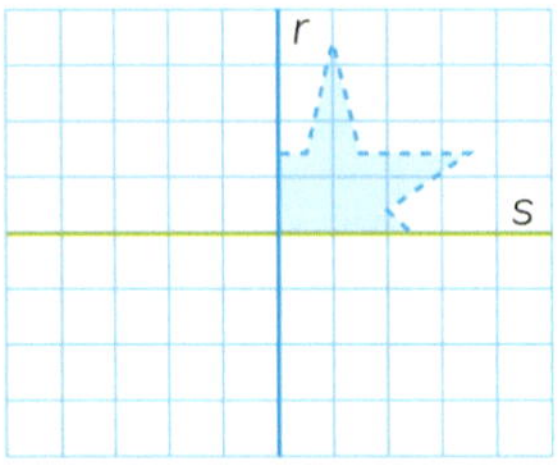

24 **CREEM JUNTS UNA FIGURA.** Per enllaçar cinc cercles iguals de manera que tots continguin un punt de la resta i no n'hi hagi cap que contingui el centre de cap altre, s'han de col·locar de manera que el centre de cada cercle estigui en els vèrtexs d'un pentàgon regular.

a. Indica, si n'hi ha, els eixos de simetria de la figura resultant.

b. Es podria obtenir una figura semblant utilitzant els vèrtexs d'un altre polígon regular? Feu la prova amb el triangle, el quadrat i l'hexàgon.

Centre de simetria de figures planes

Un punt *P* és un **centre de simetria** d'una figura geomètrica quan l'homòleg de qualsevol punt d'aquesta figura mitjançant la simetria central de centre *P* pertany també a la figura.

Exemple

El punt de tall *O* de les diagonals d'un hexàgon regular és un centre de simetria d'aquesta figura.

Els vèrtexs de l'hexàgon que corresponen a extrems de les diagonals són punts homòlegs.

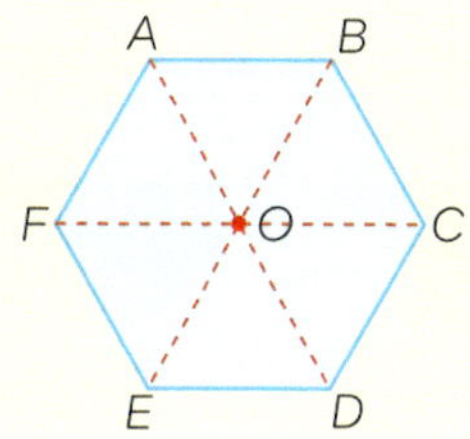

25 Observa el triangle i respon.

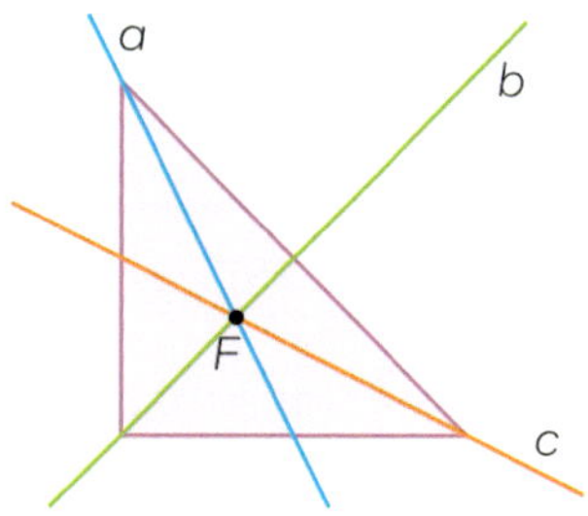

a. Quina de les rectes és un eix de simetria?

b. És *F* centre de simetria del triangle?

En quines situacions de la teva vida diària et trobes amb la simetria?

26 **Activitat resolta**

Troba els eixos i el centre de simetria d'un triangle equilàter.

Un triangle equilàter té tres eixos de simetria, les seves tres altures (mitjanes, bisectrius o mediatrius).

Un triangle equilàter no té centre de simetria.

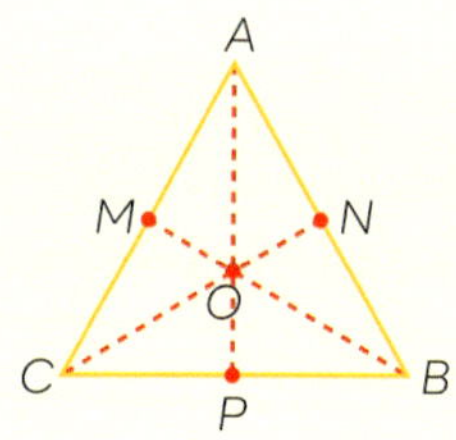

27 Indica, si n'hi ha, els eixos de simetria i el centre de simetria de les figures següents.

a

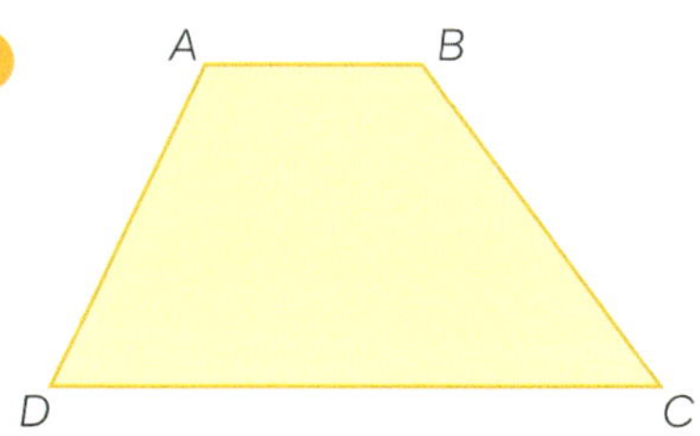

b

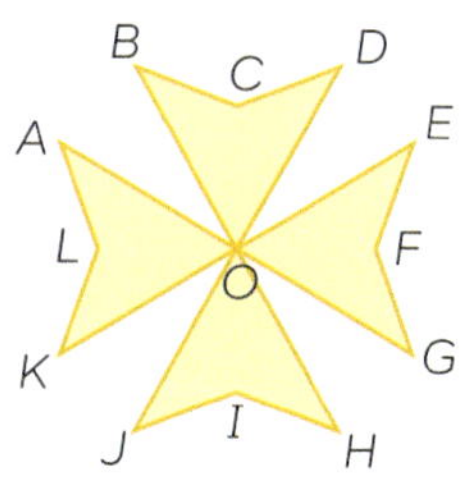

28 Indica, si n'hi ha, els eixos i el centre de simetria de:

a. Un rectangle.

b. Un pentàgon regular.

c. Un decàgon regular.

d. Un enneàgon regular.

29 Completa la figura tenint en compte que el punt *O* és el seu centre de simetria.

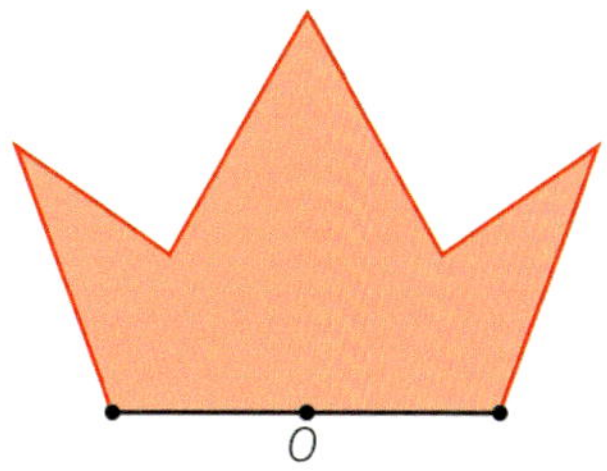

4 Com fem moviments successius?

Producte de translacions

30 **Aprenc a pensar.** L'origami, o papiroflèxia, és un art que consisteix a obtenir diferents figures plegant un paper. Segueix les instruccions per aconseguir la figura d'un gosset:

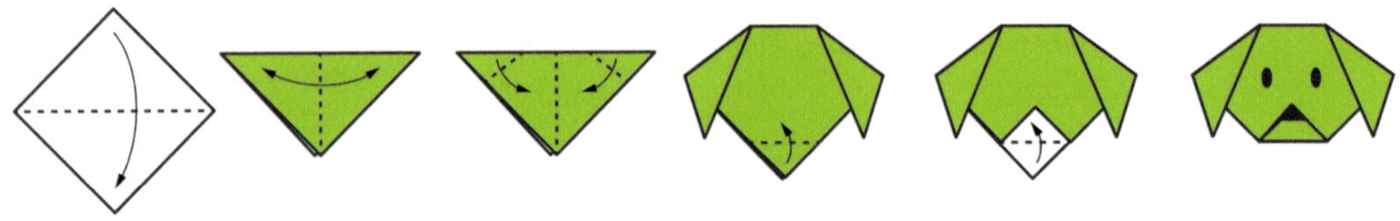

Quines transformacions has hagut de fer? Organitza-les fent ús d'un fluxograma.
Hi trobes alguna simetria?

L'aplicació successiva de dues translacions de vectors $\vec{u}$ i $\vec{v}$ és equivalent a aplicar una única translació de vector $\vec{u}+\vec{v}$. Aquest moviment s'anomena **producte de dues translacions**.

Exemple

En aplicar-lo al triangle de vèrtexs $A(-6, 2)$, $B(2, 2)$ i $C(1, -1)$ dues translacions de vectors $\vec{u}=(4, 1)$ i $\vec{v}=(8, -2)$ s'obté el mateix resultat que aplicant la translació $\vec{u}+\vec{v}=(4, 1)+(8, -2)=(12, -1)$.

- Aplicant les dues translacions successives:

$A'=A+\vec{u}=(-2, 3)$ $\quad A''=A'+\vec{v}=(6, 1)$

$B'=B+\vec{u}=(6, 3)$ $\quad B''=B'+\vec{v}=(14, 1)$

$C'=C+\vec{u}=(5, 0)$ $\quad C''=C'+\vec{v}=(13, -2)$

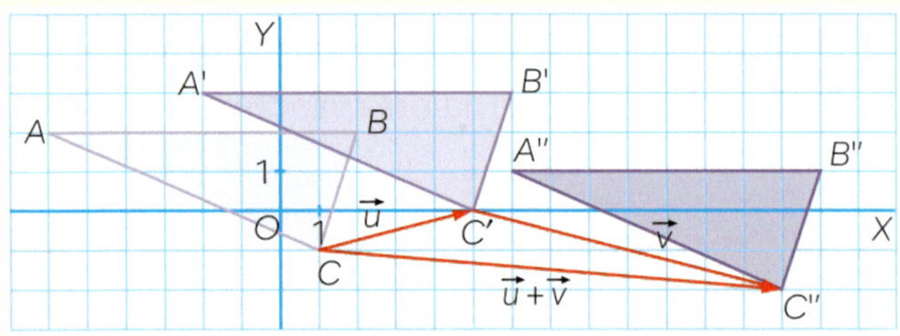

- Aplicant la translació $\vec{u}+\vec{v}$:

$A''=A+\vec{u}+\vec{v}=(6, 1)$ $\quad B''=B+\vec{u}+\vec{v}=(14, 1)$ $\quad C''=C+\vec{u}+\vec{v}=(13, -2)$

31 Aplica al quadrat *ABCD* una translació de vector $\overrightarrow{AB}$, després, una altra de vector $\overrightarrow{BC}$. Què passa si apliques primer la translació de vector $\overrightarrow{BC}$ i després la translació de vector $\overrightarrow{AB}$? A quin moviment equival la composició de les dues translacions anteriors?

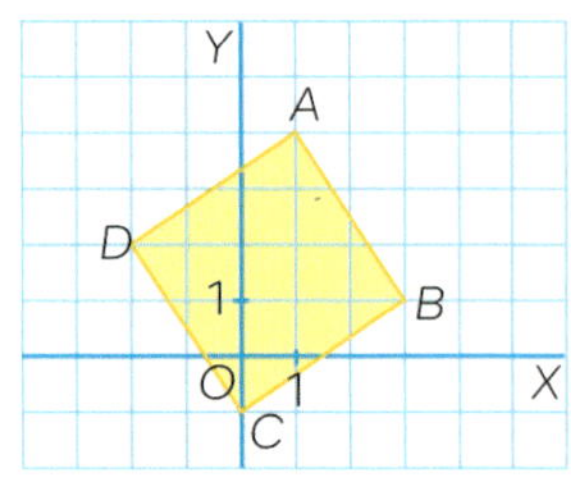

Producte de dos girs

El **producte de dos girs** amb un **mateix centre** i amplituds α i β dona com a resultat un altre gir del mateix centre i amplitud $\alpha + \beta$.

Exemple

En aplicar a la lletra *E* dos girs successius de centre *O* i d'amplituds 30° i 60°, respectivament, s'obté un gir de centre *O* i amplitud 90°.

Gir de centre *O* i amplitud 30°

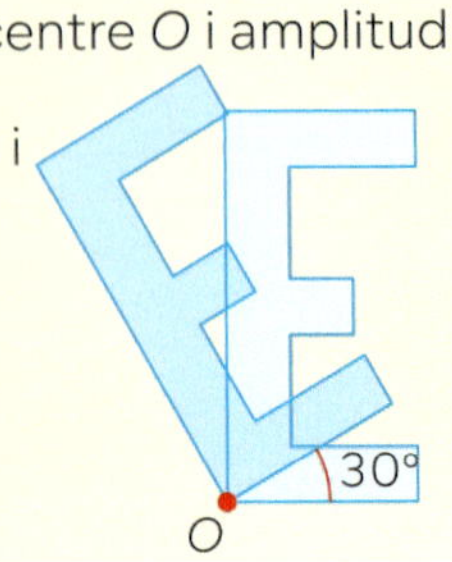

Gir de centre *O* i amplitud 60°

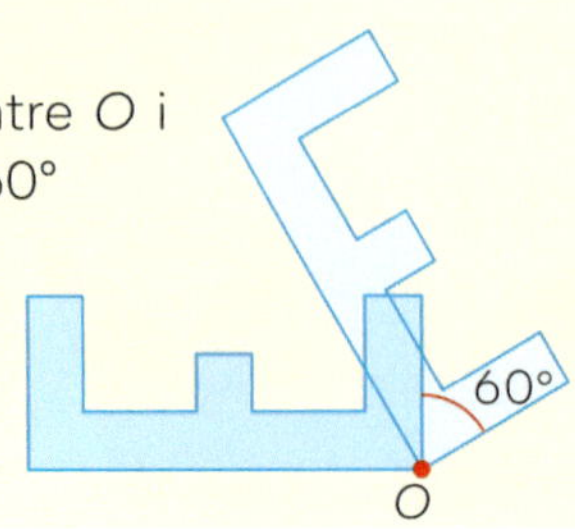

Gir de centre *O* i amplitud 90°

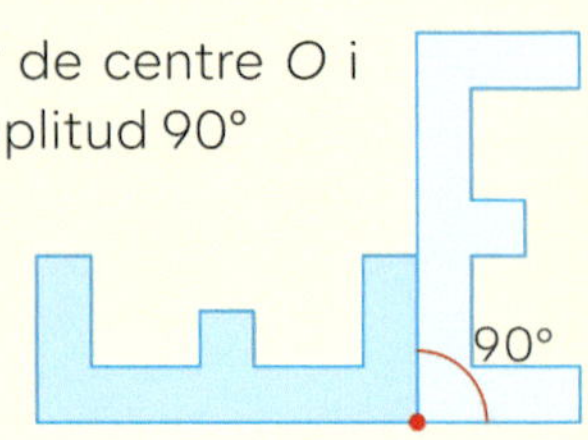

El **producte de dos girs** amb **diferents centres** no dona necessàriament com a resultat un altre gir.

Exemple

A la figura es mostra el resultat d'aplicar primer un gir de centre P i amplitud 120° a la corbata de llacet i, després, un altre gir de centre O i amplitud 150°.

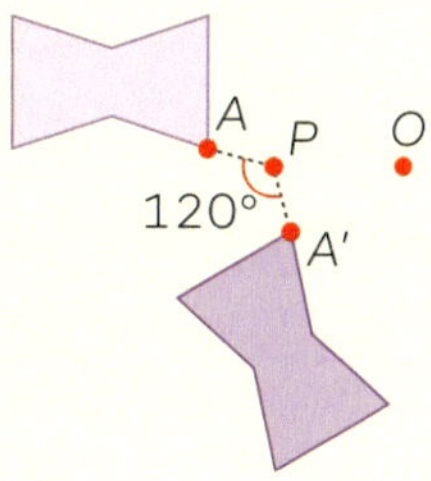

Gir de centre P i amplitud 120°

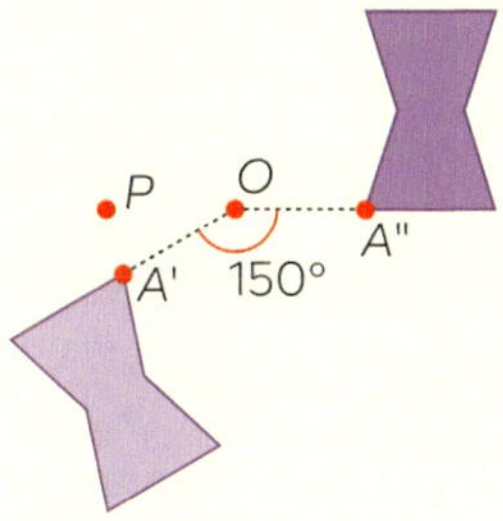

Gir de centre O i amplitud 150°

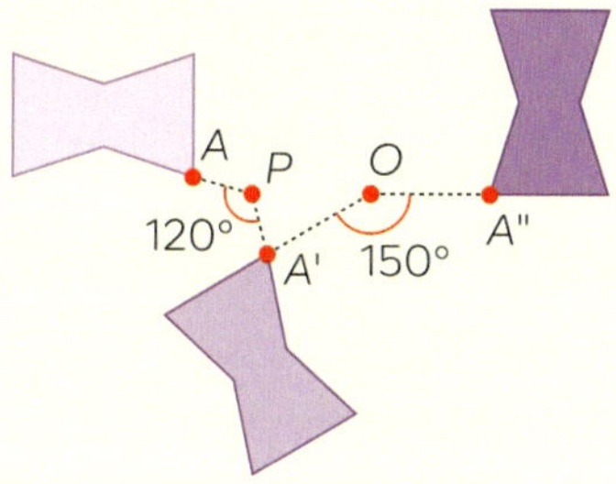

Producte de dos girs

El producte de dos girs amb el mateix centre és commutatiu, és a dir, s'obté el mateix resultat independentment de l'ordre en què s'apliquin.

El producte de dos girs amb diferents centres no és commutatiu.

32 **Es consideren els girs G_1 de centre O i amplitud 45°, G_2 de centre O i amplitud 90° i G_3 de centre A i amplitud 90°. Aplica sobre el quadrat $ABCD$ de la figura:**

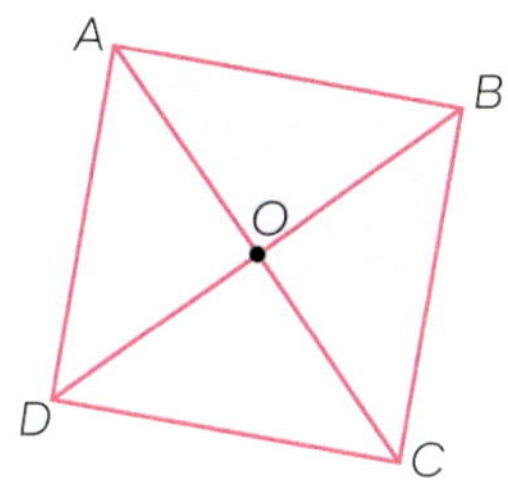

a. Primer el gir G_1 i, al resultat, el gir G_2. A què equival aquest moviment?

b. Primer el gir G_1 i, al resultat, el gir G_3.

Producte de simetries

En aplicar de manera consecutiva una simetria S_1 d'eix r_1 i una altra simetria S_2 d'eix r_2 s'obté un **producte de les simetries** S_1 i S_2.

Exemple

Si al quadrilàter $ABCD$, de vèrtexs $A(5, 4)$, $B(4, 1)$, $C(3, 2)$ i $D(1, 2)$, se li aplica una simetria axial respecte de l'eix X i després, al resultat, una simetria axial respecte de l'eix Y obtenim el resultat següent:

- Les coordenades del quadrilàter $A'B'C'D'$ homòleg del dau a la simetria d'eix X són $A'(5, -4)$, $B'(4, -1)$, $C'(3, -2)$ i $D'(1, -2)$.
- Les coordenades del quadrilàter $A''B''C''D''$ homòleg de l'$A'B'C'D'$ a la simetria d'eix Y són $A''(-5, -4)$, $B''(-4, -1)$, $C''(-3, -2)$ i $D''(-1, -2)$.

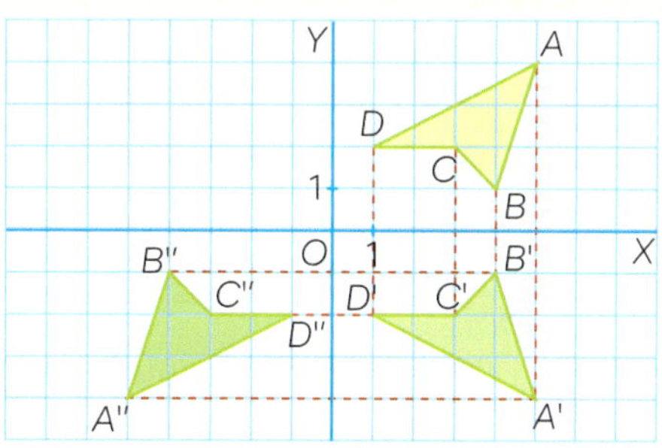

La composició de dues simetries axials els eixos de les quals són perpendiculars és equivalent a una simetria central amb centre el punt de tall dels eixos.

33 **Es consideren les simetries S_1 amb centre l'origen de coordenades i S_2 l'eix del qual és l'eix d'abscisses. Troba les coordenades de l'homòleg del quadrilàter de vèrtexs $A(2, 3)$, $B(-3, 2)$, $C(0, -4)$ i $D(4, -1)$ en aplicar-se la composició de simetries S_1 i S_2.**

34 Al quadrat *ABCD* de la figura se li aplica primer una simetria de centre *A* i, després, una altra simetria de centre *D* al resultat. S'obtindria la mateixa figura si s'apliquessin les dues simetries en ordre invers?

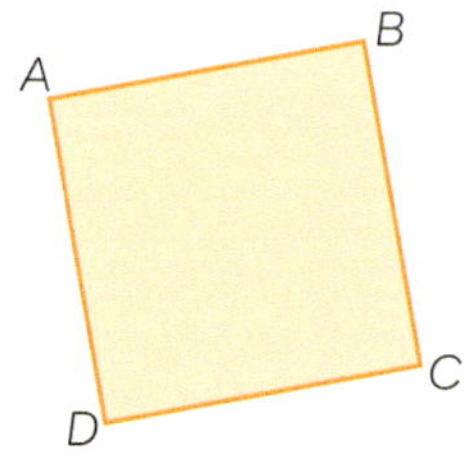

Moviments inversos

Si considerem un moviment *M* que transforma cada punt *P* en un altre punt *P'*, s'anomena **moviment invers** de **M**, i es denota per M^{-1}, el moviment que transforma el punt *P'* en el punt *P*.

La taula següent mostra les translacions, els girs i les simetries i els seus moviments inversos corresponents:

Moviment	Invers
Translació de vector $\vec{u}=(u_1, u_2)$ 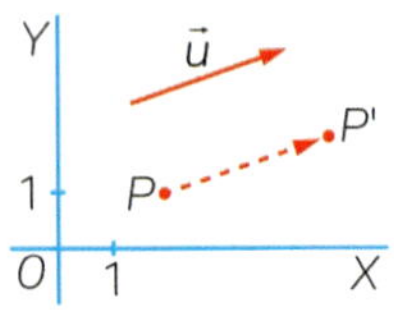	Translació de vector $-\vec{u}=(-u_1, -u_2)$ 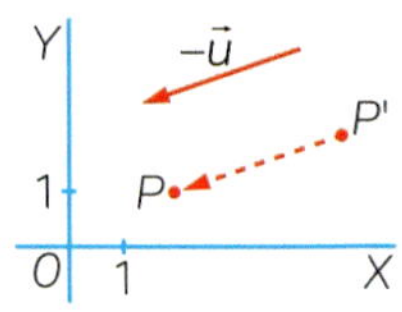
Gir de centre *O* i amplitud α 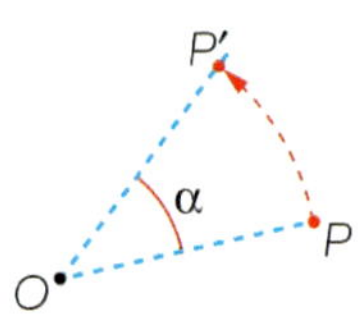	Gir de centre *O* i amplitud $-\alpha$ 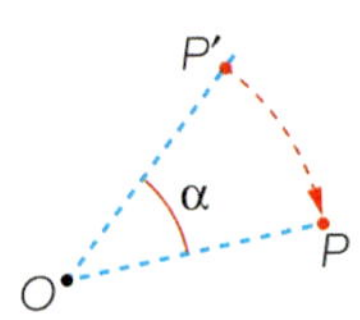
Simetria axial d'eix *e* 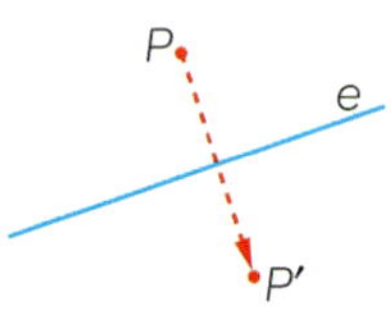	Simetria axial d'eix *e* 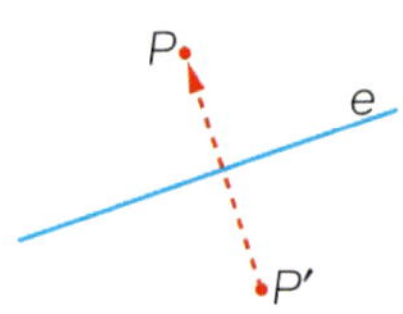
Simetria central de centre *O* 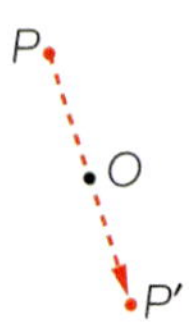	Simetria central de centre *O* 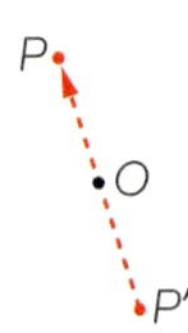

L'aplicació successiva d'un moviment i el seu invers a qualsevol figura dona com a resultat la mateixa figura.

35 Atesos els punts *A*(−2, 3), *B*(4, 2) i *C*(1, −4), indica quins són els moviments inversos dels moviments següents.

a. Una translació que transforma *A* en *B*

b. Un gir de centre *A* i amplitud 35°

c. Una simetria axial d'eix la recta *AB*

d. Una simetria central de centre *C*

5 Podem crear art amb moviments en el pla?

Frisos

36 Per decorar una plaça amb un fris es disposa d'un disseny de rajola.

Quin tipus de moviments s'han fet per aconseguir els dissenys següents?

a) 

b) 

Un **fris** està limitat per dues rectes paral·leles i s'obté en aplicar successivament translacions, girs i simetries a una figura o a un grup de figures.

Hi ha set maneres de generar un fris a partir d'una figura:

Fris de translacions

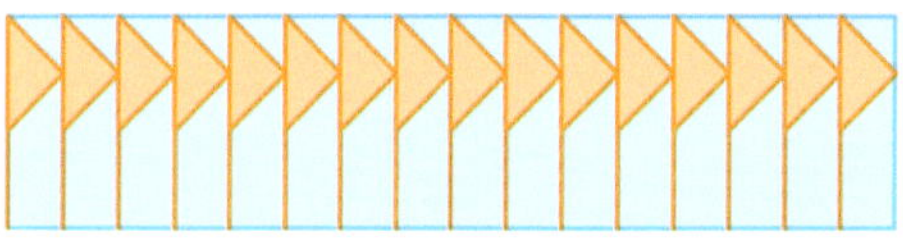

Fris de simetria d'eix horitzontal i translacions

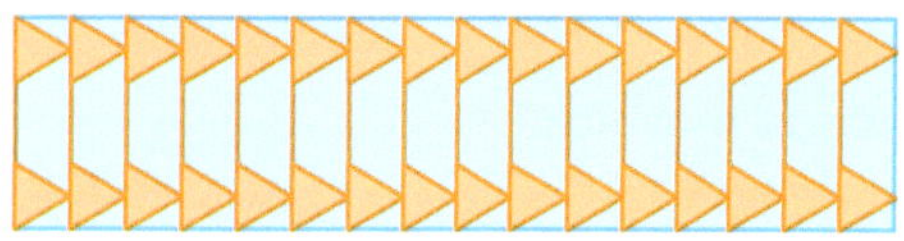

Fris de simetria d'eix vertical i translacions

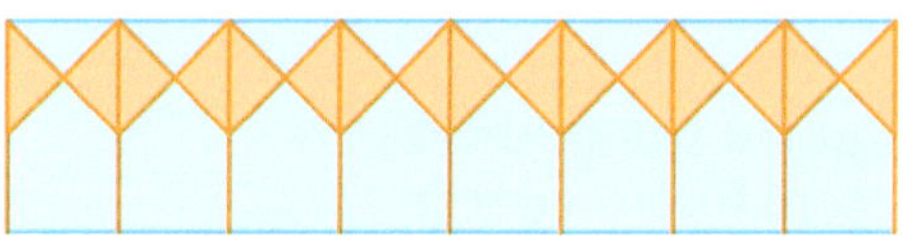

Fris de gir de 180° i translacions

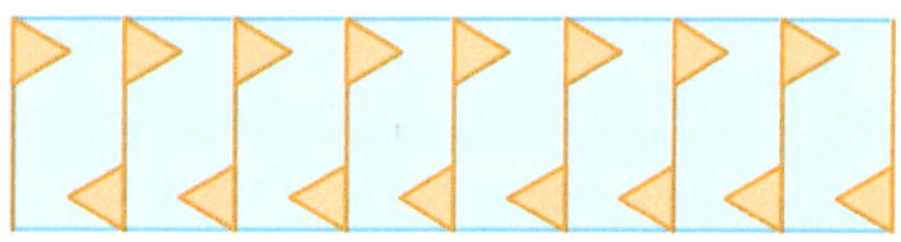

Fris de gir de 180°, simetria d'eix horitzontal i translacions

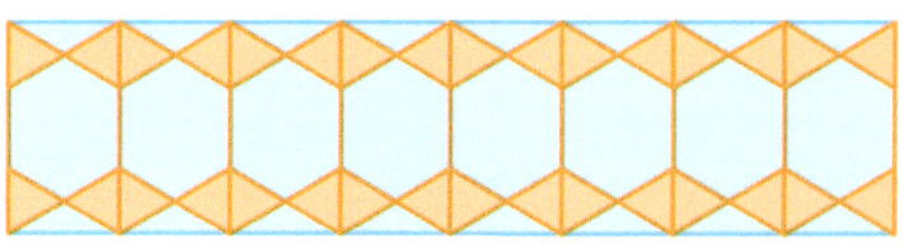

Fris de gir de 180°, simetria d'eix vertical, lliscament i translacions

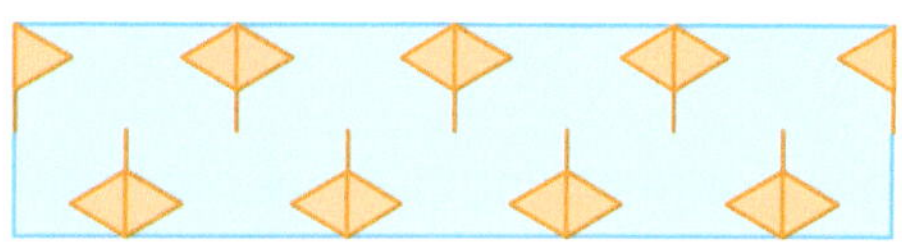

Fris de simetria d'eix horitzontal, lliscament i translacions

37 Indica el tipus de fris que es fa servir a cadascun dels dissenys següents.

a) 

b) 

c) 

38 Crea un fris que contingui un disseny amb la inicial del teu nom.

Mosaics

Un **mosaic** és un recobriment del pla mitjançant una figura o més d'una que no se superposin. Es poden construir a partir de moviments en el pla.

Un **mosaic regular** està format per un sol polígon regular.	Un **mosaic semiregular** està format per dos o més polígons regulars.	Un **mosaic irregular** està format per corbes, figures irregulars o totes dues.
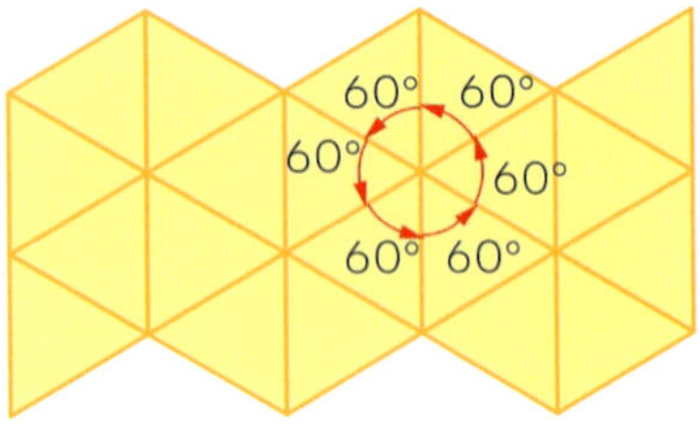		

39 Classifica els mosaics següents en regular, semiregular o irregular.

a 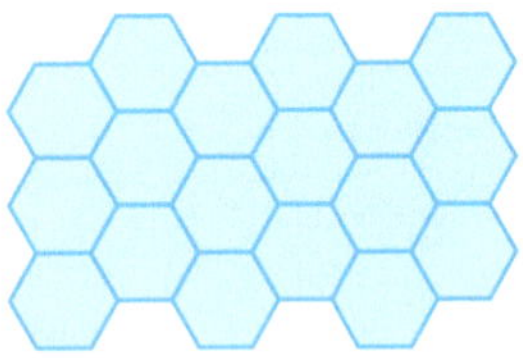

b 

c 

Quines figures formen cada mosaic?

40 Dissenya un mosaic semiregular amb quadrats i octàgons regulars.

41 ### Activitat resolta

Es vol dissenyar un cartell per a la celebració d'un Congrés per la Pau i la Cooperació entre Cultures. Per a això, es vol utilitzar com a base un colom que es construeix a partir d'un rombe, tal com s'indica a les figures següents.

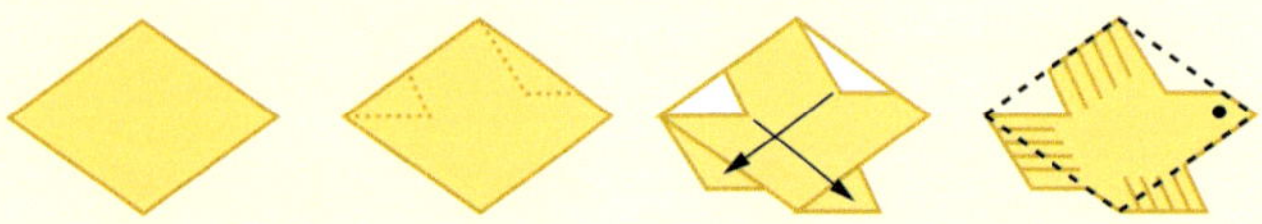

Dibuixa un mosaic amb la figura obtinguda que contingui quatre files de quatre coloms cadascuna.

42 Explica quins moviments en el pla s'han aplicat a un quadrat per obtenir cadascuna de les figures següents.

a 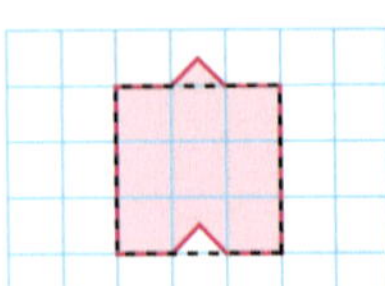

b 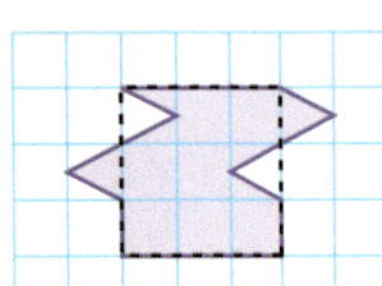

c 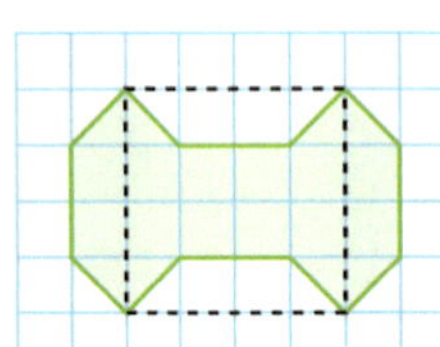

Selecciona una de les tres figures i dissenya un mosaic.

EL NOSTRE REPTE L'art de la geometria

Dissenyar un mural utilitzant els moviments en el pla

El vostre objectiu és dissenyar junts un mural en forma de mosaic format per figures geomètriques, a les quals s'aplicaran els moviments en el pla: translació, gir i simetria.

Pas 1

Mosaics i tessel·les

Per construir un mosaic s'utilitzen petites peces en forma de figures geomètriques, anomenades tessel·les. Quan aquestes figures són polígons regulars, es diu que el tessel·lat és regular. Tan sols hi ha tres tipus de tessel·lat regular que, amb un sol tipus de figura, puguin recobrir completament el pla: el triangular, el quadrat i l'hexagonal.

El mural que heu de dissenyar ha d'utilitzar aquestes tres figures regulars o combinacions.

A la natura apareix sovint el tessel·lat hexagonal.

Pas 2

Disseny del mural

En grups de quatre, dissenyeu el tessel·lat amb el qual fareu el mural. Podeu ajudar-vos de GeoGebra per fer-lo i després imprimir el disseny. Repartiu les tasques de manera que tothom hi aporti alguna cosa.

Podeu inspirar-vos en algun disseny ja fet. En aquest cas, busqueu informació sobre el patró en què us heu basat per incloure en la descripció, les propietats, els usos...

Ha de complir els requisits següents.

- Estar compost com a mínim de dues figures regulars.
- Tenir almenys una simetria central i axial.
- Que hi hagi almenys un gir respecte d'un vèrtex o un eix.

Després, indiqueu quin és el vector de translació, l'amplitud del gir o l'eix o el centre de simetria en cada cas.

Pas 3

Compartiu el vostre treball

Nomeneu un portaveu de grup que exposi el disseny del vostre mural a la resta de la classe, explicant com l'heu dissenyat i l'origen en cas que us hàgiu inspirat en un altre. Heu estat d'acord en el disseny? Reflexioneu sobre la universalitat de la bellesa en l'art.

Quan debateu, pareu espacial atenció a evitar el soroll en la comunicació (falques físiques i verbals).

Com ha anat el repte? Entra i fes la teva valoració

EN RESUM

Vectors

Components d'un vector

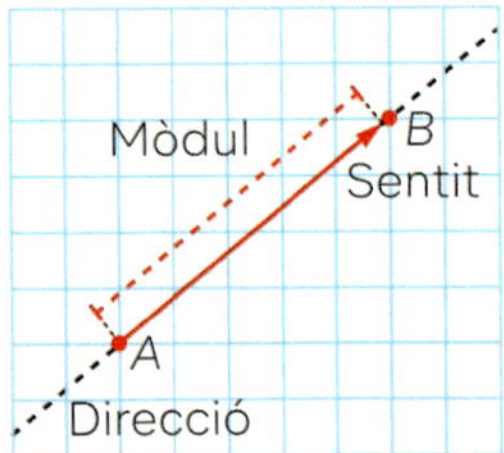

$A(a_1, a_2); B(b_1, b_2) \Rightarrow \overrightarrow{AB} = (b_1 - a_1, b_2 - a_2)$

Suma de vectors

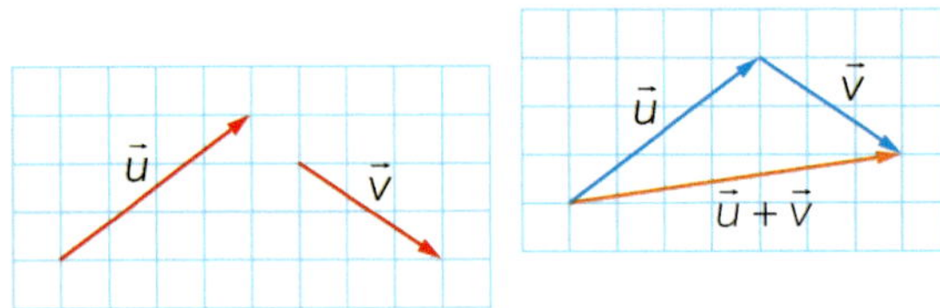

$\vec{u} = (u_1, u_2); \vec{v} = (v_1, v_2) \Rightarrow \vec{u} + \vec{v} = (u_1 + v_1, u_2 + v_2)$

Translacions

Una **translació de vector** $\vec{u}$ transforma cada punt P en un altre P' de manera que:

- $\vec{u} = \overrightarrow{PP'} = P' - P$
- $P' = P + \vec{u}$
- $P = P' - \vec{u}$

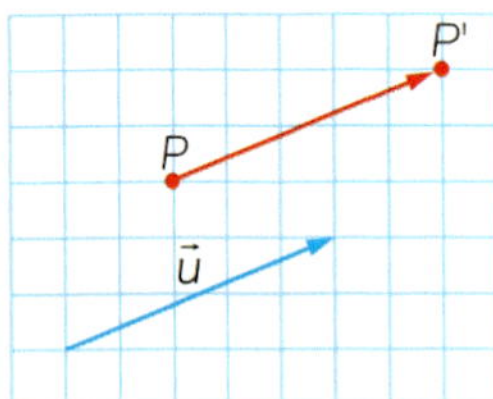

Girs

Un **gir de centre** O **i amplitud** α és un moviment en el pla que transforma cada punt P en el seu homòleg P' i que verifica:

- $|\overrightarrow{OP}| = |\overrightarrow{OP'}|$
- $\widehat{POP'} = \alpha$

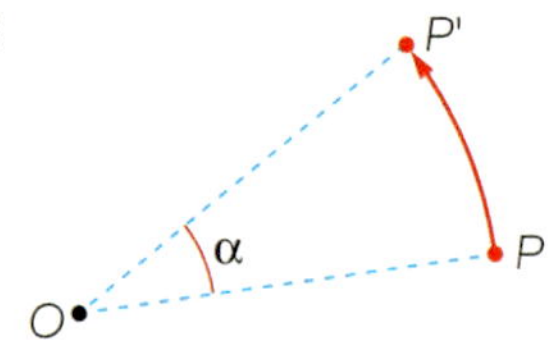

Simetries

Simetria axial d'eix *r*

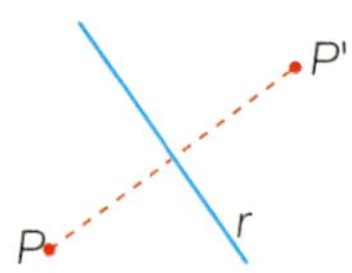

Simetria central de centre *O*

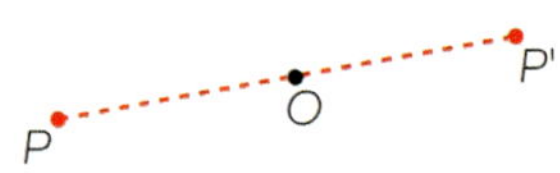

Eixos i centre de simetria

- Eixos de simetria: Rectes $\overline{AC}$, $\overline{BC}$, $\overline{SS'}$ i $\overline{MM'}$
- Centre de simetria: Punt O

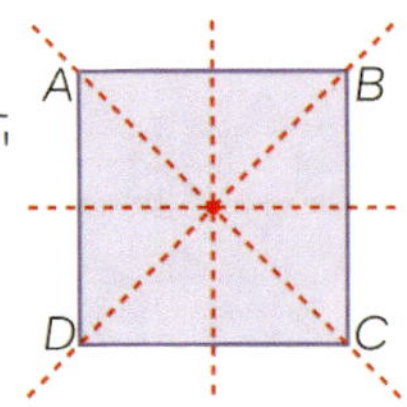

Moviments inversos

El **moviment invers** de:

- Una translació de vector $\vec{u}$ és una altra translació de vector $-\vec{u}$.
- Un gir de centre O i amplitud α és un altre gir de centre O i amplitud $-\alpha$.
- Una simetria axial o central és el mateix moviment, però en sentit contrari.

Moviments compostos

Producte de translacions

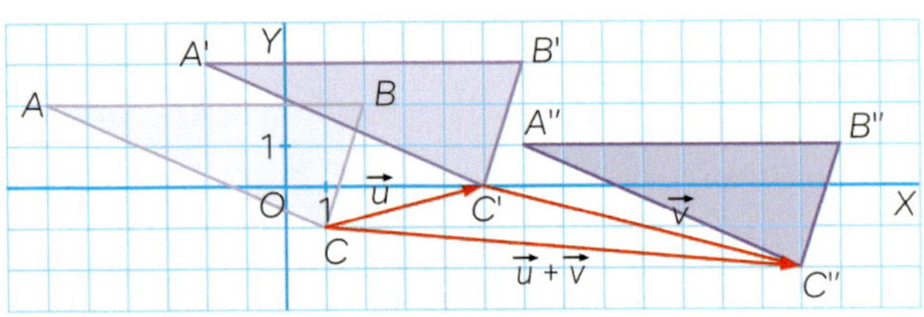

Producte de girs

Amb el mateix centre

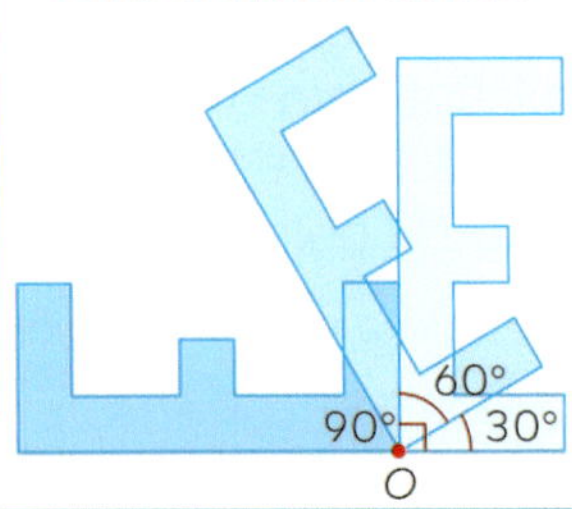

Amb diferent centre

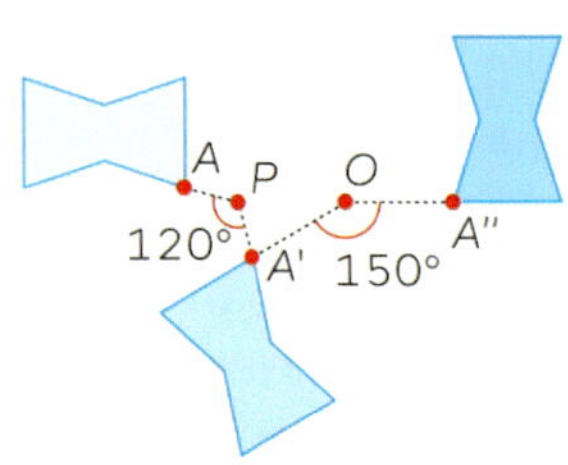

PRACTIQUEM

Activitats

1 **Aprenc a pensar.** Organitza en un mapa mental els conceptes que has après.

2 Activitat resolta

Donats els punts $A(2, -3)$, $B(-2, 0)$ i $C(-2, -2)$, calcula les components dels vectors:

a. $\overrightarrow{AB}+\overrightarrow{AC}$ b. $2\overrightarrow{AB}-3\overrightarrow{AC}$ c. $-2\overrightarrow{BC}+4\overrightarrow{AC}$

Les components dels vectors són:

$$\overrightarrow{AB}=(-2-2,\ 0-(-3))=(-4,\ 3)$$

$$\overrightarrow{AC}=(-2-2,\ -2-(-3))=(-4,\ 1)$$

Així doncs:

a. $\overrightarrow{AB}+\overrightarrow{AC}=(-4,\ 3)+(-4,\ 1)=(-8,\ 4)$

b. $2\overrightarrow{AB}-3\overrightarrow{AC}=2(-4,\ 3)-3(-4,\ 1)=$
$=(-8,\ 6)-(-12,\ 3)=(4,\ 3)$

3 Donats els punts $A(2, -4)$, $B(-2, 3)$ i $C(-2, 4)$, calcula les coordenades dels vectors:

a. $\overrightarrow{AB}+\overrightarrow{CB}$ b. $2\overrightarrow{AC}+3\overrightarrow{BC}$ c. $2\overrightarrow{AB}-4\overrightarrow{AC}$

4 Considerant els punts $A(-5, 4)$, $B'(-1, 2)$ i el vector $\vec{u}=(0, 3)$ calcula:

a. Coordenades del punt A' tal que $\overrightarrow{AA'}=\vec{u}$.

b. Coordenades del punt B tal que $\overrightarrow{BB'}=\vec{u}$.

5 Donats els punts $A(1, -2)$, $B(-3, 3)$, $C(-5, 2)$, $P(-2, 2)$ i $Q(-1, 0)$, calcula les coordenades dels punts A', B' i C' tals que:

$$\overrightarrow{AA'}=\overrightarrow{BB'}=\overrightarrow{CC'}=\overrightarrow{PQ}$$

Representa-ho gràficament.

6 Troba, de manera gràfica i numèrica, els vèrtexs homòlegs del pentàgon $ABCDE$ en la translació de vector $\vec{u}$.

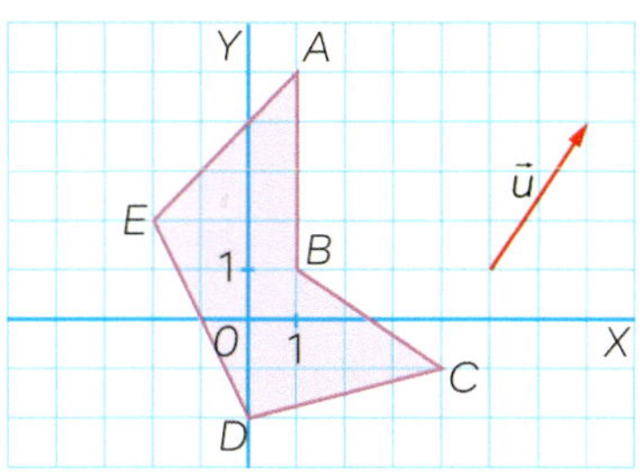

7 Troba les coordenades de l'homòleg d'$A(3, 7)$ mitjançant un gir de centre d'origen de coordenades i amplitud $-90°$.

8 Considerant el triangle de vèrtexs $A(-2, 3)$, $B(3, 1)$ i $C(0, -4)$, troba gràficament:

a. El triangle homòleg en aplicar un gir de centre el punt $P(2, 2)$ i amplitud $90°$.

b. El triangle homòleg en aplicar un gir de centre el punt $P(-3, 5)$ i amplitud $-90°$.

c. El triangle homòleg en aplicar un gir de centre el punt $P(0, 0)$ i amplitud $-180°$.

9 Els punts $A(3, 6)$ i $B(-6, 3)$ són homòlegs en un gir de centre l'origen de coordenades. Quina és l'amplitud del gir?

10 Quin és el vector d'una translació que transforma el punt $A(2, -4)$ en el punt $A'(7, 7)$?

11 Un cercle de centre $O(2, -2)$ i radi 5 es trasllada segons el vector $\vec{u}=(3, 4)$.

a. Quins són el nou centre i el nou radi?

b. Dibuixa el cercle traslladat.

12 Si un punt roman invariant per una translació de vector $\vec{u}=(a, b)$, quins poden ser els valors de a i b?

13 Activitat resolta

Se sap que el triangle $A'B'C'$ s'ha obtingut en girar el triangle ABC. Calcula el centre de gir.

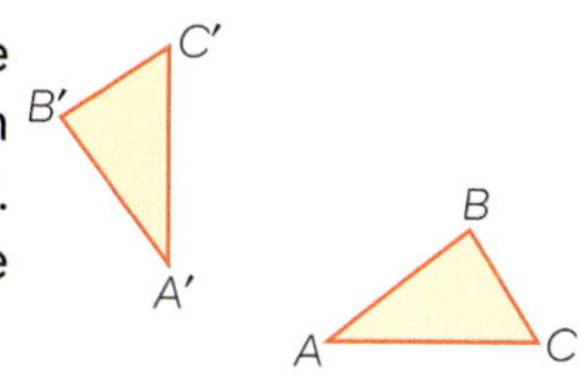

1. Considerem dos segments els extrems dels quals són punts homòlegs. Triem, per exemple, els segments AA' i CC'.

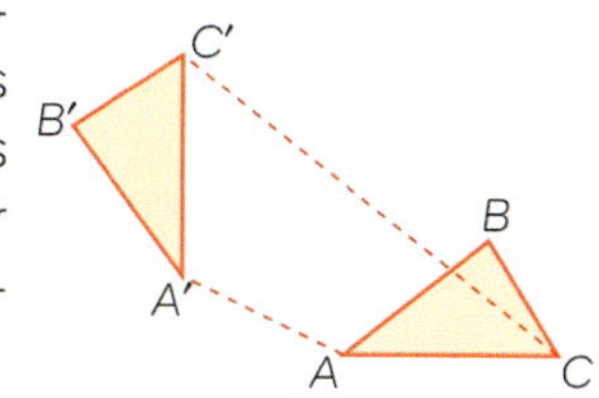

2. Dibuixem les mediatrius dels segments AA' i CC'. El punt de tall de les mediatrius és el centre de gir O.

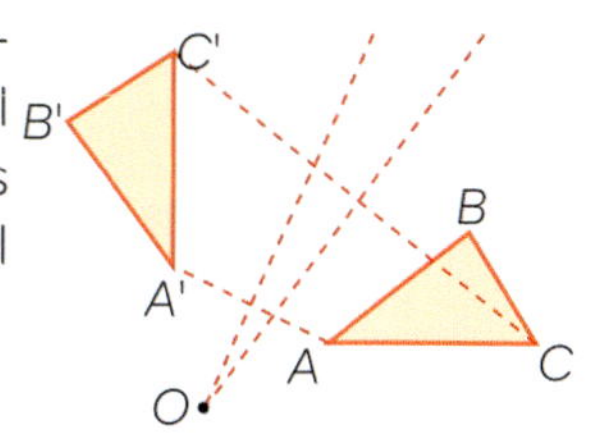

14 Les figures morades s'han obtingut després d'aplicar un gir a les figures roses. Copia les figures al teu quadern i troba el centre i l'amplitud de cada gir.

15 Les figures grogues s'han obtingut aplicant un gir a les blaves. Troba el centre de gir i indica, de manera aproximada, quina és l'amplitud de cada gir.

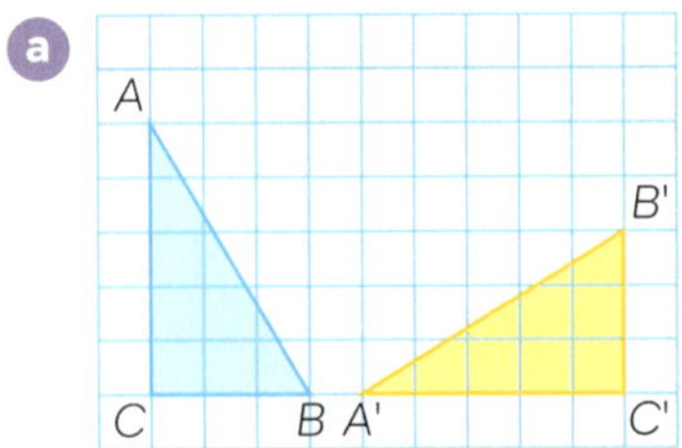

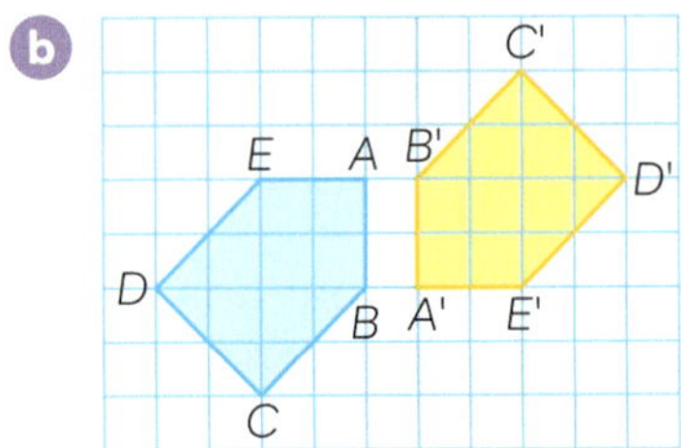

16 Són simètrics els triangles *ABC* i *A'B'C'* respecte de l'eix *e*? Explica la teva resposta.

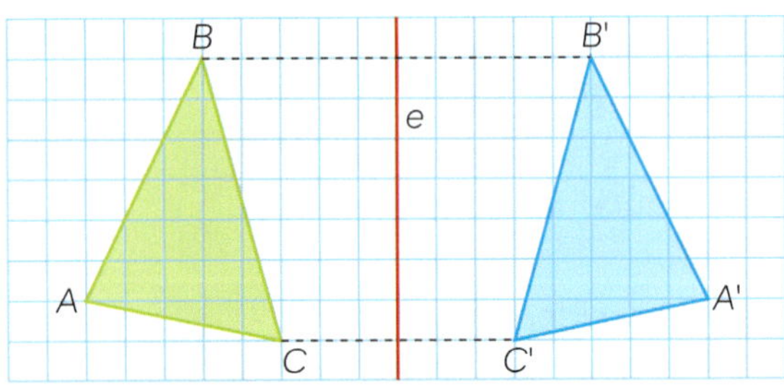

17 Troba les coordenades del simètric del punt *A*(4, 2) per una simetria de centre *O*(–1, 1). Fes un dibuix per obtenir la resposta.

18 Troba el simètric del segment que té per extrems els punts *A*(–3, 4) i *B*(5, 2), en els casos següents.

a. Una simetria axial respecte de l'eix de coordenades.

b. Una simetria central de centre el punt *P*(2, –1).

19 Considerant els punts *A*(3, 1), *B*(–1, 3) i *C*(–4, 0):

a. Troba les coordenades dels vèrtexs del triangle *A'B'C'* homòleg de l'*ABC* mitjançant la simetria axial respecte de l'eix d'abscisses i la simetria axial respecte de l'eix d'ordenades.

b. Troba les coordenades dels vèrtexs del triangle *A''B''C''* homòleg de l'*ABC* mitjançant la simetria central de centre l'origen de coordenades.

20 Considerant els punts *A*(1, 1), *B*(–2, 2), *C*(–3, –3) i *D*(4, –4):

a. Troba les coordenades dels vèrtexs del quadrilàter *A'B'C'D'* homòleg de l'*ABCD* mitjançant la simetria axial respecte de l'eix d'ordenades.

b. Troba les coordenades dels vèrtexs del quadrilàter *A''B''C''D'''* homòleg de l'*ABCD* mitjançant la simetria central de centre l'origen de coordenades.

21 Aplica a la figura els moviments següents.

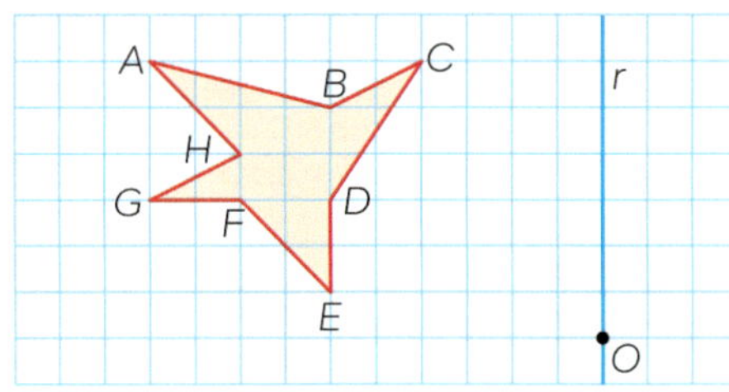

a. Una simetria axial d'eix la recta *r*.

b. Una simetria central de centre *O*.

22 A una figura se li aplica un gir de centre *O* i amplitud 200° i, a continuació, un nou gir amb el mateix centre i amplitud de 230°. Explica quin és el gir resultant.

23 Aplica un gir de centre *O* i amplitud 225° a la figura i, al resultat, un altre gir de centre *O* i amplitud 135°. Hi ha algun moviment únic que transformi la figura inicial en la final directament?

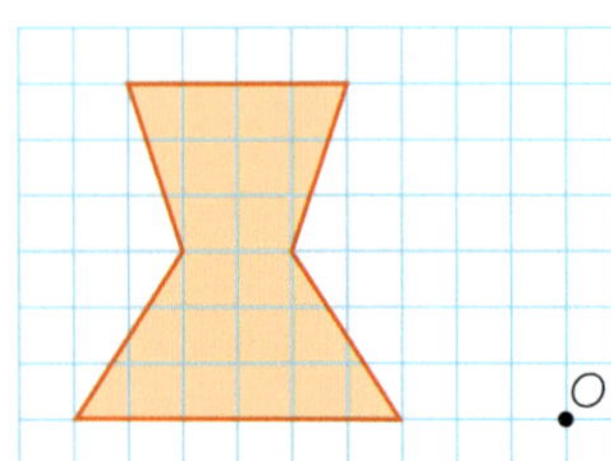

24 Aplica els moviments següents al polígon de la figura.

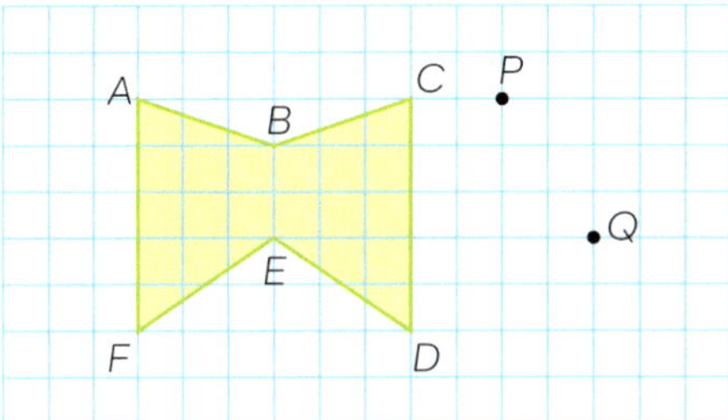

a. Una simetria central de centre *P*.

b. Una simetria central de centre *Q*.

c. Una simetria central de centre *P* i, a continuació, una simetria central de centre *Q*.

d. Si s'inverteix l'ordre de les simetries aplicades en l'apartat c, s'obté la mateixa figura? Comprova-ho.

25 Considerant la figura següent, aplica de manera successiva els moviments següents.

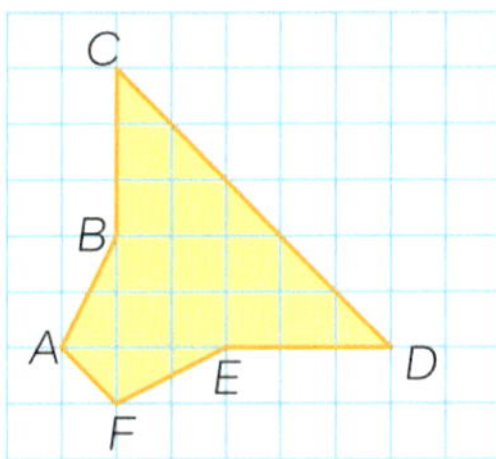

a. Una translació de vector $\overrightarrow{AE}$

b. Una simetria axial d'eix *ED*

c. Una translació de vector $\overrightarrow{EA}$

d. A quin únic moviment equival la composició d'aquests tres moviments?

26 Dibuixa la figura homòloga de la circumferència de la figura mitjançant els moviments següents:

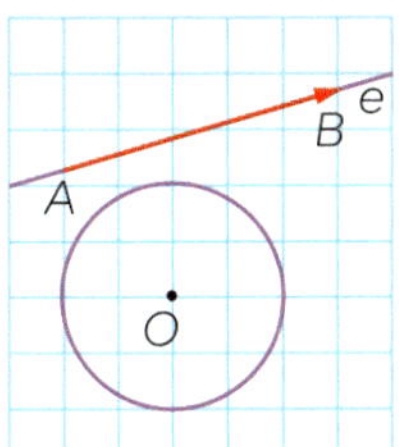

a. La translació de vector $\overrightarrow{AB}$.

b. El gir de centre *O* i amplitud 30°.

c. La simetria axial d'eix *e*.

d. La simetria central de centre *O*.

27 Aplica al segment d'extrems $A(-1, 2)$ i $B(3, 4)$ un gir de centre $O(0, 0)$ i amplitud 180° i, al seu resultat, una translació de vector $\vec{u} = (-1, 2)$. Quines són les coordenades dels extrems del segment homòleg?

28 Aplica al segment les transformacions següents.

a. Un gir de centre *O* i amplitud 90°.

b. Una composició de simetries axials, primer respecte de la recta *r* i després respecte de la recta *s*.

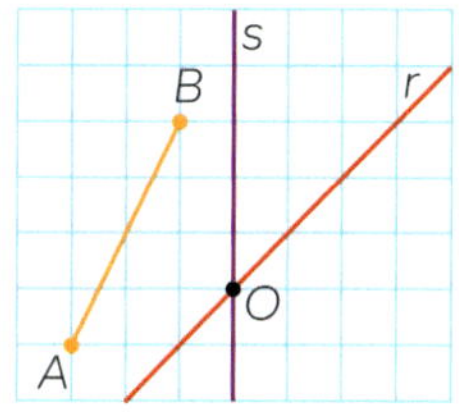

Comprova que obtens el mateix resultat en tots dos casos.

29 Considerant la figura, aplica un gir de centre *P* i amplitud 160° i, després, un altre gir, de centre *Q* i amplitud 200°.

A quin únic moviment equival la composició dels dos moviments anteriors?

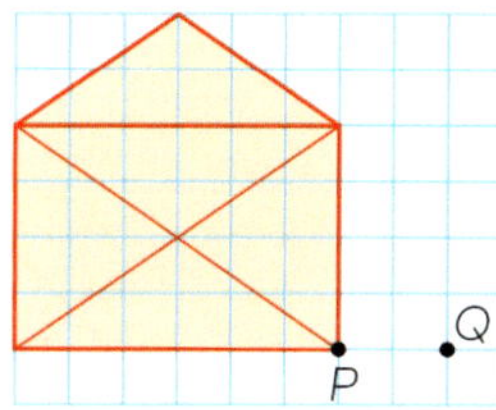

30 Aplica un gir de centre *P* i amplitud 120° a la següent figura i, després, un altre gir de centre *Q* i amplitud 60°.

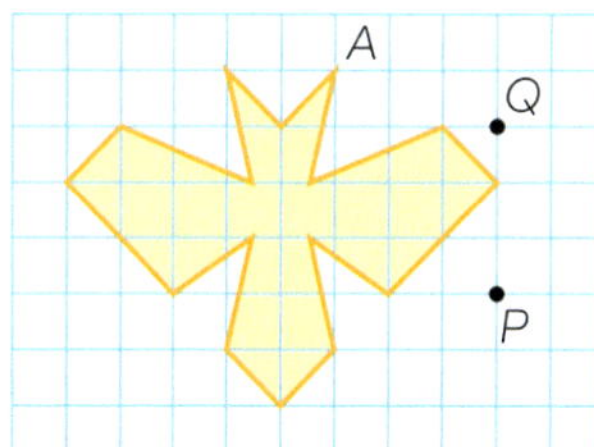

31 Les figures següents s'han obtingut com a resultat d'aplicar a altres figures inicials els moviments que s'indiquen. Troba la figura inicial en cada cas.

a

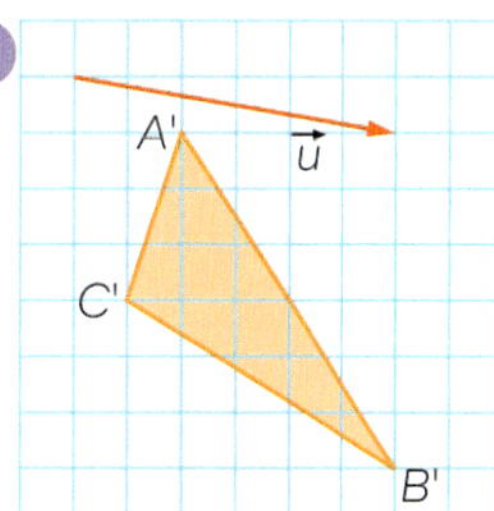

b

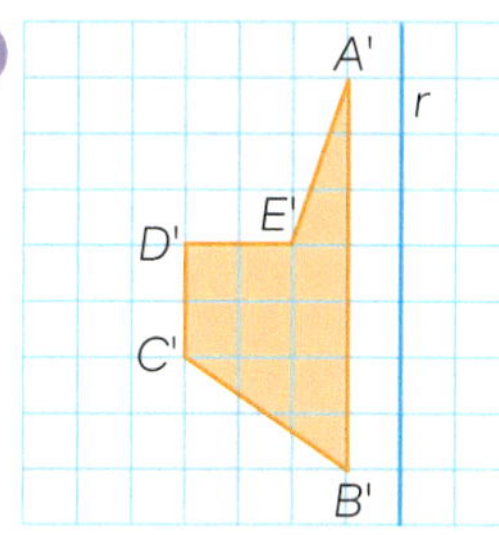

32 Troba, si n'hi ha, els eixos de simetria i el centre de simetria de les figures següents.

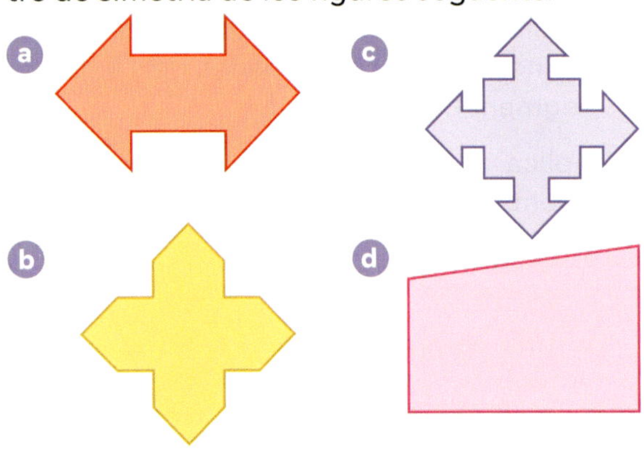

33 Completa cada imatge tenint en compte l'eix de simetria.

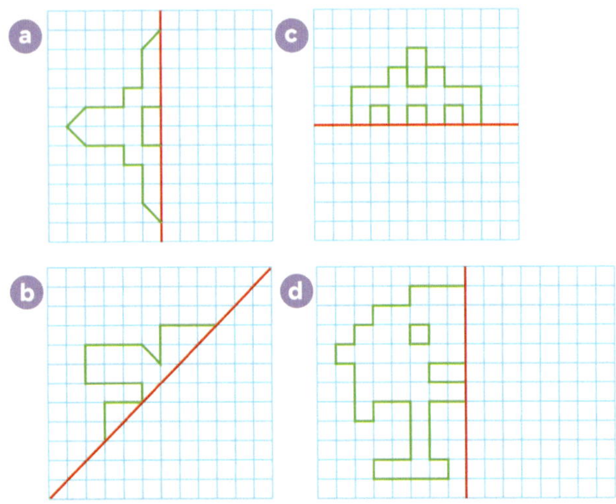

Problemes

34 Identifica quins moviments s'han aplicat per obtenir el fris següent.

35 Identifica quins moviments intervenen en aquest mosaic.

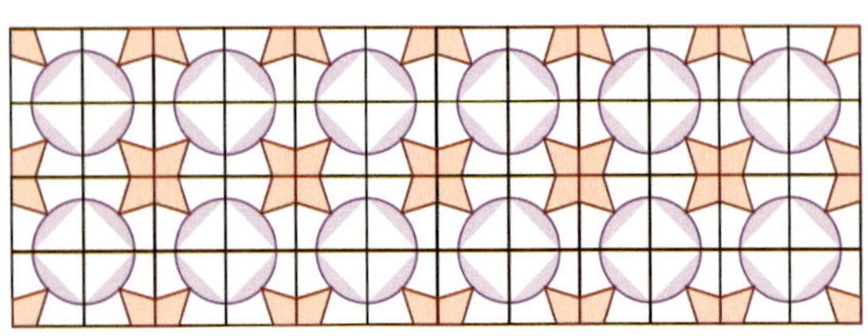

36 Completa el fris següent.Quins són els elements mínims necessaris per construir-lo?

Quin moviment deixa invariant el fris?

37 Identifica quines figures són resultat d'aplicar un gir a la figura *ABCDE*.

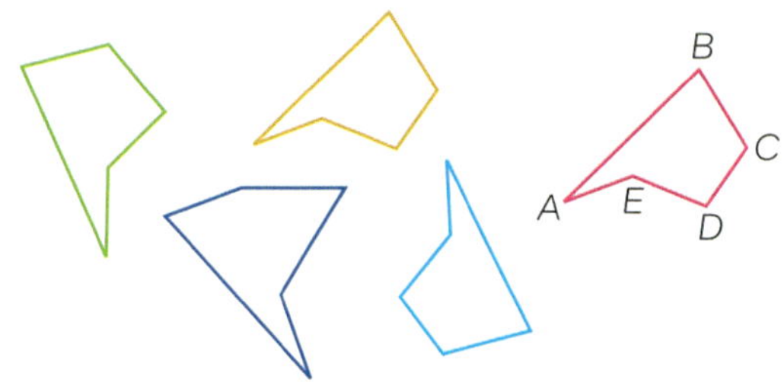

Tot seguit, fes els mesuraments necessaris i indica l'amplitud del gir dut a terme.

38 Troba, si n'hi ha, els eixos de simetria i el centre de simetria de les figures següents.

39 Una empresa de decoració ofereix als seus clients tres tipus de paper per a les parets. Els dissenys són els següents.

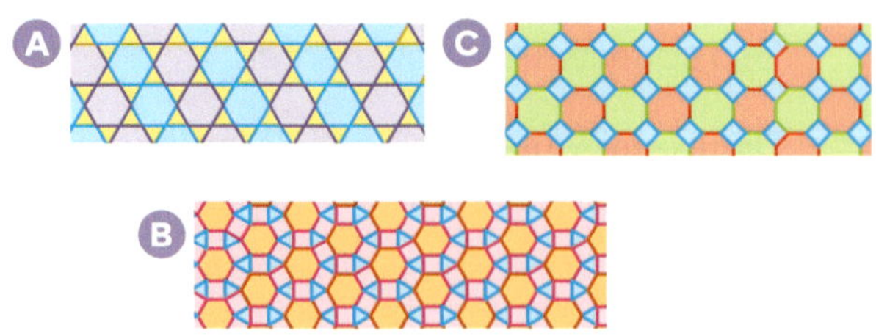

Un client vol comprar dos tipus de paper de diferent disseny, amb almenys una de les característiques següents:

- Que contingui quadrats.
- Amb polígons de 12 costats, els costats dels quals mesurin el mateix que els costats dels polígons de 6 costats.

a. Existeixen els papers sol·licitats o no?

b. Quins són?

40 Activitat resolta

Es vol anar des del punt *A* fins al *B*, però tocant en algun punt *M* la recta *r*. Com has de trobar el punt *M* perquè el camí sigui el més curt possible? Com són en aquest cas els angles α i β?

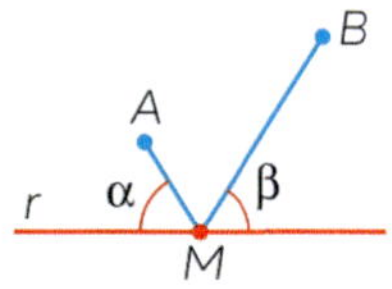

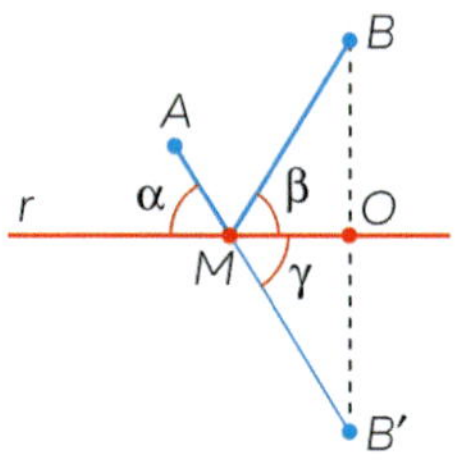

B' és el simètric de *B* respecte de *r*. La longitud d'*A* a *B* passant per *M* serà igual a la longitud d'*A* a *B'* passant per *M*.

Per tant, perquè el camí sigui el més curt possible, *M* ha de ser la intersecció de *r* amb *AB'*.

Els triangles *MOB* i *MOB'* són iguals, ja que tenen un angle recte, el costat *MO* és comú a tots dos i *OB* mesura el mateix que *OB'*. Per tant, els angles β i γ són iguals i, com que α i γ són alterns interns, $\alpha = \beta$.

41 Quin és el camí més curt que ha de seguir la bola *A* per xocar amb la bola *B* tocant primer a la banda *PS* de la taula de billar? I si primer ha de tocar a la banda *PQ*, després a la banda *QR* i, finalment, amb la bola *B*? Traça les trajectòries de la bola en cada cas.

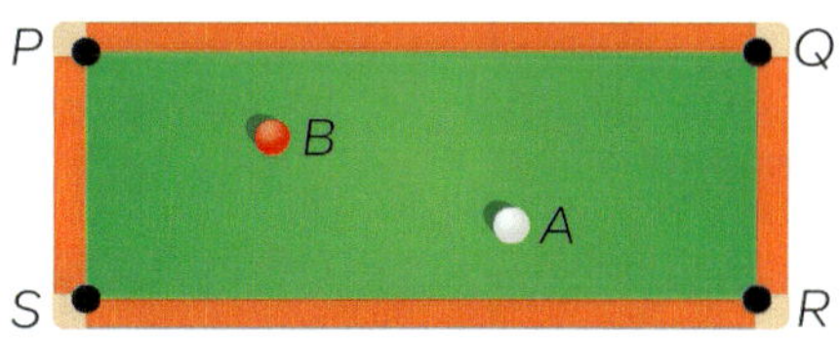

Comprova el que has après

1 El punt *A'*(5, –3) s'ha obtingut en traslladar el punt *A*(4, 1). Quin és el vector de translació?

2 Considerant el segment d'extrems *A*(–3, –2) i *B*(0, 5) troba les coordenades del segment *A'B'* homòleg de l'anterior en:

a. Una translació de vector $\vec{u} = (-3, 2)$.

b. Una simetria respecte de l'eix *X*.

c. Una simetria respecte de l'origen.

3 Troba, de manera gràfica, la figura homòloga del triangle *ABC* en els casos següents.

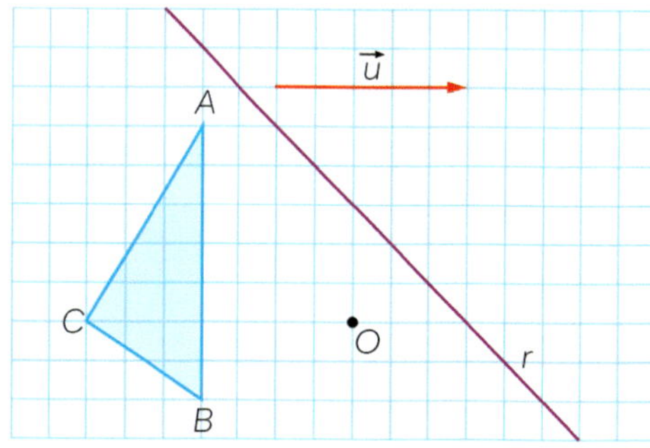

a. Una translació de vector $\vec{u}$.

b. Un gir de centre *O* i amplitud 90°.

c. Una simetria axial d'eix *r*.

d. Una simetria central de centre *O*.

4 Donats els punts *A*(–1, 2), *B*(3, 4) i *C*(–2, –3) troba les coordenades del punt *D*:

a. Si *D* és l'homòleg d'*A* en una translació de vector $\overrightarrow{BC}$.

b. Si en traslladar *D* segons el vector $\overrightarrow{AC}$ s'obté el punt *A*.

5 Aplica a la figura els moviments successius següents.

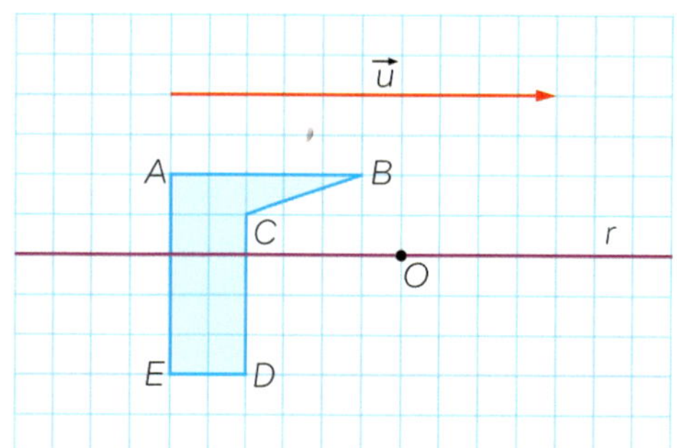

a. Una translació de vector $\vec{u}$ i un gir de centre *O* i amplitud –90°.

b. Una simetria axial d'eix *r* i una simetria central de centre *O*.

6 Indica quins eixos de simetria i quin centre de simetria té un polígon regular amb un nombre de costats:

a. Parell b. Senar

7 En una quadrícula, crea un fris que contingui almenys una translació, un gir i una simetria.

Les meves competències Autoavaluació

2.3 Donant forma al nostre entorn

COMENCEM!

La ciutadania compleix. Reciclem.

El 2020 es van lliurar per reciclar 1,5 milions de tones d'envasos domèstics de plàstic, brics, metall, paper i cartró. Segons Ecoembes, el reciclatge és l'hàbit mediambiental més estès a les llars espanyoles. Cada habitant diposita uns 18,6 kg de residus al contenidor groc i 19,3 kg, al blau. Hi ha 39 milions d'habitants que afirmen que separen els residus a casa.

Brics, llaunes i ampolles de plàstic són els envasos que es generen amb més freqüència a les llars espanyoles. Al nostre país es reciclen el 69 % dels brics, cosa que suposa unes 85 mil tones anuals.

- Separes els residus a casa? Ho feu, a classe?
- Quan llences els brics a les escombraries, sols aixafar-los per afavorir el reciclatge?
- La denominació *bric*, d'on creus que procedeix? Creus que té a veure amb la seva forma geomètrica?
- Per què creus que els envasos solen tenir una forma diferent depenent del material en què estiguin fabricats?

APRENEM!

1. Compartir l'espai i els materials.
2. Descobrir els poliedres, inclosos prismes i piràmides.
3. Cossos de revolució, com el cilindre, el con i l'esfera.
4. Calcular l'àrea i el volum de cossos geomètrics simples i compostos.
5. Valorar la conveniència d'una forma geomètrica mitjançant un diagrama de Venn.
6. Identificar simetries en l'espai.
7. Conèixer coordenades geogràfiques i com utilitzar-les.
8. Reflexionar sobre l'eficiència del reciclatge amb ajuda de la geometria.

EL NOSTRE REPTE

Aixafa els teus envasos

Aixafant els brics que llances a les escombraries, redueixes el nombre de bosses que utilitzes per llençar-los, però en quina mesura? Per determinar-ho, calcularàs la diferència de volum entre un envàs sense aixafar i un d'aixafat.

Som-hi!

1 Quins cossos formen els polígons en l'espai?

Poliedres

1 El dau de parxís té la forma d'un cub amb les cares numerades de l'1 al 6, però hi ha altres daus diferents. Per exemple, també hi ha daus de 4 i 8 cares.

Per a cadascun dels daus de la imatge ($C = 4$, $C = 8$ i $C = 6$ cares), calcula el nombre de vèrtexs V i d'arestes A que té.

Saps alguna manera de calcular-los sense necessitat de comptar?

Un **poliedre** és un cos geomètric limitat per polígons.

Els seus elements són:

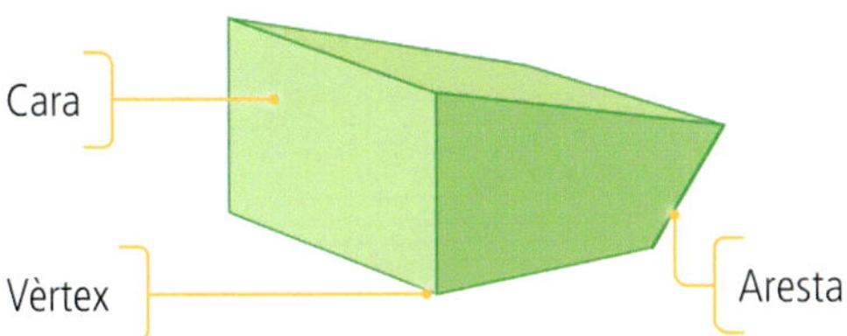

Un poliedre és **convex** quan tots els seus angles diedres són més petits de 180°. En cas contrari, si té algun angle diedre més gran de 180°, el poliedre és **còncau**.

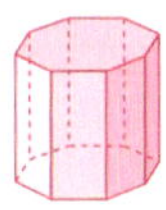
poliedre convex

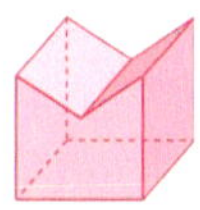
poliedre còncau

Els semiplans que defineixen les cares d'un poliedre determinen un **angle diedre** en tallar-se formant una aresta.

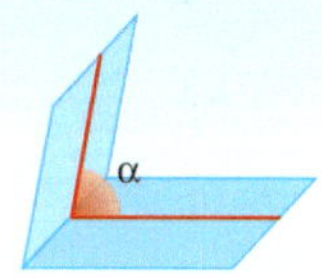

En qualsevol poliedre convex es compleix la relació següent entre cares, C, arestes, A, i vèrtexs, V, anomenada **fórmula d'Euler**:

$$C + V = A + 2$$

En molts poliedres còncaus també es compleix la fórmula d'Euler.

Exemple

Verifiquem si es compleix la fórmula d'Euler per als poliedres següents:

Còncau: 7 C, 15 A, 10 V Verifica la fórmula d'Euler: $7 + 10 = 15 + 2$	Convex: 7 C, 12 A, 7 V Verifica la fórmula d'Euler: $7 + 7 = 12 + 2$	Còncau: 12 C, 24 A, 12 V No verifica la fórmula d'Euler: $12 + 12 \neq 24 + 2$
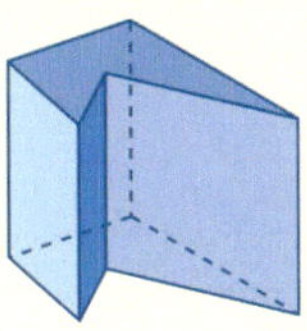	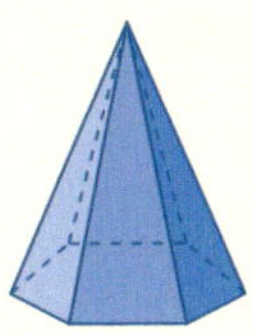	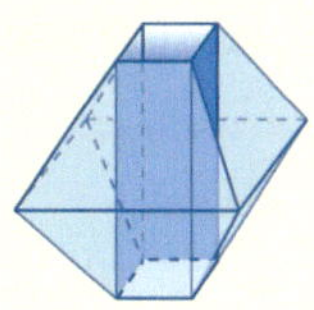

2 Comprova si es compleix la fórmula d'Euler per al poliedre de la imatge.

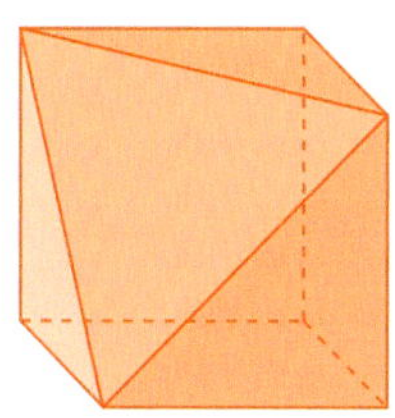

3 Atès que un cub és un poliedre convex, es verifica la fórmula d'Euler?

4 Si un poliedre convex té 23 cares i 37 arestes, quants vèrtexs té?

5 Activitat resolta

En el poliedre següent, indica:

a. Dues cares paral·leles.

b. Dues cares perpendiculars que a més siguin secants.

c. Dues arestes paral·leles.

d. Dues arestes perpendiculars que siguin secants i dues més que, sent perpendiculars, es creuin.

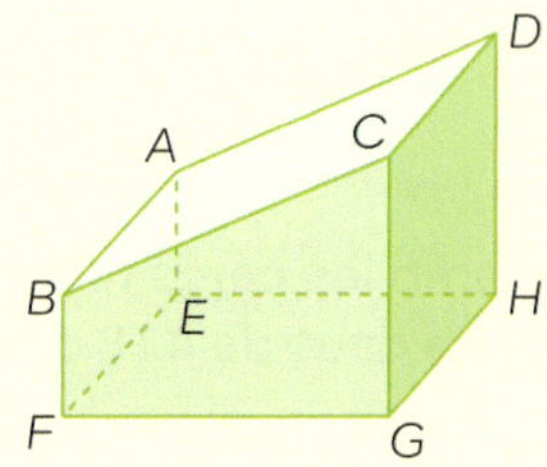

a. *ABFE* i *CGHD* són paral·leles.

b. *ABFE* i *EFGH* són perpendiculars i secants a l'aresta *EF*.

c. *FG* i *EH* són arestes paral·leles.

d. *AB* i *BF* són perpendiculars i es talla en *B*, mentre que *AB* i *CG* són perpendiculars, però no es tallen.

Paral·lelisme en un poliedre:

- Dues arestes o dues cares són paral·leles si els plans que les contenen no tenen cap punt en comú.

Perpendicularitat en un poliedre:

- Dues rectes o dos plans secants són perpendiculars si en tallar-se formen 4 angles de 90°.
- Una recta és perpendicular a un pla si ho és a qualsevol recta secant continguda en el pla.
- Dues rectes que es creuen són perpendiculars si hi ha un pla que en conté una i és perpendicular a l'altra.

6 Al cos geomètric següent, identifica els següents elements:

a. Dues cares secants i l'aresta on es tallen.

b. Dues cares paral·leles.

c. Dues arestes secants perpendiculars.

d. Dues arestes que es creuin i que siguin perpendiculars.

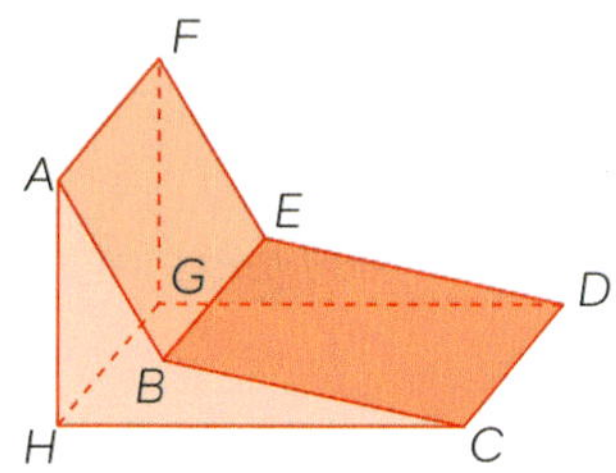

7 Dibuixa un ortoedre sabent que és un poliedre format per sis rectangles paral·lels i iguals dos a dos. Determina'n el nombre de cares, vèrtexs i arestes.

Poliedres regulars

Un **poliedre** és **regular** si totes les seves cares són polígons regulars iguals i en tots els seus vèrtexs concorren el mateix nombre d'arestes. Només hi ha cinc poliedres regulars.

Tetraedre	Hexaedre o cub	Octaedre	Dodecaedre	Icosaedre
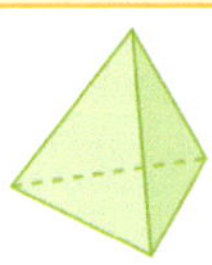	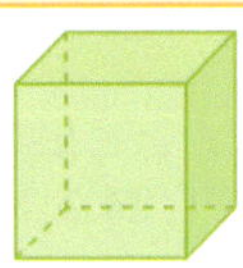	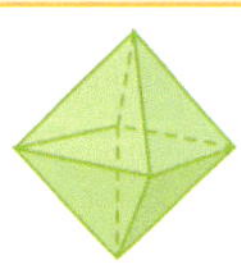	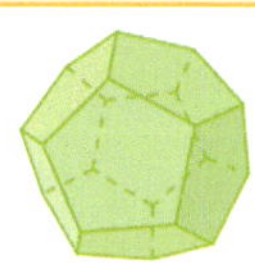	

8 Calcula el nombre de cares, vèrtexs i arestes de cadascun dels poliedres regulars i verifica que es compleix la fórmula d'Euler per a tots.

Prismes

Un **prisma** és un poliedre que té dues cares paral·leles i iguals denominades **bases** unides per paral·lelograms, que es denominen **cares laterals**.

- Un prisma és recte si totes les seves cares laterals són rectangles i oblic en cas contrari.
- Si les bases d'un prisma recte són polígons regulars, llavors el prisma és regular.

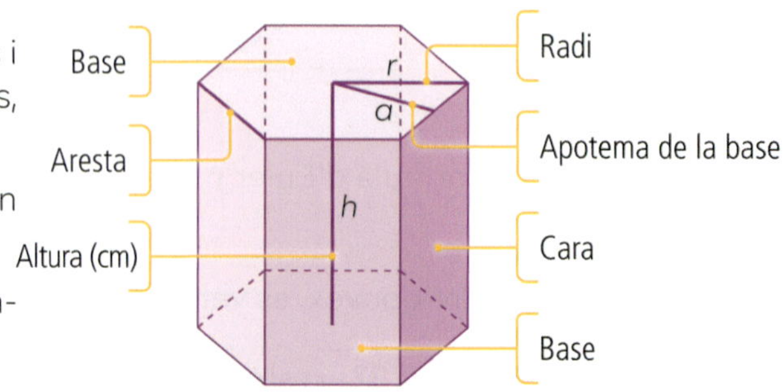

Exemple

Prisma quadrangular recte.

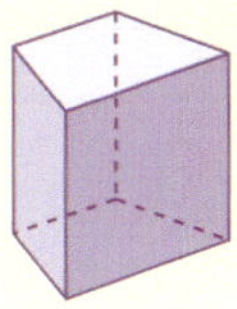

Prisma pentagonal oblic.

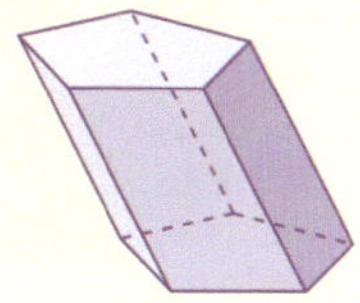

Els prismes s'anomenen segons el nombre de costats de les seves bases: prisma triangular, prisma quadrangular, prisma pentagonal...

9 Determina si els prismes següents són rectes o oblics i anomena'ls.

a 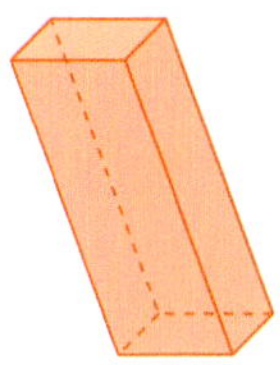

b 

c 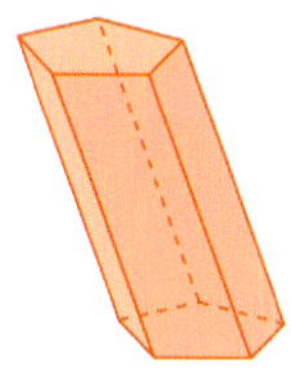

d 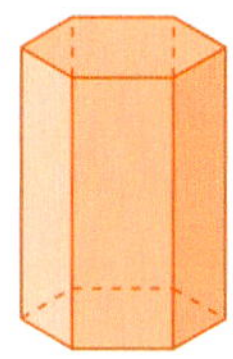

Àrees i volums de prismes

L'**àrea total** (A_T) d'un prisma s'obté sumant la seva **àrea lateral** (A_L) i **l'àrea de les seves bases** (A_B).

El **volum** (V) d'un prisma es calcula multiplicant l'**àrea de la base** (A_B) i la seva altura (h).

A_L: Àrea lateral a_b: Apotema de la base

A_B: Àrea de la base p: Perímetre de la base

$$A_T = \underbrace{p \cdot h}_{A_L} + 2 \cdot \underbrace{\frac{p \cdot a_b}{2}}_{A_B} = p \cdot h + p \cdot a_b = \boxed{p \cdot (h + a_b)}$$

$$V = A_B \cdot h = \boxed{\frac{p \cdot a_b \cdot h}{2}}$$

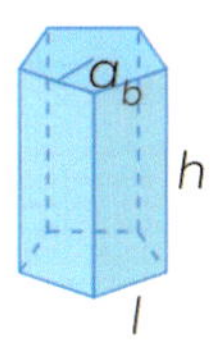

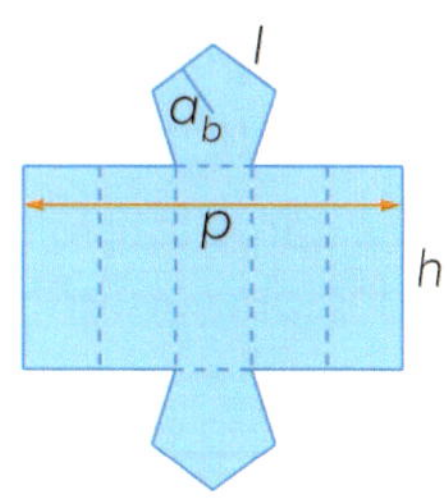

Per calcular àrees laterals és molt útil dibuixar el desenvolupament pla.

Exemple

Troba l'àrea total i el volum del prisma.

La hipotenusa de la base mesura:

$h = \sqrt{3^2 + 4^2} = \sqrt{25} = 5$ cm

L'àrea total és:

$$A_T = A_L + 2 \cdot A_B = 6 \cdot (5 + 3 + 4) + 2 \cdot \frac{3 \cdot 4}{2} = 72 + 12 = 84 \text{ cm}^2$$

El volum total és: $V = A_B \cdot h = 6 \cdot 6 = 36$ cm^3

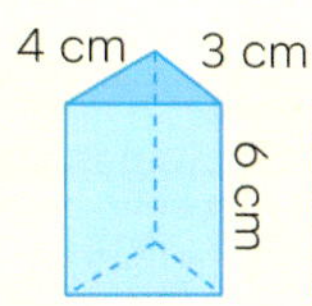

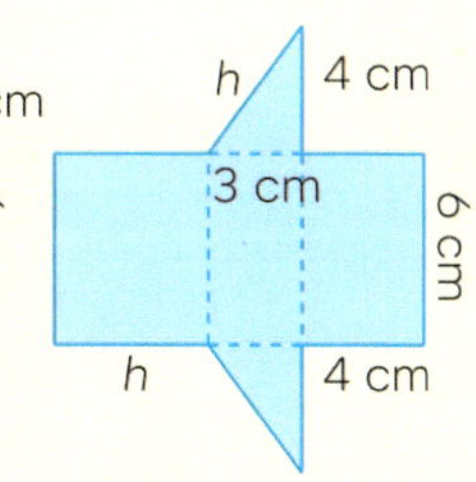

L'àrea es mesura en unitats quadrades: cm^2, m^2...

El volum es mesura en unitats cúbiques: cm^3, m^3...

10 Troba l'àrea total i el volum dels prismes següents.

a 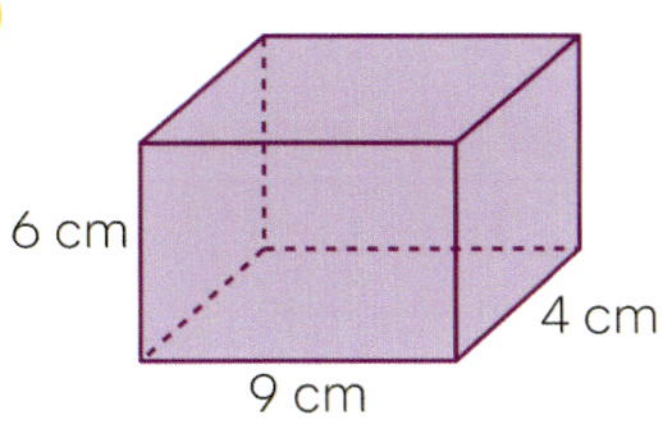

b 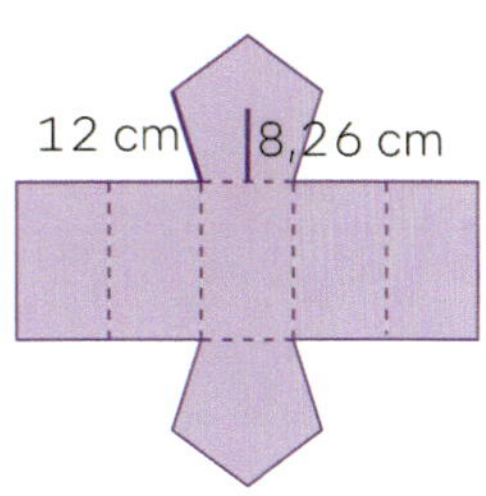

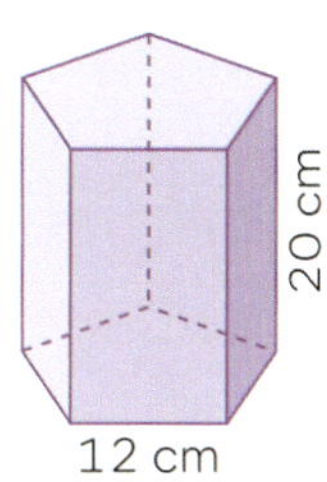

11 Certes xocolatines tenen forma de prisma les bases de la qual són triangles equilàters de 3 cm de costat i l'altura de la qual mesura 16 cm. Es venen en paquets de sis, col·locades tal com mostra la figura.

a. Desenvolupa l'embolcall de la xocolatina i indica com podries calcular-ne la superfície.

b. Indica com podries calcular el volum d'una sola xocolatina i el volum del paquet de sis.

c. Quina forma geomètrica té aquest paquet de sis xocolatines?

12 **Una empresa fabricant de productes biodegradables ofereix dos tipus d'envàs per a begudes.**

Tots dos tenen forma d'ortoedre: el primer, amb dimensions $20 \times 10 \times 10$ cm, i el segon, amb dimensions $15 \times 14 \times 10$ cm.

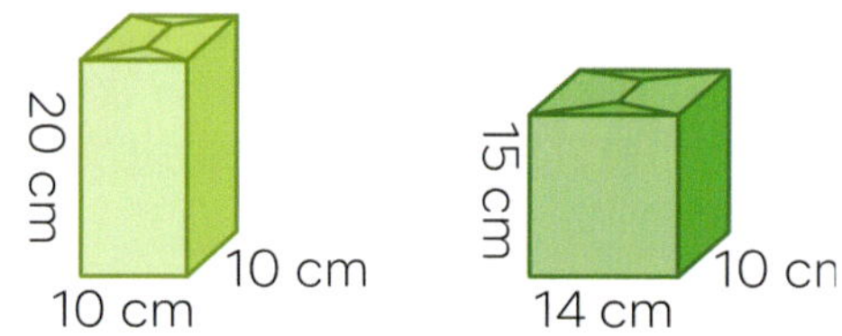

a. Comprova que, per confeccionar-los, es necessita la mateixa quantitat de material.

b. En aquestes condicions, quin dels dos tipus hauria de triar l'empresa si vol que continguin la quantitat de beguda més gran possible?

Piràmides

Una **piràmide** és un poliedre que té com a base un polígon qualsevol i com a cares laterals triangles que es presenten en un vèrtex comú, el vèrtex de la piràmide.

- Una **piràmide** és **recta** si les seves cares laterals són triangles isòsceles i la seva altura incideix al centre de la base i obliqua en cas contrari.
- Una **piràmide regular** és una piràmide recta la base de la qual és un polígon regular.

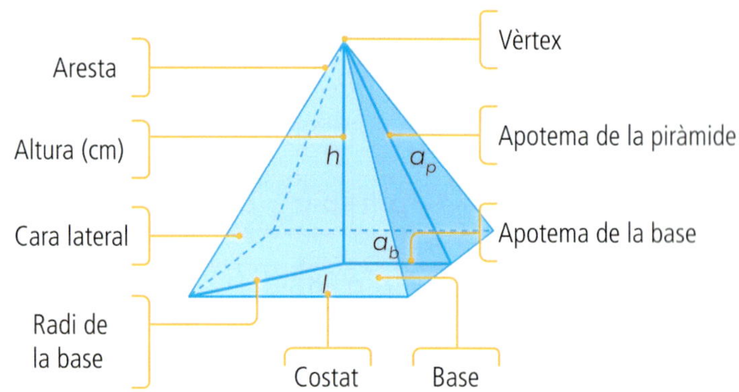

Exemple

Piràmide triangular recta	Piràmide pentagonal obliqua
La base és un triangle escalè, per la qual cosa no és regular. 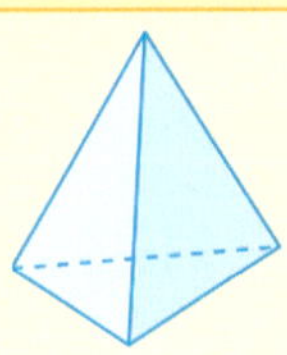	La base és un pentàgon regular, però, com que és obliqua, no és regular. 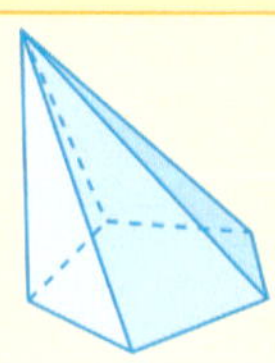

Les piràmides es classifiquen segons el nombre de costats que tingui la seva base:

3 costats $\Rightarrow$ piràmide triangular

5 costats $\Rightarrow$ piràmide pentagonal

10 costats $\Rightarrow$ piràmide decagonal

13 **Algun dels poliedres següents correspon a una piràmide? En cas afirmatiu, de quin tipus de piràmide es tracta?**

a 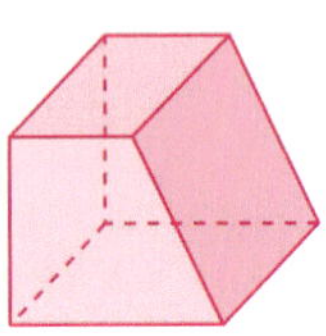

b 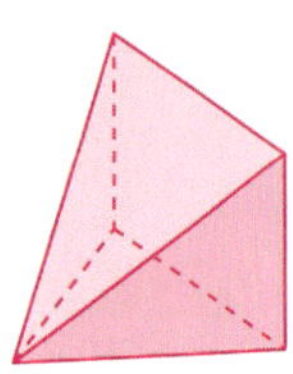

c 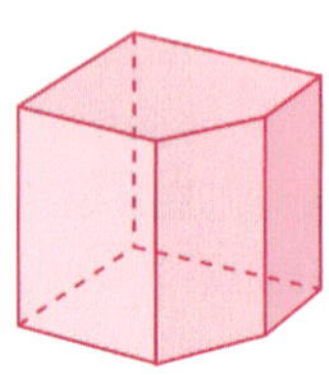

14 Nomena les piràmides següents. Indica si són rectes o obliqües i regulars o no.

a

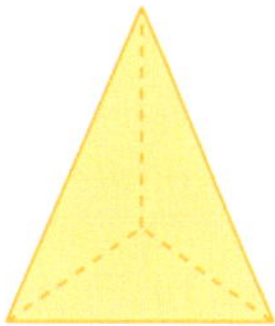

b 

c 

Àrees i volums de piràmides

L'**àrea total** (A_T) d'una piràmide s'obté sumant la seva **àrea lateral** (A_L) i l'**àrea de la seva base** (A_B).

$$A_T = \underbrace{\frac{1}{2} p \cdot a_p}_{A_L} + \underbrace{\frac{1}{2} p \cdot a_b}_{A_B} = \boxed{\frac{1}{2} p \cdot (a_p + a_b)}$$

$$\boxed{V = \frac{A_B \cdot h}{3} = \frac{p \cdot a_b \cdot h}{6}}$$

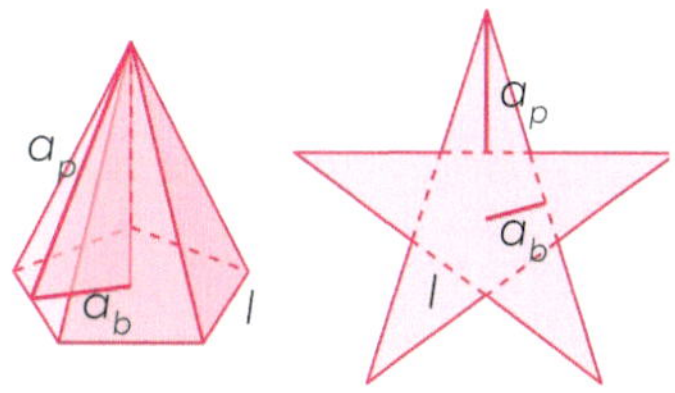

El volum d'una piràmide és $\frac{1}{3}$ del volum del prisma amb igual base i altura.

$$V = \frac{1}{3} \cdot V_{prisma}$$

Exemple

Trobem l'àrea total i el volum de la piràmide.

L'apotema de la piràmide es calcula aplicant el teorema de Pitàgores:

$a_p = \sqrt{5^2 + 2^2} = \sqrt{29}$ cm

L'àrea lateral és: $A_L = 4 \cdot \frac{1}{2} \cdot 4 \cdot \sqrt{29} = 8\sqrt{29}$ cm²

L'àrea total és: $A_T = A_L + A_B = 8\sqrt{29} + 4^2 = 8\sqrt{29} + 16 \approx 59{,}1$ cm²

El volum és: $V = \frac{A_B \cdot h}{3} = \frac{16 \cdot 5}{3} = \frac{80}{3} = 26{,}7$ cm³

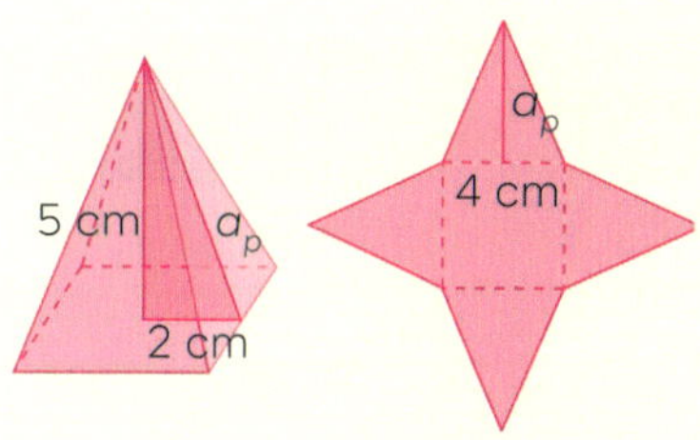

15 Troba l'àrea total i el volum de les piràmides següents.

a 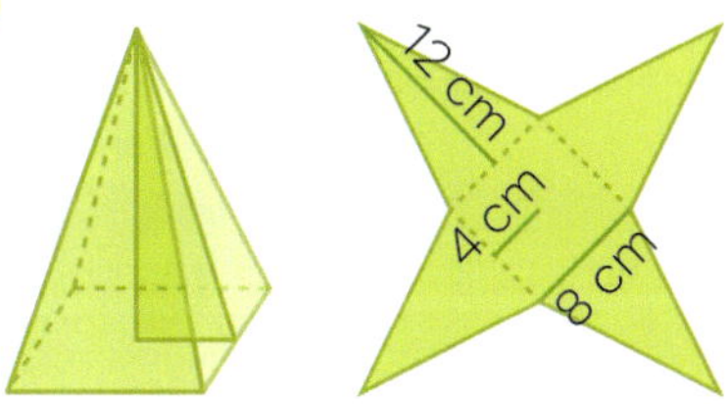

b 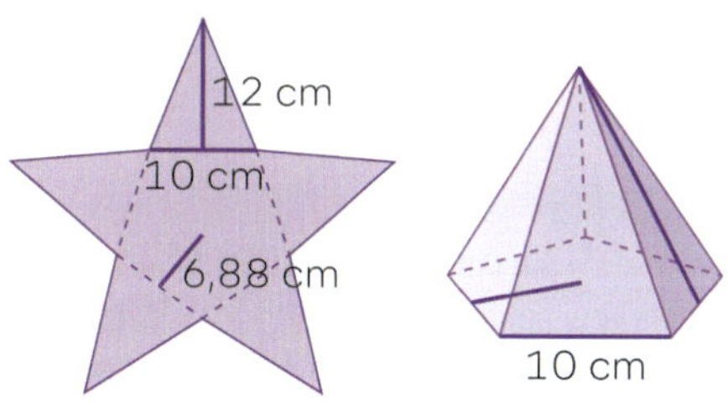

16 La piràmide del Louvre està situada a l'entrada del museu. Té una base quadrada d'aproximadament 35 metres de costat i una altura aproximada de 21 metres. Les quatre cares laterals estan cobertes per rombes i triangles de vidre. Calcula la superfície lateral de la piràmide i el seu volum.

Quin seria el seu volum si, amb les mateixes dimensions (altura i base), fos un prisma en lloc d'una piràmide?

2 Com són els cossos rodons?

Cossos de revolució

17 MAT-TIC Si prenem una figura plana i la girem a partir d'un eix, el cos que obtenim es podria considerar un poliedre?

Dibuixa els cossos que obtens en girar a partir d'un dels costats de les figures següents.

a 
b 
c 

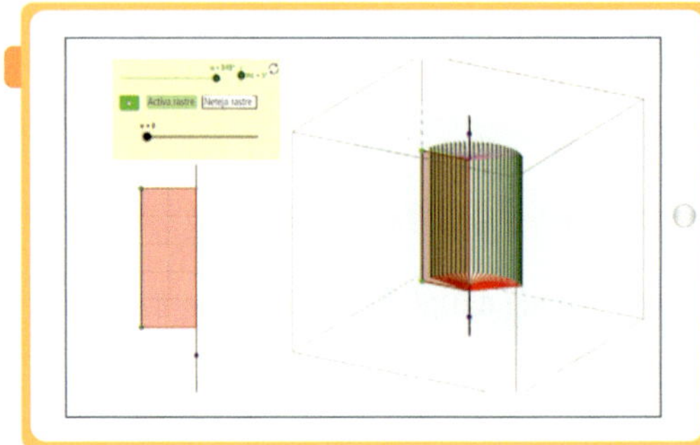

Pots visualitzar-ho amb l'interactiu GeoGebra *Cossos rodons*.

Els **cossos de revolució** s'obtenen en fer girar una figura plana al voltant d'un **eix**.

Els més importants són els següents:

Cilindre	Con	Esfera
Un **cilindre** s'obté en girar un rectangle al voltant d'un dels seus costats. 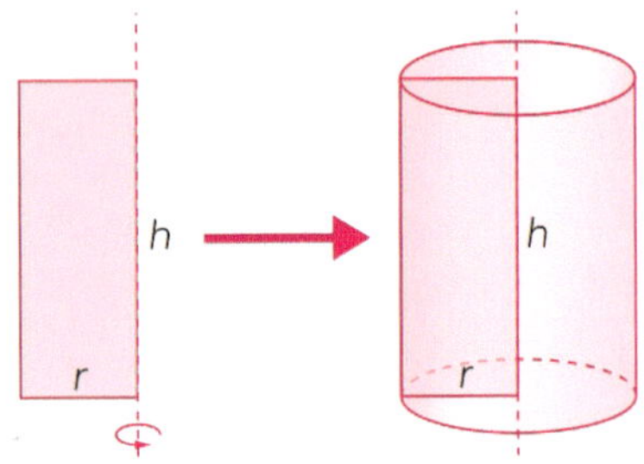	Un **con** s'obté en girar un triangle rectangle al voltant d'un dels seus catets. 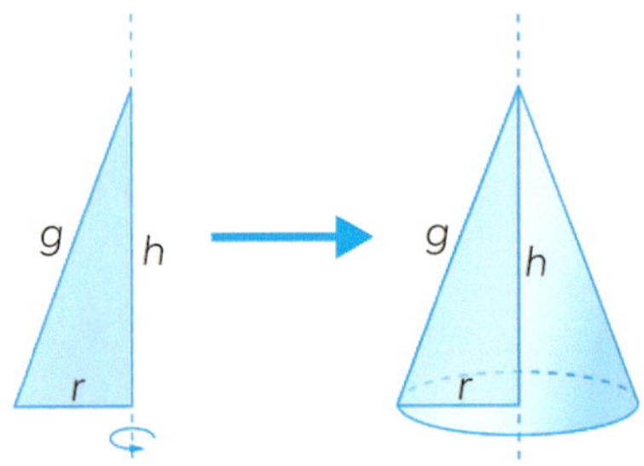	Una **esfera** s'obté en girar un semicercle al voltant del seu diàmetre. 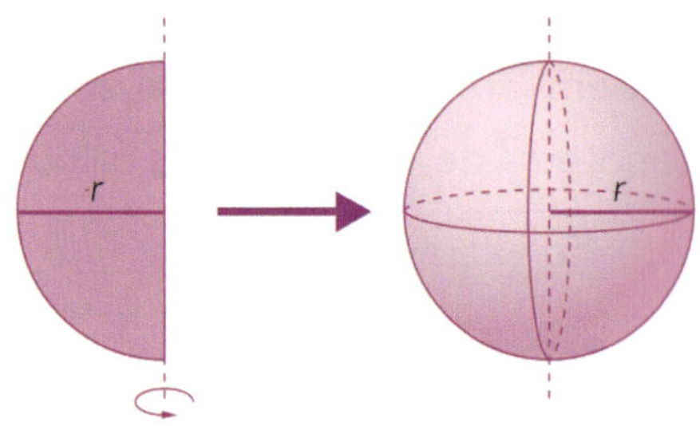

18 **Activitat resolta**

Quins cossos rodons s'obtenen de girar aquestes figures al voltant de l'eix?

a	b	c
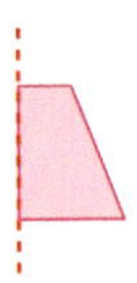	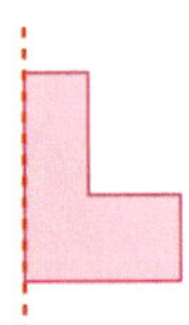	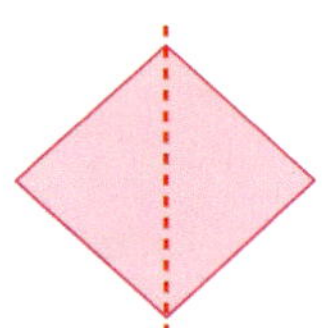
a. S'obté un tronc de con. 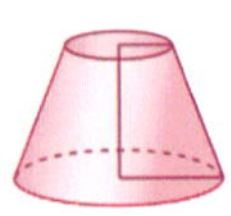	b. S'obté una figura composta per dos cilindres. 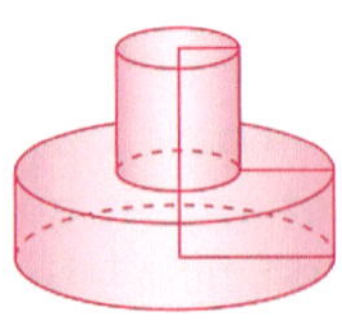	c. S'obté una figura composta per dos cons. 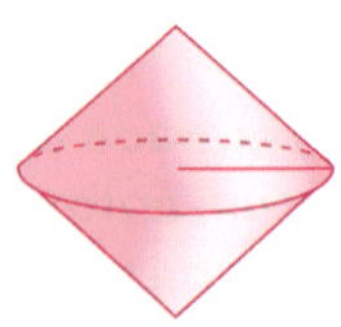

El tronc de con també es pot obtenir tallant un con per un pla paral·lel a la base.

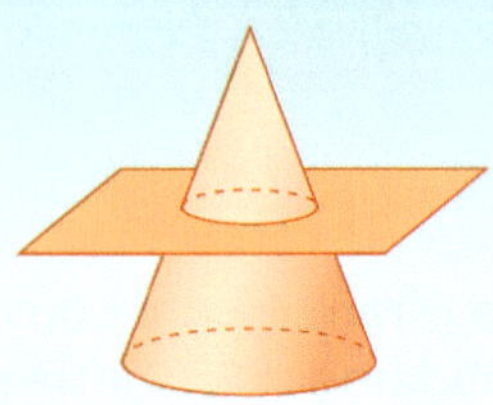

19 Descriu els cossos obtinguts en girar aquestes figures al voltant de l'eix *e*.

a 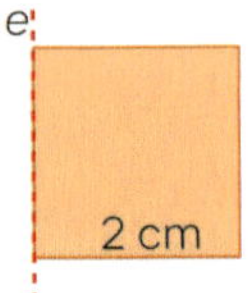

b 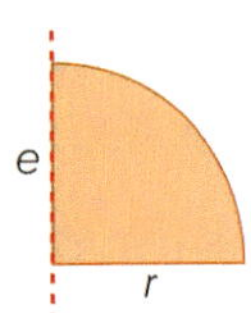

c 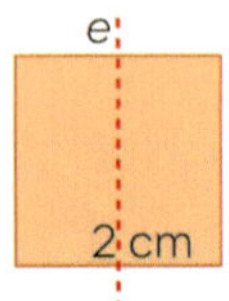

20 Per modelitzar els prototips en una planta d'envasos biodegradables, s'utilitza una impressora 3D. Només cal indicar-li la figura plana i l'eix sobre el qual cal girar-la per generar la peça desitjada.

Associa l'eix de gir de la figura plana amb el cos de revolució que genera.

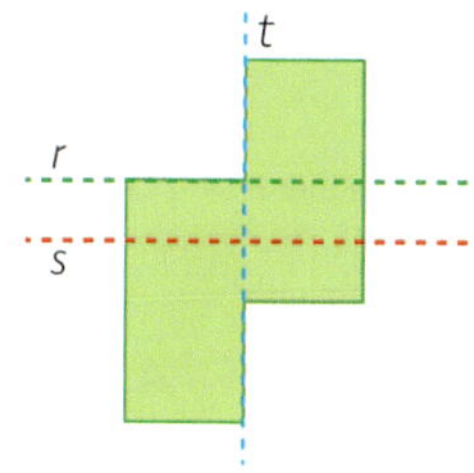

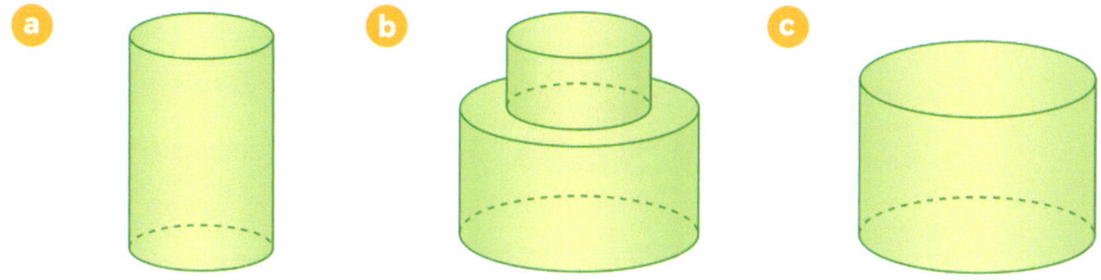

Elements i parts de l'esfera

L'**esfera** té els elements següents:

Centre, radi, diàmetre, circumferències i circumferències màximes (els centres de les quals coincideixen amb el de l'esfera).

A partir d'aquests elements, se'n poden definir les parts:

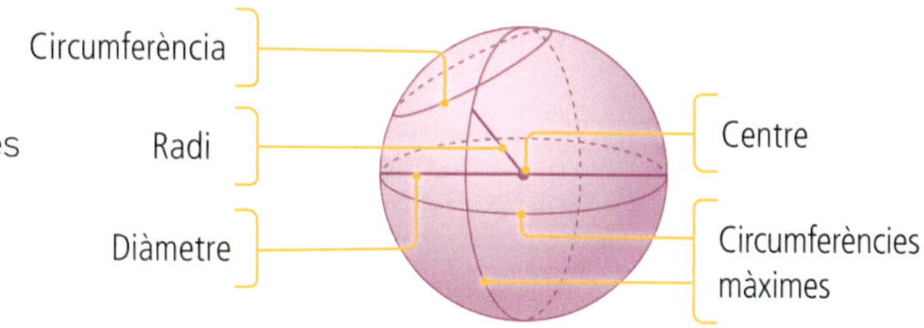

Casquet esfèric	Fus esfèric	Zona esfèrica	Semiesfera o hemisferi	Tascó esfèric
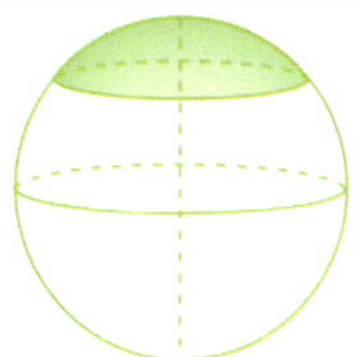	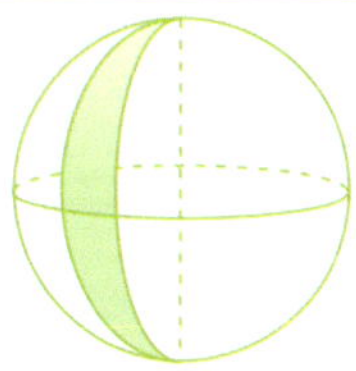	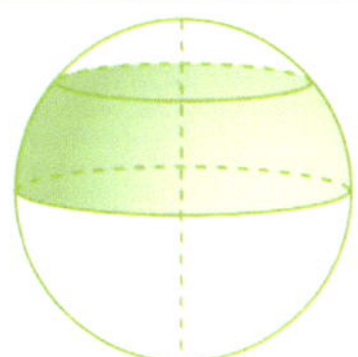	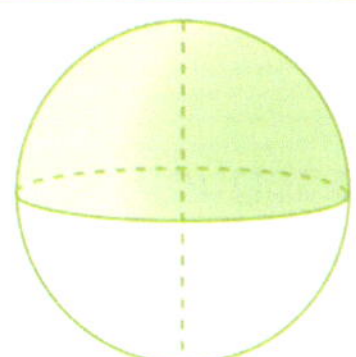	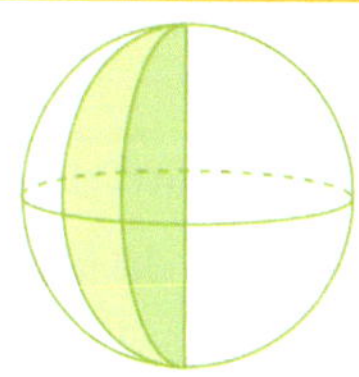

Àrea i volum del cilindre

Per calcular l'**àrea** i el **volum** d'un **cilindre** tenim:

$$A_T = \overbrace{2 \cdot \pi \cdot r \cdot h}^{A_L} + \overbrace{2 \cdot \pi \cdot r^2}^{A_B} = \boxed{2\pi \cdot r \cdot (h+r)}$$

$$V = A_B \cdot h = \boxed{\pi \cdot r^2 \cdot h}$$

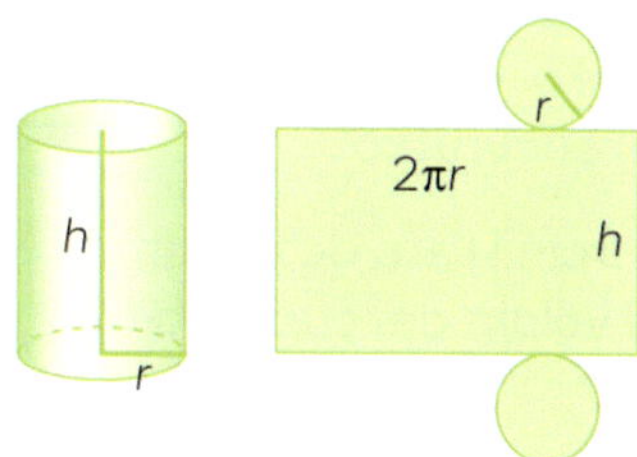

Exemple

La quantitat de xapa necessària per construir una llauna de refresc amb forma de cilindre de 3,25 cm de radi de la base i 10 cm d'altura és:

$$A_T = A_L + 2A_b = 2\pi \cdot 3{,}25 \cdot 10 + 2\pi \cdot 3{,}25^2 \approx 270{,}57 \text{ cm}^2$$

El volum que contindrà aquesta llauna és:

$$V = \pi \cdot r^2 \cdot h = \pi \cdot 3{,}25^2 \cdot 10 \approx 331{,}83 \text{ cm}^3$$

21 Determina el volum total de la figura. Tingues en compte que el radi de cada cilindre correspon a la meitat del radi del cilindre immediatament anterior.

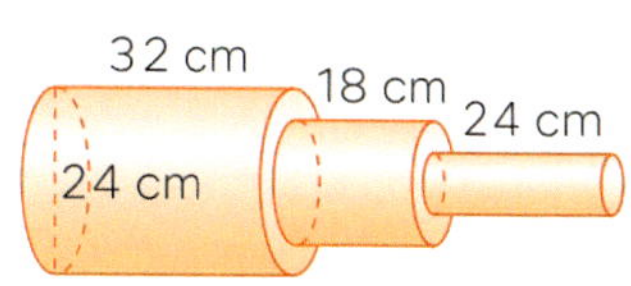

22 Si es duplica el radi i l'altura d'un cilindre, quina relació tenen l'àrea i el volum inicials amb l'àrea i el volum del cilindre obtingut?

Àrea i volum del con

Per calcular l'**àrea** i el **volum** d'un **con** tenim:

g: generatriu del con

$$A_T = \underbrace{\pi \cdot r \cdot g}_{A_L} + \underbrace{\pi \cdot r^2}_{A_B} = \boxed{\pi \cdot r \cdot (g + r)}$$

$$V = \frac{A_B \cdot h}{3} = \boxed{\frac{\pi \cdot r^2 \cdot h}{3}}$$

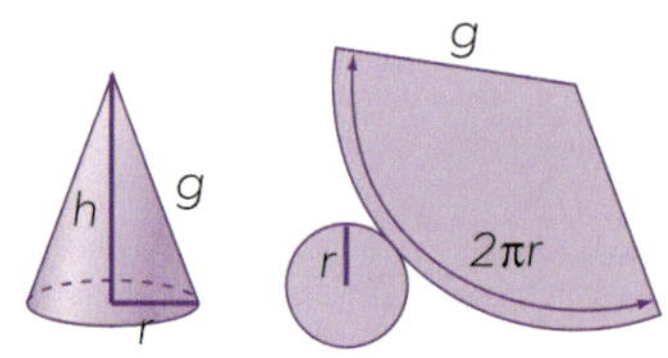

El volum del con és $\frac{1}{3}$ del volum del cilindre amb igual base i altura.

Exemple

Per a un con de 12 cm d'altura i 5 cm de radi de la base, la generatriu es calcula aplicant el teorema de Pitàgores.

$g = \sqrt{12^2 + 5^2} = 13\,\text{cm}$

L'àrea total és: $A_T = A_L + A_B = \pi \cdot r \cdot (g + r) = \pi \cdot 5 \cdot 18 \approx 282{,}74\,\text{cm}^2$

El volum és: $V = \frac{\pi \cdot r^2 \cdot h}{3} = \frac{\pi \cdot 25 \cdot 12}{3} \approx 314{,}16\,\text{cm}^3$

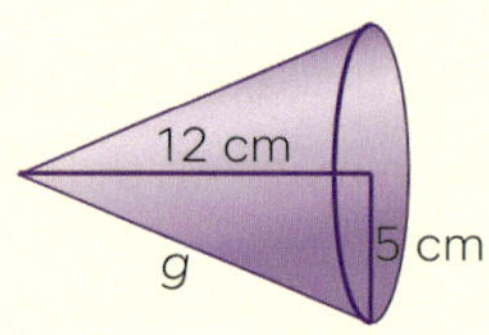

23 **Calcula l'àrea total i el volum dels cossos següents.**

a. Un con de 8 cm de radi de la base i 16 cm d'altura.

b. Un con de 10 cm de diàmetre de la base i 10 cm d'altura.

24 Una fruiteria utilitza paper reciclat per formar cucurutxos amb fruita tallada. Per muntar els cucurutxos disposa de tres plantilles diferents, en les quals s'han d'ajuntar els extrems assenyalats amb *a* i *b*. Creus que totes aquestes plantilles valdran per fer el cucurutxo?

Si el costat *a* = *b* mesura 15 cm i l'arc de circumferència *c* mesura 10 cm, quin serà el volum del cucurutxo?

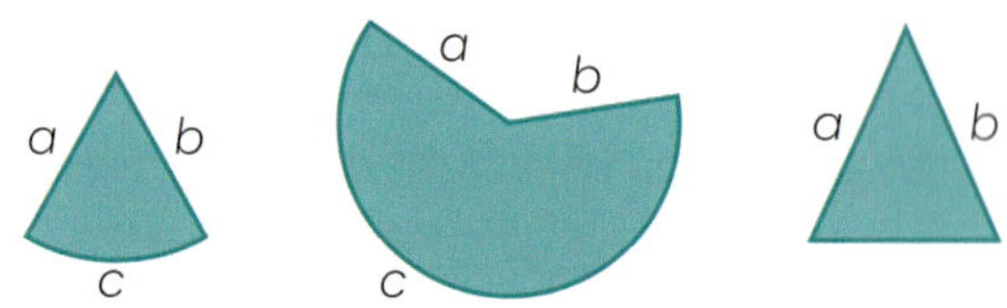

Àrea i volum de l'esfera

L'**àrea** i el **volum** d'una **esfera** de radi *R* es calcula amb les expressions següents.

$$\boxed{A = 4\pi \cdot R^2} \qquad \boxed{V = \frac{4}{3}\pi \cdot R^3}$$

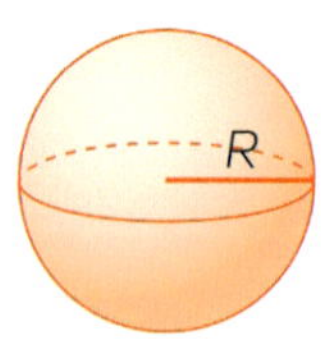

L'esfera no admet cap tipus de desenvolupament pla.

Les àrees d'una **zona esfèrica** i d'un **casquet esfèric** d'una esfera corresponen a l'àrea lateral del tros de cilindre que les envolta.

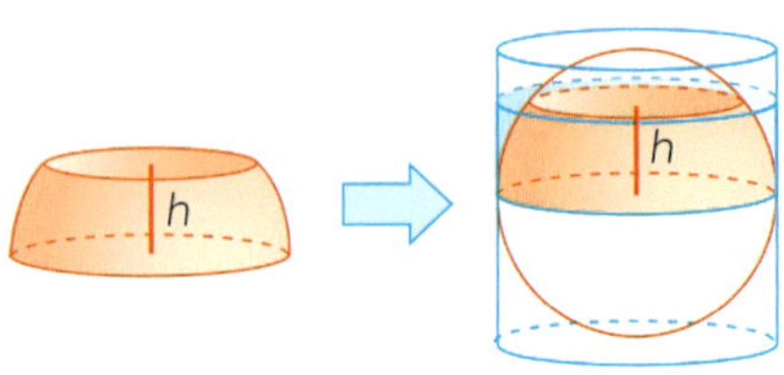

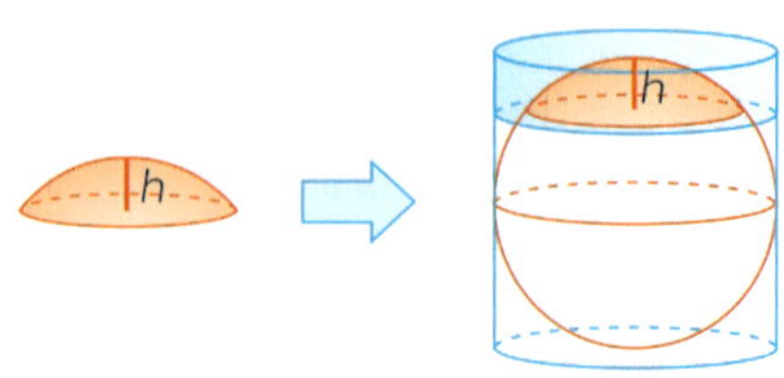

$$\boxed{A = (2\pi R) \cdot h = 2\pi \cdot R \cdot h}$$

Exemple

Calculem l'àrea i el volum d'una esfera de radi 6 cm.

$A = 4\pi \cdot R^2 = 4\pi \cdot 6^2 \approx 452{,}39\ \text{cm}^2$ $\qquad V = \frac{4}{3}\pi \cdot R^3 = \frac{4}{3}\pi \cdot 6^3 \approx 904{,}78\ \text{cm}^3$

25 **Troba l'àrea i el volum de les esferes següents.**

a 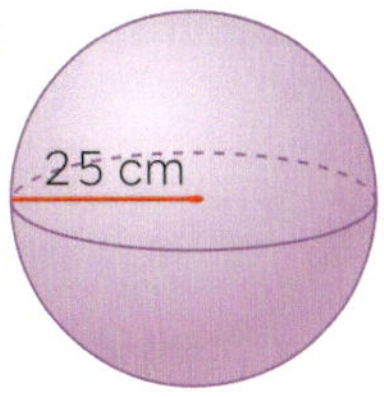

b 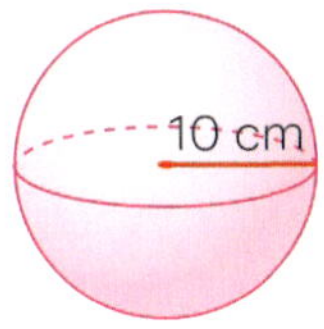

26 **El Museu de Ciències de Nagoya, al Japó, té el planetari més gran del món, situat a l'interior d'una esfera encaixada entre dos edificis. La pantalla interior en forma de semiesfera té un diàmetre de 35 metres.**

a. Calcula la superfície de la pantalla.

b. Si cada seient situat a la base de la semiesfera ocupa 4 m^2, quin seria l'aforament màxim del planetari?

27 **L'ajuntament d'una ciutat vol fabricar contenidors esfèrics per a residus de vidre. Una de les raons és l'eficiència en l'ús de material, ja que, per a una mateixa superfície, l'esfera és el cos geomètric amb més volum.**

a. Troba la superfície que ha de tenir el contenidor si el seu volum és $\frac{9\pi}{2}$ m^3.

b. Quines dimensions hauria de tenir un cilindre el diàmetre de la base del qual és igual a la seva altura i amb una superfície total igual a la de l'esfera? Quin volum tindria?

28 ## Activitat resolta

Calcula l'àrea de la pell d'una taronja de 12 cm de diàmetre que forma un casquet esfèric a un quart de la seva altura.

L'àrea del casquet esfèric és:

$A = 2\pi \cdot R \cdot h = 2\pi \cdot 6 \cdot \frac{1}{4} \cdot 12 \approx 113{,}1\ \text{cm}^2$

29 **Troba l'àrea de cadascuna de les parts d'una esfera següents.**

a 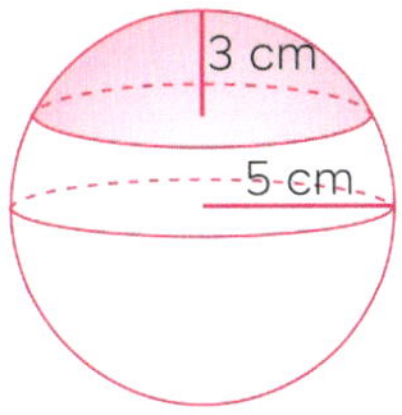

b 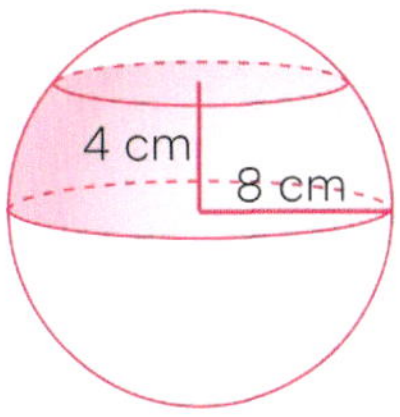

c 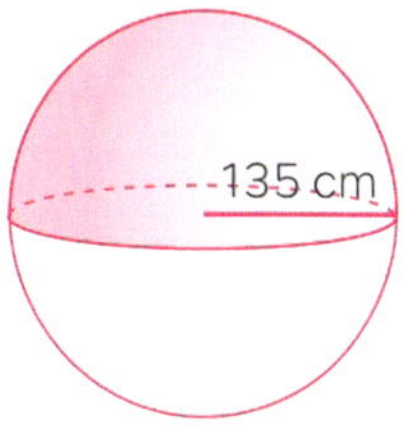

30 **Per a una obra d'art es fon una esfera de 200 cm de radi i se li treu un tascó que correspon a un quart d'aquesta. A l'espai interior s'ubica un quart d'esfera de 80 cm de radi, com a la figura. Calcula el volum total de material que s'utilitzarà a l'obra.**

3 Com calculem àrees i volums de cossos complexos?

Composició i descomposició de cossos geomètrics

31 **Aprenc a pensar.** Una empresa ha de col·locar uns tancs de propà per a calefacció. Indica com en calcularies el volum.

Quines mesures necessitaries per calcular-lo?

Quina creus que pot ser la raó d'utilitzar aquesta forma? Analitza els pros i els contres d'aquest disseny mitjançant un diagrama de Venn.

Per calcular l'àrea i el volum d'un **cos geomètric complex**, es divideix en cossos simples, s'obtenen els volums i les àrees (sense tenir en compte les àrees de les cares de les unions) i se sumen els resultats.

32 Activitat resolta

En una fàbrica de compostos químics, un dipòsit d'emmagatzemament té la forma que es mostra a la imatge. Quant material es requereix per construir un dipòsit així? Quin és el volum màxim que pot contenir?

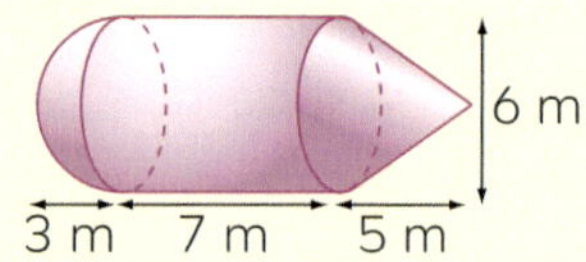

El cos està compost per una semiesfera, un cilindre i un con. Per calcular la quantitat de material, se n'ha de calcular l'àrea sumant l'àrea de la semiesfera, l'àrea lateral del cilindre i l'àrea lateral del con.

La generatriu del con mesura $g=\sqrt{5^2+3^2}=\sqrt{34}$ m.

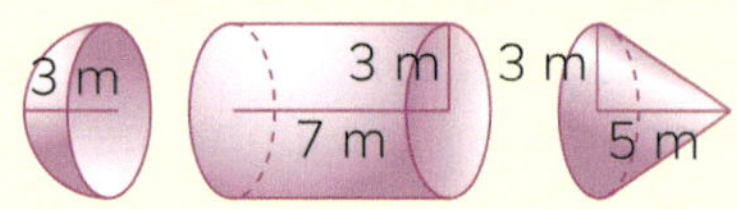

$$A=\underbrace{\frac{4\pi\cdot R^2}{2}}_{A_{\text{semiesfera}}}+\underbrace{2\pi\cdot R\cdot H}_{A_{L\,\text{cilindre}}}+\underbrace{\pi\cdot R\cdot g}_{A_{L\,\text{con}}}=2\pi\cdot 9+2\pi\cdot 3\cdot 7+\pi\cdot 3\cdot\sqrt{34}\approx 243,45\ \text{m}^2$$

Per trobar el volum, se sumen els dels tres cossos que el formen:

$$V=\underbrace{\frac{1}{2}\cdot\frac{4}{3}\pi\cdot R^3}_{V_{\text{semiesfera}}}+\underbrace{\pi\cdot R^2\cdot H}_{V_{\text{cilindre}}}+\underbrace{\frac{\pi\cdot R^2\cdot h}{3}}_{V_{\text{con}}}=\frac{2}{3}\pi\cdot 27+\pi\cdot 9\cdot 7+\frac{\pi\cdot 9\cdot 5}{3}=96\pi\approx 301,59\,\text{m}^3$$

33 Calcula el volum d'un dau de vuit cares, sabent que té forma d'octaedre regular amb 2,8 cm d'altura i 1,6 cm d'aresta.

34 Una peça de metall s'ha de fondre amb la forma i les mesures que es mostren a la figura.

a. Quin volum de material s'ha de fondre per fabricar 100 peces d'aquestes característiques?

b. Cada peça té un recobriment especial per evitar danys. Si cada centímetre quadrat de recobriment té un cost de 0,25 €, quin és el cost d'aplicar el recobriment a les 100 peces requerides?

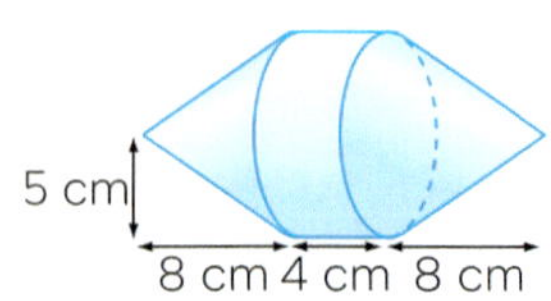

35 Per a la gestió de residus, un ajuntament dissenya contenidors públics de residus plàstics i envasos per col·locar en diferents punts de la ciutat. Els contenidors estan formats per un cub que romandrà soterrat i un cilindre exterior com a la figura.

a. Calcula l'àrea total del contenidor.

b. Calcula'n el volum.

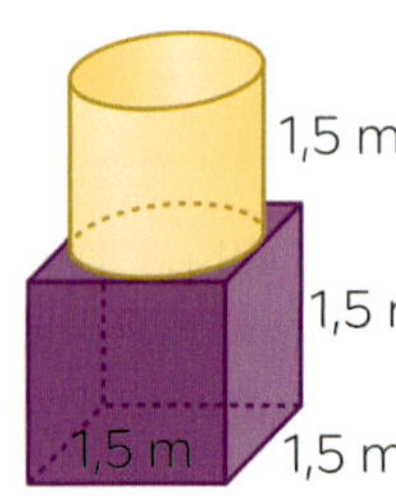

36 **El dipòsit de l'aigua d'una cafetera té la forma que s'observa a la imatge.**

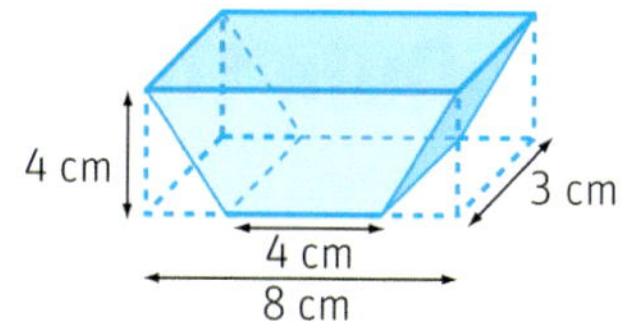

a. Identifica el tipus de poliedre que és. Quin és el volum d'aigua que pot contenir?

b. Si un metre cúbic equival a 1000 litres, quants litres d'aigua pot contenir el dipòsit?

37 **En un joc de taula les peces que s'utilitzen tenen la forma que s'observa, un con que té la seva base inscrita en una de les cares d'un cub. Quin és el volum de material que es necessitarà si el joc es compon d'un total de 20 peces?**

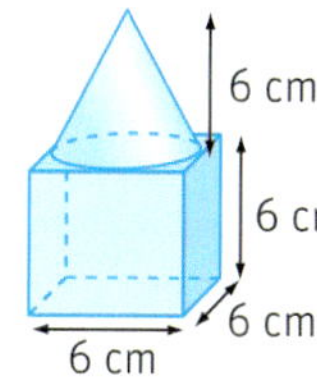

38 ## Activitat resolta

Per al disseny d'una joguina, es necessita que una màquina industrial talli un cub de 8 cm d'aresta pels plans que uneixen els punts mitjans de les seves arestes adjacents per obtenir el cuboctaedre de la figura. Quant material es requereix per fabricar cada peça? Quin és el seu volum?

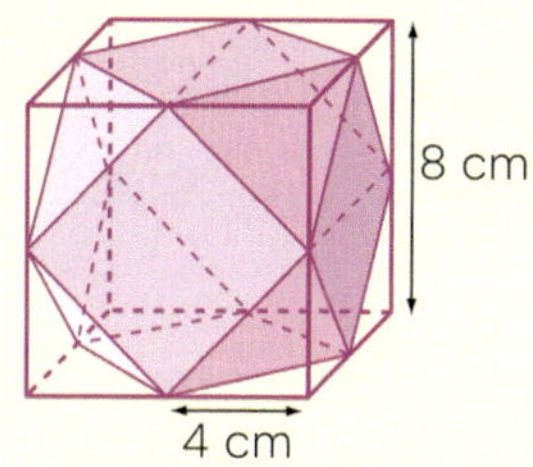

El cuboctaedre de la figura és un poliedre format per sis quadrats de costat $\sqrt{4^2+4^2}=\sqrt{32}$ i per vuit triangles equilàters també de $\sqrt{32}$ cm de costat.

L'altura dels triangles és: $h=\sqrt{\left(\sqrt{32}\right)^2-\left(\dfrac{\sqrt{32}}{2}\right)^2}=2\sqrt{6}$ cm

L'àrea del cuboctaedre és la suma de les àrees dels polígons que el formen:

$$A=6\cdot\left(\sqrt{32}\right)^2+8\cdot\frac{\sqrt{32}\cdot 2\sqrt{6}}{2}=192+64\sqrt{3}\approx 303{,}85\ \text{cm}^2$$

Per trobar el volum del cuboctaedre es resta al volum del cub inicial, $V_{cub}=8^3$, la suma dels volums de les vuit piràmides triangulars que se suprimeixen.

La distància entre el centre del triangle equilàter i un vèrtex és $\dfrac{2}{3}h$.

Per tant, l'altura de la piràmide és: $H=\sqrt{4^2-\left(\dfrac{2}{3}2\sqrt{6}\right)^2}=\sqrt{16-\dfrac{16}{9}\cdot 6}=\dfrac{4\sqrt{3}}{3}$ cm

$$V=\frac{A_B\cdot H}{3}=\frac{\sqrt{32}\cdot 2\sqrt{6}}{2}\cdot\frac{4\sqrt{3}}{3}\cdot\frac{1}{3}=\frac{32}{3}\ \text{cm}^3\Rightarrow V=8^3-8\cdot\frac{32}{3}\approx 426{,}67\ \text{cm}^3$$

Per calcular el volum d'alguns cossos és més senzill completar-los fins a formar cossos de volum conegut i restar el sobrant.

39 **Es vol tallar un cub de fusta de 12 cm d'aresta per obtenir un tetraedre com el de la figura. Sabent que cada piràmide triangular tallada té una sisena part del volum del cub, calcula, fent tots els passos necessaris, el volum del tetraedre resultant.**

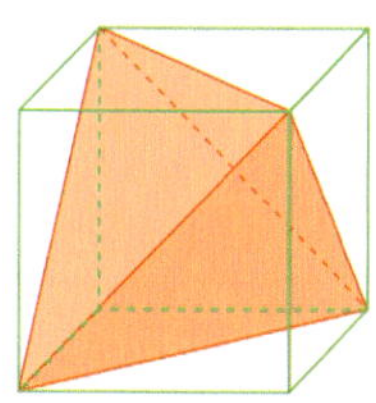

40 **Una ciutat vol col·locar papereres amb el disseny de la figura. Aquestes papereres consisteixen en cubs de metall de 0,80 m de costat i un buit amb forma de con inscrit.**

a. Quin volum té la peça que forma la paperera?

b. Amb 3 m³ de material per fondre, quantes papereres com a màxim es poden construir?

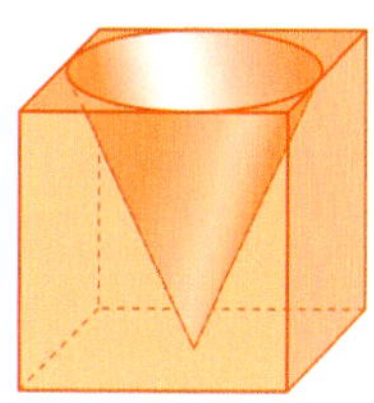

4 Quin tipus de simetries hi ha en cossos geomètrics?

Simetries en l'espai

41 En col·locar mitja esfera al costat d'un mirall, es pot apreciar la imatge de l'esfera completa. Indica els cossos geomètrics que s'observaran en col·locar davant el mirall les figures següents.

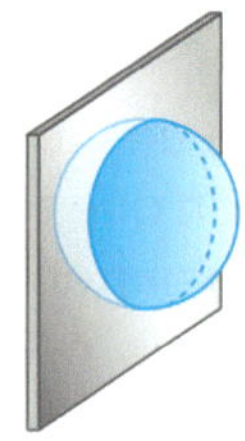

a. Una piràmide de base quadrada les cares laterals de la qual són triangles equilàters.

b. Un cub.

c. Un ortoedre de 6 × 6 × 3 cm, si es col·loca una de les cares quadrades.

A l'espai es distingeixen tres tipus de simetries: respecte d'un punt, respecte d'una recta i respecte d'un pla.

Simetria central (respecte d'un punt)

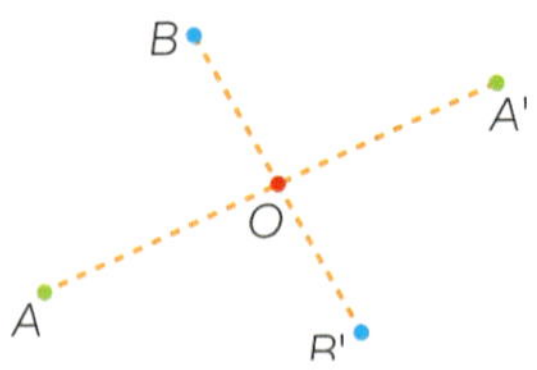

Un punt, *O*, és **centre de simetria** d'un cos geomètric, si l'homòleg de qualsevol punt del cos, en la simetria central de centre *O*, pertany també al cos.

Simetria axial (respecte d'una recta)

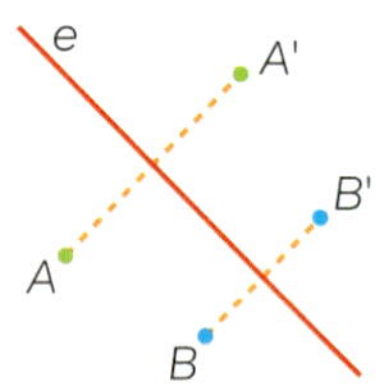

Una recta, *e*, és **eix de simetria** d'un cos geomètric, si l'homòleg de qualsevol punt del cos, en la simetria axial d'eix *e*, pertany també al cos.

Simetria especular (respecte d'un pla)

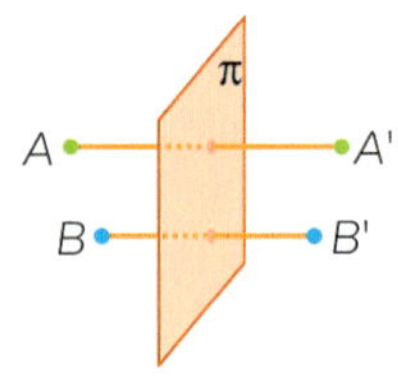

Un pla, π, és **pla de simetria** d'un cos geomètric, si l'homòleg de qualsevol punt del cos, en la simetria especular de pla π, pertany també al cos.

Exemple

El cub és un cos que posseeix, entre d'altres, aquestes simetries:

Simetria central

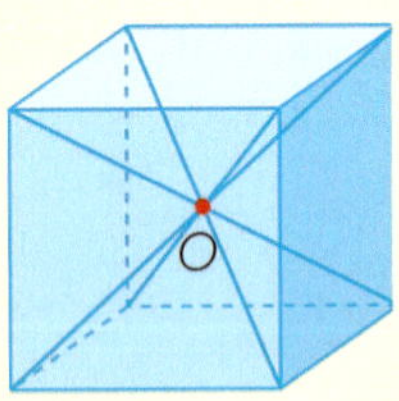

El punt *O*, on es tallen les diagonals del cub, és un centre de simetria.

Simetria axial

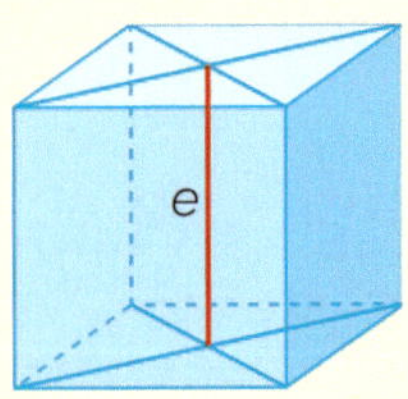

La recta *e*, que uneix els punts mitjans de dues cares oposades del cub, és un eix de simetria.

Simetria especular

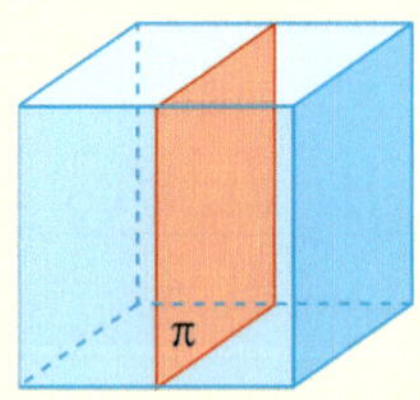

El pla π, paral·lel a dues cares oposades del cub i equidistant de totes dues, és un pla de simetria.

42 Indica, si n'hi ha, un centre, un eix i un pla de simetria a les figures següents.

a

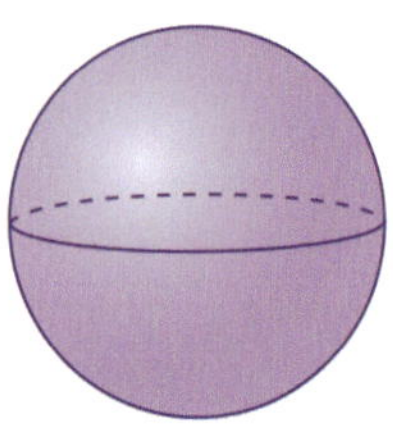

b

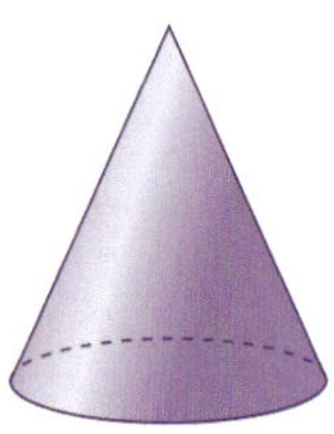

c

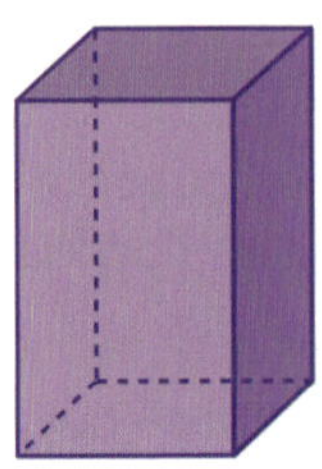

Tots els eixos i tots els plans de simetria d'un cos geomètric contenen el centre de simetria. Tots els plans de simetria contenen algun eix de simetria.

Continua practicant simetries amb l'interactiu GeoGebra.

5 Com determinem la posició al globus terraqüi?

El globus terraqüi

43 Observant el globus terraqüi, creus que podries determinar la posició a la seva superfície, de manera exacta, amb coordenades cartesianes igual que fem al pla? Per què?

Se t'acut alguna altra manera de determinar la posició?

La forma de la Terra es denomina geoide i és molt aproximada a una esfera lleument aplatada.

La Terra fa un moviment de rotació sobre el seu eix i els extrems d'aquest eix són el pol nord i el pol sud.

A més de l'equador, hi ha paral·lels d'especial interès: el tròpic de Càncer, el tròpic de Capricorn i els cercles polars Àrtic i Antàrtic.

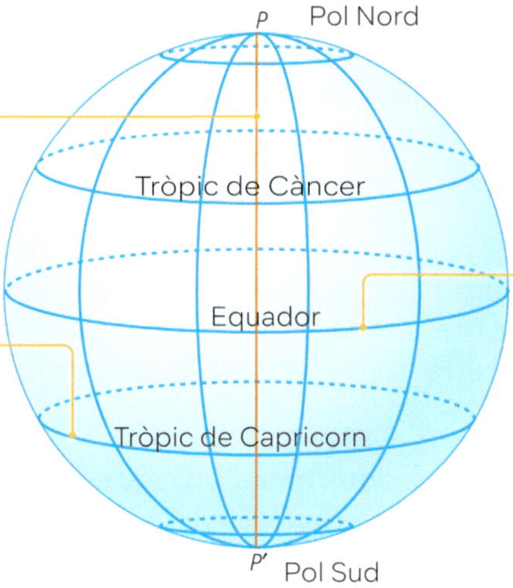

Qualsevol pla perpendicular a l'eix de rotació de la Terra determina a la seva superfície esfèrica una circumferència anomenada paral·lel terrestre.

La circumferència màxima en el pla perpendicular a l'eix de rotació és l'equador terrestre. És l'únic paral·lel que és circumferència màxima.

Elements geomètrics de l'esfera terrestre:

Zona	És la part de la superfície terrestre compresa entre dos paral·lels. • Zona intertropical: compresa entre els dos tròpics. • Zones temperades: compreses entre els tròpics i els cercles polars.
Casquets	És la part de la superfície terrestre determinada per un paral·lel. Els casquets polars estan determinats pels cercles polars.
Hemisferis	El pla de l'equador divideix l'esfera terrestre en dues parts anomenades hemisferis. • L'hemisferi nord o boreal conté el pol nord. • L'hemisferi sud o austral conté el pol sud.
Fus	És cadascuna de les parts de la superfície esfèrica limitada per dos meridians terrestres. L'angle corresponent a un fus és el determinat pels plans que contenen els meridians.
Fusos horaris	L'esfera terrestre es divideix en 24 fusos horaris de 15° d'amplitud (ja que $24 \cdot 15° = 360°$). • El fus de referència, el fus 0, és el que té com a meridià central el meridià de Greenwich. • Dos punts de la Terra tenen la mateixa hora local quan pertanyen al mateix fus horari (llevat d'excepcions). • L'hora de qualsevol punt terrestre és la del meridià de Greenwich sumant-li o restant-li les hores corresponents al fus al qual pertanyen. 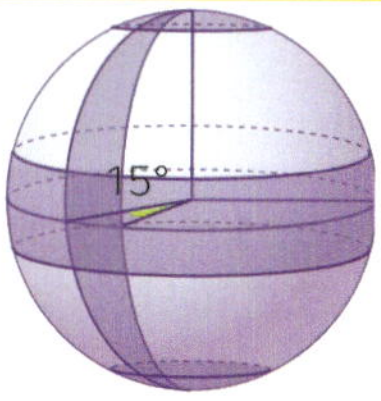

Exemple

Londres pertany al fus 0 i Nova York, al fus –5.

- Quan a Londres són les 12 del migdia, a Nova York són les 7 del matí.
- Quan a Nova York és l'1 de la matinada, a Londres són les 6 del matí.

44 Si el Brasil pertany al fus –3 i Espanya al fus 1, quina hora és al Brasil en la mitjanit d'Espanya?

Coordenades geogràfiques

Per situar els punts de la superfície terrestre, s'utilitza un sistema de referència semblant al cartesià. Els elements que el formen són els següents:

- Com a eix horitzontal s'utilitza l'equador.
- Com a eix vertical s'utilitza el meridià de Greenwich.
- L'origen és la intersecció de l'equador amb el meridià de Greenwich.
- La unitat de mesura és el grau sexagesimal.

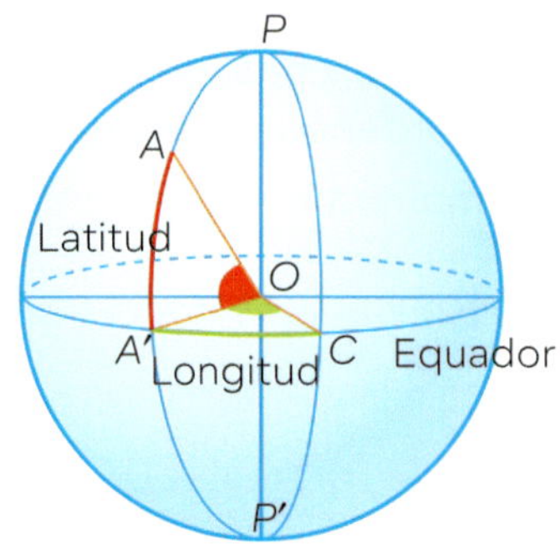

Tret dels pols, per cada punt de la Terra passa un únic meridià i un únic paral·lel. D'aquesta manera, cada punt tindrà un parell de coordenades geogràfiques que s'anomenen longitud i latitud geogràfiques.

- **Longitud geogràfica** (meridians)

  La longitud d'un punt *A* és la mesura angular de l'arc determinat en l'equador pel meridià de Greenwich i el meridià del lloc. La longitud es mesura de 0° a 180° en direcció est i de 0° a 180° en direcció oest. Tots els punts d'un meridià terrestre tenen la mateixa longitud geogràfica.

- **Latitud geogràfica** (paral·lels)

  La latitud d'un punt *A* és la mesura angular de l'arc determinat en el meridià del lloc pel punt i l'equador. La latitud es mesura de 0° a 90° en direcció nord i de 0° a 90° en direcció sud. Tots els punts d'un paral·lel terrestre tenen la mateixa latitud geogràfica.

45 Activitat resolta

Dos punts de l'esfera terrestre estan situats en el mateix meridià i les seves latituds són de 52° N i 25° S. Calcula la distància que els separa suposant que la Terra és una esfera de radi 6 371 km.

La diferència de latituds determina un angle de:

$52° - (-25°) = 77°$

La distància mínima entre els punts *A* i *B* es mesura sobre la circumferència màxima corresponent al meridià d'aquests dos punts i, per tant, es correspon amb la longitud d'un arc d'amplitud 77° en una circumferència de radi 6 371 km.

$$L = \frac{\pi \cdot R \cdot 77}{180} = \frac{\pi \cdot 6371 \cdot 77}{180} = 8562 \text{ km}$$

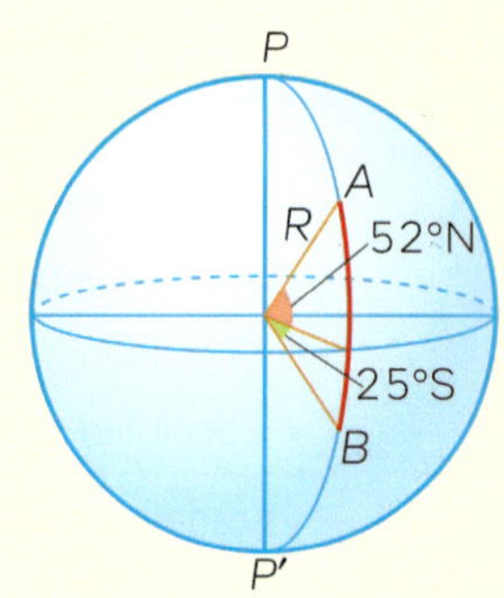

46 **Dos punts de l'esfera terrestre estan situats al mateix meridià i tenen latituds de 40° 20′ N i 32° 10′ N. Calcula la distància que els separa.**

47 **El radi mitjà de la Terra és de 6371 km.**

a. Calcula la longitud de l'equador, la superfície i el volum de la Terra.

b. Troba la superfície dels dos casquets polars, sabent que aquests són el resultat de tallar la superfície terrestre per un pla a 5843 km de distància del centre de la Terra.

48 **Calcula el radi dels paral·lels terrestres pertanyents a plans que disten del centre de la Terra:**

a. 1000 km.

b. la meitat del radi terrestre (6371 km).

49 **CREEM JUNTS un mapa del món en grups de quatre amb tots els meridians i les seves zones horàries.**

EL NOSTRE REPTE Aixafa els envasos

Calcula quant es redueix el nombre de bosses d'escombraries que omples aixafant els brics abans de llençar-los

Formeu grups de quatre i seguiu aquests passos per completar el repte.

Pas 1

Comenceu amb unes dades

Heu de mesurar les tres dimensions d'un bric i del cubell de les escombraries on llenceu aquest tipus d'envasos i anotar-les.

Investigueu també els materials dels quals estan fets aquests envasos a més del cartró.

Pas 2

Càlcul de volums

- Calculeu el volum del bric (sense aixafar) i del cubell de les escombraries utilitzant les mesures que heu apuntat. Aprofiteu per comparar aquest volum amb la capacitat que l'envàs declara. A continuació, calculeu quants brics sense aixafar caben en aquest cub i quants n'hi caben d'aixafats, suposant que un bric aixafat ocupa aproximadament un 40 % menys del volum del que ocupa sense aixafar.
- Tenint en compte els resultats obtinguts, feu una estimació del nombre total de bosses d'escombraries que llençaríeu durant una setmana als contenidors d'escombraries en cadascun dels dos supòsits.

Pas 3

Treu les teves conclusions

Debateu els resultats obtinguts en la vostra investigació dins del grup, posant un èmfasi especial en l'entonació.

Feu una prova a classe. Aneu llençant en una bossa els brics que porteu a classe sense aixafar i en una altra llenceu-hi només envasos aixafats. Fixeu-vos quant es tarda a omplir cadascuna de les bosses.

Reflexioneu i debateu sobre un altre tipus d'iniciatives que siguin simples i produeixin un impacte important en el reciclatge fent atenció a l'entonació en parlar.

Com ha anat el repte? Entra i fes la teva valoració

EN RESUM

COSSOS GEOMÈTRICS

oliedres

Prisma

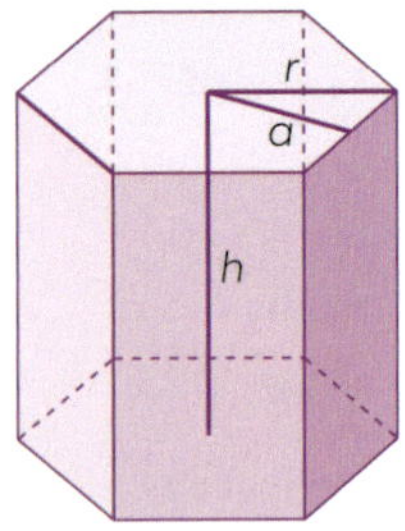

Piràmide

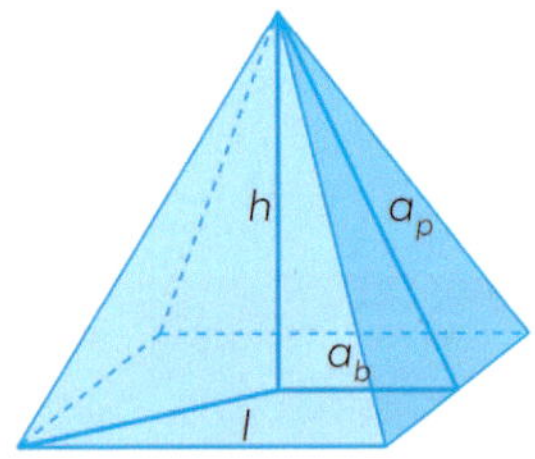

Poliedres regulars

Tetraedre

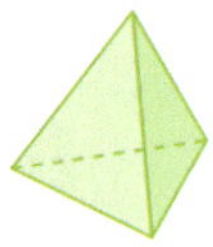

Cub

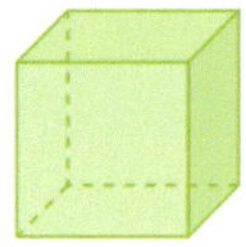

Octaedre

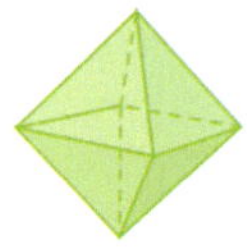

Dodecaedre

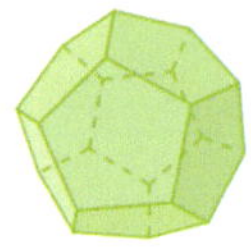

Icosaedre

COSSOS DE REVOLUCIÓ

Cilindre

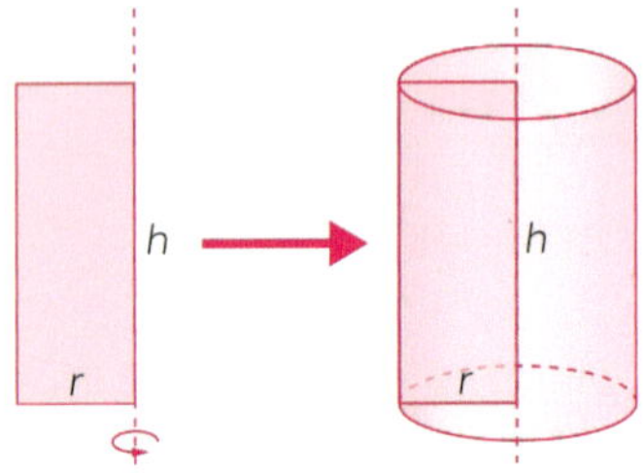

Con

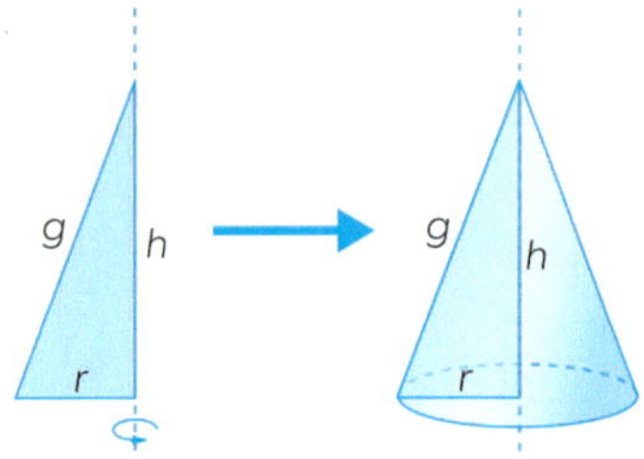

Esfera

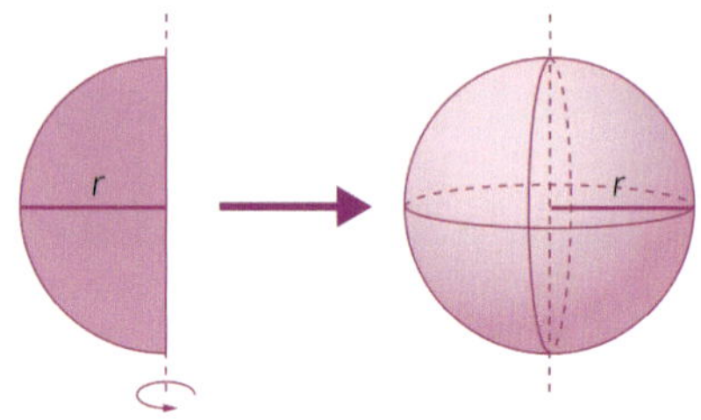

Àrees i volums dels cossos geomètrics

Prisma

$$A_T = p \cdot (h + a_b)$$

$$V = \frac{p \cdot a_b \cdot h}{2}$$

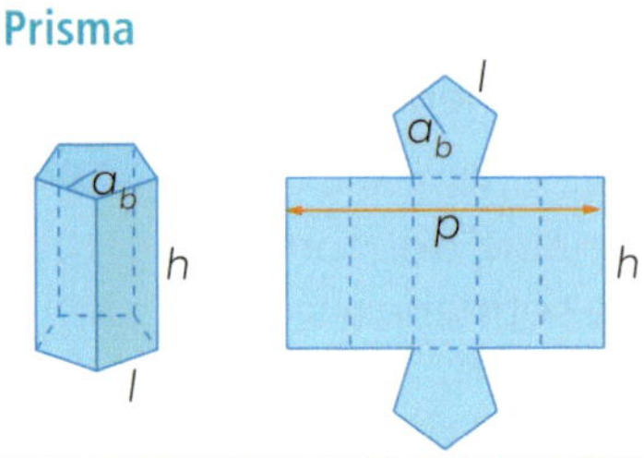

Piràmide

$$A_T = \frac{1}{2} p \cdot (a_p + a_b)$$

$$V = \frac{p \cdot a_b \cdot h}{6}$$

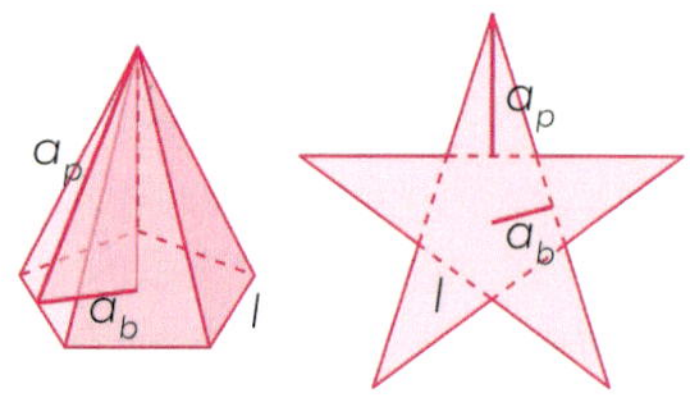

Cilindre

$$A_T = 2\pi r \cdot (h + r)$$

$$V = \pi r^2 \cdot h$$

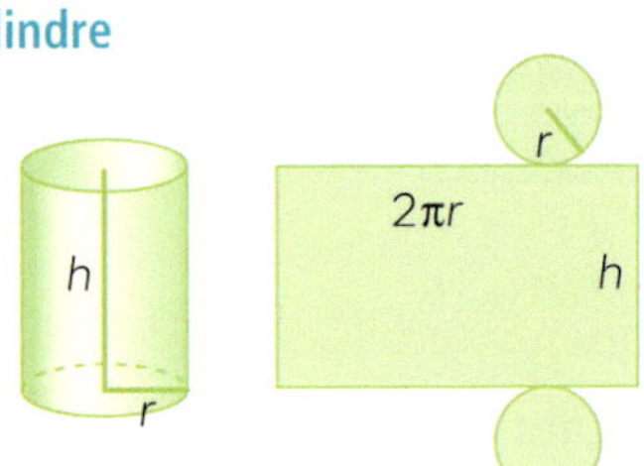

Con

$$A_T = \pi r \cdot (g + r)$$

$$V = \frac{\pi \cdot r^2 \cdot h}{3}$$

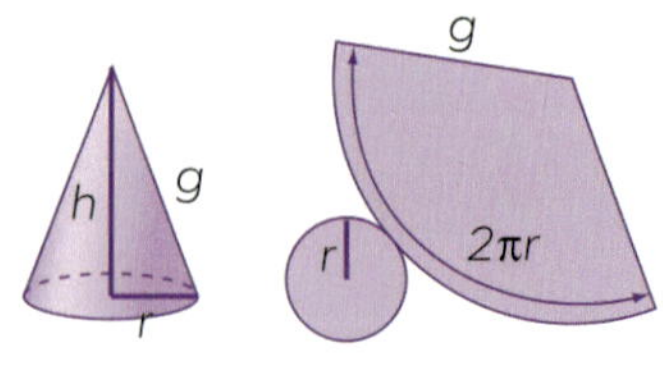

Esfera

$$A = 4\pi \cdot R^2$$

$$V = \frac{4}{3} \pi \cdot R^3$$

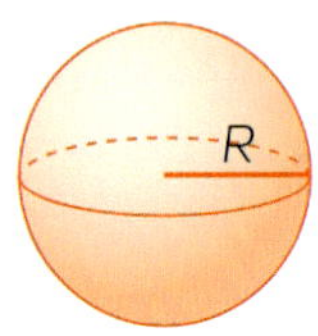

Zona esfèrica

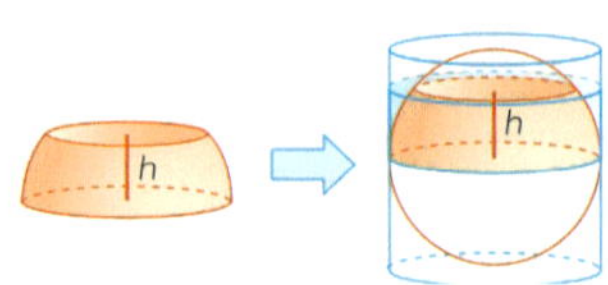

Casquet esfèric

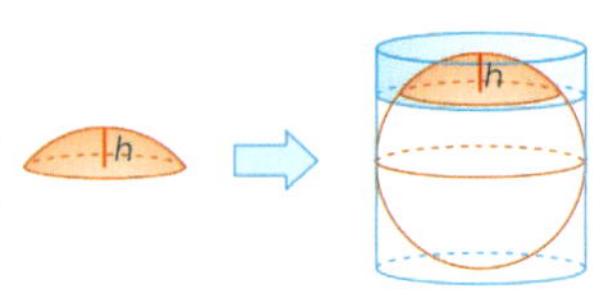

$$A = (2\pi R) \cdot h = 2\pi \cdot R \cdot h$$

PRACTIQUEM

Activitats

1 **Aprenc a pensar.** Organitza en un mapa mental els conceptes que has après.

2 Observa el cub de la figura.

a. Hi ha dues arestes secants que no siguin perpendiculars?

b. Demostra que les arestes *EF* i *BC* són perpendiculars.

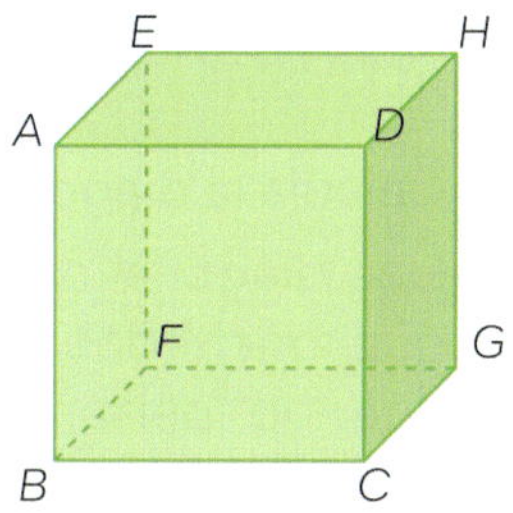

3 Quins dels cossos següents són poliedres? Indica, en cas que ho siguin, si són regulars o no.

a 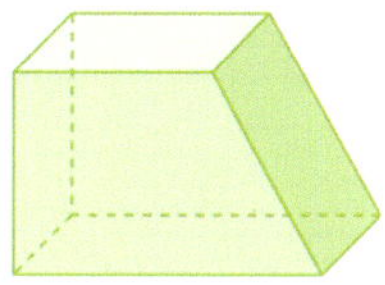

b 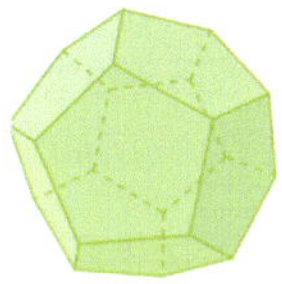

4 Comprova que es compleix la fórmula d'Euler per a cadascun dels poliedres següents.

a. Piràmide triangular

b. Prisma octogonal

5 Un poliedre regular té dotze arestes i sis vèrtexs. Calcula el nombre de cares i digues quin poliedre és.

6 Un prisma convex té dotze arestes i vuit vèrtexs.

a. Calcula el nombre de cares.

b. Si totes les seves cares són romboides, quin tipus de prisma és?

7 Observa el cos següent.

a. Com està format?

b. Estudia si es compleix la fórmula d'Euler.

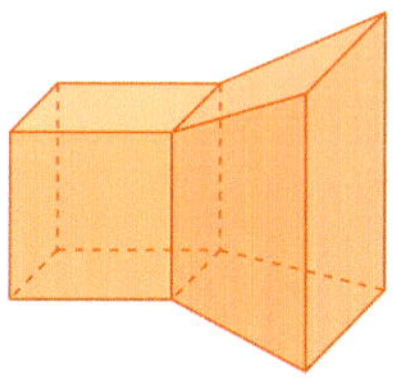

8 Es pot obtenir un poliedre regular unint dues piràmides quadrangulars per les seves bases?

9 Troba l'àrea i el volum d'aquests cossos geomètrics.

a. Un prisma regular de 22 m d'altura la base del qual és un quadrat de 16 m de costat.

b. Un cilindre de 15 cm de radi de la base i altura igual al perímetre de la base.

10 Quina relació hi ha entre l'àrea i el volum d'un con i l'àrea i el volum d'un altre con l'altura i radi del qual mesuren la meitat que les del con inicial?

11 **Activitat resolta**

Dibuixa un desenvolupament pla del cos geomètric de la figura i calcula'n l'àrea si $DB = DC = DA = 6$ cm.

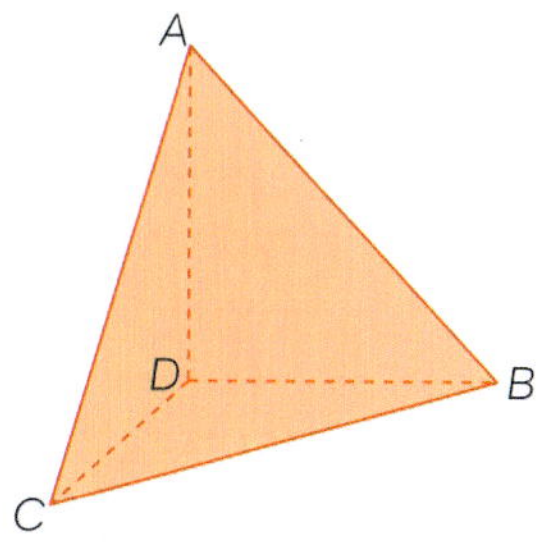

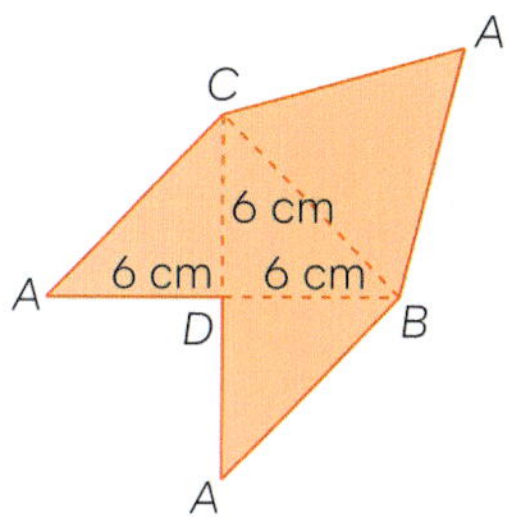

És una piràmide triangular la base de la qual és un triangle rectangle isòsceles amb catets de 6 cm de longitud, dues cares laterals que són dos triangles iguals a la base i una altra cara lateral que és un triangle equilàter amb les mesures:

$$CB = \sqrt{6^2 + 6^2} = \sqrt{72} \text{ cm}$$

$$h = \sqrt{\left(\sqrt{72}\right)^2 - \left(\frac{\sqrt{72}}{2}\right)^2} = \sqrt{54} \text{ cm}$$

$$A = 3 \cdot \frac{6 \cdot 6}{2} + \frac{\sqrt{72}\sqrt{54}}{2} = 54 + 18\sqrt{3} \approx 85{,}18 \text{ cm}^2$$

12 Dibuixa el desenvolupament pla dels cossos geomètrics següents i calcula'n l'àrea total.

a. Un cub de 5 cm d'aresta.

b. Un ortoedre de dimensions $3 \times 3 \times 6$ cm.

c. Una piràmide regular de 5 cm d'aresta lateral i la base de la qual és un triangle equilàter de 3 cm de costat.

13 Per a cadascuna d'aquestes figures, dibuixa'n el desenvolupament pla i calcula'n l'àrea i el volum.

a 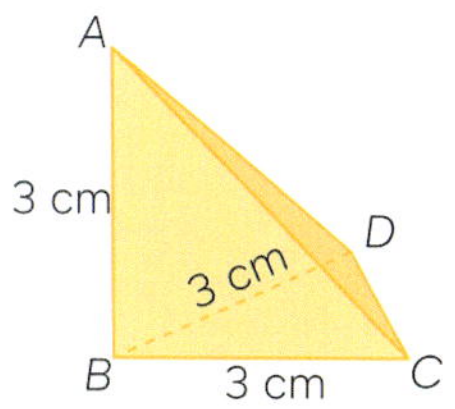

b 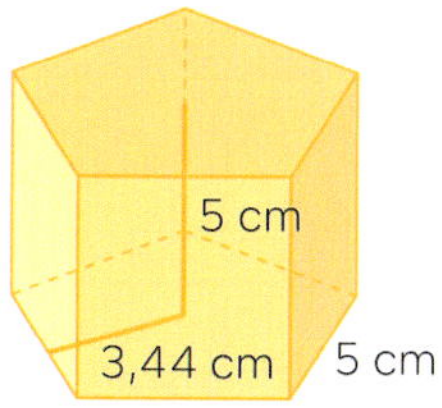

14 Descriu els cossos de revolució, amb els seus elements, que s'obtenen en girar les figures següents.

a. Un triangle equilàter de 5 cm de costat que gira al voltant de la seva altura.

b. Un semicercle de radi 10 cm que gira al voltant del seu diàmetre.

15 Dibuixa en cada cas la figura plana i l'eix sobre el qual gira per generar cadascun d'aquests cossos.

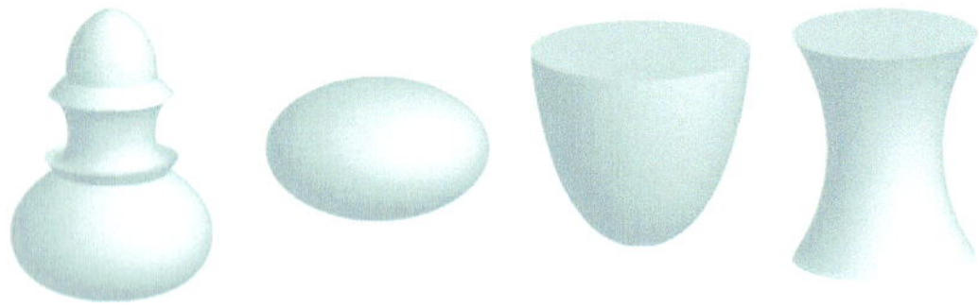

16 Quin és el volum limitat per dues esferes concèntriques si els seus radis mesuren 10 cm i 15 cm?

17 Activitat resolta

Una esfera té un radi de 15 cm. Calcula l'àrea d'un fus esfèric d'amplitud 60° i el volum del tascó esfèric que determina.

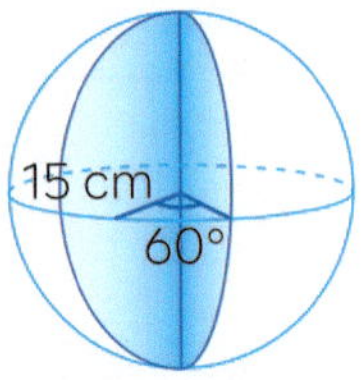

L'esfera completa té una amplitud de 360°, per la qual cosa un fus de 60° suposa $\frac{60}{360}=\frac{1}{6}$ de l'esfera.

L'àrea és:

$$A_{fus}=\frac{1}{6}\cdot A_{esfera}=\frac{1}{6}\cdot 4\pi\cdot 15^2\approx 471{,}24\ \text{cm}^2$$

El volum és:

$$V_{tascó}=\frac{1}{6}\cdot V_{esfera}=\frac{1}{6}\cdot\frac{4}{3}\pi\cdot 15^3\approx 2356{,}19\ \text{cm}^3$$

18 Considerant una esfera de 40 cm de radi, troba l'àrea del fus esfèric de 40° d'amplitud i el volum del tascó esfèric que determina.

19 El volum d'un tascó esfèric d'amplitud 90° és 450 m³. Troba l'àrea i el volum de l'esfera corresponent.

20 Dos punts del meridià en el qual es troba Nova York tenen latituds de 40° N i 85° N. Quina és la seva distància? (Radi de la Terra: 6371 km)

21 Dos punts del meridià de Greenwich tenen latituds de 40° S i 30° N. Quina és la seva distància?

22 Dos punts de l'equador tenen longituds 40° O i 50° O. Quina és la seva distància?

23 Activitat resolta

Calcula la diagonal d'un cub de a cm d'aresta.

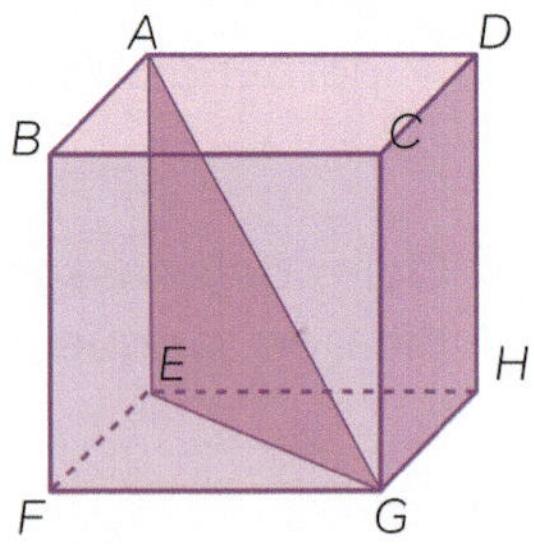

Una diagonal d'un cub és qualsevol segment que uneix dos punts que no pertanyen a una mateixa cara. Per exemple, el segment AG. La seva mesura es pot trobar considerant el triangle rectangle AEG els catets del qual mesuren $AE = a$ i $EG=\sqrt{a^2+a^2}=a\sqrt{2}$.

$$AG=\sqrt{AE^2+EG^2}=\sqrt{a^2+2a^2}=\sqrt{3a^2}=a\sqrt{3}\ \text{cm}$$

24 Troba les diagonals dels ortoedres amb aquestes dimensions:

a. $a = 5$ cm, $b = 4$ cm, $c = 10$ cm

b. $a = 50$ mm, $b = 45$ mm, $c = 10$ mm

c. $a = 9$ m, $b = 12$ m, $c = 36$ m

25 Assenyala, si n'hi ha, un centre, un eix i un pla de simetria a cada un dels cossos següents.

a

b

26 Calcula l'àrea del cos geomètric que es mostra a la figura.

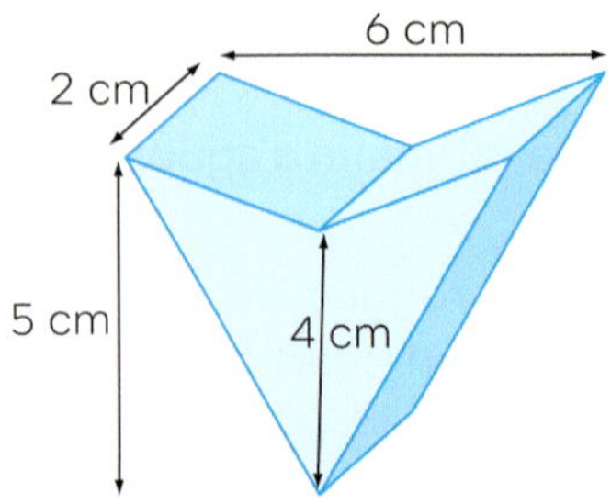

27 Calcula l'àrea de les figures següents.

a

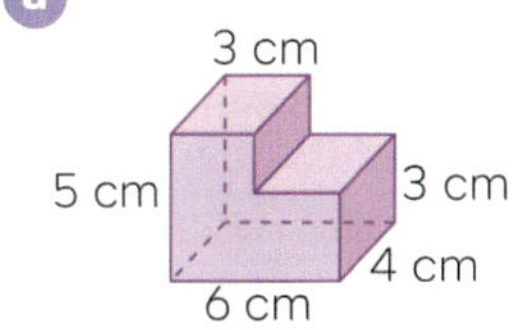

b

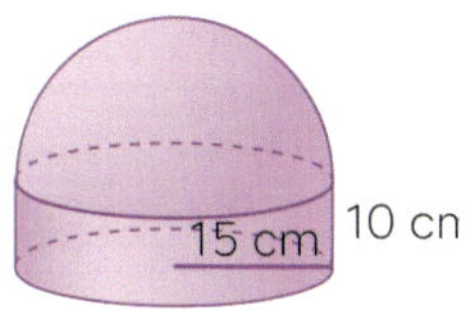

Problemes

28 Quin cos geomètric determinen els centres de les sis cares d'un cub? I els centres de les quatre cares d'un tetraedre regular? I els centres de les vuit cares d'un octaedre regular? Quina propietat observes?

29 Calcula l'àrea d'un tronc de con, sabent que aquest tronc es va obtenir en tallar per la meitat de la seva altura un con de radi 21 cm i altura 56 cm.

30 Si el radi de la Terra mesura 6371 km, quina és l'àrea de cadascun dels seus 24 fusos horaris? I el volum dels tascons esfèrics corresponents?

31 Per construir una caixa sense tapa, es talla un quadrat de 5 cm de costat a cadascuna de les cantonades d'una cartolina de dimensions 50 × 30 cm.

a. Quin és el volum de la caixa?

b. Si tallem 8 cm de cada cantonada, el volum serà més gran o més petit?

32 La femella de la figura està limitada per un prisma hexagonal regular i un cilindre de 0,5 cm de radi de la base.

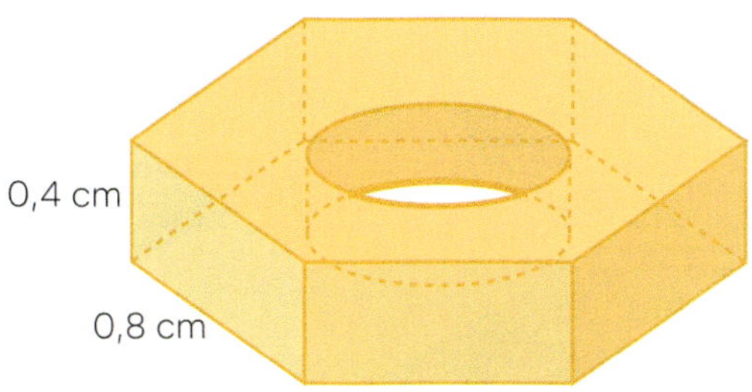

Calcula la massa de metall necessària per elaborar-la si el metall esmentat té una densitat de 8 g/cm³.

Comprova el que has après

1 Al cos geomètric següent, assenyala:

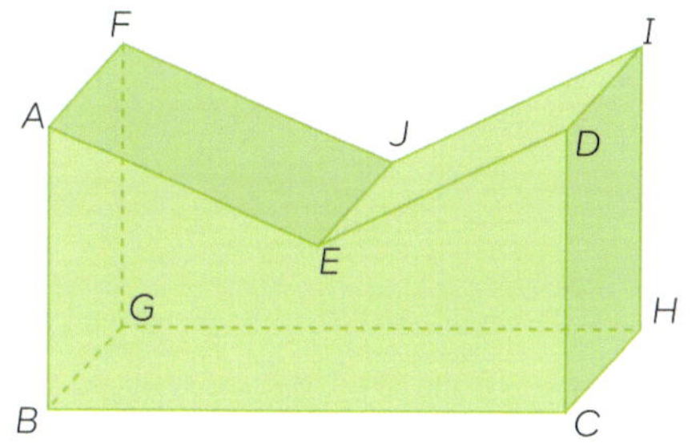

a. Dues cares paral·leles i dues de perpendiculars.

b. Dues cares secants no perpendiculars i l'aresta on es tallen.

c. Dues arestes perpendiculars secants i el punt on es tallen.

d. Dues arestes que no siguin ni paral·leles ni perpendiculars.

2 La diagonal d'un cub mesura $\sqrt{48}$ cm. Calcula l'àrea total, el volum i la diagonal d'una de les seves cares.

3 Dibuixa el desenvolupament d'un prisma regular de 78 cm² d'àrea sabent que la seva base és un quadrat de 3 cm de costat. Calcula'n el volum.

4 Calcula l'àrea lateral, l'àrea total i el volum d'una piràmide recta de base quadrada. Dibuixa'n el desenvolupament pla.

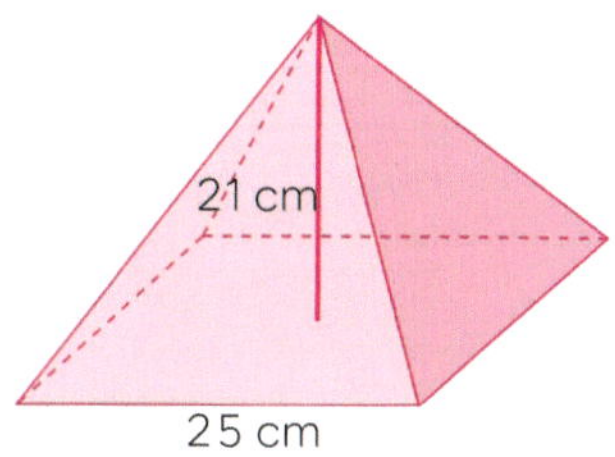

5 Un con té una generatriu de 10 cm i una àrea lateral de 60π cm². Calcula'n l'àrea total i el volum.

6 L'àrea d'una semiesfera és de 50π cm². Calcula el radi i el volum de l'esfera completa.

7 Indica, si n'hi ha, un centre de simetria, un eix de simetria i un pla de simetria en un dodecaedre regular.

8 La localitat de Pola de Siero (Astúries) té coordenades geogràfiques 43° 24′ N i 5° 39′ O i les de Jarandilla de la Vera (Càceres) són 40° 8′ N i 5° 39′ O. Calcula la distància que les separa. (Radi de la Terra: 6371 km)

Les meves competències | Autoavaluació

Bloc 3 SENTIT ALGEBRAIC I PENSAMENT COMPUTACIONAL

3.1. Investigant patrons

3.2. Àlgebra: el llenguatge de les matemàtiques

3.3. Igualtats que resolen problemes

3.4. Funcions: models per estudiar la realitat

3.1 Investigant patrons

COMENCEM!

LA MAJORIA DELS CULTIUS ALIMENTARIS DEPENEN DE LES ABELLES I D'ALTRES POL·LINITZADORS

- Has vist el vídeo? Eres conscient que les abelles tenen un paper tan important en la nostra alimentació?
- Sabies que la població d'abelles està en perill?
- Enumera algunes de les amenaces a què s'enfronten les abelles.

APRENEM!

1. Mantenir el nivell de soroll.
2. Reconèixer patrons numèrics i utilitzar-los per fer prediccions.
3. Trobar el terme general i la llei de recurrència d'una successió i aplicar-los per calcular termes.
4. Trobar el terme general i la suma de *n* termes d'una progressió aritmètica o geomètrica.
5. Planificar els passos intermedis per resoldre un problema.
6. Conscienciar els altres sobre la importància de protegir les abelles.

EL NOSTRE REPTE

Abelles arquitectes

En equip, haureu d'investigar sobre el patró de construcció de les bresques d'abelles i haureu de dissenyar un text expositiu científic de conscienciació. *Save the bees!*

1 Reconèixer patrons ens permet fer prediccions?

Patrons numèrics

1 MAT-TIC En la programació d'aplicacions o videojocs, una de les aptituds més necessàries és la capacitat per reconèixer patrons. Posa't a prova amb els patrons següents. Quants cercles tindrà la figura següent?

Comprova el resultat i aprèn més sobre els nombres poligonals amb l'interactiu de GeoGebra *Nombres poligonals*.

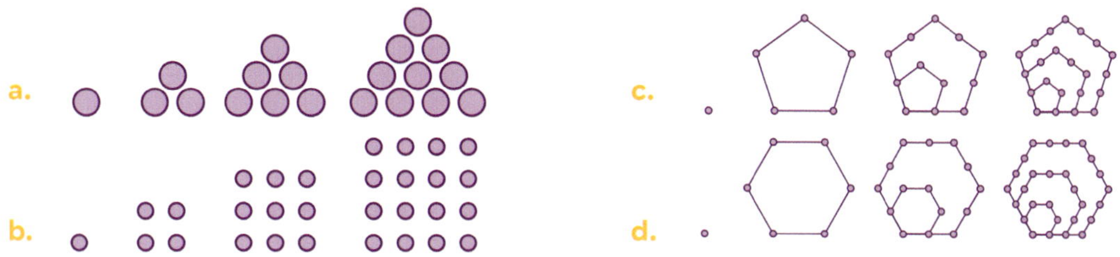

Quan una seqüència de nombres segueix un **patró**, si coneixem alguns dels termes, en podem obtenir els següents.

2 Activitat resolta

Observa la seqüència construïda amb llumins.

La relació entre el nombre de quadrats i el nombre de llumins segueix algun patró? Utilitza'l per calcular el nombre de llumins necessaris per formar una figura amb 100 quadrats.

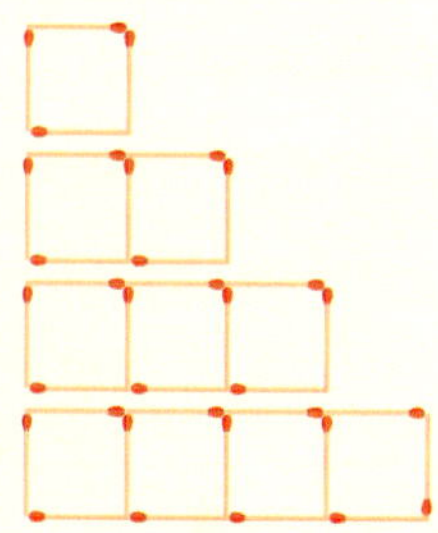

Organitza el nombre de quadrats i el de llumins en una taula per observar la relació que hi ha entre si.

Nre. de quadrats	1	2	3	4
Nre. de llumins	4	7	10	13

Per afegir-hi un nou quadrat es necessiten tres llumins més. Així, per construir la figura amb quatre quadrats s'han utilitzat quatre llumins per al quadrat inicial i tres llumins per a cada un dels tres quadrats restants, és a dir, $4 + 3 \cdot 3 = 13$ llumins.

De la mateixa manera, per construir la figura de 100 quadrats s'hauran d'utilitzar quatre llumins per a l'inicial i tres llumins per a cada un dels 99 quadrats restants, és a dir, $4 + 3 \cdot 99 = 301$ llumins.

3 Quants llumins es necessiten per formar la figura 30 de la seqüència donada?

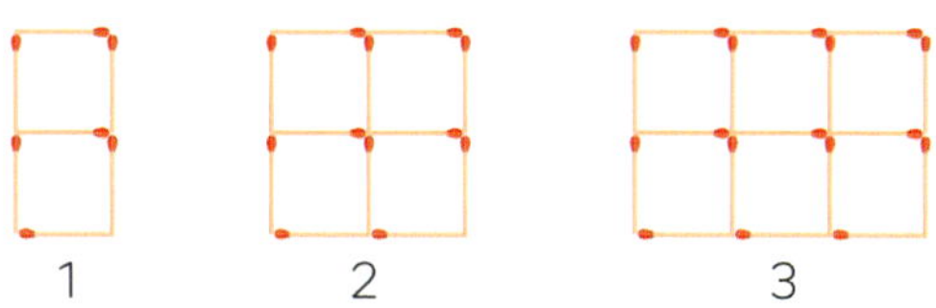

4 Troba el terme indicat en cada cas.

a. 6è de la seqüència 1, 5, 9...

b. 11è de la seqüència 5, 10, 15...

c. 27è de la seqüència 9, 12, 15...

d. 45è de la seqüència 3, 10, 17...

e. 21è de la seqüència 11, 6, 1...

f. 17è de la seqüència 19, 12, 5...

5 Quants llumins es necessiten per construir una torre amb 55 llumins a la base?

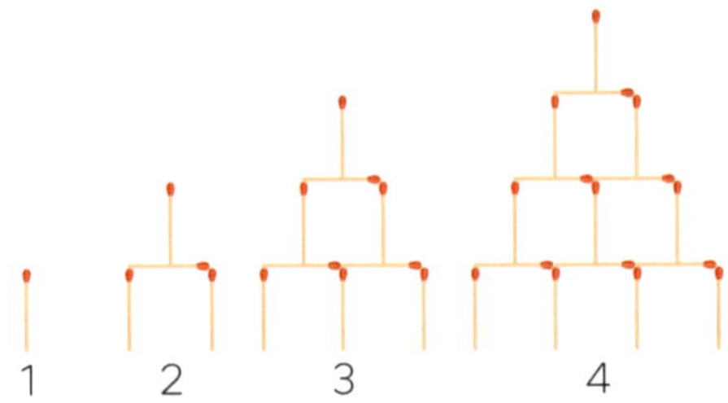

6 La Matilde està investigant el patró de construcció dels triangles de la seqüència. Quants escuradents necessitarà per formar el triangle número 100?

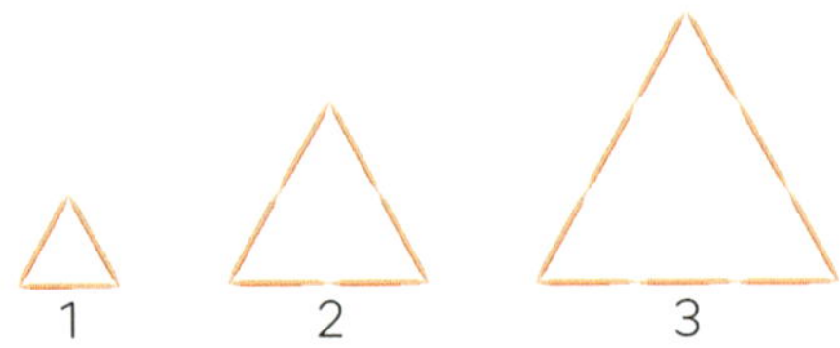

7 Escriu el terme indicat en cada una de les seqüències següents.

a. 8è de la seqüència 12, 17, 22, 27...

b. 19è de la seqüència 2, 6, 18, 54...

c. 32è de la seqüència 1, 7, 13, 19...

d. 21è de la seqüència 80, 70, 60, 50...

e. 14è de la seqüència 2, 5, 10, 17...

f. 43è de la seqüència 16, 19, 22, 25...

8 Quants quadrats grocs i quants quadrats blaus hi haurà a la figura número 30 d'aquesta seqüència?

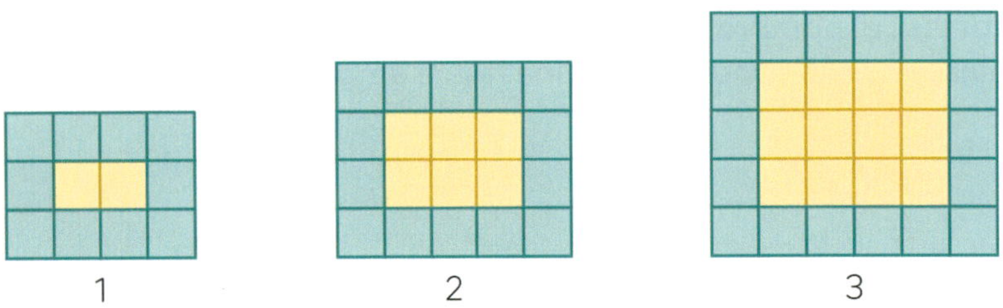

9 Quants quadrats es necessiten per construir una torre amb 10 pisos?

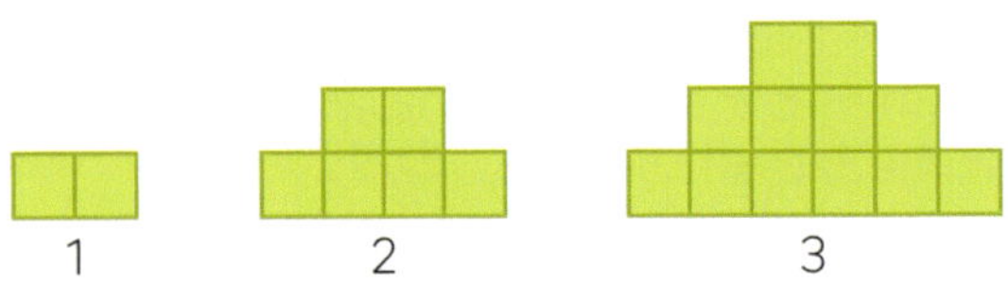

10 Un grup de biòlegs estan estudiant el desenvolupament de diferents espècies protegides de plantes i van anotant el nombre de fulles segons les setmanes de vida.

	1a setmana	2a setmana	3a setmana	4a setmana	5a setmana
Planta A	1	3	5	7	9
Planta B	2	5	10	17	26
Planta C	1	3	7	7	16
Planta D	3	12	27	48	75

a. Observa, per a cada planta, la relació entre el número de la setmana i el nombre de fulles. En quines plantes aquesta relació segueix un patró? Explica-ho.

b. Indica, en els casos en què sigui possible, les dades de les setmanes sisena i setena.

2 Com expressem un patró en llenguatge matemàtic?

Successions. Terme general

11 Tenint en compte aquesta llista infinita de nombres: 5, 7, 9, 11, 13, 15...

a. Completa la taula.

b. Quin terme hi hauria a la posició n?

Posició	1a	2a	3a	4a	5a	6a
Terme	5	●●●	●●●	●●●	●●●	●●●

Una **successió** és una llista infinita i ordenada de nombres que segueixen un patró. Els nombres que la formen s'anomenen **termes**.

El **terme general** d'una successió és una expressió algebraica que ens permet calcular qualsevol terme a partir de la posició que ocupa.

$a_1, a_2, a_3, a_4, \ldots, a_n$

a_n: terme general

n: posició enèsima

12 **Activitat resolta**

Troba els tres primers termes i el terme vintè de la successió $a_n = \dfrac{n-2}{n+1}$.

Per als tres primers termes has de substituir n per 1, 2 i 3, i per al vintè, per 20.

$a_1 = \dfrac{1-2}{1+1} = -\dfrac{1}{2}$ $\quad a_2 = \dfrac{2-2}{2+1} = 0$ $\quad a_3 = \dfrac{3-2}{3+1} = \dfrac{1}{4}$ $\quad a_{20} = \dfrac{20-2}{20+1} = \dfrac{18}{21} = \dfrac{6}{7}$

13 Calcula els tres primers termes i el terme desè d'aquestes successions.

a. $a_n = n^2 - 3n$ **b.** $b_n = n - \dfrac{24}{n}$ **c.** $c_n = (-1)^n$ **d.** $d_n = 5n - 3$ **e.** $e_n = \dfrac{n+1}{2n}$

TALLER

Successions amb un full de càlcul

Calcula els 20 primers termes de la successió $a_n = n^3 + n + 1$.

PAS 1 Crea una columna per a les posicions i una altra per al terme general.

PAS 2 Introdueix a la cel·la A2 el número 1 i escriu: =A2+1

	A	B
1	n	an
2	1	
3	=A2+1	
4		

PAS 3 A la cel·la B2 escriu: =A2^3+A2+1

	A	B
1	n	an
2	1	=A2^3+A2+1
3	2	
4		

1	n	an
2	1	3
3	2	11
4	3	31
5	4	69
6	5	131
7	6	223
8	7	351
9	8	521
10	9	739
11	10	1011
12	11	1343
13	12	1741
14	13	2211
15	14	2759
16	15	3391
17	16	4113
18	17	4931
19	18	5851
20	19	6879
21	20	8021

PAS 4 Arrossega cap a baix les cel·les A3 i B2 per copiar-les fins a la fila 21.

14 Troba, amb el full de càlcul, els 50 primers termes d'aquestes successions.

a. $a_n = \dfrac{n^2+1}{3n^3+n}$ b. $b_n = (-2)^n \cdot n$ c. $c_n = n \cdot (n+1)^2$

15 **Activitat resolta**

Troba el terme general de la successió següent: 1, 4, 7, 10, 13...

Per trobar la relació entre els termes i la seva posició et pot ser útil fer una taula.

Posició	1a	2a	3a	4a	5a
Terme	1	4	7	10	13

Observem que cada terme s'obté de multiplicar la seva posició per 3 i restar 2 al resultat.

Posició	1a	2a	3a	4a	5a
Terme	$1 = 3 \cdot 1 - 2$	$4 = 3 \cdot 2 - 2$	$7 = 3 \cdot 3 - 2$	$10 = 3 \cdot 4 - 2$	$13 = 3 \cdot 5 - 2$

El terme general de la successió és, per tant, $a_n = 3n - 2$.

16 **DEMANEM AJUDA.** Troba el terme general d'aquestes successions.

a. $(a_n) = (6, 11, 16, 21...)$

b. $(b_n) = (1, 4, 9, 16...)$

c. $(c_n) = (2, 6, 12, 20...)$

d. $(d_n) = (1, 2, 4, 8...)$

e. $(e_n) = (1, 3, 5, 7...)$

f. $(f_n) = \left(\dfrac{1}{3}, \dfrac{1}{5}, \dfrac{1}{7}, \dfrac{1}{9}, ...\right)$

17 Troba el terme general i el terme quinzè de les successions següents.

a. $(a_n) = (30, 27, 24, 21...)$

b. $(b_n) = (1, 8, 27, 64...)$

c. $(c_n) = (-1, 1, 3, 5...)$

d. $(d_n) = (2; 1; 0{,}5; 0{,}25...)$

18 Planifica els passos intermedis per resoldre el problema. Un apicultor està investigant un nou tipus de bresques lineals. Per construir-los, va col·locant hexàgons de referència al voltant dels quals les abelles van formant les seves cel·les.

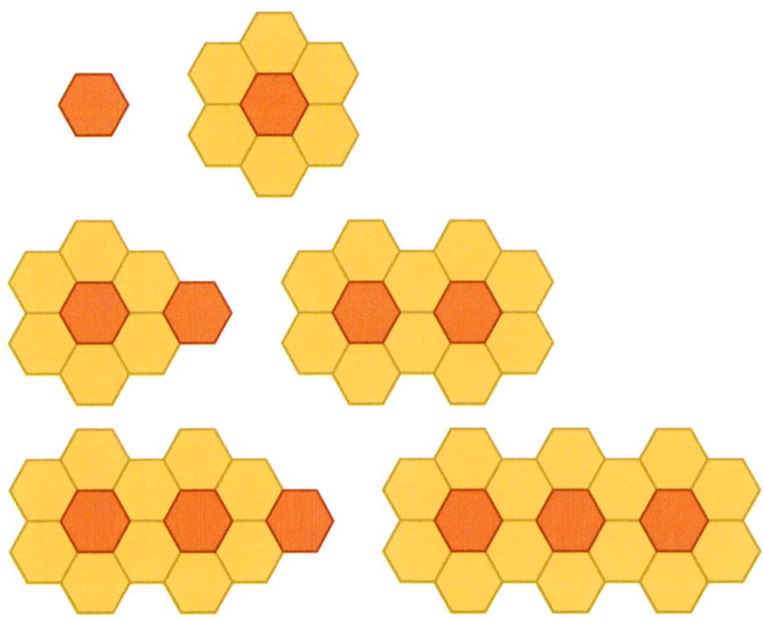

Quantes cel·les construiran les abelles si l'apicultor col·loca 50 hexàgons?

Llei de recurrència

Una **llei de recurrència** és una expressió algebraica que ens permet calcular un terme a partir dels anteriors.

19 **Activitat resolta**

Calcula els 5 primers termes de la successió definida mitjançant la llei de recurrència següent:

$$a_1 = 1, a_2 = 3, a_n = a_{n-1} \cdot a_{n-2}$$

Interpretant el llenguatge algebraic, pots saber que el primer terme és 1, que el segon és 3 i que a partir del tercer cada terme és el producte dels dos anteriors. Per tant, la successió és: 1, 3, 3, 9, 27...

20 **Calcula els 6 primers termes de les successions següents definides per recurrència.**

a. $a_1 = 6, a_n = a_{n-1} + n$

b. $b_1 = 2, b_2 = 3, b_n = b_{n-1} + b_{n-2}$

21 **Activitat resolta**

Troba la llei de recurrència de la successió següent en funció dels tres termes anteriors:

$$(a_n) = (1, 2, 3, 6, 11, 20, 37...)$$

Pots observar que cada terme, a partir del quart, s'obté sumant els tres anteriors:

$6 = 3 + 2 + 1$ $11 = 6 + 3 + 2$ $20 = 11 + 6 + 3$ $37 = 20 + 11 + 6$

Per tant, la llei de recurrència per a $n > 3$ és: $a_n = a_{n-1} + a_{n-2} + a_{n-3}$

22 **Troba la llei de recurrència de les successions següents en funció dels dos termes anteriors.**

a. $(a_n) = (5, 9, 4, -5, -9, -4, 5...)$ per a $n > 2$

b. $(b_n) = (1, 4, 6, 14, 26, 54, 106...)$ per a $n > 2$

c. $(c_n) = (1, 3, -1, 7, -9, 23, -41...)$ per a $n > 2$

23 **El primer terme d'una successió és $a_1 = 5$ i a partir del segon terme es compleix que $a_n = 2a_{n-1} - 3$.**

a. Escriu els sis primers termes de la successió.

b. Comprova que el terme general de la successió és $a_n = 2^n + 3$.

c. Quin avantatge ofereix el terme general que no ofereix la llei de recurrència?

24 **CREEM JUNTS. En moltes espècies de plantes el creixement de les fulles segueix el patró que podem observar a la imatge, corresponent a l'anomenada successió de Fibonacci.**

a. Expliqueu en què consisteix el patró i escriviu els 10 primers termes de la successió de Fibonacci.

b. Escriviu la llei de recurrència de la successió.

c. Cerqueu altres exemples de la successió de Fibonacci a la natura.

d. Prepareu una forma creativa i visual de compartir allò après amb els companys .

Què és el que més t'ha cridat l'atenció del que has après avui?

3 I si el patró consisteix a sumar un nombre?

Progressions aritmètiques

25 Tenim una successió en la qual cada terme s'obté sumant a l'anterior un nombre d. Amb l'ajuda de l'esquema, completa al teu quadern les igualtats substituint el símbol ● pels nombres adequats.

$$a_1 \xrightarrow{+d} a_2 \xrightarrow{+d} a_3 \xrightarrow{+d} a_4 \; \dots \; a_n$$

$$a_2 = a_1 + \bullet \cdot d$$
$$a_3 = a_1 + \bullet \cdot d$$
$$a_4 = a_1 + \bullet \cdot d$$
$$\dots$$
$$a_n = a_1 + \bullet \cdot d$$

Una **progressió aritmètica** és una successió en la qual cada terme s'obté sumant a l'anterior un nombre fix $\boldsymbol{d}$ anomenat **diferència**, que pot ser positiu o negatiu.

El **terme general** d'una progressió aritmètica que té com a primer terme a_1, i com a diferència, d, ve donat per l'expressió següent:

$$a_n = a_1 + (n - 1) \cdot d$$

La **diferència** entre dos termes consecutius és constant.

$a_2 - a_1 = d$

$a_3 - a_2 = d$

...

$a_n - a_{n-1} = d$

26 Activitat resolta

Troba el terme general de la successió $(a_n) = (10, 8, 6, 4...)$ i calcula el vintè terme.

Es tracta d'una progressió aritmètica amb $a_1 = 10$ i diferencia $d = -2$.

Aplica-hi la fórmula i simplifica l'expressió traient els parèntesi i operant.

$$a_n = 10 + (n - 1) \cdot (-2) \Rightarrow a_n = 10 - 2n + 2 \Rightarrow a_n = -2n + 12$$

Per calcular el vintè terme substitueix n per 20: $a_{20} = -2 \cdot 20 + 12 = -28$

27 Troba el terme general d'aquestes successions i calcula el desè terme.

a. $(a_n) = (7, 10, 13, 16...)$ **b.** $(b_n) = (9, 5, 1, -3...)$ **c.** $(c_n) = (-8, -6, -4, -2...)$

28 El lloguer d'un cotxe costa 6 € la primera hora i 2 € més cada hora més.

a. Quin és el preu del lloguer durant set hores?

b. Quina és la fórmula que dona el preu total del lloguer de n hores?

29 Activitat resolta

Calcula quants termes té la seqüència de nombres 3, 7, 11, ..., 539.

Per esbrinar el nombre de termes, has de trobar la posició n del terme 539. Per fer-ho, primer has de trobar el terme general i plantejar una equació per aclarir n.

$$a_n = 3 + (n - 1) \cdot 4 \Rightarrow a_n = 4n - 1 \Rightarrow 539 = 4n - 1 \Rightarrow 4n = 540 \Rightarrow n = 135$$

Per tant, la seqüència té 135 nombres.

30 Troba quants termes té la seqüència de nombres 1, 4, 7, ..., 964.

31 La Carme vol estalviar. Té 58,40 €, i ha pres la decisió de ficar-hi 5,50 € cada mes. Quants mesos tardarà la Carme a reunir 200 €?

Com podries demostrar que la teva resposta és correcta?

Suma de termes d'una progressió aritmètica

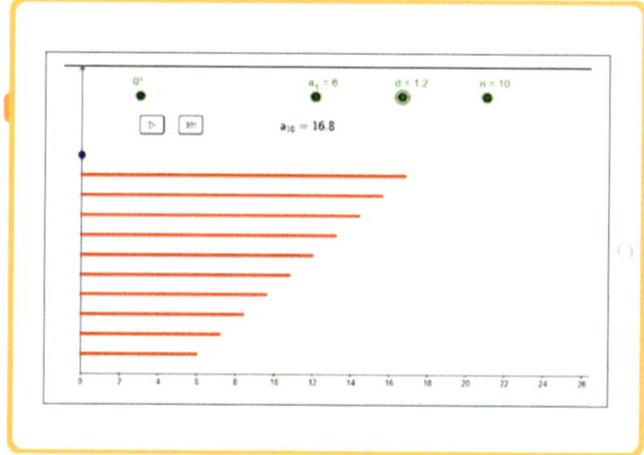

32 MAT-TIC Descobreix amb l'interactiu de GeoGebra *Sumes llargues* una manera curiosa de sumar els termes d'una progressió aritmètica. En quina regularitat de les progressions aritmètiques es basa?

La **suma dels *n* primers termes** d'una progressió aritmètica és:

$$S_n = \frac{(a_1 + a_n) \cdot n}{2}$$

33 Activitat resolta

Troba la suma dels 15 primers termes de la progressió aritmètica següent:

$$(a_n) = (2, 5, 8, 11, 14, 17...)$$

Has d'utilitzar la fórmula de la suma de n termes per al cas $n = 15$.

$$S_{15} = \frac{(a_1 + a_{15}) \cdot 15}{2}$$

Has de calcular el terme a_{15}, i per fer-ho has de substituir $n = 15$ a la fórmula del terme general.

$$a_{15} = a_1 + 14 \cdot d = 2 + 14 \cdot 3 = 44$$

Si fas les substitucions a la fórmula, obtindràs:

$$S_{15} = \frac{(a_1 + a_{15}) \cdot 15}{2} = \frac{(2 + 44) \cdot 15}{2} = 345$$

34 Calcula la suma dels 20 primers termes de les progressions aritmètiques següents.

a. $(a_n) = (3, 7, 11, 15, 19, 23...)$

b. $(b_n) = (10, 8, 6, 4, 2, 0...)$

c. $(c_n) = (-5, -3, -1, 1, 3, 5...)$

d. $(d_n) = \left(\frac{1}{5}, \frac{7}{10}, \frac{6}{5}, \frac{17}{10}, \frac{11}{5}, ...\right)$

35 Calcula la suma dels 25 primers termes de les progressions aritmètiques següents donades pel seu terme general.

a. $a_n = 12 - 3n$

b. $b_n = \frac{1}{5} + 2n$

c. $c_n = 7 + 5n$

d. $d_n = \frac{3n}{4} + 1$

36 Un contracte anual consisteix en un sou de 1200 € el primer mes, que s'anirà incrementant en 50 € cada any que passa. Quin serà el sou al cap de 10 anys de feina?

37 El primer dia d'entrenament, una ciclista ha recorregut 15 km. Si augmenta la seva ruta 1 km cada dia, quants quilòmetres haurà recorregut en total els primers 20 dies?

38 En un projecte de reforestació es plantaran inicialment 200 arbres i després 5 arbres més cada mes. Quants arbres s'hauran plantat en total al cap de *n* mesos?

39 Una butaca de la primera fila d'una sala de concerts costa 95 €. A partir d'aquesta quantitat, el preu de les butaques baixa 6 € per fila a mesura que s'allunya de l'escenari. Si cada una de les 10 files té 20 butaques, quina és la recaptació màxima que es pot aconseguir?

4 I si el patró consisteix a multiplicar per un nombre?

Progressions geomètriques

40 Tenim una successió en la qual cada terme s'obté multiplicant l'anterior per un nombre r. Amb ajuda de l'esquema, completa les igualtats substituint els símbols ● pels exponents adequats.

$a_1 \xrightarrow{\cdot r} a_2 \xrightarrow{\cdot r} a_3 \xrightarrow{\cdot r} a_4 \quad \dots \quad a_n$

$a_2 = a_1 \cdot r^{●}$

$a_3 = a_1 \cdot r^{●}$

$a_4 = a_1 \cdot r^{●}$

...

$a_n = a_1 \cdot r^{●}$

Una **progressió geomètrica** és una successió en la qual cada terme s'obté multiplicant l'anterior per un nombre fix r anomenat **raó**.

El **terme general** d'una progressió geomètrica que té com a primer terme a_1, i com a raó, r, ve donat per l'expressió següent:

$$a_n = a_1 \cdot r^{n-1}$$

La **raó** entre dos termes consecutius és constant.

$$\frac{a_2}{a_1} = r \quad \frac{a_3}{a_2} = r \quad \frac{a_4}{a_3} = r$$

$$\frac{a_n}{a_{n-1}} = r$$

41 **Activitat resolta**

Troba el terme general i calcula l'onzè terme de la successió:

$$(a_n) = (2, 6, 18, 54, 162...)$$

Es tracta d'una progressió geomètrica de primer terme $a_1 = 2$ i raó $r = 3$.
Si apliques la fórmula, obtindràs el seu terme general: $a_n = 2 \cdot 3^{n-1}$

Per calcular l'onzè terme, has de substituir n per 11: $a_{11} = 2 \cdot 3^{10} = 118\,098$

42 Què passa amb els termes d'una progressió geomètrica si la raó és negativa? I si és un nombre positiu més petit que 1? I si és un nombre negatiu més petit que 1?

43 Troba el terme general d'aquestes successions i calcula el vintè terme.

a. $(a_n) = (3, 12, 48...)$

b. $(b_n) = (1, -5, 25...)$

c. $(c_n) = (90, 30, 10...)$

d. $(d_n) = \left(\frac{1}{4}, \frac{1}{8}, \frac{1}{16}, ...\right)$

44 Troba el terme general d'aquestes successions i calcula el desè terme.

a. $a_1 = 8$; $r = 1{,}1$

b. $b_1 = 0{,}00001$; $r = 2$

c. $c_1 = \frac{5}{6}$; $r = 4$

d. $d_1 = 800$; $r = 0{,}02$

45 Un bacteri tarda un segon a dividir-se en dos bacteris exactament iguals. Si es comença amb un bacteri, quants n'hi haurà després d'un minut? I després de 15 minuts?

46 Els biòlegs que treballen en la conservació de la biodiversitat d'un territori han comprovat que la situació d'una espècie és crítica, perquè la seva població disminueix un 8 % cada any.

Si actualment hi ha censats 200 000 exemplars, quants anys tardarà la població a reduir-se a la meitat si no es prenen mesures?

Suma de termes d'una progressió geomètrica

La **suma dels *n* primers termes** d'una progressió geomètrica és:

$$S_n = \frac{a_n \cdot r - a_1}{r-1}$$

47 **Activitat resolta**

Troba la suma dels 15 primers termes de la progressió geomètrica següent:

$$(a_n) = (5, 10, 20, 40...)$$

Per calcular la suma dels 15 primers termes, has de trobar a_{15}.

$$a_{15} = a_1 \cdot r^{14} = 5 \cdot 2^{14} = 81\,920$$

Per tant: $S_{15} = \frac{a_{15} \cdot r - a_1}{r-1} = \frac{81\,920 \cdot 2 - 5}{2-1} = 163\,835$

48 Calcula la suma dels 10 primers termes de les successions següents.

a. $(a_n) = (0{,}001; 0{,}003; 0{,}009...)$

b. $(b_n) = (1, 4, 16, 64...)$

c. $(c_n) = \left(1, \frac{1}{5}, \frac{1}{25}, \frac{1}{125}, ...\right)$

d. $(d_n) = \left(-1, -\frac{1}{2}, -\frac{1}{4}, -\frac{1}{8}, ...\right)$

49 **Aprenc a pensar.** Planifica els passos intermedis per resoldre el problema. Segons una llegenda de l'Índia, Sissa va inventar els escacs per encàrrec d'un braman i li va demanar com a recompensa un gra de blat per la primera casella del tauler; dos, per la segona; quatre, per la tercera, i així successivament fins a arribar a la casella 64. A quants grans de blat va ascendir la recompensa?

50 Considera la suma següent amb infinits sumands.

$$1 + \frac{1}{2} + \frac{1}{4} + \frac{1}{8} + \frac{1}{16} + \frac{1}{32} + ...$$

a. Utilitza la calculadora per conjecturar quant val aquesta suma.

b. El dibuix permet deduir el resultat de la suma. Explica'l.

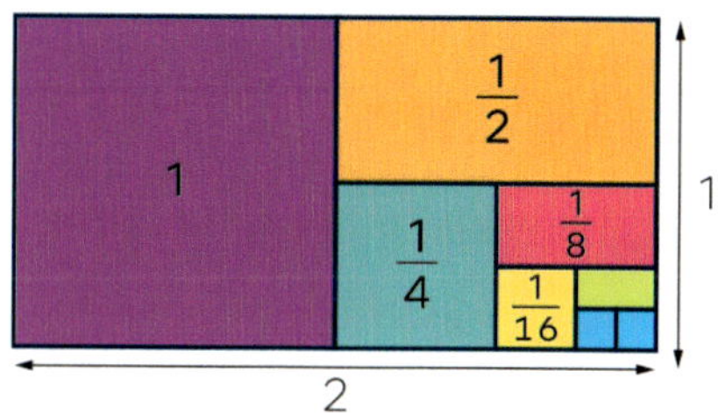

Si la raó *r* d'una progressió compleix $|r| < 1$, la **suma dels seus infinits termes** és:

$$S = \frac{a_1}{1-r}$$

51 Per què només es poden sumar els infinits termes d'una progressió geomètrica si la raó geomètrica és $|r| < 1$?

52 Calcula aquestes sumes infinites.

a. $1 + \frac{1}{4} + \frac{1}{16} + \frac{1}{64} + ...$

b. $0{,}1 + 0{,}01 + 0{,}001 + 0{,}0001 + ...$

c. $\frac{1}{5} + \frac{1}{25} + \frac{1}{125} + \frac{1}{625} + ...$

d. $5 + \frac{5}{2} + \frac{5}{4} + \frac{5}{8} + ...$

EL NOSTRE REPTE

Abelles arquitectes

Estudiem el patró de construcció de les bresques d'abelles

Pas 1

Recerca sobre el patró

Les bresques són veritables obres mestres d'arquitectura. El seu disseny, a més de ser atractiu, és el més eficient per aprofitar al màxim el material valuós de construcció: la cera.

- Quina forma té cada una de les cel·les? Investigueu sobre la relació entre aquesta forma i l'eficiència en la construcció.
- Afegiu un pas més al procés de construcció de la imatge.
- Quan es construeix la segona cel·la, quantes parets de la primera s'aprofiten? Quan es construeix la tercera cel·la, quantes parets de les cel·les anteriors s'aprofiten? I quan es construeix la quarta?
- Escriviu la successió formada pel nombre total de parets de cera en cada pas. Quin és el patró? Quin tipus de successió és?

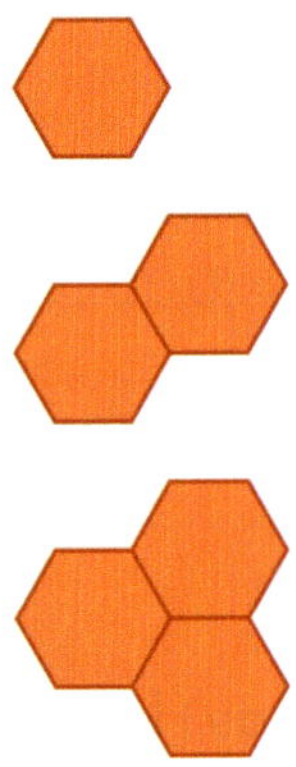

Pas 2

Apliquem el patró per resoldre un problema

Un rusc pot arribar a tenir fins a 80 000 cel·les. Quantes parets de cera han de construir les abelles?

Pas 3

Conscienciem els altres

Cerqueu informació sobre la importància de les abelles per als ecosistemes terrestres i penseu què podem fer nosaltres per protegir-les. Elaboreu un text expositiu científic, seguint les pautes que es faciliten al document descarregable.

Com ha anat el repte? Entra i fes la teva valoració

EN RESUM

Successions

- Una **successió** és una llista infinita i ordenada de nombres que segueixen un patró.
- Cada un dels nombres que formen una successió s'anomena **terme**.
- El **terme general** d'una successió és una expressió algebraica que ens permet calcular qualsevol terme a partir de la posició que ocupa.

$a_1, a_2, a_3, a_4, \ldots, a_n$ → a_n: terme general; n: posició enèsima

- Una **llei de recurrència** és una expressió algebraica que ens permet calcular un terme a partir dels anteriors.

Progressions aritmètiques

- Una **progressió aritmètica** és una successió en la qual cada terme s'obté sumant a l'anterior un nombre fix ***d*** anomenat **diferència**.

$$a_1 \xrightarrow{+d} a_2 \xrightarrow{+d} a_3 \xrightarrow{+d} a_4 \ \ldots \ a_n$$

- El **terme general** d'una progressió aritmètica de primer terme a_1 i diferència d és:

$$a_n = a_1 + (n-1)\cdot d$$

- La **suma dels *n* primers termes** d'una progressió aritmètica és:

$$S_n = \frac{(a_1 + a_n)\cdot n}{2}$$

Progressions geomètriques

- Una **progressió geomètrica** és una successió en la qual cada terme s'obté multiplicant l'anterior per un nombre fix ***r*** anomenat **raó**.

$$a_1 \xrightarrow{\cdot r} a_2 \xrightarrow{\cdot r} a_3 \xrightarrow{\cdot r} a_4 \ \ldots \ a_n$$

- El **terme general** d'una progressió geomètrica de primer terme a_1 i raó r és:

$$a_n = a_1 \cdot r^{n-1}$$

- La **suma dels *n* primers termes** d'una progressió geomètrica és:

$$S_n = \frac{a_n \cdot r - a_1}{r-1}$$

- Si $|r| < 1$, **la suma dels infinits termes** és:

$$S = \frac{a_1}{1-r}$$

PRACTIQUEM

Activitats

1 **Aprenc a pensar.** Organiza en un mapa mental els conceptes que has après.

2 Escriu els tres termes següents d'aquestes successions. Explica quin patró has reconegut i utilitzat per calcular-los.

a. 1, 3, 6, 10, 15...

b. $\frac{1}{3}, \frac{1}{6}, \frac{1}{12}, \frac{1}{24}, \ldots$

c. 10, 1, –8, –17...

d. $\frac{7}{5}, \frac{2}{5}, \frac{1}{15}, \frac{-1}{10}, \ldots$

3 Escriu el terme general i els cinc primers termes de les successions següents.

a. A cada nombre natural li correspon el seu cub més dues unitats.

b. A cada nombre natural li correspon el quadrat del seu anterior.

c. A cada nombre natural li correspon el seu cub menys el seu quadrat.

4 Seguint la progressió –15, –13, –11, –9...

a. Quin nombre ocupa la posició 77?

b. Quina posició ocupa el nombre 77?

5 A la progressió $\frac{1}{128}, \frac{1}{64}, \frac{1}{32}, \frac{1}{16} \ldots$

Quin terme ocupa la posició número dotze?

6 Calcula la suma de:

a. Els 20 primers múltiples de 3.

b. Els 30 primers múltiples de 5.

c. Els 13 primers nombres que acaben en 13.

d. Els 100 primers nombres naturals.

e. Les 20 primeres potències de 2.

f. Les 20 primeres potències de $\frac{1}{2}$.

g. Les potències de 3 amb exponents del 2 al 5.

7 Els angles d'un quadrilàter formen una progressió aritmètica. Calcula'ls sabent que almenys un mesura 30°.

8 Activitat resolta

Calcula la fracció generatriu de $2,\hat{5}$ utilitzant progressions geomètriques.

Descomponem el nombre en unitats, dècimes, centèsimes, etc.

$$2,\hat{5} = 2,5555... = 2 + \overbrace{0,5 + 0,05 + 0,005 + ...}^{S}$$

S és la suma dels infinits termes d'una progressió geomètrica amb $a_1 = 0,5$ i $r = 0,1$.

Per tant: $S = \frac{a_1}{1-r} = \frac{0,5}{1-0,1} = \frac{0,5}{0,9} = \frac{5}{9}$

Així doncs, podem escriure el nombre com:

$$2,\hat{5} = 2 + \frac{5}{9} = \frac{23}{9}$$

9 Calcula la fracció generatriu utilitzant progressions geomètriques.

a. $1,\hat{8}$ b. $2,\hat{1}$ c. $0,\widehat{34}$

10 Activitat resolta

En una progressió aritmètica $a_1 = 1$ i $d = 5$, quants termes fan falta perquè la suma sigui 2205?

Busquem el valor de n perquè es compleixi:

$$S_n = \frac{(a_1 + a_n) \cdot n}{2} = 2205$$

Substituïm $a_1 = 1$ i $a_n = 1 + (n-1) \cdot 4 = 5 - 4n$, per obtenir una equació de la qual hem d'aïllar n.

$$S_n = \frac{(a_1 + a_n) \cdot n}{2} = \frac{(1 + 5n - 4) \cdot n}{2} = \frac{(5n-3) \cdot n}{2} = 2205$$

$$(5n-3) \cdot n = 4410 \Rightarrow 5n^2 - 3n - 4410 = 0$$

$$n = \frac{3 \pm \sqrt{3^2 + 4 \cdot 5 \cdot 4410}}{2 \cdot 5} \Rightarrow \begin{cases} n = 30 \\ n = -29,4 \end{cases}$$

Descartem la solució negativa; per tant, hem de sumar els 30 primers termes.

11 **DEMANEM AJUDA.** En una progressió aritmètica $a_1 = 2$ i $d = 3$. Quants termes fan falta perquè la suma sigui 1 107?

Problemes

12 Una estudiant de tercer d'ESO es va proposar, el primer dia del mes de maig, repassar Matemàtiques durant tot el mes i fer cada dia dos exercicis més que el dia anterior. Si el primer dia va començar fent un exercici, quants exercicis li tocarà fer el 15 de maig?

13 El 1937 el matemàtic alemany Lothar Collatz va estudiar la successió següent:

A. El primer terme és qualsevol nombre enter positiu.
- Si el nombre és parell, el següent s'obté dividint entre 2.
- Si el nombre és senar, el següent s'obté multiplicant per 3 i sumant-hi 1.

B. Es continua la successió aplicant aquestes dues lleis.

Collatz va conjecturar que, sigui quin sigui el primer terme d'aquesta successió, sempre s'arriba a l'1. Fins ara ningú no ha estat capaç de refutar ni demostrar aquesta afirmació, i per això es coneix amb el nom de Conjectura de Collatz.

a. Pren com a primer terme $a_1 = 7$ i escriu la successió fins que arribis a l'1. Quants passos has fet?

b. I si el primer terme és 6?

c. Comprova que si s'arriba a un 1, la successió entra al bucle 4, 2, 1, 4, 2, 1.

14 El Santos està construint una escala amb bastonets, tal com mostra la seqüència. Quants bastonets necessitarà per formar una escala amb 148 esglaons?

15 El valor d'un habitatge de 150 000 € es devalua un 2,5 % cada any. Quin en serà el seu preu després de 5 anys?

16 La Raquel va comprar els mobles de la sala d'estar a terminis. El primer mes va pagar 18,50 €; el segon mes, 21 €; el tercer mes, 23,50 €, etc. Si l'últim mes va pagar 61 €, quin és el preu total?

17 El Joan dedica el seu temps lliure a fer construccions amb escuradents seguint la pauta que veus a la seqüència:

a. Escriu els quatre primers termes de la successió que descriu el nombre d'escuradents que ha fet servir en cada figura.

b. Troba el terme general de la successió.

c. El rècord del Juanje és una figura amb 52 quadrats. Quants escuradents va utilitzar per a aquesta figura?

18 El botiguer del meu barri apila les llaunes de préssecs en almíbar com es mostra a la figura: al capdamunt col·loca una única llauna i per sota dues llaunes més a cada fila.

Si la fila de la base té 17 llaunes, quantes llaunes ha apilat en total?

19 En un triangle rectangle, les mesures dels costats formen una progressió aritmètica de diferència $d = \frac{10}{3}$ cm. Calcula'n el perímetre sabent que el catet més curt mesura 10 cm.

20 Per a la teva primera feina, t'ofereixen aquests dos contractes.

Contracte A	Contracte B
Salari anual de 15 000 € el primer any, que s'augmentarà en 540 € cada any.	Salari anual de 12 000 € el primer any, que augmentarà un 6 % cada any.

a. Utilitzant el full de càlcul troba els sous dels primer 15 anys.

b. Estudia quin contracte és millor segons els anys transcorreguts.

21 Per dissenyar la *R* del seu nou logotip, l'empresa *Recicla* utilitza barretes fabricades amb brossa reciclada seguint la pauta que es veu a la imatge.

Volen continuar dissenyant erres cada vegada més estilitzades, que volen col·locar setmanalment a la seva seu.

a. Quantes barretes necessitaran per dissenyar la quarta i la cinquena erra?

b. Quantes barretes hauran de fer servir per construir l'erra de la setmana número 52?

22 L'encarregada d'un negoci decideix repartir 736 € en bonificacions entre els seus treballadors. L'empleat amb més responsabilitat ha rebut 134 € i, a partir d'aquesta xifra, la bonificació s'ha anat reduint en una quantitat fixa per a la resta dels empleats, de manera que l'últim ha percebut 50 €.

a. Quants empleats hi ha a la botiga?

b. Quant ha rebut el segon millor treballador?

23 Un dipòsit conté 3000 L d'aigua, però està una mica deteriorat i cada dia perd per les esquerdes el 4% del contingut. El repararan d'aquí a 15 dies. Quanta aigua contindrà el dipòsit el dia que el reparin?

24 En les inversions a interès simple els interessos es calculen exclusivament sobre el capital inicial, és a dir, no s'acumulen al capital per calcular els interessos següents. Així doncs, un capital de 100 € col·locat a un interès simple del 2% generarà uns interessos anuals de 2 €, tant el primer any com els successius.

Es col·loca un capital de 20 000 € al 6% anual.

a. Escriu la successió formada pel capital obtingut en els primers 4 anys. Quin tipus de successió és?

b. Troba el terme general de la successió i aplica'l per calcular el capital obtingut al cap de 7 anys.

25 Al banc m'han explicat que, si ingresso una quantitat de diners a un interès compost del 0,8% mensual, cada mes m'ingressaran uns interessos del 0,8%, és a dir, el 0,8% dels diners que tingui al compte en aquell moment.

Tenint en compte que he ingressat 2000 €:

a. Fes un estudi de quants diners tindré al compte els primers 4 mesos.

b. De quin tipus és la successió que es va formant?

c. Troba'n el terme general.

d. Quants diners tindré al compte al cap d'un any?

26 Una constructora dedicada a la construcció d'escales sap que el primer esglaó costa a raó de 2 € cada metre quadrat (€/m^2), i el sisè, a 486 €/m^2. Vol posar preu als esglaons intermedis i estudia dues opcions.

a. Calcula quin serà el preu dels esglaons intermedis si augmenta sempre una quantitat fixa en passar d'un esglaó al que va immediatament a continuació.

b. I quin serà el preu si aquest es multiplica per una constant a mesura que els esglaons van augmentant?

27 L'any 1986 es va veure el cometa Halley des de la Terra, a la qual s'apropa cada 76 anys. Era la quarta vegada que ens visitava des que l'astrònom Halley el va descobrir.

a. Quin any el va descobrir?

b. Quan es veurà al segle XXI?

28 Els angles d'un triangle estan en progressió aritmètica. Pots assegurar que aquest triangle sempre tindrà un angle de 60°?

29 Les longituds dels costats d'un polígon estan en progressió aritmètica. El costat més curt mesura 2 cm, i el més llarg, 24,5 cm. Tenint en compte que el seu perímetre mesura 212 cm:

a. Quants costats té el polígon?

b. Quant mesura el següent costat més llarg?

30 La federació de tennis ha fet un estudi sobre l'evolució del nombre de federats i ha arribat a aquestes dues conclusions:

> 1a. El 75 % dels federats renoven la seva inscripció anual.
>
> 2a. Cada any s'apunten 200 federats nous.

a. Si aquest any hi ha 4000 de federats, calcula com variarà el nombre de federats els pròxims cinc anys.

b. Troba la seva llei de recurrència.

31 Comencem a dibuixar una espiral d'aquesta manera: primer tracem una semicircumferència d'1 m de radi; a continuació, una altra de $\frac{1}{2}$ m de radi; després, una de $\frac{1}{4}$ m de radi, i així successivament.

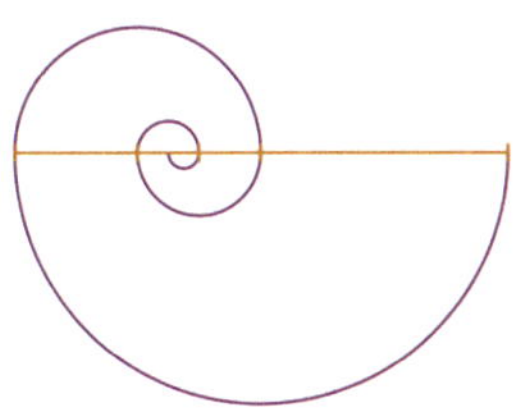

Si poguéssim continuar indefinidament aquest procés, quina longitud tindria aquesta espiral?

32 Dividim un quadrat i acolorim de verd algunes regions, com indica la figura.

Si el procés continués indefinidament, quina fracció del quadrat original quedaria verda?

Comprova el que has après

1 Explica el patró que segueixen aquestes successions i escriu tres termes més.

a. 3, −4, 5, −6, 7, −8...

b. 9, 16, 25, 36, 49...

c. $\frac{2}{11}, \frac{4}{22}, \frac{6}{33}, \frac{8}{44}, \ldots$

2 Calcula el terme que ocupa la posició 50 en aquesta successió.

$$a_n = \frac{n-1}{n^2}$$

3 Escriu la llei de recurrència d'aquesta successió: 10, 20, 30, 50, 80...

4 Observa les successions següents:

$(a_n) = (5, 10, 20...)$ $(d_n) = (120, 60, 30...)$

$(b_n) = (8, 18, 28...)$ $(e_n) = (1, -3, 9, -27...)$

$(c_n) = (13, 10, 7, 4...)$ $(f_n) = \left(\frac{1}{2}, 1, \frac{3}{2}, 2, \frac{5}{2}, \ldots\right)$

a. Raona si són progressions aritmètiques o geomètriques.

b. Troba'n el terme general.

c. Troba la suma dels primers 10 termes.

5 Una empresa de pous cobra 250 € per obrir el forat i, a partir d'aquesta xifra, el preu s'incrementa en 80 € cada metre excavat.

a. Escriu els primers quatre termes de la successió de preus segons els metres assolits.

b. Quin preu tindrà l'excavació d'un pou de 10 m de profunditat?

6 El sou d'un treballador inicialment és de 1250 € mensuals i cada any s'incrementa en 40 €. Quants diners guanyarà els pròxims 10 anys?

7 A les nou del matí una persona ha enviat un missatge a tres contactes. Mitja hora després, cada un d'aquests contactes ha enviat el missatge a tres persones més, i així successivament. Quantes persones han rebut el missatge a les nou de la nit?

Les meves competències | Autoavaluació

3.2 Àlgebra: el llenguatge de les matemàtiques

COMENCEM!

Els llocs de treball verds ajuden a reduir el consum d'energia, matèries primeres i aigua mitjançant estratègies d'eficiència, a descarbonitzar l'economia i a reduir les emissions de gasos amb efecte d'hivernacle, a disminuir o evitar per complet totes les formes de rebuig i de contaminació i a protegir i restablir els ecosistemes i la biodiversitat.

Font: *Negocios y empleos verdes*, Programa Empleaverde

- Pensa en una professió que t'agradaria exercir en el futur. Quines millores es podrien fer en aquell sector perquè fos més respectuós amb el medi ambient?
- Reflexiona sobre els teus hàbits de consum. Creus que influeixen en els perfils d'ofertes d'ocupació que hi ha?

APRENEM!

1. Prestar ajuda quan algú la necessita.
2. Identificar els elements de les expressions algebraiques i en particular els de monomis i polinomis.
3. Operar amb monomis i polinomis.
4. Aplicar les identitats notables per desenvolupar expressions.
5. Organitzar la informació utilitzant un mapa mental.
6. Reflexionar sobre la importància de les condicions justes en l'ocupació.

EL NOSTRE REPTE

Ocupa't en verd

Aplicaràs els teus coneixements d'àlgebra al context de l'agricultura ecològica i a explorar altres possibilitats professionals en l'entorn rural. T'atreveixes a somiar en verd?

1 Com expressem relacions en llenguatge matemàtic?

Expressions algebraiques

1 **Associa cada enunciat amb la seva traducció al llenguatge algebraic i indica en cada cas el significat de la variable *x*.**

A. La meva edat d'aquí a set anys si ara tinc el doble d'anys que la meva germana.
B. La suma d'un nombre i el seu invers.
C. El perímetre d'un rectangle si la seva altura excedeix en 7 unitats el doble de la base.
D. El resultat de sumar 14 unitats a un nombre i multiplicar el resultat per 6.

I. $6(x + 14)$
II. $6x + 14$
III. $2x + 7$
IV. $x+\frac{1}{x}$

Una **expressió algebraica** és una expressió matemàtica en què intervenen lletres i nombres relacionats mitjançant operacions aritmètiques.

- Les lletres s'anomenen **variables** i representen quantitats desconegudes.
- El **valor numèric** d'una expressió algebraica és el resultat que s'obté en substituir les variables per nombres i operar amb aquests.

Exemple

A la dreta mostrem una expressió algebraica d'una sola variable.

$$A(x)=\frac{2x^2+3}{x}$$

Nom de l'expressió algebraica (A) — Variable (x)

El seu valor numèric per a $x = -1$ és: $A(-1)=\frac{2\cdot(-1)^2+3}{-1}=\frac{2+3}{-1}=-5$

2 **Escriu expressions algebraiques per als enunciats següents.**

a. Cinc nombres consecutius.
b. La suma d'un nombre i la seva tercera part.
c. La diferència entre un nombre i la seva meitat.
d. El triple d'un nombre més el nombre al quadrat.
e. La meitat d'un nombre més el doble de la seva arrel quadrada.
f. La mitjana aritmètica de les qualificacions obtingudes en tres avaluacions.

3 **Calcula els valors numèrics següents.**

a. $A(x) = -9x + 7$, per a $x = -2$
b. $B(x,y)=\frac{2xy+y^2}{y+2x^3}$, per a $x = y = -2$
c. $C(x) = 3x^2 - 2x + 5$, per a $x=-\frac{2}{5}$
d. $D(x,y)=\frac{\sqrt{x+y}}{x^2+2y}$, per a $x = -2$, $y = 11$

4 **Per fer una feina, la Mercè ha guanyat 12 € més que l'Elena i la Teresa ha guanyat el doble que la Mercè.**

a. Expressa en llenguatge algebraic quant han guanyat entre les tres.
b. Si l'Elena ha guanyat 58 €, quant han guanyat la Teresa i la Mercè?

Quins conceptes de les expressions algebraiques estàs aplicant?

5 Comprova si les expressions algebraiques següents es corresponen amb l'enunciat i corregeix les errònies.

a. 15 unitats menys que el triple d'un nombre. $3(x-15)$

b. El producte de tres nombres senars consecutius. $x(x+2)(x+4)$

c. El quàdruple de la diferència entre un nombre i el seu cub. $4x - x^3$

d. La diagonal d'un rectangle els costats del qual mesuren el doble l'un que l'altre. $\sqrt{5}x$

6 **Activitat resolta**

Troba l'expressió algebraica que determina l'àrea de la figura i calcula'n el valor numèric per a $a = 36$ cm, $b = 35$ cm, $c = 44$ cm i $d = 29$ cm.

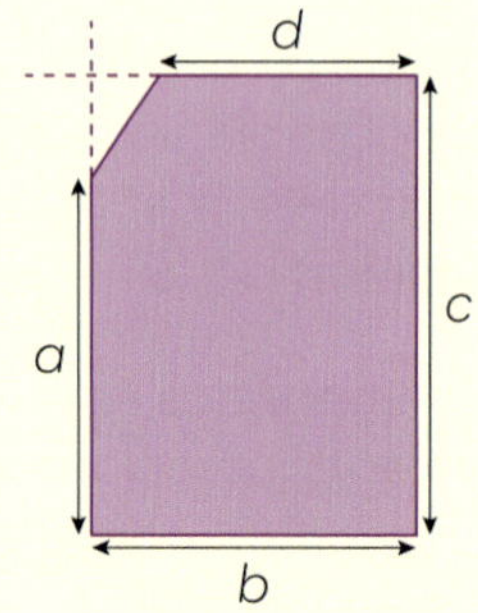

L'àrea és la diferència entre l'àrea del rectangle de costats b i c i l'àrea del triangle rectangle de la cantonada.

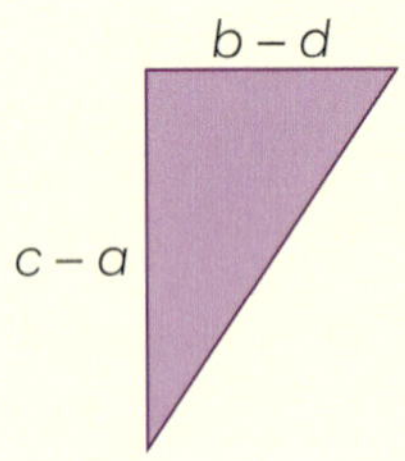

Per tant, l'àrea de la figura és: $A = b \cdot c - \frac{(c-a)(b-d)}{2}$

I el seu valor numèric per a les dades donades és:

$$A = 35 \cdot 44 - \frac{(44-36)(35-29)}{2} = 1516 \text{ cm}^2$$

7 Observa el quadrilàter de la figura.

a. Escriu l'expressió algebraica que en determina el perímetre.

b. Escriu l'expressió algebraica que en determina l'àrea.

c. Calcula els valors numèrics del perímetre i de l'àrea quan les mesures són $a = 10$ cm, $b = 12$ cm i $c = 9$ cm.

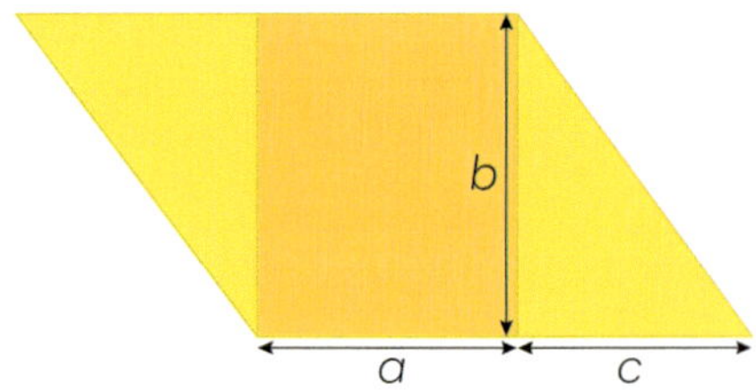

8 Per a certs valors de a i b, el valor numèric de l'expressió algebraica $P(a,b) = 2a^2b$ és igual a 6. Quins són aquests valors? Hi ha més d'una possibilitat? Justifica la teva resposta.

9 La llei tributària d'un país determina que els ciutadans paguin els impostos corresponents a la seva renda de manera progressiva, és a dir, com més diners guanyin, més percentatge de la seva renda hauran de pagar. La taula recull els percentatges corresponents als primers trams de renda.

Renda anual	Percentatge
De 0 a 12 450 €	19 %
De 12 451 a 20 200 €	24 %
De 20 201 a 35 200 €	30 %

a. Quina d'aquestes expressions numèriques indica els impostos que ha de pagar una persona que ha guanyat 19 500 € un any determinat? Calcula'ls.

A. 19 500 · 0,24 B. 12 450 · 0,19 + (19 500 – 12 450) · 0,24

b. Expressa en llenguatge algebraic els impostos que haurà de pagar una persona que guanya una quantitat x compresa entre 20 201 i 35 200 €.

10 En economia s'utilitzen expressions algebraiques per modelitzar variables com, per exemple, la taxa d'atur (percentatge d'atur). Suposem que en una província, en el període del 2020 al 2023, aquesta taxa es regeix per l'expressió algebraica $T(x) = \frac{12x^2 + 612}{5x + 34}$, on x representa l'última xifra de l'any corresponent, per exemple, $x = 0$ per al 2020.

a. Calcula la taxa d'atur per als anys 2020, 2021, 2022 i 2023 i indica si s'espera que aquesta taxa creixi o decreixi.

b. Si s'ampliés l'expressió per als anys 2024 i 2025, què passaria?

2 Quines expressions algebraiques tenen més aplicacions?

Monomis

11 A partir de la informació del dibuix, escriu expressions algebraiques $A(x)$ i $B(x, y)$ que representin els conceptes següents.

- $A(x)$: preu de x caixes de bolígrafs blaus.
- $B(x, y)$: preu de x caixes de bolígrafs blaus i y caixes de bolígrafs vermells.

Quines diferències matemàtiques observes en aquestes expressions?

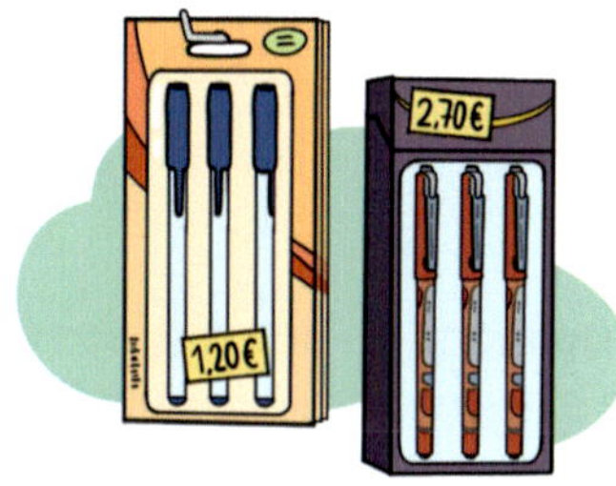

Un **monomi** és una expressió algebraica formada pel producte d'un nombre real i una o diverses variables elevades a **exponents naturals**.

- El nombre real s'anomena **coeficient**.
- La part formada per les variables i els seus exponents s'anomena **part literal**.
- El **grau** d'un monomi és la suma dels exponents de les variables.

Exemple

Aquesta expressió és un monomi: $5x^4y^3$ — Coeficient: 5; Part literal: x^4y^3; Grau: $4 + 3 = 7$

12 Quines de les expressions següents són monomis?

a. $A(x, y) = -3x^5y^2$

b. $B(x, y) = 2\sqrt{xy}$

c. $C(x, y) = 2x^2y^{-2}$

d. $D(x) = -7$

e. $E(x) = \frac{2}{5}x$

f. $F(x, y) = -\frac{1}{\sqrt{2}}x^2y^2$

13 Completa la taula següent.

Monomi	Coeficient	Part literal	Grau
$-13x^3y^2$	•••	•••	•••
$\frac{13}{10}xy^3$	•••	•••	•••
$-\frac{4}{7}x^6y$	•••	•••	•••

Dos **monomis** són **semblants** si tenen la mateixa part literal.

Exemple

Els monomis $A(x, z) = -12x^2z$ i $B(x, z) = 7x^2z$ són semblants, tenen la mateixa part literal, x^2z.

14 Indica si els monomis següents són semblants o no.

a. $-9x^4y^2$ $2x^4y^2$

b. $\frac{4}{5}x^3y$ $-x^3y$

c. $11xy$ $-4x^2y^2$

d. $-7x^2y^2$ $-7xy^2$

15 Si dos monomis tenen el mateix grau, significa que són semblants? Justifica la teva resposta.

16 **Expressa mitjançant monomis les quantitats següents.**

a. L'àrea d'un terra format per x rajoles rectangulars de mides 30×20 cm. I si les mides són $a \times b$ cm?

b. El cost total del lloguer de 10 autocars, si a cada autocar viatgen x joves que paguen y € cada un.

Polinomis

Un **polinomi** és una expressió algebraica formada per la suma de diversos monomis no semblants que s'anomenen **termes**. Els polinomis formats per dos monomis s'anomenen binomis i els formats per tres monomis, trinomis.

- El monomi de més grau s'anomena **terme principal** i el seu coeficient, **coeficient principal.**
- El **grau** del polinomi és el grau del terme principal.
- El monomi que no té part literal s'anomena **terme independent**.
- Els polinomis se solen escriure amb els termes **ordenats** de més grau a menys.

Exemple

L'expressió algebraica següent és un trinomi perquè està format per tres termes: $-5x^3$, $3x^2$, -1. El seu grau és 3 perquè és el més gran dels graus dels termes.

Coeficient principal → -5; Terme independent → -1

$$P(x) = -5x^3 + 3x^2 - 1$$

Terme principal → $-5x^3$

17 **Indica quines d'aquestes expressions són polinomis.**

a. $\dfrac{2+x}{3}$ b. $-5x^2 + \dfrac{1}{4}x - 1$ c. $3x + 1$ d. $\dfrac{5}{x^2} + \dfrac{1}{x} - 2$

18 **Completa la taula següent.**

Polinomi	Termes	Grau	Terme principal	Coeficient principal	Terme independent
$P(x) = x^5 - 7x + 1$	•••	•••	•••	•••	•••
$Q(x) = 5 - 4x^3$	•••	•••	•••	•••	•••
$R(x) = -2x^2 + 9x$	•••	•••	•••	•••	•••

19 **Calcula el valor numèric del polinomi $P(x) = 7x^4 + 3x^3 + x$ per a $x = 2$.**

20 **En l'acord firmat per la direcció i els treballadors d'una empresa es determina que el nombre de jornades de feina a l'any baixi en un 4 % i que les hores de feina de cada jornada baixin en una vuitena part. Suposant que abans de l'acord es treballaven x dies a l'any i a cadascun es treballaven y hores:**

a. Escriu un monomi que determini les hores a l'any que es treballaran amb aquest acord. Quin és el coeficient d'aquest monomi? I el grau?

b. Indica les hores que es treballaran a l'any, una vegada establert el conveni, si abans es treballaven 8 hores al dia i hi havia 200 dies de feina a l'any.

3 Com s'opera amb monomis i polinomis?

Operacions amb monomis

21 Obtingues les expressions algebraiques del perímetre i l'àrea del rectangle de la figura.

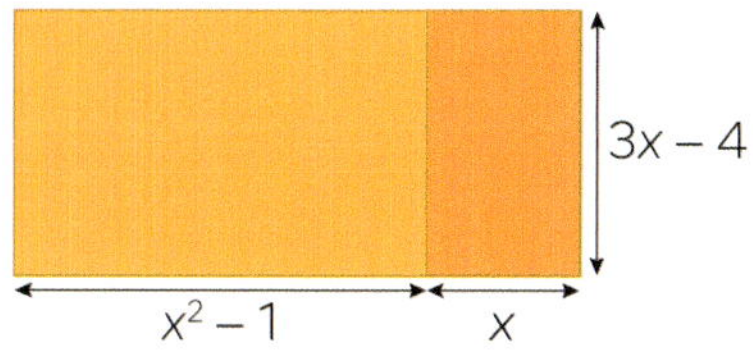

La **suma i la resta de monomis semblants** es pot reduir, ja que la part literal es pot extreure com a factor comú. Així, se sumen o es resten els coeficients i s'escriu la part literal.	**Exemple:** $A(x) = 2x^2$, $B(x) = -x^2$ $A(x) + B(x) = 2x^2 - x^2 = (2 - 1)x^2 = x^2$ $A(x) - B(x) = 2x^2 - (-x^2) = (2 + 1)x^2 = 3x^2$
La **suma o la resta de monomis no semblants** no es pot reduir, per la qual cosa s'ha de deixar indicada.	**Exemple:** $A(x,y) = 2x^2y$, $B(x,y) = -xy^2$ $A(x,y) + B(x,y) = 2x^2y - xy^2$ $A(x,y) - B(x,y) = 2x^2y - (-xy^2) = 2x^2y + xy^2$
Per **multiplicar un nombre real per un monomi** es multiplica el nombre pel coeficient del monomi i s'escriu la mateixa part literal.	**Exemple:** $A(x,y) = 5x^2y$ $-3 \cdot A(x,y) = -3 \cdot 5x^2y = -15x^2y$
Per **multiplicar dos monomis** es multipliquen els coeficients d'una banda i les variables, de l'altra, aplicant la propietat del producte de potències de la mateixa base.	**Exemple:** $A(x,y) = -3x^2y^2$, $B(x,y) = 4x^3y$ $A(x,y) \cdot B(x,y) = -3x^2y^2 \cdot 4x^3y = (-3 \cdot 4) \cdot x^2 \cdot x^3 \cdot y^2 \cdot y = -12x^5y^3$
Per calcular la **potència d'un monomi**, s'eleven el coeficient i cadascuna de les variables a l'exponent i s'aplica la propietat de la potència d'una potència.	**Exemple:** $A(x,y) = -3x^2y^3$ $[A(x,y)]^3 = (-3)^3 \cdot (x^2)^3 \cdot (y^3)^3 = -27x^6y^9$

22 Calcula les operacions amb monomis següents.

a. $3x^2 + 4x^2$ b. $-\frac{3}{5}x^3 + x^3$ c. $\frac{2}{3}x - \frac{5}{4}x$ d. $5x^2 + 2x$

23 Resol les operacions amb monomis següents.

a. $2x^2 \cdot \frac{1}{2}x^2$ b. $-\frac{3x^2}{5} \cdot \frac{2x^3}{3}$ c. $(-x^3)^4$ d. $\left(\frac{2}{3}x^3\right)^3$

24 Considerant $A(x) = -2x$, $B(x) = \frac{1}{3}x^2$ i $C(x) = -x^2$, calcula:

a. $A(x) + 2B(x) - C(x)$ b. $3B(x) - \frac{1}{2}C(x)$ c. $A(x) \cdot B(x) \cdot C(x)$ d. $[A(x)]^2 - B(x) - C(x)$

25 Comprova les operacions amb monomis següents i corregeix les incorrectes.

a. $xy^2 + \frac{x^2y}{2} - 4x^2y = -\frac{5}{2}x^2y$

b. $\frac{2x^3y^2}{3} - \frac{x^2y}{4} = \frac{x^5y^3}{6}$

c. $5x - 3x^2 + 2x + x = 7x - 3x^2$

d. $\frac{3x^3y^2}{5} + \frac{2x^3y^2}{5} = x^3y^2$

Operacions amb polinomis

Per **sumar o restar polinomis**, se sumen o es resten els monomis semblants que els formen.	**Exemple:** $P(x) = -3x^2 + 5x - 2,\ Q(x) = 5x^3 - x^2 - 3$ $P(x) + Q(x) = -3x^2 + 5x - 2 + 5x^3 - x^2 - 3 = = 5x^3 - 4x^2 + 5x - 5$ $P(x) - Q(x) = -3x^2 + 5x - 2 - (5x^3 - x^2 - 3) =$ $= -3x^2 + 5x - 2 - 5x^3 + x^2 + 3 =$ $= -5x^3 - 2x^2 + 5x + 1$
Per **multiplicar un nombre real per un polinomi**, es multiplica el nombre per cadascun dels monomis que formen el polinomi.	**Exemple:** $P(x, y) = 3x^4 - 5xy$ $2 \cdot P(x, y) = 2 \cdot (3x^4 - 5xy) = 6x^4 - 10xy$
Per **multiplicar polinomis**, es multiplica cada monomi del primer polinomi per cada monomi del segon i es redueixen els monomis semblants.	**Exemple:** $P(x) = 4x^2 - 2x,\ Q(x) = x^2 - 2$ $P(x) \cdot Q(x) = (4x^2 - 2x) \cdot (x^2 - 2) =$ $= 4x^2 \cdot x^2 + 4x^2 \cdot (-2) - 2x \cdot x^2 - 2x \cdot (-2) =$ $= 4x^4 - 8x^2 - 2x^3 + 4x = 4x^4 - 2x^3 - 8x^2 + 4x$

26 Si $P(x) = x^3 - x^2 - 2x + 2$ y $Q(x) = 2x^3 - 3x^2 + x - 1$, calcula:
a. $P(x) + Q(x)$ b. $P(x) - Q(x)$ c. $2P(x) + 4Q(x)$

27 MAT-TIC La multiplicació de polinomis es basa en la propietat distributiva. Aprèn-ne la interpretació gràfica amb l'interactiu de GeoGebra, *Treballa els productes amb polinomis.*

28 **CONTRASTEM JUNTS.** Fes les multiplicacions de polinomis següents.
a. $2x^2 \cdot (4x^2 + 2x - 3)$ b. $(2x - 3) \cdot (x^2 + 2x)$ c. $(3x^2 + 2x) \cdot (x^2 - 2x + 5)$

29 Activitat resolta

Extreu factor comú al polinomi $P(x, y) = 3x^4y - 6x^2y + 12x^3y^2$.
El factor comú és $3x^2y$, per tant: $P(x, y) = 3x^2y \cdot (x^2 - 2 + 4xy) = 3x^2y \cdot (x^2 + 4xy - 2)$

30 Extreu factor comú a les expressions següents.
a. $5x^4 - 4x^2 + 12x$ b. $14x^2y^2 - 7x^3y^2 + 21x^2y$ c. $\frac{5}{2}xy^3 - \frac{7}{2}xy^2 + \frac{1}{2}xy$

31 Considerant els polinomis $P(x) = 2x - 3x^2$, $Q(x, y) = 2xy^2 - 6y$ i $R(x, y) = 4x^2y + 2xy - 3y$, calcula'n el producte i, tot seguit, extreu factor comú en el resultat. Comprova els resultats amb una calculadora algebraica (al document descarregable en tens un exemple).
a. $P(x) \cdot Q(x, y)$ b. $P(x) \cdot R(x, y)$ c. $Q(x, y) \cdot R(x, y)$

32 Una fàbrica de bicicletes ha calculat que els costos de fabricar x bicicletes, amb $80 < x < 120$, està determinat per $C(x) = 25\,000 + 150x$, i el preu per unitat a què es poden vendre les x unitats produïdes està determinat per $P(x) = 600 - 2x$.
a. Escriu un polinomi que expressi els ingressos que obté l'empresa si ven les x unitats produïdes.
b. Escriu un polinomi que expressi els beneficis de l'empresa en aquest cas. Recorda: beneficis = ingressos – costos.

4 Hi ha fórmules que faciliten algunes operacions?

Identitats notables

33 Dedueix les identitats notables a partir de les imatges relacionant l'àrea de la figura del primer membre de la igualtat amb la de les figures del segon membre.

a. Quadrat d'una suma

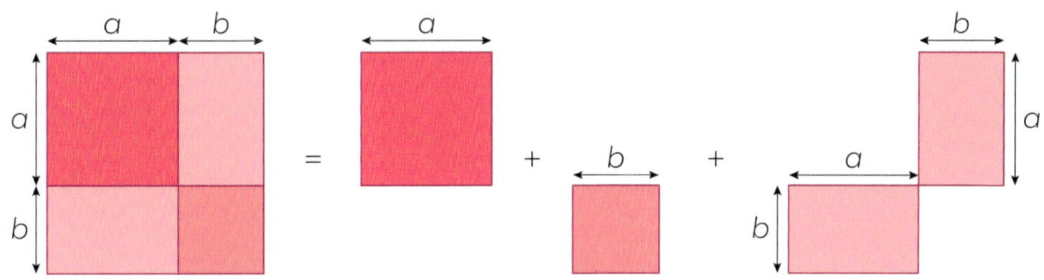

b. Quadrat d'una diferència

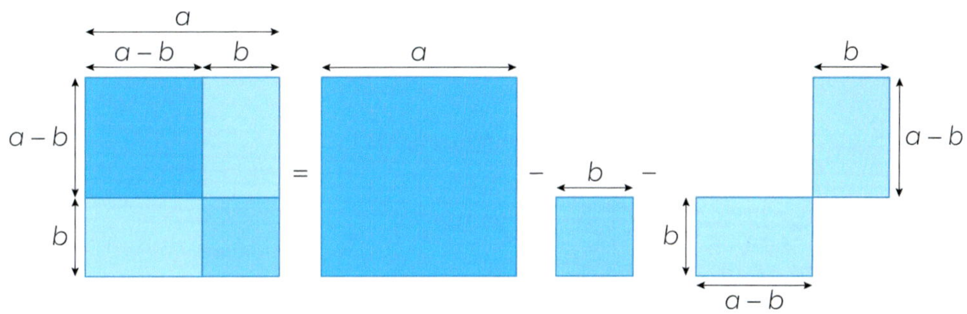

c. Producte d'una suma per una diferència

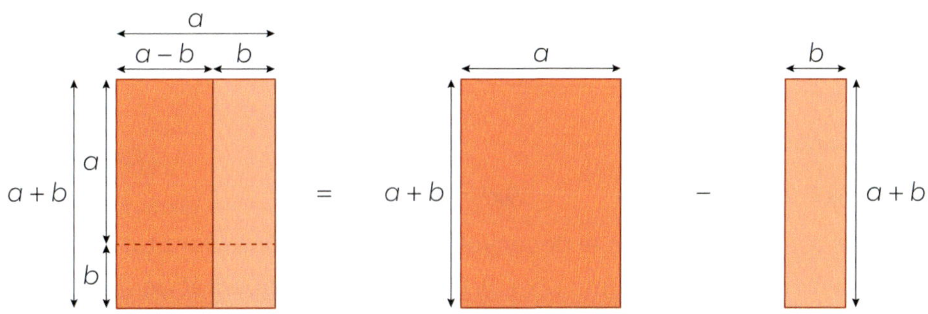

34 **MAT-TIC** Practica amb la demostració del quadrat de la diferència amb l'interactiu de GeoGebra, *Comprova les identitats notables.*

Les **identitats notables** són expressions que apareixen en àlgebra amb freqüència i que ens permeten transformar productes en sumes o restes, i viceversa.

- **Quadrat d'una suma**

  $(a+b)^2=(a+b)\cdot(a+b)=a\cdot a+a\cdot b+b\cdot a+b\cdot b=a^2+2ab+b^2 \rightarrow$ $(a+b)^2=a^2+2ab+b^2$

- **Quadrat d'una diferència**

  $(a-b)^2=(a-b)\cdot(a-b)=a\cdot a-a\cdot b-b\cdot a+b\cdot b=a^2-2ab+b^2 \rightarrow$ $(a-b)^2=a^2-2ab+b^2$

- **Producte d'una suma per una diferència**

  $(a+b)\cdot(a-b)=a\cdot a-a\cdot b+b\cdot a-b\cdot b=a^2-b^2 \rightarrow$ $(a+b)\cdot(a-b)=a^2-b^2$

Què sabies ja sobre aquest tema?

35 Activitat resolta

Desenvolupa aquestes expressions utilitzant les identitats notables.

a. $(3x^2+2x)^2$ b. $\left(\frac{1}{2}x^2-x\right)^2$ c. $\left(\frac{2}{3}x^2+\frac{1}{2}x\right)\cdot\left(\frac{2}{3}x^2-\frac{1}{2}x\right)$

Per poder utilitzar les fórmules vistes, identifiquem *a* i *b* a cada expressió.

a. $(\underbrace{3x^2}_{a}+\underbrace{2x}_{b})^2=\underbrace{(3x^2)^2}_{a^2}+\underbrace{2\cdot 3x^2\cdot 2x}_{2ab}+\underbrace{(2x)^2}_{b^2}=9x^4+12x^3+4x^2$

b. $\left(\underbrace{\frac{1}{2}x^2}_{a}-\underbrace{x}_{b}\right)^2=\underbrace{\left(\frac{1}{2}x^2\right)^2}_{a^2}-\underbrace{2\cdot\frac{1}{2}x^2\cdot x}_{2ab}+\underbrace{x^2}_{b^2}=\frac{1}{4}x^4-x^3+x^2$

c. $\left(\underbrace{\frac{2}{3}x^2}_{a}+\underbrace{\frac{1}{2}x}_{b}\right)\left(\underbrace{\frac{2}{3}x^2}_{a}-\underbrace{\frac{1}{2}x}_{b}\right)=\underbrace{\left(\frac{2}{3}x^2\right)^2}_{a^2}-\underbrace{\left(\frac{1}{2}x\right)^2}_{b^2}=\frac{4}{9}x^4-\frac{1}{4}x^2$

36 Desenvolupa aquestes expressions utilitzant les identitats notables.

a. $(x^3+2x)^2$

b. $(2x^3-5)^2$

c. $(5x+6)\cdot(5x-6)$

d. $\left(\frac{3}{7}x^2-\frac{7}{3}x\right)^2$

e. $\left(\frac{2}{5}x+\frac{1}{4}\right)^2$

f. $\left(\frac{12x}{5}-6x^2\right)\cdot\left(\frac{12x}{5}+6x^2\right)$

g. $\left(xy+2x^2y\right)^2$

h. $\left(\frac{2xy}{3}-\frac{y^2}{6}\right)\cdot\left(\frac{2xy}{3}+\frac{y^2}{6}\right)$

i. $\left(-2xy+3x^2\right)^2$

j. $\left(2-5x^2y^2\right)^2$

k. $\left(\frac{2}{3}x+\frac{xy}{4}\right)^2$

l. $\left(-3xy^2+2x^2y\right)^2$

37 Activitat resolta

Expressa els polinomis següents mitjançant productes.

a. $4x^2+4x+1$ b. x^2-6x+9 c. $9x^2-1$

Intentem reconèixer si els polinomis es corresponen amb el desenvolupament d'alguna identitat notable.

a. $4x^2+4x+1$ és el desenvolupament del quadrat de la suma $(2x+1)$, ja que $4x^2$ és el quadrat de $2x$, 1 és el quadrat d'1 i $4x$ és el doble del producte dels dos sumands, $4x=2\cdot 2x\cdot 1$, i apareix sumant.

Per tant: $4x^2+4x+1=(2x+1)^2$

b. x^2-6x+9 és el desenvolupament del quadrat de la resta $(x-3)$, ja que x^2 és el quadrat de x, 9 és el quadrat de 3 i $6x$ és el doble del producte $x\cdot 3$, i apareix restant.

Per tant: $x^2-6x+9=(x-3)^2$

c. $9x^2-1$ és una diferència de quadrats, ja que $9x^2$ és el quadrat de $3x$ i 1 és el quadrat d'1.

Per tant, és el desenvolupament del producte d'una suma per una diferència: $9x^2-1=(3x+1)\cdot(3x-1)$.

38 Expressa els polinomis següents mitjançant productes.

a. $9x^2+y^2+6xy$

b. $x^2-14x+49$

c. $4x^2-9$

d. $16x^2-25$

e. $25y^2+100y+100$

f. x^4+12x^2+36

g. $4x^6-24x^3+36$

j. $\frac{1}{4}x^2-9$

i. $\frac{4}{9}x^6-\frac{25}{16}$

5 Com es divideixen polinomis?

Divisió de polinomis

39 El costat d'un rectangle és $3x - 1$ i la seva àrea és $9x^2 - 1$. Quina operació caldria fer per trobar l'altre costat?

Per **dividir dos monomis** se'n divideixen els coeficients, d'una banda, i cadascuna de les seves variables, de l'altra, utilitzant la propietat del quocient de potències de la mateixa base.

Exemple

$$\frac{6x^2y^3}{3x^3y} = \frac{6}{3} \cdot \frac{x^2}{x^3} \cdot \frac{y^3}{y} = 2 \cdot \frac{1}{x} \cdot y^2 = \frac{2y^2}{x}$$

El resultat no és un monomi. Per tant, $6x^2y^3$ no és divisible per $3x^3y$.

40 Divideix els monomis següents i indica si el resultat és un monomi o no.

a. $\frac{-24x^4}{3x^2}$ b. $\frac{-45x^2t^4}{10x^2t^3}$ c. $\frac{-24x^4}{3x^2}$ d. $\frac{9x^5y^2}{3x^2y^3}$ e. $\frac{8a^3b^2}{4a^4b}$

Quina és la condició perquè un monomi sigui divisible per un altre?

Per **dividir un polinomi entre un monomi** dividim cada terme entre el monomi.

Exemple

$$\frac{2x^4 - 12x^3 - 9x^2}{3x^2} = \frac{2x^4}{3x^2} - \frac{12x^3}{3x^2} - \frac{9x^2}{3x^2} = \frac{2}{3}x^2 - 4x - 3$$

Per tant, $2x^4 - 12x^3 - 9x^2$ és divisible per $3x^2$.

41 Fes les divisions i indica si el resultat és un polinomi.

a. $(12x^5 + 2x^3 - x^2) : 4x^2$ b. $(10x^3 + 2x^2 - 4) : 2x^4$

DIVISIÓ DE POLINOMIS

Fes la divisió $(4x^3 + 2x^2 + 5) : (2x^2 - 3x + 2)$.

Pas 1

Escrivim els polinomis ordenats de més grau a menys deixant un buit si falta algun terme al dividend.

$$4x^3 + 2x^2 \quad\quad + 5 \quad |\, 2x^2 - 3x + 2$$

Pas 2

Dividim el primer terme del dividend entre el primer del divisor.

$$4x^3 + 2x^2 \quad\quad + 5 \quad |\, 2x^2 - 3x + 2$$
$$\text{quocient: } 2x$$

Pas 3

Multipliquem el quocient obtingut pel divisor, canviem el signe i el sumem al dividend.

$$\begin{array}{l|l} \cancel{4x^3} + 2x^2 \quad\quad + 5 & 2x^2 - 3x + 2 \\ -\cancel{4x^3} + 6x^2 - 4x & 2x \\ \hline \quad 8x^2 - 4x + 5 & \end{array}$$

Pas 4

Repetim el procés fins que el grau del residu sigui més petit que el del divisor.

$$\begin{array}{l|l} \cancel{4x^3} + 2x^2 \quad\quad + 5 & 2x^2 - 3x + 2 \\ -\cancel{4x^3} + 6x^2 - 4x & 2x + 4 \\ \hline \quad \cancel{8x^2} - 4x + 5 & \\ \quad -\cancel{8x^2} + 12x - 8 & \\ \hline \quad\quad 8x - 3 & \end{array}$$

42 Fes les divisions següents i després comprova el resultat amb una calculadora algebraica (al document descarregable en tens un exemple).

a. $(3x^4 - 7x^3 + 12x^2 + 7) : (3x^2 - x + 1)$

b. $(x^4 + 3x^3 + 4x^2 - x - 1) : (x^2 + 1)$

c. $(25x^5 + 15x^2 - 4x - 3) : (5x^2 - 2)$

d. $(6x^3 + 4x^2 + 3x + 2) : (2x^2 + 1)$

Igual que passa amb la divisió de nombres reals, la **divisió de polinomis** compleix la **propietat fonamental** dividend = divisor · quocient + residu; per tant, es pot expressar de la manera següent:

$$\frac{D(x)}{d(x)} = C(x) + \frac{R(x)}{d(x)}$$

Exemple

Observa com apliquem la propietat fonamental per expressar la divisió.

$$\begin{array}{rrrrr|l}
\cancel{2x^4} & -3x^3 & -23x^2 & & +17 & 2x^2+3x-4 \\
-\cancel{2x^4} & -3x^3 & +4x^2 & & & \hline x^2-3x-5 \\
\hline
 & -\cancel{6x^3} & -19x^2 & & +17 & \\
 & +\cancel{6x^3} & +9x^2 & -12x & & \\
\hline
 & & -\cancel{10x^2} & -12x & +17 & \\
 & & +\cancel{10x^2} & +15x & -20 & \\
\hline
 & & & 3x & -3 &
\end{array}$$

$$\frac{2x^4 - 3x^3 - 23x^2 + 17}{2x^2 + 3x - 4} = x^2 - 3x - 5 + \frac{3x - 3}{2x^2 + 3x - 4}$$

43 Expressa les divisions com la suma d'un polinomi i una fracció.

a. $6x^3 - x^2 - 25x + 15) : (2x^2 + 3x - 4)$

b. $(x^4 + 5x^3 - 2x^2 + 17x - 18) : (x^2 + 4)$

c. $(3x^3 - 2x^2 + x + 18) : (x + 4)$

d. $(x^4 - 3x^2) : (x^2 - 4)$

Si una **divisió** és **exacta**, el dividend es pot escriure com un producte de dos factors, ja que, com que el residu és zero, es compleix: **dividend = divisor · quocient**.

Exemple

Podem comprovar que la divisió $(6x^3 + 7x^2 + 12x - 5) : (2x^2 + 3x + 5)$ és exacta, i el seu quocient és $3x - 1$. Per tant, aplicant dividend = divisor · quocient, tenim:

$$6x^3 + 7x^2 + 12x - 5 = (2x^2 + 3x + 5) \cdot (3x - 1)$$

44 Comprova que els polinomis següents són múltiples de $P(x) = 2x^2 + x - 3$ i escriu-los com un producte de dos polinomis de manera que un d'aquests polinomis sigui $P(x)$.

a. $A(x) = 2x^3 + 9x^2 + x - 12$

b. $B(x) = -4x^2 - 2x + 6$

c. $C(x) = 2x^3 - 5x^2 - 6x + 9$

45 En una zona turística, el nombre de treballadors empleats als hotels durant l'any està determinat per $N(t) = -14t^2 + 82t - 68$, de manera que $t = 1, 2, 3$ o 4 depenent del trimestre.

a. Calcula el nombre de treballadors empleats als hotels cada trimestre.

b. Si el nombre d'hotels oberts a la zona cada trimestre està determinat per $H(t) = 2t - 2$ i tots els hotels tenen aproximadament la mateixa capacitat, es pot escriure mitjançant un polinomi el nombre mitjà de treballadors empleats a cada hotel cada trimestre? Per a quin trimestre no té sentit l'expressió obtinguda?

EL NOSTRE REPTE Ocupa't en verd

Aprèn sobre llocs de treball verds en l'entorn rural

Pas 1

Aplica els teus coneixements d'àlgebra

La família d'en Joan ha decidit traslladar-se al seu poble natal per muntar una petita explotació agrícola ecològica. Ajuda'ls a iniciar el seu projecte.

El dibuix mostra el disseny de la seva explotació agrícola. Necessiten dividir el terreny en dues zones, una dedicada al cultiu i una altra dedicada als magatzems, la maquinària i el tractament de residus.

Com ho han de fer?

- En Joan diu que n'hi ha prou que el valor de x sigui 1,3 hm. És una bona decisió?
- Expressa l'àrea de cada zona en funció de x.
- Si $x = 3$ hm, quin percentatge de l'àrea representa cada zona respecte del total?

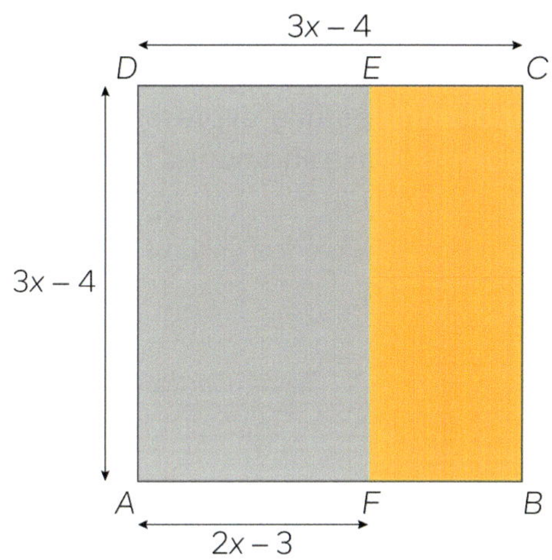

Pas 2

Investiga i comparteix

Imagina que tens l'oportunitat de posar en marxa un negoci en un entorn rural.

Elabora una fitxa basant-te en els punts següents i comparteix-la després amb la classe, practicant la lectura en veu alta.

- Quines oportunitats d'ocupació verda hi ha al medi rural?
- Quin tipus de negoci triaries? Per què?
- Quins avantatges creus que té viure en un poble? I quins desavantatges?

Com ha anat el repte? Entra i fes la teva valoració

EN RESUM

Monomis

Un **monomi** és una expressió algebraica formada pel producte d'un nombre real i una o diverses variables elevades a exponents naturals.

Coeficient → 5 $5x^4y^3$ Part literal → x^4y^3

Grau: $4 + 3 = 7$

Dos monomis són **semblants** si tenen la mateixa part literal.

Polinomis

Un **polinomi** és una expressió algebraica formada per la suma de diversos monomis no semblants que s'anomenen **termes**.

$$P(x) = -5x^3 + 3x^2 - 1$$

Coeficient principal: -5

Terme principal: $-5x^3$

Terme independent: -1

Suma i resta de polinomis

Per **sumar** o **restar polinomis**, se sumen o es resten els monomis semblants que els formen.

$(-3x^2 + 5x - 2) + (5x^3 - x^2 - 3) = 5x^3 - 4x^2 + 5x - 5$

$(-3x^2 + 5x - 2) - (5x^3 - x^2 - 3) = -3x^2 + 5x - 2 - 5x^3 + x^2 + 3 = -5x^3 - 2x^2 + 5x + 1$

Multiplicació de polinomis

Per **multiplicar polinomis**, es multiplica cada monomi del primer polinomi per cada monomi del segon i es redueixen els monomis semblants.

$(4x^2 - 2x) \cdot (x^2 - 2) = 4x^2 \cdot x^2 + 4x^2 \cdot (-2) - 2x \cdot x^2 - 2x \cdot (-2) = 4x^4 - 8x^2 - 2x^3 + 4x$

Divisió de polinomis

1r Escrivim els polinomis ordenats de més grau a menys, deixant un buit si falta algun terme al dividend.

2n Dividim el primer terme del dividend entre el primer del divisor.

3r Multipliquem el quocient obtingut pel divisor, canviem el signe al resultat i el sumem al dividend.

4t Repetim el procés fins que el grau del residu sigui més petit que el del divisor.

$$\begin{array}{rrrrr|l}
\cancel{2x^4} & -3x^3 & -23x^2 & & +17 & 2x^2+3x-4 \\
-\cancel{2x^4} & -3x^3 & +4x^2 & & & \hline x^2-3x-5 \\
\hline
 & -\cancel{6x^3} & -19x^2 & & +17 & \\
 & +\cancel{6x^3} & +9x^2 & -12x & & \\
\hline
 & & -\cancel{10x^2} & -12x & +17 & \\
 & & +\cancel{10x^2} & +15x & -20 & \\
\hline
 & & & 3x & -3 &
\end{array}$$

PRACTIQUEM

Activitats

1 **Aprenc a pensar.** Organitza en un mapa mental els conceptes que has après.

2 Escriu en llenguatge algebraic.

a. Tres nombres consecutius si el més petit és x.

b. Tres nombres consecutius si el mitjà és x.

c. Tres nombres consecutius si el més gran és x.

3 Escriu expressions algebraiques per a:

a. El perímetre d'un quadrat de diagonal x.

b. La diagonal d'un rectangle els costats del qual són un el doble de l'altre, de manera que a és el més petit

c. La diagonal d'un rectangle els costats del qual són un el doble de l'altre, de manera que a és el més gran.

4 Troba el valor numèric de les expressions per al valor de la variable que s'indica.

a. $A(x) = 2x - 3$, per a $x = -2$

b. $B(x) = \dfrac{x}{1+x}$, per a $x = -3$

c. $C(x) = \dfrac{1+\frac{1}{x}}{1-\frac{1}{x}}$, per a $x = -\dfrac{2}{3}$

d. $D(x) = \dfrac{x^3}{1+x^2}$, per a $x = \dfrac{1}{3}$

5 Calcula el valor numèric de les expressions algebraiques per als valors de les variables.

a. $A(x,y) = \dfrac{x^2+y^2}{2xy}$, per a $x = 2$, $y = 3$

b. $B(x,y) = \dfrac{x+2\sqrt{y}}{2y\sqrt{x}}$, per a $x = 9$, $y = 4$

c. $C(x,y) = \dfrac{2xy-y^2}{2xy^3}$, per a $x = 4$, $y = -1$

6 Indica si les expressions següents són monomis, polinomis o cap de les dues coses i assenyala'n els elements principals.

a. $-2x^2 + 3$

b. $\dfrac{x}{2}$

c. $5x^2y + 2xy$

d. $\dfrac{1}{x} \cdot y$

e. $-2x^2 + \dfrac{1}{2}\sqrt{x}$

f. $-2t^2 + tx + 3$

7 Activitat resolta

Escriu el polinomi de segon grau per a la variable x que verifica les tres condicions.

- El seu coeficient principal és 1.
- No té terme de primer grau.
- El seu terme independent és −2.

El coeficient principal és el coeficient del terme de més grau, que en aquest cas és el de segon grau. Per tant, el terme principal és x^2.

Com que no té terme de primer grau i el terme independent, el que no té variable, és −2, el polinomi que busquem és:

$$P(x) = x^2 - 2$$

8 Escriu el polinomi de segon grau per a la variable x que verifica aquestes condicions.

- El seu coeficient principal és $\dfrac{1}{2}$.
- No té terme independent.
- El coeficient del terme de primer grau és −3.

9 Troba un polinomi de tercer grau per a la variable x que compleixi aquestes quatre condicions.

- No té terme independent.
- No té terme de primer grau.
- El coeficient principal és la unitat.
- El valor numèric per a $x = 1$ és 2.

10 Considera tots els triangles rectangles en els quals les mesures dels seus catets es diferencien en tres unitats. Anomena x el catet més petit i escriu les expressions algebraiques que es demanen.

a. La mesura de l'altre catet.

b. L'àrea del triangle.

c. La mesura de la hipotenusa.

d. El perímetre del triangle.

11 Considerant el monomi $Q(x, y, z) = -5x^2y^3z$, escriu dos monomis no semblants a aquest monomi, però amb el mateix grau.

12 Escriu l'expressió algebraica que representa el perímetre d'aquesta figura.

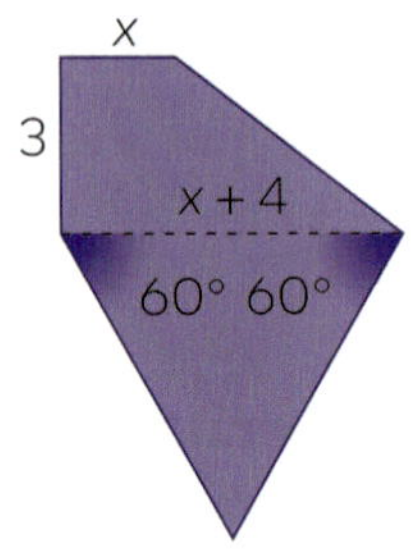

13 Fes les operacions que s'indiquen, amb els monomis $A(x, y)$, $B(x)$ i $C(y)$.

$A(x, y) = -2xy \qquad B(x) = \frac{1}{3}x^2 \qquad C(y) = -\frac{1}{2}y^2$

a. $5A(x, y) \cdot 3B(x) \cdot [-2C(y)]$

b. $[B(x)]^2$

c. $[A(x)]^2 + 3B(x) - C(y)$

14 Fes les operacions següents.

a. $-2x^2 \cdot (4x^2 + 2)$

b. $(2x^3 + x - 1) \cdot (-3x^2 + 4)$

c. $\frac{2x}{3} \cdot \left(\frac{1}{2}x^2 - 3x\right)$

15 Escriu l'expressió algebraica de l'àrea d'aquesta figura.

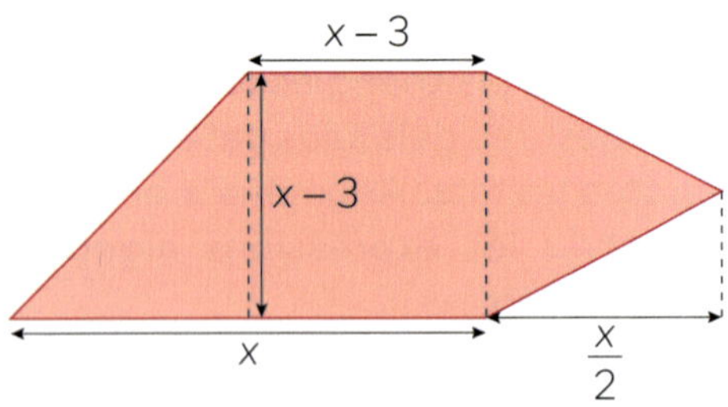

16 Fes les operacions que s'indiquen, amb els polinomis $A(x)$, $B(x)$ i $C(x)$.

$A(x) = -2x^3 + 2x^2 - 2x - 3$

$B(x) = 2x^3 - 5x + 2$

$C(x) = -x^3 + 2x^2 + 1$

a. $A(x) + B(x) + C(x)$

b. $-A(x) - B(x) + C(x)$

c. $2A(x) + B(x) - C(x)$

d. $\frac{1}{2}A(x) + \frac{1}{4}B(x) - C(x)$

17 Fes les operacions que s'indiquen, amb els polinomis $A(x, y)$, $B(x, y)$ i $C(x, y)$.

$A(x, y) = -2xy^2 + 2xy$

$B(x, y) = 3xy^2 - 5y$

$C(x, y) = -xy + 5y$

a. $-2A(x, y) + B(x, y) + 3C(x, y)$

b. $\frac{1}{2}A(x, y) + B(x, y) - \frac{1}{4}C(x, y)$

c. $A(x, y) \cdot [-2B(x, y)]$

d. $-2A(x, y) \cdot C(x, y)$

18 Indica si les afirmacions següents són certes o falses. Justifica la teva resposta.

a. El grau d'una suma de polinomis és la suma dels seus graus.

b. El grau del polinomi producte és sempre la suma dels graus dels polinomis factors.

19 Extreu factor comú a cadascuna de les expressions següents.

a. $2t^2 - 4t$

b. $2a^2b - 3b^2a$

c. $\frac{1}{2}x^2y^3 - \frac{1}{2}x$

d. $4z^2s - 14zs^2$

e. $a^2b - \frac{1}{3}ab + \frac{1}{6}ab^3$

f. $x^2y^2z^2 - 3xy^2z^2$

g. $\frac{1}{4}x^2y - \frac{1}{2}xy^2$

h. $\frac{2}{5}z^2t - \frac{1}{10}zt^2$

20 Expressa l'àrea de cada figura mitjançant un polinomi.

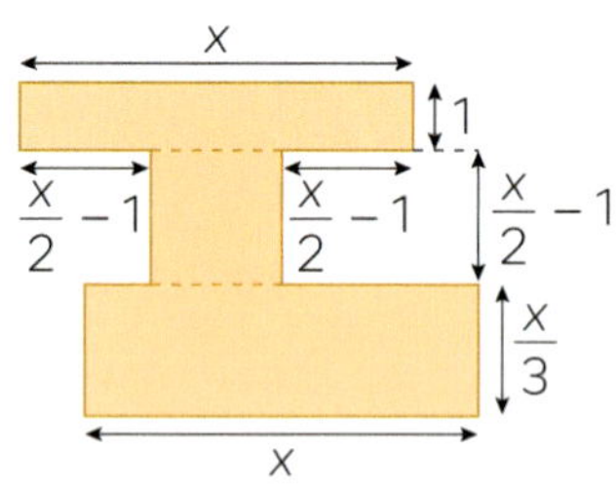

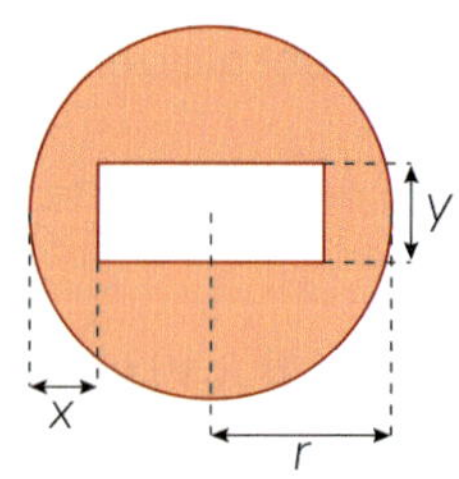

21 Desenvolupa les expressions següents utilitzant les identitats notables.

a. $(2x - 3)^2$

b. $(3x - 1) \cdot (3x + 1)$

c. $(5x + 2)^2$

d. $\left(\frac{1}{2}x + 2\right)^2$

e. $(xy - 2x)^2$

f. $(5xy + 1)^2$

g. $\left(-\frac{3}{5}xy^2 + 2x^2y\right)^2$

h. $(3x^2y - x^2) \cdot (3x^2y + x^2)$

22 Si $P(x) = 2x^2 - 3x + 5$ y $Q(x) = x^2 - 4$, calcula:

a. $P(x) \cdot Q(x)$
b. $[Q(x)]^2$
c. $[P(x)]^2$
d. $[P(x)]^2 + P(x) \cdot Q(x)$

23 Expressa de manera algebraica la suma de les àrees dels quadrats més foscos.

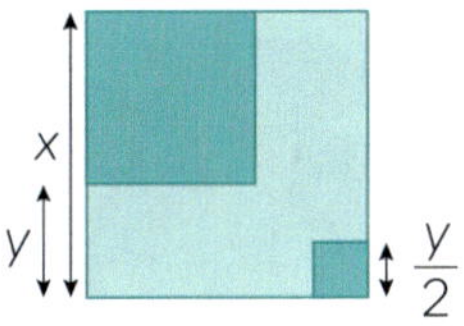

24 Comprova aquestes igualtats i corregeix les que siguin incorrectes.

a. $(x - 2x^2)^2 = x^2 - 4x^3 - 4x^4$

b. $\left(\dfrac{x}{5} + 3\right)^2 = \dfrac{x^2}{25} + \dfrac{6x}{5} + 9$

c. $(y - y^2) \cdot (y + y^2) = y^2 - y^4$

d. $\left(\dfrac{x}{2} - \dfrac{y}{4}\right)^2 = \dfrac{x^4}{4} - \dfrac{y^2}{16}$

25 Escriu les expressions següents com a potències d'un binomi.

a. $25x^2 - 10x + 1$
b. $4x^2 - 20x + 25$
c. $\dfrac{1}{4}x^2 - 3x + 9$
d. $16x^2 + 24x + 9$
e. $36x^2 + 12x + 1$
f. $\dfrac{1}{16}x^2 + \dfrac{1}{3}x + \dfrac{4}{9}$
g. $1 + a^4b^4 - 2a^2b^2$
h. $\dfrac{x^2y^2}{4} + \dfrac{x^2}{4} + \dfrac{x^2y^4}{16}$

26 Escriu aquestes expressions com a productes de dos binomis.

a. $x^2 - 4$
b. $x^2 - y^2$
c. $4x^2 - 1$
d. $\dfrac{4}{9}x^6 - \dfrac{25}{16}$
e. $4x^2y^2 - x^2$
f. $4a^2 - 9a^4b^2$

27 Les expressions següents són desenvolupaments d'identitats notables. Troba els coeficients que falten i escriu les identitats corresponents.

a. $\bullet x^2 - 24x + 16$
b. $4y^2 + 20y + \bullet$
c. $x^2y^2 + \bullet xy + 9$
d. $9x^2y^2 - \bullet$

28 **Activitat resolta**

Simplifica l'expressió algebraica següent.

$(2x^2 + 3)^2 + 3 \cdot (2x^2 - 3)^2 + 4 \cdot (2x^2 - 3) \cdot (2x^2 + 3)$

Seguint la jerarquia de les operacions, calculem primer les potències i els productes, per a la qual cosa apliquem les identitats notables. Després operem i simplifiquem.

$(2x^2 + 3)^2 + 3 \cdot (2x^2 - 3)^2 + 4 \cdot (2x^2 - 3) \cdot (2x^2 + 3) =$

$= 4x^4 + 12x^2 + 9 + 3 \cdot (4x^4 - 12x^2 + 9) + 4 \cdot (4x^4 - 9) =$

$= 4x^4 + 12x^2 + 9 + 12x^4 - 36x^2 + 27 + 16x^4 - 36 =$

$= 32x^4 - 24x^2$

29 Simplifica les expressions següents.

a. $4 \cdot (3x - 1)^2 - 4 \cdot (3x + 1)^2 + 2 \cdot (2x + 1) \cdot (2x - 1)$

b. $(x + xy)^2 - (x - xy)^2 - (x + xy) \cdot (x - xy)$

c. $2 \cdot (xy - x)^2 - 3 \cdot (y + xy)^2 - 4 \cdot (x - y) \cdot (x + y)$

d. $\dfrac{1}{2} \cdot (x^2 + x)^2 - \dfrac{1}{4} \cdot (x - x^2)^2 + \left(\dfrac{1}{2}x - \dfrac{1}{4}\right) \cdot \left(\dfrac{1}{2}x + \dfrac{1}{4}\right)$

e. $\dfrac{1}{3} \cdot (x^2 + x)^2 - (x - 2x^2)^2 + \dfrac{2}{3} \cdot \left(x - \dfrac{1}{4}\right) \cdot \left(x + \dfrac{1}{4}\right)$

30 Sense fer les divisions, indica quin dels monomis següents és divisible per $4x^2y^2$.

a. $16xy^2$
b. $15x^3y$
c. $3xy$
d. x^3y^2

31 Fes les divisions següents.

a. $\dfrac{36a^2b^4 - 6a^3b^4 + 54a^3b^2}{6a^2b^2}$

b. $\dfrac{36ab^2 - 12ab^3 + 4a^2b^2}{-4ab}$

32 Fes les divisions següents.

a. $(6x^3 - 3x^2 - 21x + 10) : (2x^2 + 3x - 1)$

b. $(8x^3 + 18x^2 + x + 14) : (2x + 5)$

c. $(3x^4 + 4x^3 + 6x^2 + 14x - 4) : (-x^2 + 3)$

33 Relaciona els quocients i els residus amb el dividend i el divisor.

Dividend	Divisor	Quocient	Residu
$x^3 - 2x^2 + 2x - 3$	$x - 3$	$x - 4$	12
	$x^2 + 2x - 5$	$-x + 5$	$19x - 13$
	$-x^2 - 3x + 2$	$x^2 + x + 5$	$15x - 23$

Problemes

34 La Carme té el doble d'edat que la seva cosina Lluïsa, que és cinc anys més petita que el seu germà Xavier. Expressa de manera algebraica les edats de cadascun, en funció d'una sola variable, x.

35 Considera un rectangle de base 20 m i altura 12 m. Escriu l'expressió algebraica de l'àrea d'un nou rectangle, obtingut en augmentar la base en x metres i disminuir l'altura en y metres.

36 L'única clau que obre la porta secreta és la del quadrat d'un binomi. Quina és?

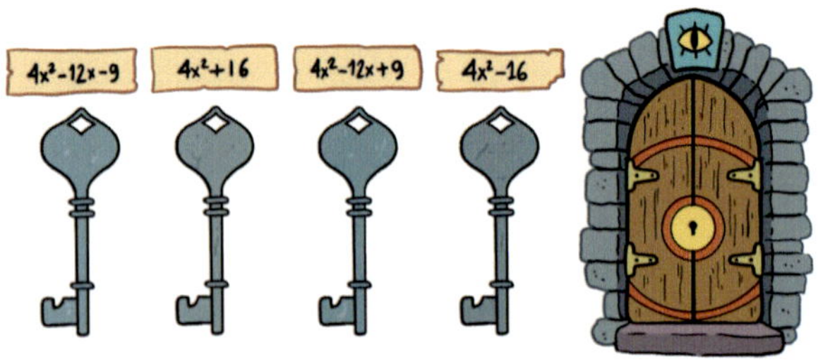

37 L'àrea d'un triangle de costats a, b i c es pot calcular mitjançant aquesta fórmula:

$$A=\frac{1}{4}\sqrt{(a+b-c)(a-b+c)(-a+b+c)(a+b+c)}$$

a. Escriu l'expressió algebraica de l'àrea d'un triangle equilàter de costat x.

b. Escriu l'expressió algebraica de l'àrea d'un triangle isòsceles en el qual els costats iguals mesuren x i el costat desigual mesura y.

38 Observa el pentàgon irregular següent.

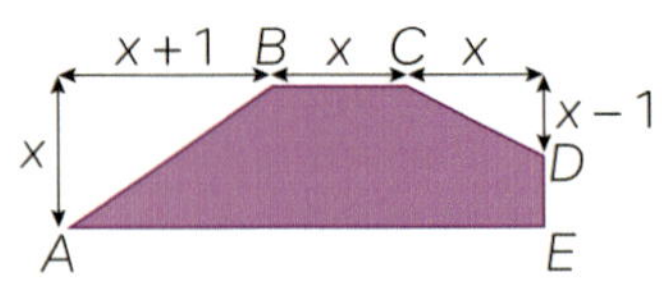

a. Escriu, mitjançant una expressió algebraica, l'àrea del pentàgon.

b. Calcula el valor de l'àrea si $x = 3$ cm.

39 Calcula, en funció de x, l'àrea $A(x)$ del rectangle i les longituds $B(x)$ i $C(x)$.

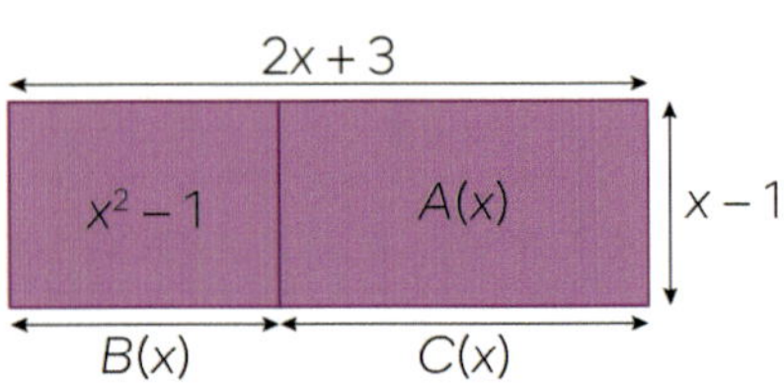

40 L'altura que assoleix un coet en metres està determinada per l'expressió $h(t) = 50t - 4t^2$, on t és el temps en segons. Quina altura assolirà el coet al cap d'1, 3, 5 i 8 segons? Interpreta els resultats.

41 El polinomi $e(t)$ expressa la distància en quilòmetres que recorre un mòbil en funció del temps t, mesurat en minuts.

$$e(t)=\frac{1}{200}t^3-\frac{1}{5}t^2+\frac{7}{2}t$$

a. Calcula quants quilòmetres ha recorregut el mòbil en 10 i en 30 minuts.

b. Troba els quilòmetres recorreguts durant la segona hora de trajecte.

42 En un concurs cal respondre 25 preguntes. Cadascuna té 5 possibles respostes, però només una és correcta. Per cada resposta encertada es guanyen 5 punts; si la resposta és incorrecta es perd 1 punt, i si es deixa en blanc es guanya 1 punt.

a. Escriu l'expressió algebraica que determina la puntuació utilitzant dues variables.

b. Si només es poden deixar 3 preguntes en blanc, quina és la millor estratègia per obtenir més de 80 punts?

43 Per a la pista de tennis de la figura, calcula les àrees que es demanen.

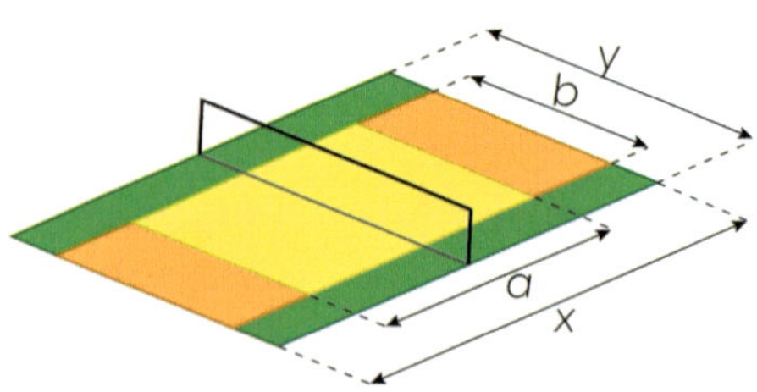

a. Zona groga

b. Zona carbassa

c. Zona verda

d. Tota la pista

44 Observa la figura i expressa de manera algebraica:

a. L'àrea de la zona grisa.

b. L'àrea de la zona rosa.

c. La diferència entre les dues àrees.

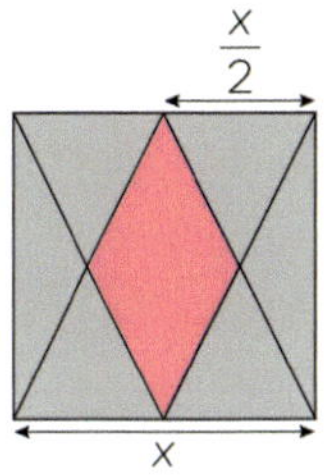

45 Es vol construir la prestatgeria de la figura.

a. Per formar un sol cub, amb base però sense cara superior, quantes làmines i ancoratges calen?

b. Busca una fórmula que doni les làmines necessàries per formar una torre de x cubs d'altura i una altra que doni els ancoratges necessaris.

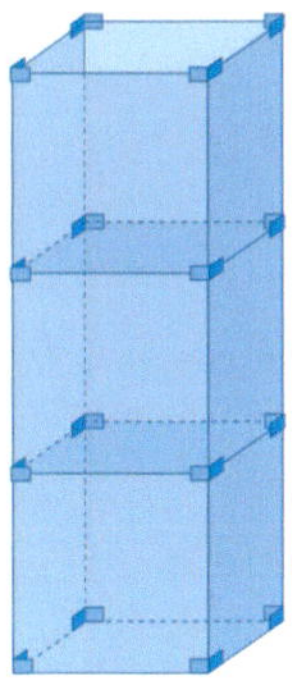

46 L'àrea de la base d'un ortoedre mesura $x^2 + 3x + 2$, de manera que un dels seus costats és $x + 2$ tal com mostra la figura. El volum del cos és $x^3 + 3x^2 + 2x$.

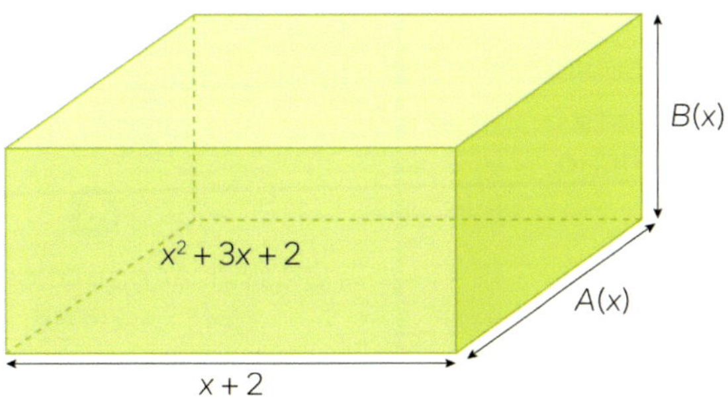

a. Calcula les mesures de les arestes $A(x)$ i $B(x)$.

b. La figura següent mostra el desenvolupament pla de l'ortoedre anterior. Escriu les expressions algebraiques que corresponen a les longituds (1), (2), (3) i (4).

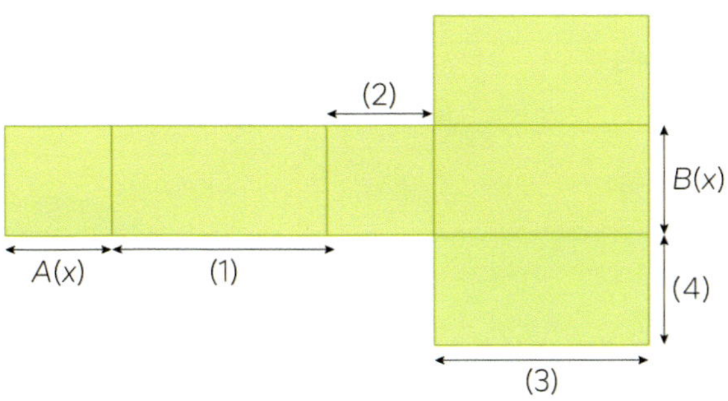

Comprova el que has après

1 En Pau té dos anys més que l'Andreu, i la Lola, la meitat d'anys que en Pau. Troba:

a. La suma de les tres edats, suposant que en Pau té x anys.

b. La suma de les tres edats, suposant que la Lola té x anys.

c. La suma de les edats de les tres persones d'aquí a deu anys, suposant que l'Andreu té actualment x anys.

2 Escriu les expressions algebraiques que determinen el perímetre i l'àrea de la figura i troba els valors numèrics per a $x = 20$ i $y = 7$.

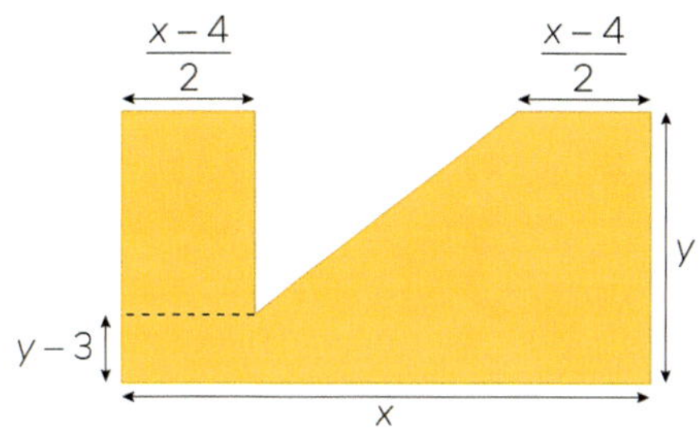

3 Considerant els polinomis $P(x) = 5x^4 - 3x^2 + 1$, $Q(x) = x^2 + 3x - 5$ i $R(x) = 4x^3 + 6$, calcula:

a. $2P(x) + 3Q(x)$

b. $P(x) - Q(x)$

c. $P(x) \cdot R(x)$

d. $2Q(x) \cdot R(x) - P(x)$

4 Extreu factor comú als polinomis.

a. $-6x^6 + 4x^4 + 2x^2$

b. $3x^2y - 12xy^2$

5 Aplica les identitats notables per desenvolupar les expressions següents.

a. $(2x-5)^2$

b. $(3x^2+5x)^2$

c. $\left(2xy - \frac{3x^2}{4}\right)^2$

d. $\left(5x^2 + \frac{3}{2}\right) \cdot \left(5x^2 - \frac{3}{2}\right)$

6 Fes les divisions següents.

a. $(2x^3 - 7x^2 + 3x - 5) : (x^2 + 2x - 5)$

b. $(8x^5 - 14x^3 + 12x^2 + 7x - 26) : (2x^3 + 3)$

7 Una de les dimensions d'un rectangle és $L(x) = x^2 + 1$ i la seva àrea és $A(x) = 3x^3 + x^2 + 3x + 1$. Escriu l'expressió de l'altre costat.

3.3 Igualtats que resolen problemes

COMENCEM!

Dones STEM. Història i futur

Encara que hi va haver pioneres, la primera dona que es va matricular oficialment en una universitat espanyola va ser María Helena Masera Ribas. Va estudiar Medicina el 1872. El 1926, Carmen Martínez Sancho, primera doctora espanyola en Matemàtiques, es llicenciava en Ciències Exactes.

Avui dia les dones són majoria a universitat. Segons les últimes dades de l'INE, el 55,7 % de l'alumnat universitari és femení. A les carreres tècniques, al contrari, només suposen el 29 % i en alguns estudis com Informàtica representen menys del 12 % de les matriculades. Matemàtiques és una de les carreres STEM on més paritat s'observa.

- Coneixes el significat de la carrera STEM?
- Per què creus que hi ha menys dones a les carreres STEM? Debateu-ho amb els companys.

APRENEM!

1. Ajudar donant pistes.
2. Resoldre equacions polinòmiques de primer i segon grau i aplicar-les per resoldre problemes.
3. Resoldre equacions polinòmiques de grau superior que es poden reduir a equacions de segon grau.
4. Resoldre sistemes d'equacions lineals i aplicar-los per resoldre problemes.
5. Classificar equacions partint dels casos generals i arribant als casos particulars.
6. Reflexionar sobre la igualtat d'oportunitats entre els homes i les dones.

EL NOSTRE REPTE

Posa en òrbita nombres i incògnites

Aprendràs sobre el paper clau de les dones als primers viatges espacials tripulats i a resoldre equacions per conèixer alguns detalls sobre aquests fets.

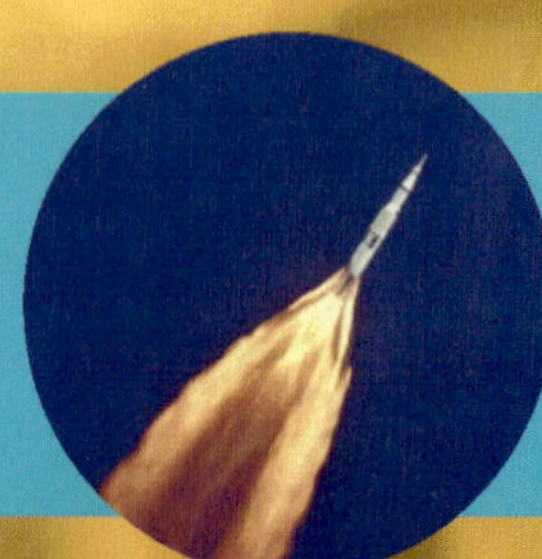

Som-hi!

1 Com es pensa en matemàtiques?

Equacions. Solucions d'una equació

1 Pensa un nombre de l'1 al 10 i segueix les instruccions de la pissarra.

- Multiplica'l per 2.
- Suma-n'hi 4.
- Calcula la meitat del resultat.
- Resta-n'hi 2.

Has obtingut el nombre que havies pensat? Funciona amb qualsevol nombre? Per què? Escriu els passos en llenguatge algebraic.

Una **equació** és una igualtat entre dues expressions algebraiques. Les lletres que intervenen en l'equació s'anomenen **incògnites**.

Exemples

- $(3x + 1)(2x - 2) = 2x$ i $x^2 + 1 = 3x$ són equacions amb una incògnita.
- $x + 3y - 5 = 4y$ i $x^3 + y - z^2 = 8$ són equacions amb 2 i 3 incògnites, respectivament.
- $x(x - 1) + 3$ no és una equació, ja que no és una igualtat.

2 Activitat resolta

Expressa com a equacions els enunciats següents.

a. La suma de dos nombres consecutius és 91.

b. L'àrea d'un rectangle les dimensions del qual són una el doble de l'altra és 32 cm^2.

a. Dos nombres consecutius poden ser x i $x + 1$. Per tant, $x + (x + 1) = 91$.

b. Si x és el costat més petit, $2x$ és el més gran i $32 = x \cdot 2x$.

3 Expressa mitjançant equacions els enunciats següents.

a. La suma de dos nombres parells consecutius és 234.

b. L'àrea d'un triangle l'altura del qual és la meitat de la base és 40 cm^2.

Una **solució d'una equació** és qualsevol nombre real que, substituït a les incògnites, fa que es compleixi la igualtat. Una equació pot tenir una solució, cap o infinites.

Exemples

- $(x + 3)(x + 1) + (x + 2)(5x + 1) = 26$ té com solució $x = 1$, ja que, si substituïm x per 1, es compleix la igualtat: $(1 + 3)(1 + 1) + (1 + 2)(5 \cdot 1 + 1) = 26 \Rightarrow 4 \cdot 2 + 3 \cdot 6 = 26 \Rightarrow 26 = 26$
- $x^2 = -3$ no té solució real, ja que qualsevol nombre real elevat al quadrat dona un resultat positiu o zero.
- $2x = 4x - 2x$ té infinites solucions, ja que qualsevol valor de x compleix la igualtat.

4 Comprova, en cada cas, si els valors de x proposats són solucions de les equacions.

a. $3x - 5(2x - 1) = -2x + 10$ $\qquad x = -1$

b. $2(3x-1) - \frac{x-1}{3} = 3x - 7$ $\qquad x = -2$

c. $x - \frac{2(x-2)}{3} = 5(-x+1)$ $\qquad x = -\frac{1}{3}$

d. $6x^2 = x + 1$ $\qquad x = \frac{1}{2}$

Equacions equivalents. Regles de la suma i del producte

Dues **equacions** són **equivalents** si tenen les mateixes solucions.

Exemples

Les equacions $2x + 1 = 13$ i $3x - 1 = 17$ són equivalents, ja que totes dues tenen una única solució, que és $x = 6$.

Per obtenir equacions equivalents podem utilitzar les **regles de la suma i del producte.**

Regla de la suma	Regla del producte
Si se suma un mateix nombre o expressió algebraica als dos membres d'una equació s'obté una equació equivalent.	Si es multipliquen o es divideixen els dos membres d'una equació per un mateix nombre o expressió algebraica diferent de zero, s'obté una equació equivalent.
Exemple: $2(x - 3) + 3 = 5$ Si sumem −3 en tots dos membres: $2(x - 3) + 3 - 3 = 5 - 3$ obtenim l'equació equivalent: $2(x - 3) = 2$	**Exemple:** $\frac{x+2}{3} = x^2$ Si multipliquem per 3 en tots dos membres: $3 \cdot \left(\frac{x+2}{3}\right) = 3 \cdot x^2$ obtenim l'equació equivalent: $x + 2 = 3x^2$

5 **Escriu equacions equivalents a $2(3x - 3) + 2x - 5 = 2x + 4$.**

a. Sumant a tots dos membres el nombre 5.

b. Restant a tots dos membres el nombre 4.

c. Multiplicant cada membre pel nombre –1.

d. Dividint cada membre pel nombre 2.

6 **Escriu dues equacions equivalents a les donades aplicant les regles de la suma i del producte. Comprova que la solució donada és també solució de les noves equacions.**

a. $3(x - 2) = 8 + x$ $\qquad$ solució: $x = 7$

b. $-x - 5(3 + 2x) = 7$ $\qquad$ solució: $x = -2$

c. $3(2x - 4) + 2x = 4x$ $\qquad$ solució: $x = 3$

d. $5(2x + 3) - 3x = 2(3x + 1)$ $\qquad$ solució: $x = -13$

7 **Aplica la regla de la suma o la regla del producte de manera que s'obtinguin directament les solucions d'aquestes equacions.**

a. $x + 2 = 15$ $\qquad$ b. $x - 7 = 2$ $\qquad$ c. $4x = 48$ $\qquad$ d. $10x = 130$

2 Saps resoldre equacions de primer grau?

Equacions de primer grau

8 Relaciona les balances amb les regles de la suma i el producte.

Una **equació de primer grau** és la que es pot reduir a una equació en la qual les expressions dels dos membres són polinomis de primer grau. Pot tenir una solució o cap.

9 Activitat resolta

Resol l'equació $2(3x - 5) - 2x = 3x - (2x - 3)$.

1r Apliquem la propietat distributiva per treure els parèntesis.

$$6x - 10 - 2x = 3x - 2x + 3 \Rightarrow 4x - 10 = x + 3$$

2n Apliquem la regla de la suma per agrupar els termes en x en un membre, i els nombres, en un altre: $4x - 10 = x + 3 \Rightarrow 4x - x = 3 + 10 \Rightarrow 3x = 13$

3r Apliquem la regla del producte per aïllar la incògnita: $3x = 13 \Rightarrow x = \frac{13}{3}$

10 Resol les equacions següents.

a. $3(3x - 5) + 3(2x - 6) = 42$

b. $2(-3x + 3) - 3(x + 5) = x + 11$

c. $-(-2x - 1) - (x + 3) = x + 16$

d. $(5 - 2x)(x + 4) = 6x - 2x^2$

11 Activitat resolta

Resol l'equació $\frac{x-4}{3} - \frac{2x-1}{6} = 2\left(-x + \frac{53}{12}\right)$.

1r Traiem els parèntesis aplicant la propietat distributiva.

$$\frac{x-4}{3} - \frac{2x-1}{6} = -2x + \frac{53}{6}$$

2n Traiem els denominadors multiplicant tots els termes pel m.c.m.

$$6\left(\frac{x-4}{3}\right) - 6\left(\frac{2x-1}{6}\right) = 6(-2x) + 6 \cdot \frac{53}{6} \Rightarrow 2(x-4) - (2x-1) = -12x + 53$$

3r Resolem l'equació obtinguda.

$$2(x-4) - (2x-1) = -12x + 53 \Rightarrow 2x - 8 - 2x + 1 = -12x + 53 \Rightarrow 12x = 60 \Rightarrow x = \frac{60}{12} = 5$$

(Al document s'explica com es poden resoldre equacions amb una calculadora algebraica).

12 Resol les equacions i comprova les teves solucions amb una calculadora algebraica.

a. $3x - 2 = \frac{3}{2}x$

b. $\frac{x-3}{2} - \frac{x-1}{8} = \frac{1}{8}$

c. $3\left(\frac{x+3}{5}\right) - \frac{x}{15} = -\frac{69}{15}$

d. $\frac{1}{2}x + \frac{3}{4} = 5 - \frac{3}{4}x$

e. $\frac{x}{3} - \frac{2x-1}{6} = 2\left(-x + \frac{53}{12}\right)$

f. $4(x-3) + \frac{x}{2} = -(x-4) + 1$

RESOLUCIÓ DE PROBLEMES MITJANÇANT EQUACIONS

Calcula dos nombres enters consecutius tals que el doble del primer més el triple del segon sigui 218.

Pas 1

Identifiquem les dades i les incògnites.

Si anomenem x el primer nombre, el segon serà $x + 1$.

Pas 2

Plantegem una equació.

Traduint l'enunciat al llenguatge algebraic tenim: $2x + 3(x + 1) = 218$

Pas 3

Resolem l'equació i donem la solució.

$2x + 3x + 3 = 218 \Rightarrow 5x = 215 \Rightarrow x = 43$

Els nombres són 43 i 44.

Pas 4

Comprovem la solució.

La solució és correcta, ja que 43 i 44 són nombres enters consecutius i $2 \cdot 43 + 3 \cdot 44 = 218$.

13 Troba dos nombres enters consecutius tals que el triple del primer menys el doble del segon sigui 119.

14 Troba tres nombres enters consecutius tals que el doble del primer més el segon més la cinquena part del tercer doni com a resultat 155.

15 El nombre d'abelles que hi ha en un rusc és el quàdruple del que hi ha al rusc veí. Si en total hi ha 62 500 abelles, quantes n'hi ha a cada rusc?

16 En un grup de 28 estudiants hi ha el doble d'americans que d'africans i el doble d'europeus que d'americans. Quants estudiants hi ha de cada continent?

17 L'Andrea, en Bartomeu i en Carles treballen per hores. L'Andrea guanya 10 € menys que en Bartomeu, mentre que en Carles guanya 15 € més que en Bartomeu. Si entre els tres guanyen 74 € l'hora, quant guanya cadascun d'ells?

18 Troba un valor de la incògnita tal que la balança:

a. S'inclini a la dreta.
b. S'inclini a l'esquerra.
c. Aconsegueixi l'equilibri.
d. Tingui al platet dret el doble de pes que a l'esquerre.

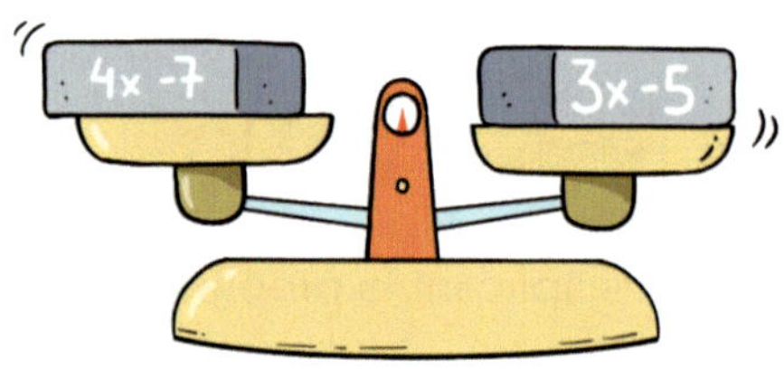

19 La mitjana aritmètica dels encerts obtinguts pels 40 estudiants d'un institut en una prova de matemàtiques de 100 preguntes va ser de 62,75. Els nois van obtenir en total 1550 encerts.

a. Calcula el nombre d'encerts que van tenir les noies. Pots calcular, sense fer comptes, quin grup, el de les noies o el dels nois, va obtenir una mitjana superior?
b. Si se sap, a més, que els nois van obtenir una mitjana de 62 encerts, calcula el nombre de noies i de nois que formen el grup.

20 Una empresa acorda amb els treballadors eliminar la bretxa existent entre els salaris dels homes i de les dones amb una mateixa qualificació professional.

El sou mitjà actual és de 30 000 € anuals per als homes, i de 25 000 € anuals per a les dones. El sou dels homes s'augmentarà un 2 % en cadascun dels dos propers anys i el de les dones s'augmentarà el percentatge necessari perquè els sous s'equiparin.

Quin serà el percentatge de pujada del sou de les dones en cadascun dels dos propers anys?

3 I si les equacions són de segon grau?

Equacions de segon grau completes

21 La Maika vol posar un hort al jardí de casa seva.

Per això, disposa d'una zona rectangular inicial amb un metre menys d'ample que de llarg. Si dobla el llarg d'aquesta zona i, a més, li treu 2 m a l'ample, obté un altre rectangle amb la mateixa àrea.

a. Escriu una equació per esbrinar les mesures de les dues zones.

b. Opera i simplifica tant com puguis. Quin tipus d'equació és? Sabries resoldre-la?

Una **equació** polinòmica és **de segon grau** amb una incògnita quan es pot obtenir una equació equivalent amb la **forma canònica**:

$$ax^2 + bx + c = 0 \text{ amb } a \neq 0$$

- Si $b \neq 0$ i $c \neq 0$, l'equació és **completa**.
- Si $b = 0$ o $c = 0$ l'equació és **incompleta**.

22 Indica quines de les equacions següents són de segon grau. Si ho són, expressa-les en forma canònica i classifica-les en completes i incompletes.

a. $2x^2 - 3x + 5 = -x^2 + x - 3$

b. $2x(x - 3) - 2x^2 = x^2 - x(1 + x)$

c. $3x(x - 3) - 2(2x - 5) = -13x$

d. $4x(x + 5) - (x - 1)(x + 3) = 3$

Les **solucions** de l'equació de segon grau completa $ax^2 + bx + c = 0$ s'obtenen mitjançant la fórmula següent:

$$x = \frac{-b \pm \sqrt{b^2 - 4ac}}{2a}$$

El signe ± de la fórmula indica que en general hi ha dues solucions diferents:

$$x = \frac{-b + \sqrt{b^2 - 4ac}}{2a} \qquad x = \frac{-b - \sqrt{b^2 - 4ac}}{2a}$$

Exemples

A l'equació $-x^2 - 2x + 35 = 0$, els coeficients són $a = -1$, $b = -2$ i $c = 35$ i, per tant:

$$x = \frac{-b \pm \sqrt{b^2 - 4ac}}{2a} = \frac{-(-2) \pm \sqrt{(-2)^2 - 4 \cdot (-1) \cdot 35}}{2a} = \frac{2 \pm \sqrt{4 + 140}}{-2} = \frac{2 \pm 12}{-2} \Rightarrow \begin{cases} x = \frac{2+12}{-2} = \frac{14}{-2} = -7 \\ x = \frac{2-12}{-2} = \frac{-10}{-2} = 5 \end{cases}$$

Les solucions de l'equació són $x = -7$ i $x = 5$.

23 Resol les equacions de segon grau completes següents.

a. $x^2 - 10x + 21 = 0$

b. $2x^2 - 7x + 6 = 0$

c. $-x^2 + 2x + 3 = 0$

d. $8x^2 + 2x - 1 = 0$

e. $-3x^2 - x + 10 = 0$

f. $2x^2 - 3x - 2 = 0$

g. $-10x^2 - 7x + 132 = 0$

h. $3x^2 - 13x + 4 = 0$

Et resulta complicada l'equació si hi ha coeficients negatius?

24 Activitat resolta

Resol l'equació $2x(x-3) - x^2 = (2x-3)(-x-6)$.

Operem per obtenir la forma canònica, simplifiquem i resolem amb la fórmula.

$2x^2 - 6x - x^2 = -2x^2 - 12x + 3x + 18 \Rightarrow 3x^2 + 3x - 18 = 0 \Rightarrow x^2 + x - 6 = 0$

$$x = \frac{-1 \pm \sqrt{1+24}}{2} = \frac{-1 \pm 5}{2} = \begin{cases} x = 2 \\ x = -3 \end{cases}$$

25 **Resol les equacions següents.**

a. $3x(x-5) + (2x-3)(x-3) = 77$

b. $(2x-3)(3x-1) - (x+3)(x-2) = 6x$

c. $2(x-2)^2 - (2x-5)(2x+5) = 4x+1$

d. $2x(-x+5) - x(3x-2) = 3x^2 - 8$

El **nombre de solucions** de l'equació de segon grau $ax^2 + bx + c = 0$ depèn del signe del discriminant de l'equació: $D = b^2 - 4ac$

- $D > 0 \Rightarrow$ L'equació té **dues solucions** reals diferents.
- $D = 0 \Rightarrow$ L'equació té **una única solució** real.
- $D < 0 \Rightarrow$ L'equació no té **cap solució** real.

Exemples

- A l'equació $2x^2 - 11x - 6 = 0$, el discriminant és $D = 11^2 - 4 \cdot 2 \cdot (-6) = 169 > 0$.
  L'equació té dues solucions reals diferents.
- A l'equació $4x^2 - 12x + 9 = 0$, el discriminant és $D = 12^2 - 4 \cdot 4 \cdot 9 = 144 - 144 = 0$.
  L'equació té una única solució real.
- A l'equació $3x^2 + 2x + 1 = 0$, el discriminant és $D = 2^2 - 4 \cdot 3 \cdot 1 = -8 < 0$.
  L'equació no té solució real.

26 **Indica el nombre de solucions de les equacions sense resoldre-les.**

a. $4x^2 - 20x + 25 = 0$ b. $x^2 - 5x + 12 = 0$ c. $-2x^2 - 3x + 5 = 0$ d. $x^2 - 14x + 49 = 0$

27 **Explica per què el signe del discriminant determina el nombre de solucions.**

Equacions de segon grau incompletes

Resolució d'equacions de segon grau incompletes	
Les equacions de la forma $ax^2 + bx = 0$ es resolen extraient factor comú i igualant a 0 cada factor.	Les equacions de la forma $ax^2 + c = 0$ es resolen aïllant x^2. Les solucions, si n'hi ha, són les dues arrels quadrades, la positiva i la negativa.
Exemple: $2x^2 - 12x = 0 \Rightarrow 2x(x-6) = 0 \Rightarrow \begin{cases} 2x = 0 \Rightarrow x = 0 \\ x - 6 = 0 \Rightarrow x = 6 \end{cases}$ Les solucions són $x = 0$ i $x = 6$.	**Exemple:** $3x^2 - 48 = 0 \Rightarrow 3x^2 = 48 \Rightarrow$ $\Rightarrow x^2 = \frac{48}{3} = 16 \Rightarrow x = \pm\sqrt{16} = \pm 4$ Les solucions són $x = 4$ i $x = -4$.

Has entès bé aquests procediments?

28 **Resol les equacions de segon grau incompletes següents.**

a. $4x^2 = 0$ b. $5x^2 - 13 = 0$ c. $10x^2 - 90 = 0$ d. $-12x^2 + 8x = 0$

29 Expressa en forma canònica i resol les equacions següents.

a. $8x^2 - 9x - 2 = x^2 + x - 2$

b. $5x^2 - 2x - 10 = -2x + 10$

c. $6x^2 - 2x + 5 = 4x + 5$

d. $9(x^2 + 2x - 1) - 12x = 40 + 6x$

30 Activitat resolta

El catet gran d'un triangle rectangle mesura 4 cm menys que la hipotenusa i 4 cm més que el catet més petit. Calcula la mesura dels tres costats.

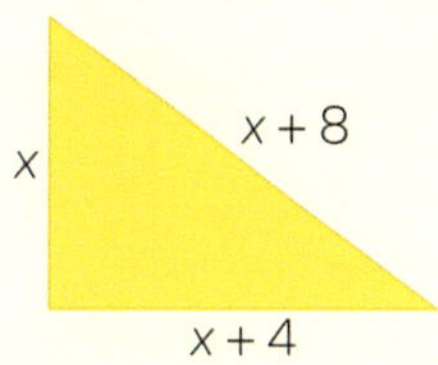

Si el catet més petit és x; el més gran, $x + 4$, i la hipotenusa, $x + 8$.

Com que el triangle és rectangle, es compleix el teorema de Pitàgores: $(x + 8)^2 = x^2 + (x + 4)^2$

Operem per escriure l'equació en la forma canònica, aplicant la identitat notable del quadrat de la suma.

$(x + 8)^2 = x^2 + (x + 4)^2 \Rightarrow x^2 + 16x + 64 = x^2 + x^2 + 8x + 16 \Rightarrow -x^2 + 8x + 48 = 0 \Rightarrow$

$$\Rightarrow x = \frac{-8 \pm \sqrt{8^2 - 4 \cdot (-1) \cdot 48}}{2 \cdot (-1)} = \frac{-8 \pm \sqrt{64 + 192}}{-2} = \frac{-8 \pm \sqrt{256}}{-2} \Rightarrow \begin{cases} x = \dfrac{-8 + 16}{-2} = -4 \\ x = \dfrac{-8 - 16}{-2} = 12 \end{cases}$$

Com que la mesura del catet ha de ser positiva, la primera solució no té sentit. Per tant, els costats mesuren 12 cm, 16 cm i 20 cm.

Podem comprovar que, efectivament, $12^2 + 16^2 = 20^2$.

31 Calcula les longituds dels costats d'un triangle rectangle si són tres nombres naturals consecutius.

32 La base d'un rectangle mesura x cm, i l'altura, $x - 1$ cm. Si l'àrea del rectangle és igual a 6 cm², quant mesura la base?

33 El perímetre d'un rectangle és de 46 m. Si se sumen 2 m a la longitud del costat més gran i es resten 2 m a la longitud del costat més petit, l'àrea del nou rectangle és 26 m² més petita que la del rectangle inicial.

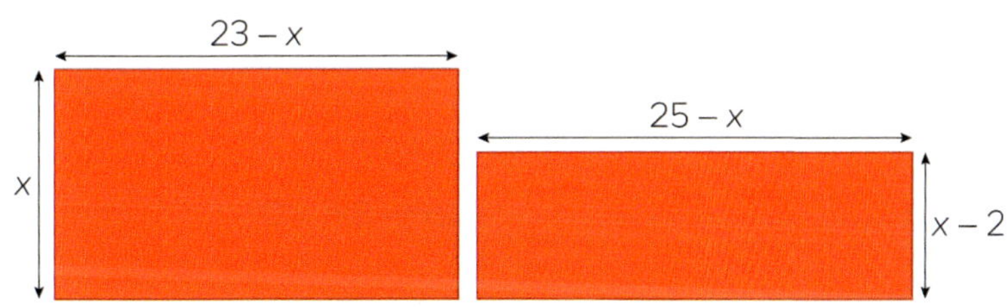

Quant mesuren els costats del rectangle inicial?

34 El maquinista d'un tren que es mou a una velocitat de 44 m/s acciona el fre i el tren s'atura després de recórrer 242 m. L'equació que reflecteix aquesta frenada és:

$$e = 44t - 2t^2$$

on e és l'espai recorregut en metres i t, el temps en segons.

a. Quant temps tarda el tren a aturar-se?

b. Si s'aturés recorrent la meitat de l'espai, tardaria la meitat del temps?

35 En Manel llança una pilota verticalment cap amunt amb una velocitat de 23 m/s. L'equació que descriu l'altura (h) de la pilota al llarg del temps és:

$$h = 23t - 5t^2$$

Calcula el temps que tarda a pujar i a tornar a caure a terra ($h = 0$).

4 I si el grau és més gran que 2?

Equacions de tercer i quart grau

36 El professor de l'Anna ha començat la classe dient:
–Avui resoldrem aquesta equació de grau 1 000!
Els ha donat una pista:
–Fixeu-vos que el polinomi no té terme independent.
Després de pensar una mica, l'Anna ha dit:
–Les solucions són $x = 0$ i $x = 1$.
Com s'ho ha fet?

$$x^{1000} - x^{999} = 0$$

Una **equació** amb una variable és **de tercer o quart grau** quan els seus membres es poden reduir a polinomis de tercer o quart grau. La forma general és:

- Equació de **tercer grau**: $ax^3 + bx^2 + cx + d = 0$
- Equació de **quart grau**: $ax^4 + bx^3 + cx^2 + dx + e = 0$

37 Activitat resolta

Resol l'equació següent: $3x^3 + 7x^2 + 2x = 0$

Les equacions de tercer grau en una variable sense terme independent poden resoldre's extraient factor comú.

1r Extraiem factor comú: $3x^3 + 7x^2 + 2x = 0 \Rightarrow x(3x^2 + 7x + 2) = 0$

2n Sabem que, si un producte de diversos factors és igual a zero, almenys un d'aquests factors ha de ser igual a zero. Per tant, calculem els valors que anul·len cada factor.

$$\begin{cases} x=0 \\ 3x^2+7x+2=0 \Rightarrow x=\dfrac{-7\pm\sqrt{49-24}}{6}=\dfrac{-7\pm5}{6} \Rightarrow \begin{cases} x=-\dfrac{1}{3} \\ x=-2 \end{cases} \end{cases}$$

Les solucions són $x = 0$, $x = -\dfrac{1}{3}$ i $x = -2$.

38 Resol les equacions següents.

a. $x^3 - 2x^2 - 3x = 0$
b. $5x^3 - 6x^2 + x = 0$
c. $x^3 - 4x^2 + 4x = 0$
d. $x^3 - 4x = 0$
e. $x^4 - 2x^2 = 0$
f. $x^4 - 2x^3 - 3x^2 = 0$

39 Activitat resolta

Resol l'equació següent: $2x(x - 3)(x^2 - 4) = 0$

Un producte de diversos factors és zero si almenys un dels factors és zero; per tant, n'hi ha prou amb igualar a 0 cadascun dels factors i resoldre les equacions.

$$2x(x-3)(x^2-4)=0 \Rightarrow \begin{cases} 2x=0 \Rightarrow x=0 \\ x-3=0 \Rightarrow x=3 \\ x^2-4=0 \Rightarrow x^2=4; x=\pm2 \end{cases}$$

Les solucions de l'equació són $x = 0$, $x = 3$, $x = 2$, $x = -2$.

40 Resol les equacions següents.

a. $(x + 5)(x - 1)(x - 3) = 0$
b. $(x^2 - 5x + 4)(x + 4) = 0$
c. $(2x + 1)(3x - 1)(2x^2 - 8) = 0$

Equacions biquadrada

Les **equacions biquadrada** són equacions de quart grau reductibles a la forma:

$$ax^4 + bx^2 + c = 0$$

Les equacions biquadràtiques tenen **com a màxim quatre solucions** reals.

RESOLUCIÓ D'EQUACIONS BIQUADRADES

Resol l'equació biquadrada $x^4 - 2x^2 - 3 = 0$

Pas 1

Fem el canvi de variable:

$$x^2 = t$$

En conseqüència: $x^4 = t^2$

Introduint aquests canvis a l'equació obtenim:

$$t^2 - 2t - 3 = 0$$

Aquesta és una equació de segon grau en la incògnita t que podem resoldre amb les tècniques estudiades.

Pas 2

Resolem l'equació de 2n grau.

$$t = \frac{2 \pm \sqrt{16}}{2} = \frac{2 \pm 4}{2} \Rightarrow \begin{cases} t = 3 \\ t = -1 \end{cases}$$

Pas 3

Desfem el canvi de variable.

$x^2 = 3 \Rightarrow x = \pm\sqrt{3}$

$x^2 = -1 \Rightarrow x = \pm\sqrt{-1} \Rightarrow$ No té solució real.

Les solucions són $x = \sqrt{3}$, $x = -\sqrt{3}$.

41 Resol les equacions biquadrades següents.

a. $x^4 - 5x^2 + 4 = 0$
b. $x^4 + 8x^2 - 9 = 0$
c. $x^4 - 10x^2 + 9 = 0$
d. $x^4 - 2x^2 + 1 = 0$
e. $4x^4 - 37x^2 + 9 = 0$
f. $4x^4 - 5x^2 + 1 = 0$
g. $x^4 - x^2 - 20 = 0$
h. $x^4 - 11x^2 + 18 = 0$
i. $x^4 - x^2 - 6 = 0$
j. $x^4 - 7x^2 + 10 = 0$

42 Opera per escriure les equacions següents en la forma $ax^4 + bx^2 + c = 0$ i resol-les. Comprova els resultats amb una calculadora algebraica.

a. $x(x^3 - 6x + 1) = x - 8$
b. $x^4 + 3x^2 + 15 = x^2(2x^2 + 5)$
c. $x^4 + (2x + 1)^2 = 22x^2 + 4x - 80$
d. $2x(2x^3 + 1) + (x - 1)^2 = 14x^2 - 2$

43 Troba tots els nombres que compleixin les condicions següents.

a. La suma de la seva quarta potència i el seu quadrat és 2.
b. La diferència entre la seva quarta potència i el triple del seu quadrat és 4.
c. El doble del seu quadrat és igual a la suma de la seva quarta potència més 1.

44 Resol les equacions següents, que, malgrat que no siguin biquadrades, es poden resoldre mitjançant un mètode similar.

a. $x^6 - 2x^3 + 1 = 0$
b. $x^8 - 17x^4 + 16 = 0$
c. $x^{10} - 5x^5 + 4 = 0$
d. $3x^{12} + x^6 - 4 = 0$

45 **Aprenc a pensar.** Classifica les equacions estudiades amb un mapa conceptual descendent: equacions de primer grau, de segon grau (completes i incompletes) i de grau superior (equacions de grau tres sense terme independent, equacions escrites en forma factoritzada i biquadrades). Afegeix un exemple de cada tipus d'equació amb la seva resolució.

5 Què fem quan hi ha dues incògnites?

Sistemes d'equacions lineals

46 Cerca parelles de nombres que sumin 10. Quantes n'hi ha? En quantes els nombres es diferencien en 4?

Un **sistema de dues equacions lineals amb dues incògnites** està format per dues equacions de la forma:

$$\begin{cases} ax+by=e \\ cx+dy=f \end{cases}$$

Un parell de nombres són **solució del sistema** quan verifiquen les dues equacions alhora.

x i *y* són les incògnites.
a, *b*, *c*, *d* són els coeficients.
e, *f* són els termes independents.

Exemples

El parell de valors ($x=2$, $y=1$) és solució del sistema $\begin{cases} 2x+y=5 \\ x-3y=-1 \end{cases}$, perquè $\begin{cases} 2\cdot2+1=5 \\ 2-3\cdot1=-1 \end{cases}$.

47 Comprova si el parell de valors que s'indica és solució o no del sistema.

a. $\begin{cases} -3x+2y=8 \\ 4x+2y=10 \end{cases}$ ($x=-2$, $y=1$)

b. $\begin{cases} 3x-2y=-2 \\ 4x+y=3 \end{cases}$ ($x=0$, $y=1$)

Nombre de solucions d'un sistema d'equacions lineals

Un sistema d'equacions pot tenir una única solució, infinites o cap.

Sistemes compatibles	**Sistema compatible determinat**: té una única solució. • Compleix: $\frac{a}{c} \neq \frac{b}{d}$ • La representació gràfica és un parell de rectes secants. • El punt d'intersecció indica la solució del sistema.	**Exemple:** $\begin{cases} 3x+2y=1 \\ 2x-y=-4 \end{cases}$ $\frac{3}{2} \neq \frac{2}{-1}$	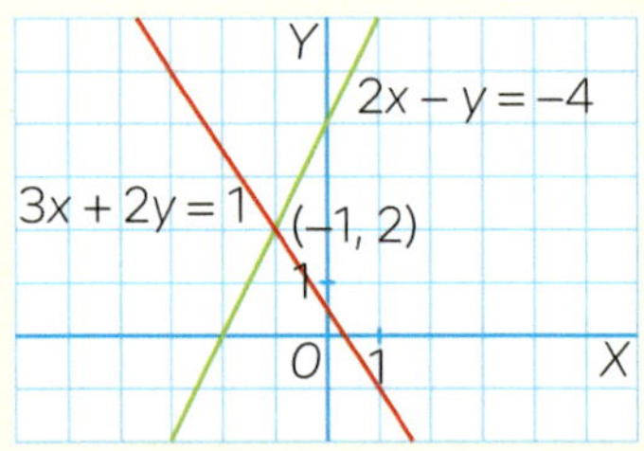
Sistemes compatibles	**Sistema compatible indeterminat**: té infinites solucions. • Compleix: $\frac{a}{c} = \frac{b}{d} = \frac{e}{f}$ • La representació gràfica és un parell de rectes coincidents. • Cadascun dels infinits punts de les rectes indica una solució.	**Exemple:** $\begin{cases} 3x+2y=1 \\ 6x+4y=2 \end{cases}$ $\frac{3}{6} = \frac{2}{4} = \frac{1}{2}$	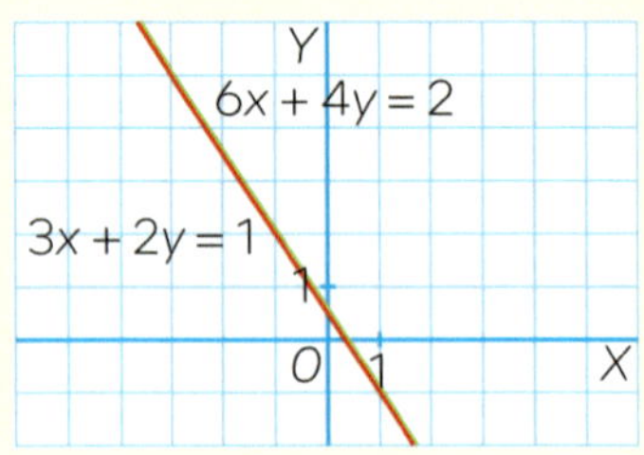
Sistema incompatible: no té solució. • Compleix: $\frac{a}{c} = \frac{b}{d} \neq \frac{e}{f}$ • La representació gràfica és un parell de rectes paral·leles.		**Exemple:** $\begin{cases} 3x+2y=1 \\ 6x+4y=10 \end{cases}$ $\frac{3}{6} = \frac{2}{4} \neq \frac{1}{10}$	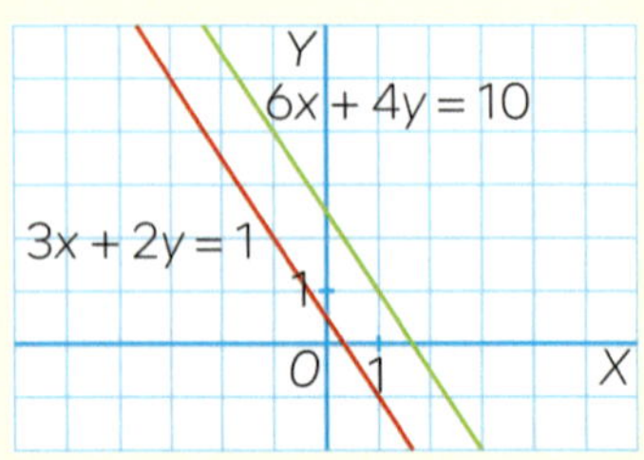

48 Classifica els sistemes segons el nombre de solucions que tinguin. Indica la solució en aquells en què sigui única.

a 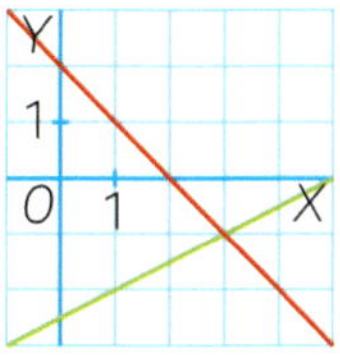

b 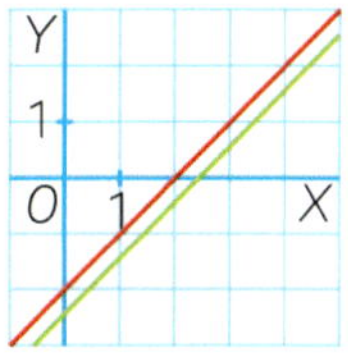

c 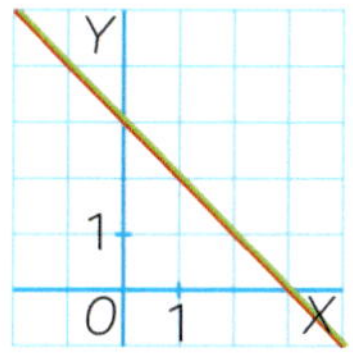

d 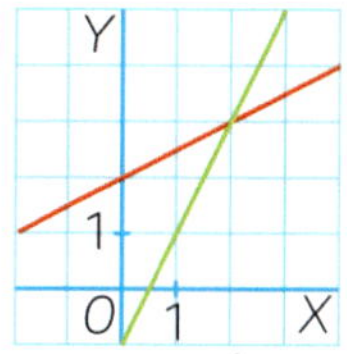

49 Classifica els sistemes en funció del nombre de solucions que tinguin.

a. $\begin{cases} 2x+y=10 \\ -3x-2y=-16 \end{cases}$

b. $\begin{cases} 2x-4y=-2 \\ -x+2y=5 \end{cases}$

c. $\begin{cases} 2x-5y=34 \\ -4x+3y=-26 \end{cases}$

d. $\begin{cases} x+3y=-1 \\ -3x-9y=3 \end{cases}$

e. $\begin{cases} -3x+4y=-19 \\ 6x-8y=19 \end{cases}$

f. $\begin{cases} 3x-4y=-11 \\ x-\frac{4}{3}y=-\frac{11}{3} \end{cases}$

50 **Activitat resolta**

Determina gràficament el nombre de solucions d'aquest sistema i, si en té, troba la solució. $\begin{cases} -2x+y=7 \\ x-y=-5 \end{cases}$

Per representar el sistema lineal, representem cada equació per separat. Podem ajudar-nos de taules de valors.

x	$y=7+2x$
–2	3
–1	5
0	7

x	$y=x+5$
–1	4
0	5
1	6

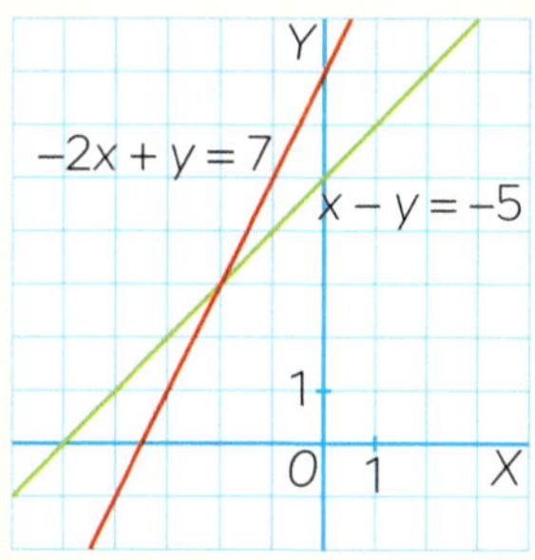

Les rectes són secants i, per tant, el sistema és compatible determinat.

Les coordenades del punt d'intersecció ens donen la solució del sistema:

$$(x=-2,\ y=3)$$

51 **ENTRENEM JUNTS.** Representa els sistemes següents i indica'n la solució.

a. $\begin{cases} x+2y=-4 \\ -3x-y=2 \end{cases}$

b. $\begin{cases} 3x+2y=1 \\ x+\frac{2}{3}y=\frac{1}{3} \end{cases}$

c. $\begin{cases} -\frac{1}{2}x+4y=2 \\ x-\frac{3}{4}y=\frac{13}{4} \end{cases}$

d. $\begin{cases} x+4y=5 \\ -2x-8y=-10 \end{cases}$

e. $\begin{cases} 2x+4y=6 \\ \frac{1}{2}x+y=\frac{3}{2} \end{cases}$

f. $\begin{cases} 3x-2y=4 \\ -2x-y=9 \end{cases}$

52 **MAT-TIC** Practica amb l'interactiu de GeoGebra *Resol sistemes gràficament.*

53 Escriu la solució de cadascun dels sistemes d'equacions següents.

a 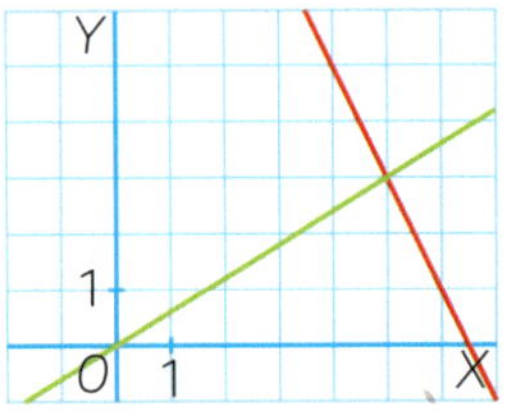

b 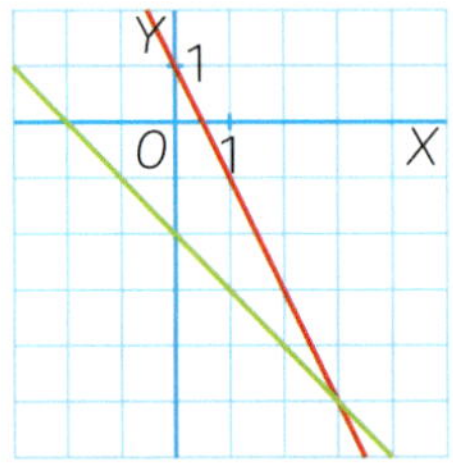

c 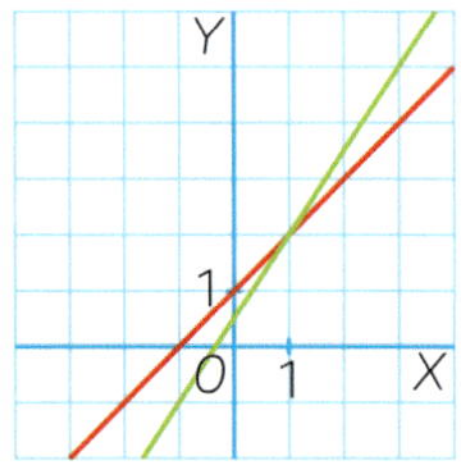

54 És el novè aniversari de la Sara i el seu pare, en Juli, li vol fer un regal. A la Sara li agraden molt els camions i les nines. A la botiga de joguines, en Juli veu les ofertes següents.

A 

B 

a. Escriu equacions per a cadascuna de les ofertes, de manera que *x* sigui el preu d'una nina i *y*, el d'un camió. Com són les equacions?

b. Representa gràficament el sistema que has obtingut a l'apartat anterior. Com són les rectes?

c. Què pots dir sobre les ofertes?

Sistemes equivalents

Dos **sistemes d'equacions** són **equivalents** si tenen les mateixes solucions.

Per obtenir sistemes equivalents es poden fer, entre altres, aquestes operacions:

- Sumar o restar un nombre als dos membres d'una de les equacions.
- Multiplicar o dividir una de les dues equacions per un nombre diferent de 0.
- Canviar una equació per la suma de les dues equacions.

Exemples

- En multiplicar a $\begin{cases} 2x-4y=2 \\ 4x+6y=18 \end{cases}$, la primera equació per (–3) i dividir la segona entre 2, s'obté

  $\begin{cases} -6x+12y=-6 \\ 2x+3y=9 \end{cases}$, que és un sistema equivalent a l'inicial.

  Es pot comprovar que tots dos sistemes tenen com a solució ($x=3$, $y=1$).

- A $\begin{cases} 3x+5y=-21 \\ -3x+8y=-5 \end{cases}$, en substituir la segona equació per la suma de totes dues, s'obté el sistema equivalent $\begin{cases} 3x+5y=-21 \\ 13y=-26 \end{cases}$. La solució de tots dos sistemes és: $\left(x=-\frac{11}{3}, y=-2\right)$.

55 En cada cas, construeix dos sistemes d'equacions equivalents al sistema d'equacions donat i indica com els obtens.

a. $\begin{cases} -2x+3y=-7 \\ 5x+2y=-11 \end{cases}$

b. $\begin{cases} x+y=-3 \\ 2x+y=1 \end{cases}$

c. $\begin{cases} 2x-3y=0 \\ -4x+6y=5 \end{cases}$

6 I si aprenem mètodes diferents per resoldre sistemes?

Mètode de substitució

56 Al sistema de la pissarra, aïlla la incògnita y de la primera equació i substitueix l'expressió obtinguda en la segona equació. Quin tipus d'equació obtens?

$$\begin{cases} 2x+y=2 \\ 3x+2y=5 \end{cases}$$

MÈTODE DE SUBSTITUCIÓ

Resol per substitució el sistema d'equacions: $\begin{cases} 4x+3y=10 \\ 2x-5y=18 \end{cases}$

Pas 1

Aïllem una incògnita d'una de les equacions.

$$\begin{cases} 4x+3y=10 \Rightarrow 4x=10-3y \Rightarrow x=\dfrac{10-3y}{4} \\ 2x-5y=18 \end{cases}$$

Pas 2

Substituïm l'expressió obtinguda a l'altra equació.

$$2x-5y=18 \Rightarrow 2\left(\frac{10-3y}{4}\right)-5y=18$$

Pas 3

Resolem l'equació obtinguda.

$$2\left(\frac{10-3y}{4}\right)-5y=18 \Rightarrow \frac{20-6y}{4}-5y=18 \Rightarrow$$
$$\Rightarrow 20-6y-20y=72 \Rightarrow -26y=52 \Rightarrow y=-2$$

Pas 4

Substituïm el valor obtingut a l'expressió del pas 1 per obtenir l'altra incògnita.

$$x=\frac{10-3y}{4}=\frac{10-3\cdot(-2)}{4}=\frac{16}{4}=4$$

La solució és $(x=4,\ y=-2)$.

57 MAT-TIC Practica amb l'interactiu de GeoGebra *Resol sistemes per substitució.*

58 Resol aquests sistemes pel mètode de substitució.

a. $\begin{cases} 2x+y=8 \\ -4x+y=-22 \end{cases}$

b. $\begin{cases} 3x-2y=37 \\ -4x+5y=-19 \end{cases}$

c. $\begin{cases} 2x-6y=0 \\ 3x-4y=5 \end{cases}$

d. $\begin{cases} -x+2y=-7 \\ 4x-3y=18 \end{cases}$

e. $\begin{cases} 5x-4y=45 \\ -4x+5y=-45 \end{cases}$

f. $\begin{cases} 4x-y=4 \\ -12x+2y=-3 \end{cases}$

Si és possible, convé triar una incògnita de coeficient 1 o −1 per evitar treballar amb denominadors.

59 **Activitat resolta**

Resol el sistema d'equacions: $\begin{cases} 2(3x-y)-2(x-5y)=-64 \\ \dfrac{3}{2}x-\dfrac{y}{3}=6 \end{cases}$

En primer lloc, traiem parèntesis i denominadors i simplifiquem les equacions.

$$\begin{cases} 6x-2y-2x+10y=-64 \\ 6\cdot\dfrac{3}{2}x-6\cdot\dfrac{y}{3}=6\cdot 6 \end{cases} \Rightarrow \begin{cases} 4x+8y=-64 \\ 9x-2y=36 \end{cases} \Rightarrow \begin{cases} x+2y=-16 \\ 9x-2y=36 \end{cases}$$

Aïllem x de la primera equació, substituïm a la segona i resolem:

$x=-16-2y \Rightarrow 9(-16-2y)-2y=36 \Rightarrow -144-18y-2y=36 \Rightarrow -20y=180 \Rightarrow y=-9$

Calculem el valor de l'altra incògnita: $x=-16-2y=2$. La solució és $(x=2,\ y=-9)$.

(Al document s'explica com resoldre sistemes amb una calculadora algebraica).

60 Resol els sistemes d'equacions següents per substitució. Comprova les solucions utilitzant una calculadora algebraica.

a. $\begin{cases} 2(x+y)+x=4+2x \\ 3(x+3y)-4y=8 \end{cases}$

b. $\begin{cases} \dfrac{5x+3y}{4}=-4 \\ x-\dfrac{2}{7}y=-\dfrac{41}{7} \end{cases}$

c. $\begin{cases} 5+3(2x-y+9)=20+4(x+y) \\ 2(x+3y)-10=8+5x \end{cases}$

d. $\begin{cases} -3(3x-y)-2(y+x)=0 \\ -\dfrac{2x+y}{2}=\dfrac{x-3y}{3} \end{cases}$

Mètode d'igualació

61 Observa la pissarra que hi ha a continuació. Pots explicar com s'ha obtingut l'equació que apareix dins el requadre?

$$\begin{cases} y=3-2x \\ y=5+3x \end{cases} \Rightarrow \boxed{3-2x=5+3x}$$

MÈTODE D'IGUALACIÓ

Resol pel mètode d'igualació el sistema d'equacions $\begin{cases} 3x-2y=13 \\ 2x+4y=-2 \end{cases}$.

Pas 1

Triem una incògnita i l'aïllem en totes dues equacions.

En aquest cas, triem aïllar x.

$$\begin{cases} 3x-2y=13 \Rightarrow x=\dfrac{13+2y}{3} \\ 2x+4y=-2 \Rightarrow x=\dfrac{-2-4y}{2} \end{cases}$$

Pas 2

Igualem les dues expressions obtingudes per a la incògnita.

$$\frac{13+2y}{3}=\frac{-2-4y}{2}$$

Pas 3

Resolem l'equació obtinguda.

$$\frac{13+2y}{3}=\frac{-2-4y}{2} \Rightarrow 2(13+2y)=3(-2-4y) \Rightarrow$$

$$\Rightarrow 26+4y=-6-12y \Rightarrow 16y=-32 \Rightarrow y=-2$$

Pas 4

Substituïm en una de les expressions del pas 1 per trobar l'altra incògnita.

$$x=\frac{13+2y}{3}=\frac{13+2\cdot(-2)}{3}=\frac{9}{3}=3$$

La solució és $(x=3,\ y=-2)$.

62 MAT-TIC Practica amb l'interactiu de GeoGebra *Resol sistemes per igualació.*

63 Resol aquests sistemes d'equacions pel mètode d'igualació.

a. $\begin{cases} x+2y=-4 \\ x-3y=16 \end{cases}$

b. $\begin{cases} 2x-y=-7 \\ -5x+4y=22 \end{cases}$

c. $\begin{cases} 3x+y=-4 \\ -4x+y=3 \end{cases}$

d. $\begin{cases} x+7y=32 \\ 3x+2y=20 \end{cases}$

e. $\begin{cases} 3x-7y=114 \\ 4x-3y=76 \end{cases}$

f. $\begin{cases} 3x+8y=11 \\ -4x-3y=-7 \end{cases}$

En què s'assemblen el mètode d'igualació i el de substitució? Quin prefereixes?

64 Resol els sistemes d'equacions següents per igualació. Comprova les solucions utilitzant una calculadora algebraica.

a. $\begin{cases} 3(x-2y+1)=-3y \\ x+5y=2x+3y+3 \end{cases}$ b. $\begin{cases} 4x-y=3(x+y-3) \\ 3x+5y=-3x+2y \end{cases}$ c. $\begin{cases} x=3y \\ \dfrac{2x}{3}=\dfrac{7y}{5}+3 \end{cases}$ d. $\begin{cases} \dfrac{3x}{6}+\dfrac{y}{4}=1 \\ \dfrac{2x}{10}-\dfrac{y}{6}=\dfrac{14}{15} \end{cases}$

Mètode de reducció

65 Observa el sistema d'equacions de la pissarra. Per quin nombre cal multiplicar cadascuna de les equacions perquè els coeficients de la incògnita y resultin nombres oposats?

$$\begin{cases} 4x+2y=12 \\ 5x-3y=-7 \end{cases}$$

MÈTODE DE REDUCCIÓ

Resol pel mètode de reducció el sistema d'equacions següent:

$$\begin{cases} 2x+3y=5 \\ 3x+2y=15 \end{cases}$$

Pas 1

Multipliquem les equacions pels nombres adequats perquè els coeficients d'una de les incògnites siguin oposats.

En aquest cas triem la y, raó per la qual multipliquem la primera equació per 2 i la segona per –3:

$$\begin{cases} 2x+3y=5 \xrightarrow{\cdot 2} \\ 3x+2y=15 \xrightarrow{\cdot(-3)} \end{cases} \begin{cases} 4x+6y=10 \\ -9x-6y=-45 \end{cases}$$

Pas 2

Sumem les equacions obtingudes.

$$\begin{array}{rl} & 4x+6y=10 \\ + & -9x-6y=-45 \\ \hline & -5x \quad\ =-35 \end{array}$$

Pas 3

Aïllem la incògnita de l'equació de primer grau obtinguda. $-5x=-35 \Rightarrow x=7$

Pas 4

Substituïm en una de les equacions inicials per obtenir l'altra incògnita.

$$2x+3y=5 \Rightarrow 2\cdot 7+3y=5 \Rightarrow y=-3$$

La solució és $(x=7, y=-3)$.

66 MAT-TIC Practica amb l'interactiu de GeoGebra *Resol sistemes per reducció.*

67 Resol aquests sistemes d'equacions pel mètode de reducció.

a. $\begin{cases} 2x-3y=-1 \\ 3x+2y=5 \end{cases}$ c. $\begin{cases} -3x-4y=5 \\ -2x+3y=9 \end{cases}$ e. $\begin{cases} 4x+5y=-14 \\ -3x+7y=-11 \end{cases}$

b. $\begin{cases} 2x+y=10 \\ -3x-2y=-16 \end{cases}$ d. $\begin{cases} 3x+2y=10 \\ -2x-3y=-5 \end{cases}$ f. $\begin{cases} 3x-7y=-29 \\ 4x+y=13 \end{cases}$

68 Utilitza el mètode que consideris més adequat per resoldre els sistemes d'equacions lineals següents.

a. $\begin{cases} -7x+2y=13 \\ 4x-2y=-10 \end{cases}$

b. $\begin{cases} 5x-y=9 \\ -6x+y=-10 \end{cases}$

c. $\begin{cases} 4x-2y=16 \\ -2x+4y=-14 \end{cases}$

d. $\begin{cases} 7x+y=9 \\ -12x+9y=-69 \end{cases}$

e. $\begin{cases} -4x+9y=-19 \\ 5x-9y=17 \end{cases}$

f. $\begin{cases} -x-2y=-5 \\ -5x-3y=3 \end{cases}$

Quin criteri segueixes a l'hora de triar un mètode?

69 Simplifica els sistemes d'equacions lineals següents i tria el mètode que consideris més adequat per resoldre'ls. Comprova el resultat amb una calculadora.

a. $\begin{cases} 2(x+4)+2(y-3)=12 \\ 4(2x-3)-2(y+1)=6 \end{cases}$

b. $\begin{cases} 5(x+3y)-(y-2x)=-49 \\ -2(2x-y)+2y=-20 \end{cases}$

c. $\begin{cases} \dfrac{x}{3}-2y=-10 \\ 3x-\dfrac{y-4}{2}=17 \end{cases}$

d. $\begin{cases} \dfrac{2(x-2)}{3}-\dfrac{y+3}{9}=0 \\ \dfrac{3x}{8}+\dfrac{y}{2}=-\dfrac{3}{2} \end{cases}$

RESOLUCIÓ DE PROBLEMES MITJANÇANT SISTEMES D'EQUACIONS

El preu d'una beguda és la meitat que el d'un entrepà. Si es compren 25 begudes i 15 entrepans, es paguen 165 €. Quin és el preu de cada producte?

Pas 1

Triar les incògnites

x: preu d'una beguda

y: preu d'un entrepà

Pas 2

Plantejar un sistema d'equacions

$$\begin{cases} x=\dfrac{y}{2} \\ 25x+15y=165 \end{cases} \Rightarrow \begin{cases} 2x=y \\ 5x+3y=33 \end{cases}$$

Pas 3

Resoldre el sistema

Resolem, per exemple, per substitució. A la primera equació ja tenim la incògnita y aïllada: $y=2x$, la substituïm a la segona equació i resolem.

$5x+3y=33 \Rightarrow 5x+3\cdot 2x=33 \Rightarrow 11x=33 \Rightarrow x=3 \Rightarrow y=2x=6$

Pas 4

Interpretar i comprovar la solució

La beguda costa 3 € i l'entrepà, 6 €.

Podem comprovar que la solució és correcta, ja que la beguda costa la meitat que l'entrepà i 25 begudes i 15 entrepans costen:

$$25x+15y=25\cdot 3+15\cdot 6=165\,€$$

70 En una papereria s'han venut 50 productes entre llapis i quaderns. Si cada quadern costa 4 € i cada llapis, 0,50 € i s'han recaptat 95 € en total, quantes unitats s'han venut de cada producte?

71 Troba dos nombres que compleixen aquestes dues condicions.

- El doble del primer i el segon sumen 3.
- La diferència entre el primer i dues vegades el segon és 4.

72 La suma del doble d'un nombre més el quàdruple d'un altre és 114. Si al primer nombre se li sumen 3 unitats i al segon se n'hi resten 3, els nombres que resulten són iguals. Calcula els dos nombres.

73 A la nova Llei d'igualtat que aprova el parlament d'un país, es determina que el percentatge de diputats i diputades no pot diferenciar-se en més d'un 10 %. El nombre d'escons d'aquest parlament és de 360.

Calcula quina és la diferència més gran que admet la llei entre el nombre de diputats d'un gènere i el d'un altre.

74 Si tenim 470 € en bitllets de 50 i de 20 € i hi ha 16 bitllets en total, quants són de 50 i quants de 20?

75 Al magatzem d'una botiga d'esports hi ha guardats diversos paquets de pilotes de tennis. Hi ha paquets de 3 pilotes i paquets de 4 pilotes. En total, hi ha 27 paquets i 96 pilotes. Quants paquets hi ha de cada classe?

76 La Teresa vol veure quants diners té estalviats i compta un total de 34 € en monedes d'1 € i de 0,50 €. Si en total hi ha 50 monedes, quantes en té de cada classe?

77 En Xavier i l'Olga utilitzen el telèfon mòbil per escoltar música. En total, tenen gravades 400 cançons. Si en Xavier esborrés 25 cançons i les passés a l'Olga, tindria la tercera part de cançons que ella. Quantes cançons té cadascú?

78 Calcula dos nombres tals que la suma del primer més el triple del segon sigui 85 i que la diferència entre el quàdruple del primer i el doble del segon sigui 102.

79 Es duu a terme un estudi sobre el tipus de famílies que hi ha en una localitat. El grup *A* és el de les famílies formades per una parella i els fills; el grup *B*, el de les formades per una dona i els fills, i el grup *C*, el de les formades per un home i els fills. Se sap que:

- Del total de famílies, que és de 4500, 540 són famílies monoparentals.
- El percentatge de les famílies del grup *B* supera el percentatge de les del grup *C* en 6 punts.

Calcula el nombre de famílies de cada grup i els percentatges que representen.

80 L'Àngels i en Lluís busquen la manera de repartir de manera equitativa les tasques de la llar. Han decidit que en Lluís s'encarregui de fer la rentadora i planxar la roba i l'Àngels, de cuinar i fregar plats. A la taula es recullen els temps mitjans que s'inverteixen en les tasques esmentades.

Tasca	Temps mitjà (h)
Rentar i planxar la càrrega d'una rentadora.	1,5
Cuinar i fregar els plats d'un menjar.	1

La parella ha fet comptes aquesta última setmana i creu que, més o menys, han dedicat el mateix temps a aquestes tasques. Calcula el nombre de rentadores i el nombre d'àpats si el nombre d'àpats supera en dos el de les rentadores.

EL NOSTRE REPTE

Posa en òrbita nombres i incògnites

Aprèn sobre els primers viatges espacials

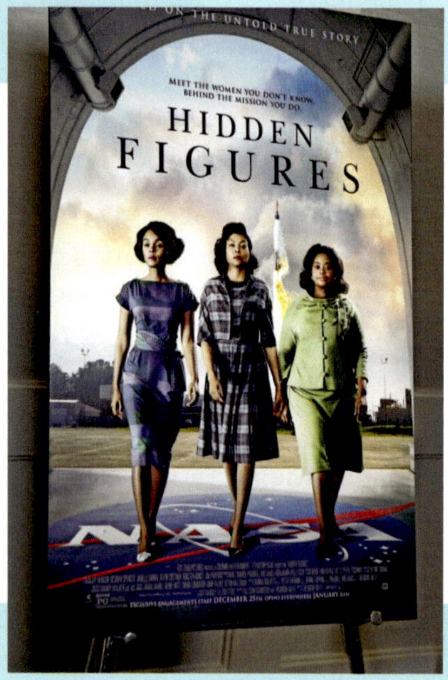

Pas 1

Posa't en context

La pel·lícula *Hidden figures* (2016) va fer més coneguda la història de les científiques afroamericanes Katherine G. Johnson, Dorothy Vaughan i Mary Jackson que van formar part de l'equip de calculistes de la NASA. Aquest equip estava compost en la seva totalitat per dones. En una dècada, la del 1960, en la qual les calculadores i els ordinadors ni s'assemblaven als que coneixem, aquestes dones van ser veritables calculadores humanes a la NASA.

Katherine Johnson va destacar especialment i va ascendir a l'equip d'enginyeria, de manera que així va iniciar una carrera brillant a la NASA. Busca'n informació i escriu-ne la biografia seguint les pautes del document descarregable.

Pas 2

Fes els teus càlculs

Abans del viatge a la Lluna, un gran èxit previ va ser aconseguir que John Glenn completés una òrbita completa al voltant de la Terra el 1962.

La velocitat orbital al voltant de la Terra segueix l'equació:

$$v_{orb}^2 = \frac{GM_T}{R_{orb}}$$

on G és la constant de gravitació universal; M_T, la massa de la Terra, i R_{orb}, el radi de l'òrbita.

- L'òrbita de la nau de Glenn estava situada a una distància de 13 190 km del centre de la Terra. A quina distància de la superfície de la Terra volava?
- Calcula a quina velocitat orbital es va produir el vol.
- Sabent que el vol va durar 4 h i 56 min, fes un càlcul aproximat de la distància lineal que va recórrer.

Pas 3

Treu conclusions

- T'imagines haver hagut de resoldre els problemes anteriors sense calculadora?
- Investiga sobre el paper actual de la dona a la NASA.

Com ha anat el repte? Entra i fes la teva valoració

EN RESUM

Equacions

- Una **equació** és una igualtat entre dues expressions algebraiques.
- Una **solució** d'una equació és un nombre real que, substituït en les incògnites, fa que es compleixi la igualtat.

Regla de la suma	Regla del producte
Si se suma un mateix nombre o expressió algebraica als dos membres d'una equació s'obté una altra equació equivalent a l'anterior.	Si es multipliquen o es divideixen els dos membres d'una equació per un mateix nombre o expressió algebraica diferent de zero, s'obté una equació equivalent a l'anterior.

Equacions de primer grau

- Les equacions de primer grau es resolen aplicant les regles de la suma i del producte.

Equacions de segon grau

- Es poden expressar en la **forma canònica**, $ax^2 + bx + c = 0$ amb $a \neq 0$.
- Si $b \neq 0$ i $c \neq 0$, l'equació és **completa**. Es resol amb la fórmula: $x = \dfrac{-b \pm \sqrt{b^2 - 4ac}}{2a}$
- L'equació incompleta $ax^2 + bx = 0$ es resol extraient factor comú i igualant a 0 cada factor.
- L'equació incompleta $ax^2 + c = 0$ es resol aïllant x^2. Les solucions, si n'hi ha, són les dues arrels quadrades, la positiva *i* la negativa.

Equacions de grau més gran que dos

- Algunes equacions de grau superior es poden resoldre **extraient factor comú.**
- Les equacions **biquadrades**, $ax^4 + bx^2 + c = 0$, es resolen com una de segon grau completa fent el canvi de variable $t = x^2$.

Sistemes d'equacions lineals

- Un **sistema d'equacions lineals** és un parell d'equacions de la forma $\begin{cases} ax + by = e \\ cx + dy = f \end{cases}$.
- Sistemes **compatibles determinats**: tenen una única solució.

  Sistemes **compatibles indeterminats**: tenen infinites solucions.

  Sistemes **incompatibles**: no tenen cap solució.
- Hi ha tres mètodes de resolució:

Mètode de substitució	Mètode d'igualació	Mètode de reducció
S'aïlla una incògnita d'una equació i se substitueix a l'altra equació.	S'aïlla la mateixa incògnita en totes dues equacions i s'igualen les expressions obtingudes.	Es multipliquen les equacions pels nombres adequats perquè els coeficients d'una de les incògnites siguin oposats i se sumen les equacions.

PRACTIQUEM

Activitats

1 **Mapa mental.** Organitza en un mapa mental els conceptes que has après.

2 Expressa mitjançant equacions els enunciats següents.

a. El producte de dos nombres consecutius és 342.

b. La suma d'un nombre i la seva quarta part és 180.

c. L'àrea d'un rectangle l'altura del qual és un terç de la base és 48 cm^2.

d. El volum d'una piràmide de base quadrada l'altura de la qual mesura el doble que el costat de la base és 18 cm^3.

3 Resol les equacions següents.

a. $3(x-1)+5x=-2x+27$

b. $\frac{x-1}{3}-\frac{x+4}{6}=x+\frac{2}{3}$

c. $2x(x-1)-4(x-3)=x+12$

d. $\frac{1}{2}x^2=\frac{1}{2}x+3$

4 Resol les equacions següents.

a. $x^2-2x-3=0$

b. $8x^2-10x-3=0$

c. $x^2-2x+1=0$

d. $4x^2+12x+9=0$

e. $3x^2-20x-7=0$

f. $x(x-4)=6$

5 Resol aquestes equacions.

a. $3x^2-48=0$

b. $2x^2-8x=0$

c. $20=5x^2$

d. $-x^2+15x=0$

e. $x^2+4=0$

f. $6x^2=x$

6 **Activitat resolta**

Resol l'equació següent sense desenvolupar el quadrat: $(x+7)^2=225$

Apliquem la definició d'arrel quadrada.

$$x+7=\pm\sqrt{225}=\pm15$$

$$\begin{cases} x+7=15 \Rightarrow x=8 \\ x+7=-15 \Rightarrow x=-22 \end{cases}$$

Les solucions són $x=8$ i $x=22$.

7 Resol les equacions següents sense desenvolupar els quadrats.

a. $(x+8)^2=100$

b. $(2x-2)^2=144$

c. $(3x+4)^2=361$

d. $(5x+2)^2=144$

8 Resol les equacions següents sense fer les multiplicacions.

a. $(3-6x)(4x+3)=0$

b. $(2x-2)(3x+1)=0$

c. $\left(\frac{3}{2}x-3\right)(4x+5)=0$

d. $\left(3-\frac{3}{5}x\right)\left(-\frac{2}{3}x-\frac{1}{9}\right)=0$

e. $2x(x-6)(2x-3)=0$

f. $(x+6)(x^2-9)=0$

9 Expressa aquestes equacions de segon grau en la forma canònica i resol-les.

a. $2x(3x-5)+7x=63$

b. $2x(x-3)+5(x+1)=7-x$

c. $4x(2-x)+x=0$

d. $\frac{2x(x-1)}{3}-\frac{x-1}{6}=\frac{-1}{12}$

e. $\frac{x}{2}+3x(x-1)=38$

f. $\frac{x^2+x}{2}-\frac{2x^2-3x}{4}+x=0$

10 Sense resoldre-les, indica el nombre de solucions de les equacions següents.

a. $2x^2+5x-3=0$

b. $3x^2+6x+17=0$

c. $9x^2+30x+25=0$

d. $-3x^2-6x+4=0$

e. $-\frac{1}{2}x^2=\frac{15}{4}$

f. $-3x^2=0$

11 **Activitat resolta**

Calcula els valors de k perquè l'equació $4x^2+kx+9=0$ tingui una única solució.

L'equació de segon grau té una única solució quan el seu discriminant és igual a 0.

$D=b^2-4ac=0 \Rightarrow k^2-4\cdot4\cdot9=0 \Rightarrow$

$\Rightarrow k^2=144 \Rightarrow k=\pm12$

L'equació té una única solució per als valors $k=12$ i $k=-12$.

12 Calcula el valor o valors de k perquè les equacions tinguin una única solució real.

a. $x^2 + 10x + k = 0$
c. $9x^2 + kx + 16 = 0$
b. $kx^2 + 24x + 16 = 0$
d. $kx^2 + 12x + 11 = 0$

13 Resol aquestes equacions.

a. $x^3 + 8x^2 + 12x = 0$
b. $2x^3 - 16x^2 + 32x = 0$

14 Utilitza un canvi de variable per resoldre les equacions següents.

a. $2x^4 + 5x^2 + 4 = 0$
c. $3x^4 - x^2 + 2 = 0$
b. $x^4 - 5x^2 - 36 = 0$
d. $x^4 + 2x^2 + 1 = 0$

15 El departament de física nuclear d'una universitat està compost per x dones i y homes; què signifiquen aquestes equacions?

a. $x + y = 38$
c. $x - 5 = y$
b. $x = y$
d. $x = 2y$

16 Relaciona cada sistema amb la seva solució.

I. $\begin{cases} x-3y=13 \\ -x+2y=-9 \end{cases}$
A. $(x=1,\ y=-4)$

II. $\begin{cases} x+y=8 \\ 3x=30 \end{cases}$
B. $(x=-3,\ y=3)$

III. $\begin{cases} -5x+2y=21 \\ x+5y=12 \end{cases}$
C. $(x=10,\ y=-2)$

17 Classifica els sistemes en funció del nombre de solucions.

a. $\begin{cases} 4x+6y=1 \\ 2x+3y=-1 \end{cases}$
c. $\begin{cases} 4x+y=1 \\ x-3y=-3 \end{cases}$

b. $\begin{cases} x+y=16 \\ 10x+10y=160 \end{cases}$
d. $\begin{cases} 3x+2y=1 \\ 5x-4y=-3 \end{cases}$

18 Resol gràficament aquests sistemes.

a. $\begin{cases} 2x+3y=16 \\ x-3y=-10 \end{cases}$
c. $\begin{cases} 5x-y=-3 \\ 3x+4y=-11 \end{cases}$

b. $\begin{cases} 2x+5y=-3 \\ -2x+3y=-5 \end{cases}$
d. $\begin{cases} -3x+2y=17 \\ 4x+5y=8 \end{cases}$

19 Classifica els sistemes segons el nombre de solucions. Indica la solució dels que tinguin una única solució.

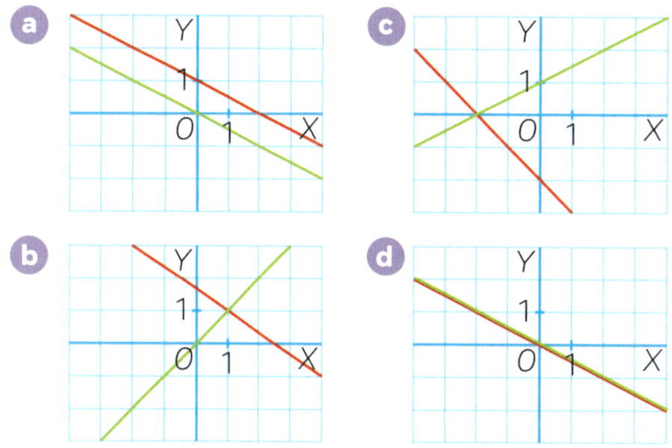

20 Resol els sistemes següents.

a. $\begin{cases} x+y=-5 \\ x-2y=7 \end{cases}$
d. $\begin{cases} 4x+3y=-6 \\ 5x+3y=-9 \end{cases}$

b. $\begin{cases} 7x-3y=16 \\ x=y \end{cases}$
e. $\begin{cases} 2x+5y=-6 \\ 2x+3y=0 \end{cases}$

c. $\begin{cases} 5x-2y=24 \\ 4x+y=30 \end{cases}$
f. $\begin{cases} 3x-5y=22 \\ 2x+3y=13 \end{cases}$

Problemes

21 El costat més petit d'un rectangle mesura 4 cm menys que el seu costat més gran. Se sap que l'àrea és de 480 cm^2. Calcula les dimensions i el perímetre del rectangle.

22 La diferència entre l'alçada de la Clàudia i el seu germà petit, en Xavier, és de 0,25 m. La suma del doble de l'alçada de la Clàudia més l'estatura d'en Xavier és de 4,70 m. Quant mesura cada germà?

23 La distància entre la font i l'estàtua que hi ha a la cantonada d'aquest parc rectangular és de 14,5 m. El costat més gran mesura 1 m més que el costat més petit.

Calcula la superfície del parc.

24 Activitat resolta

L'edat de l'Eugènia és el triple que l'edat de la seva filla, la Vera. D'aquí a 12 anys l'edat de l'Eugènia serà el doble que la de la Vera. Quina edat té cadascuna actualment?

Organitzem la informació en una taula.

	Edat avui	Edat d'aquí a 12 anys
Eugènia	$3x$	$3x + 12$
Vera	x	$x + 12$

Plantegem l'equació:

$3x + 12 = 2(x + 12) \Rightarrow 3x + 12 = 2x + 24 \Rightarrow x = 12$

La Vera té 12 anys i l'Eugènia, 36.

Comprovem que, efectivament, d'aquí a 12 anys, l'Eugènia tindrà 48 anys, que és el doble dels 24 anys que tindrà la Vera.

25 L'edat d'en Jordi és el triple que la que té el seu fill. Fa deu anys, les seves edats sumaven 28 anys. Quina edat té cada un?

26 Fa 6 anys, l'edat d'en Pau era el triple que la de l'Andreu i, d'aquí a 6 anys, només serà el doble. Quina edat tenen en l'actualitat?

27 D'un dipòsit d'aigua es gasta un vuitè la primera setmana del mes. La segona setmana es gasta un terç del que quedava i, la tercera, els últims 7000 L. Si en començar el mes el dipòsit estava totalment ple, quina n'és la capacitat?

28 Per excavar un túnel de 3,5 km es triga quatre mesos. El primer mes s'excava la meitat del que s'excava el segon, però el doble del que s'excava el tercer. L'últim mes s'excava la quarta part del que es va fer els tres anteriors. Quants metres s'excaven cada mes?

29 Un circuit de 110 km amb bicicleta té quatre etapes. A la segona etapa, es recorre el doble de quilòmetres que a la primera i, a la tercera, la meitat dels recorreguts a les dues primeres. Si a la quarta etapa es recorren 20 km, quants quilòmetres té cada etapa?

30 Activitat resolta

Es disposa d'un cafè de qualitat extra a 9 €/kg i un altre de qualitat mitjana a 7 €/kg. Es volen obtenir 20 kg de barreja a 8,50 €/kg. Com s'ha de fer la mescla?

Organitzem la informació en una taula:

	kg	€
Cafè de qualitat extra	x	$9x$
Cafè de qualitat mitjana	y	$7y$
Barreja	$x + y$	$9x + 7y$

Plantegem el sistema.

$$\begin{cases} x+y=20 \\ 9x+7y=20\cdot 8,5 \end{cases} \Rightarrow \begin{cases} x+y=20 \\ 9x+7y=170 \end{cases}$$

La solució és $x = 15$, $y = 5$.

Cal posar a la barreja 15 kg de cafè de qualitat extra i 5 kg de cafè de qualitat mitjana.

Comprovem que amb aquestes quantitats tenim 20 kg de mescla a:

$$9 \cdot 15 + 7 \cdot 5 = 170 \text{ €}$$

31 Es vol barrejar oli d'alta qualitat, el preu del qual és 8 €/L, amb oli de qualitat inferior, a 5 €/L, per obtenir 12 L de barreja que es vendrà a 6,25 €/L. Quina quantitat d'oli de cada tipus es necessita?

32 Es barreja detergent de 2,5 €/L amb un altre el preu del qual és de 2,7 €/L. Troba la quantitat de detergent de cada classe que es necessita per obtenir 100 L de barreja de 2,55 €/L.

33 Una empresa construirà un hotel amb habitacions individuals i habitacions dobles. Els propietaris han decidit que el nombre d'habitacions individuals ha de ser la meitat que el d'habitacions dobles. La superfície de cada habitació individual és de 12 m² i la de cada habitació doble, de 20 m². La superfície total de l'hotel és de 1 202 m², dels quals 630 m² corresponen a zones comunes diferents de les habitacions. Quantes habitacions de cada tipus es construiran?

34 Un hexàgon verifica que té tres angles de la mateixa amplitud i que els altres tres també són iguals entre si, però 30° més grans que els anteriors. Calcula la mesura dels sis angles. Pista: observa en quants triangles es pot dividir el polígon.

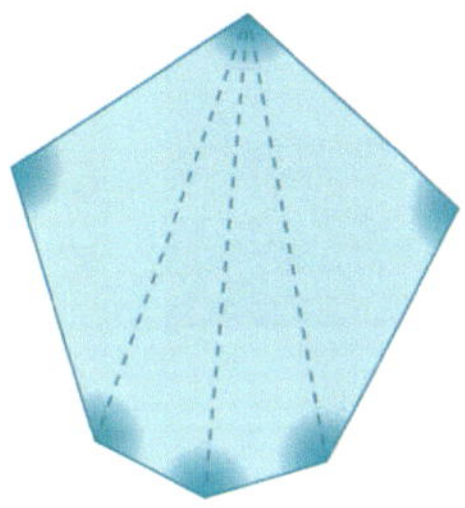

35 S'anomena distància de frenada d'un cotxe la distància que recorre des que es prem el fre fins que queda totalment aturat. Aquesta distància es pot calcular mitjançant la fórmula:

$$d = \frac{v}{5} + \frac{v^2}{150}$$

on d és la distància de frenada en metres i v és la velocitat que porta el cotxe en quilòmetres per hora.

a. Calcula la distància de frenada d'un cotxe que porta una velocitat de 90 km/h.

b. Calcula la velocitat que porta un cotxe la distància de frenada del qual és de 52,5 m.

36 Un jurat literari està format per 20 persones entre dones i homes. Si es duplica el nombre d'homes al jurat, hi ha 28 persones.

Esbrina el nombre de dones i d'homes que el componen.

Comprova el que has après

1 Resol les equacions de primer grau següents.

a. $2(x-3)+5(x+1)=x+29$

b. $\frac{5-x}{2}-\frac{x+3}{6}=\frac{9-x}{4}-\frac{6x+2}{16}$

2 Resol aquestes equacions de segon grau.

a. $x^2+2x+15=0$

b. $3x^2+2x=0$

c. $x^2-12x+36=0$

d. $3x^2-9=0$

3 Resol aquestes equacions biquadràtiques.

a. $9x^4-37x^2+4=0$

b. $x^4-2x^2+1=0$

4 Resol les equacions següents sense fer les multiplicacions.

a. $x(x-2)(x+5)=0$

b. $(x+5)(x-3)^2=0$

5 Resol cada sistema mitjançant el mètode que s'indica.

a. $\begin{cases} 2x-y=3 \\ 3x+2y=1 \end{cases}$ Gràficament

b. $\begin{cases} -3x-2y=-8 \\ 2x+3y=2 \end{cases}$ Igualació

c. $\begin{cases} 3x-2y=21 \\ 4x+y=17 \end{cases}$ Reducció

d. $\begin{cases} 2x-3y=10 \\ 3x+2y=2 \end{cases}$ Substitució

6 En un taller en el qual arreglen rodes hi ha 10 vehicles entre cotxes i motos. El total de rodes que tenen aquests vehicles, sense comptar les de recanvi, és de 32. Quants cotxes i quantes motos hi ha? Resol el problema plantejant un sistema d'equacions.

7 Un alpinista porta a terme una travessa durant 4 dies. El primer dia recorre un terç del trajecte; el segon dia, una cinquena part; el tercer avança una sisena part, i l'últim dia camina els 30 km finals.

Quina ha estat la distància total que ha recorregut?

Les meves competències | Autoavaluació

3.4 Funcions: models per estudiar la realitat

COMENCEM!

Camí de l'autoconsum

L'autoconsum elèctric ajuda a la lluita contra el canvi climàtic reduint l'empremta de CO_2. També suposa un estalvi a la factura elèctrica, millora la gestió de la demanda elèctrica particular i, per si no n'hi hagués prou, ajuda a crear llocs de treball verds.

A finals del 2021, Espanya va assolir per primera vegada els 1000 MW d'autoconsum elèctric. L'objectiu és arribar als 9 GW el 2030.

- Saps en què consisteix l'autoconsum elèctric?
- Hi ha alguna instal·lació d'autoconsum al teu entorn?
- Quantes vegades és més gran una energia de 9 GW que una de 1000 MW?

APRENEM!

1. Respectar el torn de paraula.
2. Identificar funcions i reconèixer-ne els elements.
3. Analitzar gràfiques de funcions estudiant-ne les propietats.
4. Representar funcions lineals i quadràtiques i fer-les servir per modelitzar situacions reals.
5. Reflexionar sobre el nostre procés d'aprenentatge.
6. Prendre consciència de la importància d'estalviar energia.

EL NOSTRE REPTE

Prenent el sol

Valoraràs la possibilitat de fer una instal·lació solar d'autoconsum en un habitatge, veure si és possible estalviar amb aquest recurs i quant es tardaria a fer que aquest estalvi fos efectiu.

Som-hi!

1 Quin tipus de relacions són les funcions?

Correspondències i funcions

1 **Aprenc a pensar.** Què saps sobre funcions? Què més creus que necessites saber?

2 Es fa correspondre cada nombre d'un conjunt inicial amb el seu oposat. Com es podria representar aquesta correspondència en els diagrames de Venn de la imatge?

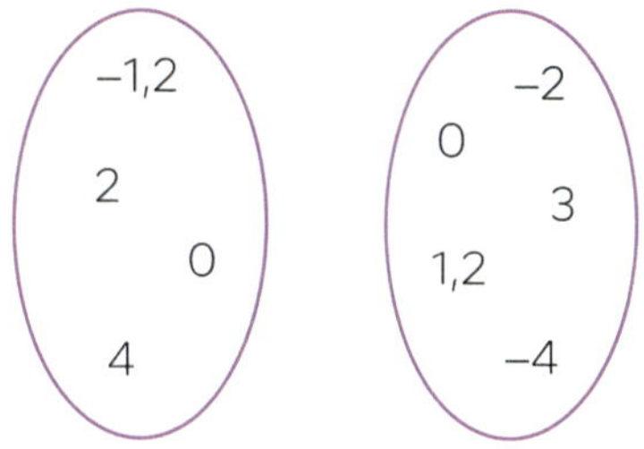

Una **correspondència** és qualsevol relació que es vulgui establir entre els elements de dos conjunts. El conjunt de partida s'anomena **conjunt inicial** i el d'arribada, **conjunt final**.

Una **funció** és una **correspondència** entre dos conjunts en la qual a cada element del conjunt inicial li correspon un **únic valor** del conjunt final.

- Els elements del conjunt inicial formen la **variable independent**.
- Els elements del conjunt final formen la **variable dependent** o **imatge**.

Exemples

- El primer diagrama mostra la correspondència entre un grup de persones i els idiomes que estudien. Aquesta correspondència **no és una funció** perquè a alguns elements del conjunt inicial els corresponen diversos elements del conjunt final.

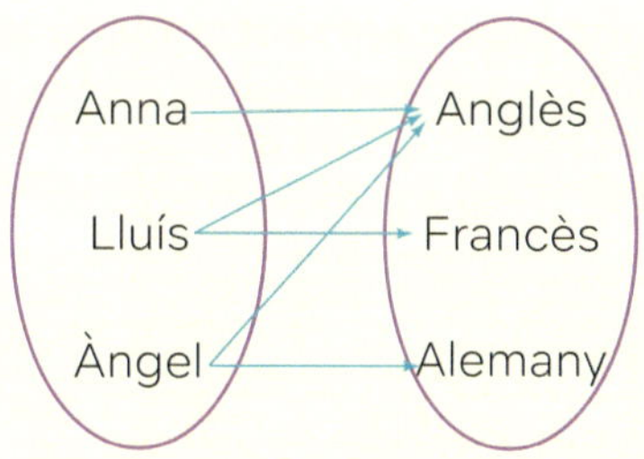

- El segon diagrama mostra la correspondència entre un nombre i el seu doble. Aquesta correspondència **sí que és una funció**, perquè a cada element del conjunt inicial li correspon un únic element del conjunt final. Els nombres del conjunt inicial formen la variable independent i els del final, la variable dependent.

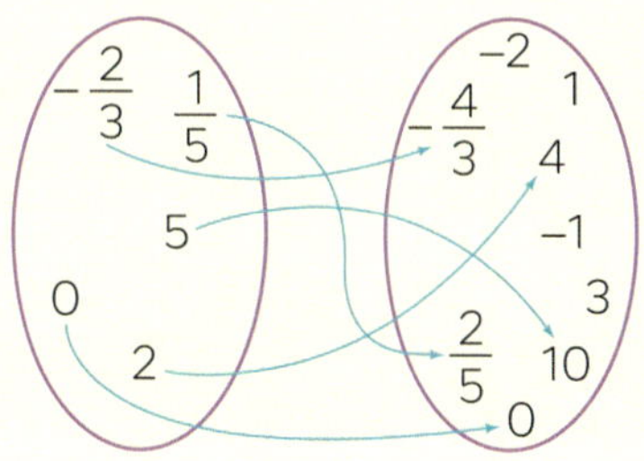

3 **Assenyala quines d'aquestes correspondències són funcions. En cas afirmatiu, indica la variable dependent i independent.**

a. A cada nombre real li correspon la seva meitat.

b. A cada equació de segon grau li corresponen les seves solucions.

c. A cada professor li corresponen els seus alumnes.

d. A cada nombre li corresponen els seus divisors.

Una **funció** d'una variable es pot expressar mitjançant:

- Una **fórmula** $y = f(x)$.
- Una **taula de valors**, que es pot construir donant valors a x i substituint-los en la fórmula per obtenir els valors de y.
- Una **gràfica**, que és la representació en els eixos de coordenades dels punts (x, y) on $y = f(x)$.

4 Activitat resolta

L'àrea d'un quadrat s'expressa com $y = x^2$. Identifica les variables dependent i independent, construeix una taula de valors i traça la gràfica.

El costat del quadrat és la variable independent, representada per x. L'àrea és la variable dependent, representada per y.

Costat x	Àrea $y = x^2$	(x, y)
1	1	(1, 1)
2	4	(2, 4)
3	9	(3, 9)

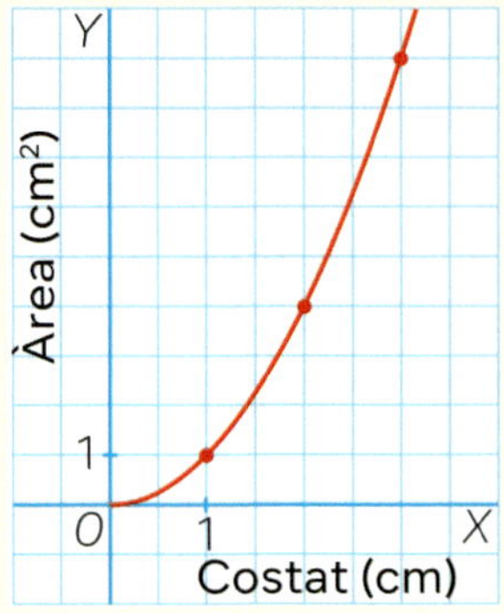

(Al document descarregable s'explica com es pot resoldre l'exercici amb GeoGebra.)

5 Representa les funcions donades a partir d'aquestes taules.

a.

x	−2	−1	0	1	2	5
y	−10	−5	0	5	10	25

b.

x	−3	−2	−1	0	1	2
y	8	3	0	−1	0	3

6 Calcula la fórmula i representa les funcions. Comprova el resultat amb GeoGebra.

a. El volum d'un cilindre en funció de la seva altura, si la base té una superfície de $2\,m^2$.

b. La funció que representa el benefici d'un producte si es ven a quatre vegades el seu cost.

7 Activitat resolta

Explica si cadascuna de les gràfiques següents representa o no a una funció.

a

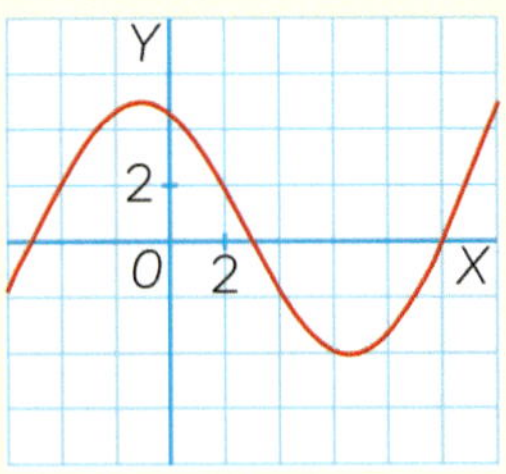

b

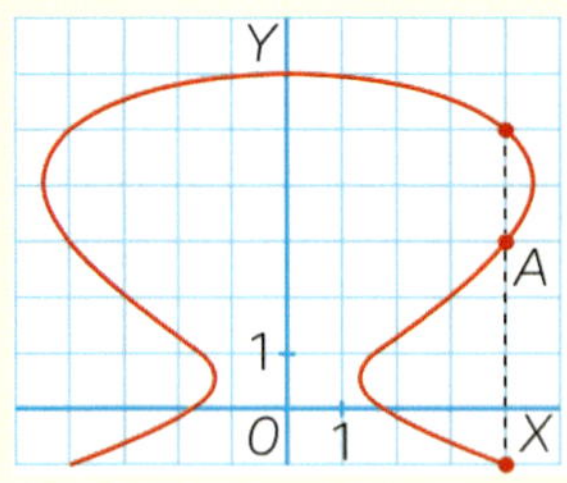

a. Sí que és una funció perquè a cada valor de x li correspon un únic valor de y.

b. No és una funció. Per exemple, al valor $x = 4$ li corresponen $y = -1$, $y = 3$ i $y = 5$.

8 Indica si les gràfiques següents representen funcions i explica per què.

a

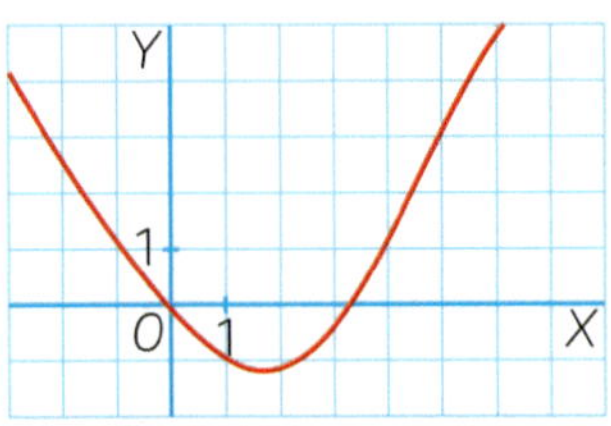

b

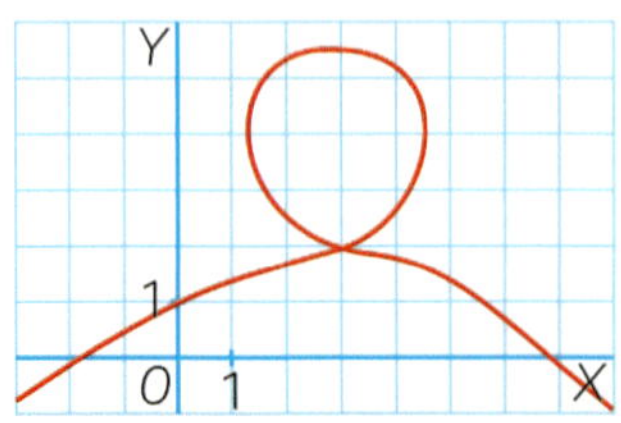

Domini i recorregut d'una funció

El **domini** d'una funció és el conjunt de valors que pot prendre la variable independent. Es pot representar per $D(f)$.

El **recorregut** d'una funció és el conjunt dels valors que pren la variable dependent. Es pot representar per $R(f)$.

Exemple

La gràfica següent representa la distància a casa (variable dependent) en funció del temps (variable independent) durant un viatge amb cotxe.

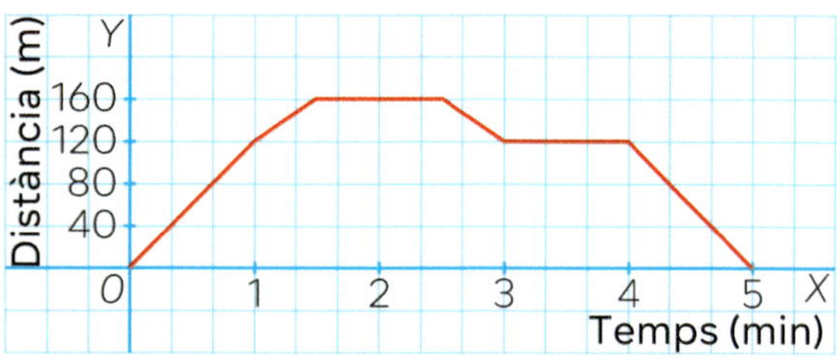

- El domini és el conjunt de valors que pren el temps, és a dir, l'interval [0, 5].
- El recorregut és el conjunt de valors que pren la distància, és a dir, l'interval [0, 160].

9 **L'Oliver va sortir d'excursió a les 10 am. Va caminar una bona estona, es va parar a descansar a la vora d'un riu, va seguir el passeig i es va aturar a menjar sota un avet. Després, va tornar a casa.**

a. Quant de temps va estar aturat a la vora del riu?
b. A quina distància de casa seva era l'avet?
c. Quant de temps va estar menjant?
d. Quants quilòmetres va caminar en total, l'Oliver?
e. La gràfica pertany a una funció? Per què?
f. Quin és el domini de la funció?
g. Quin és el seu recorregut?

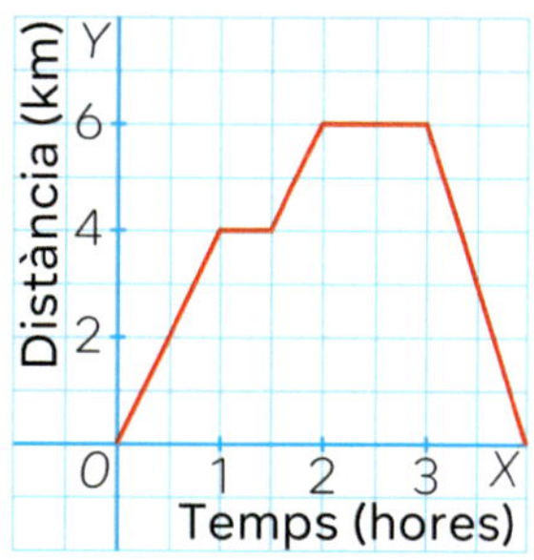

10 **La taula mostra les distàncies recorregudes per una corredora durant 12 segons.**

t (s)	0	3	4	6	10	12
d (m)	0	21	28	42	70	84

Escriu una fórmula que expressi la distància recorreguda en funció del temps i representa gràficament la funció. Quin és el seu domini i el seu recorregut?

11 **La dosi d'un medicament és de 0,3 g per cada 2 kg de massa del pacient fins a un màxim de 15 g.**

a. Quants grams ha de prendre un nen que pesa 10 kg? I un de 30 kg? I una persona de 70 kg?
b. A partir de quin pes es pren la dosi màxima?
c. Fes una taula de valors i representa la gràfica de la dosi en funció del pes del pacient. Quin és el domini? I el recorregut?

12 **Una olla amb aigua a 10 °C es posa al foc. La temperatura de l'aigua comença a augmentar de manera constant 8 °C per minut fins als 100 °C. Determina una funció que modelitzi la situació. Quin és el seu domini i el seu recorregut?**

13 En Julià té un contracte d'electricitat en el qual el preu del kWh depèn de si és dia feiner o cap de setmana i també depèn de l'interval horari. Com que vol estalviar, està canviant els hàbits per consumir menys durant les hores en què l'electricitat és més cara.

En Julià registra mensualment l'energia consumida, el preu d'aquesta energia i el preu total, que inclou el cost fix per potència contractada, el lloguer del comptador i els impostos.

a. Calcula, aproximant els cèntims, el preu mitjà per kWh que ha pagat cada mes.

b. Fes una gràfica que mostri l'evolució al llarg d'aquests quatre mesos del preu mitjà pagat per kWh. Indica'n el domini i el recorregut.

c. La mare d'en Julià té un contracte amb tarifa fixa anual i paga 0,15 €/kWh durant tot l'any. Hauria estalviat en Julià amb aquesta tarifa?

Mes	Consum (kWh)	Preu per energia consumida (€)	Preu total (€)
1	225	54,62	74,68
2	228	46,32	69,93
3	156	26,71	50,81
4	179	26,86	50,77

Funcions definides a trossos

Una **funció definida a trossos** és una funció que té fórmules diferents a diferents regions del domini.

14 Activitat resolta

Una empresa de missatgeria cobra 2 € per paquet, més una quantitat que depèn del pes, com es mostra a la taula. Escriu la funció i representa-la.

Pes (g)	De 0 a 400	Més de 400
Preu (€)	0,01	0,02

La funció que ens dona el preu depenent del pes és:

$$f(x)=\begin{cases}2+0{,}01x & \text{si } 0<x\leq 400\\ 2+0{,}02x & \text{si } x>400\end{cases}$$

Fem una taula de valors per a cada tros. Utilitzem els valors dels extrems, 0 i 400, estiguin o no inclosos en l'interval estudiat.

$0<x\leq 400$	
x	$y=2+0{,}01x$
0	2
200	4
400	6

$x>400$	
x	$y=2+0{,}02x$
400	10
600	14
800	18

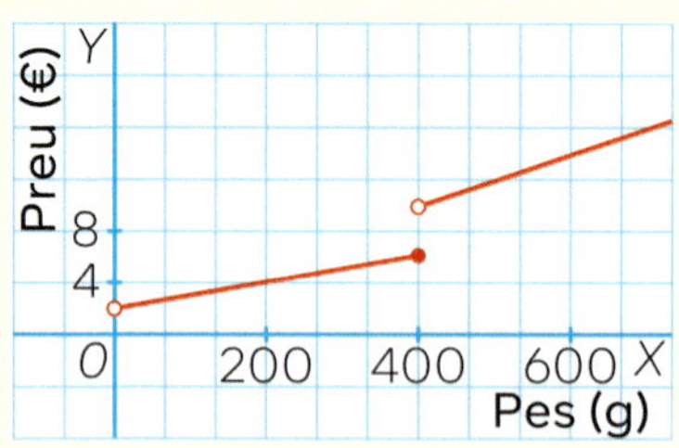

Com que $x = 0$ no pertany al primer tros, el punt (0, 2) es marca amb un cercle "buit".

Com que $x = 400$ pertany al primer tros, el punt (400, 6) es representa amb un cercle "ple", mentre que el punt (400, 10) es representa amb un cercle "buit".

(Al document descarregable s'explica com es poden representar funcions a trossos amb GeoGebra).

15 Representa les funcions a trossos següents i comprova el resultat amb GeoGebra.

a. $f(x)=\begin{cases}x+1 & \text{si } x\leq 1\\ -2x+3 & \text{si } x>1\end{cases}$

b. $f(x)=\begin{cases}-2x+5 & \text{si } x\leq 1\\ x+2 & \text{si } x>1\end{cases}$

c. $f(x)=\begin{cases}x+1 & \text{si } x\leq 1\\ 2 & \text{si } 1<x\leq 5\\ -x+6 & \text{si } x>5\end{cases}$

2 Quins aspectes són importants en analitzar una gràfica?

Continuïtat

16 Observa les gràfiques de les funcions.

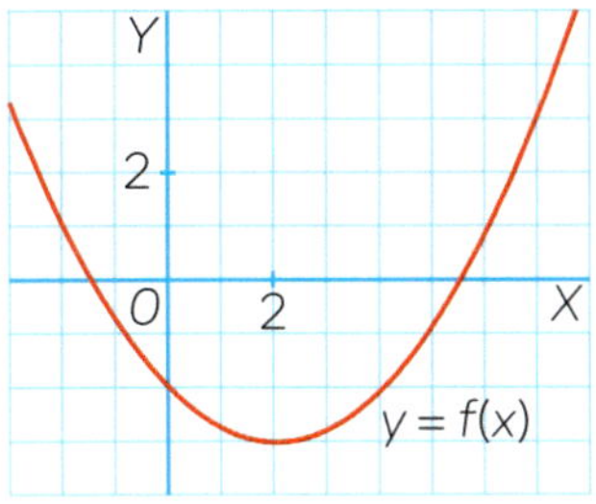

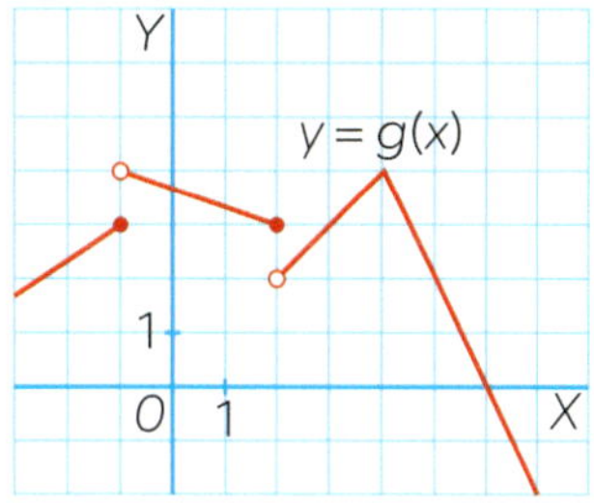

Es podrien dibuixar sense aixecar el llapis del paper?

Una funció és **contínua** si la seva gràfica no té salts. Si una funció no és contínua, els valors de la variable independent en els quals presenta salts s'anomenen **discontinuïtats**.

Exemple

Estudiarem la continuïtat de les funcions següents.

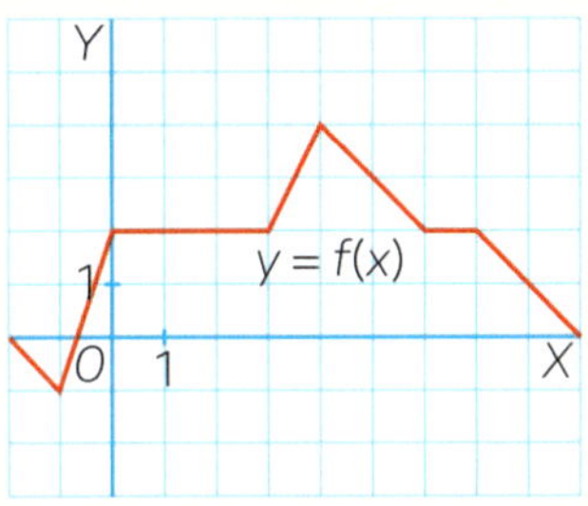

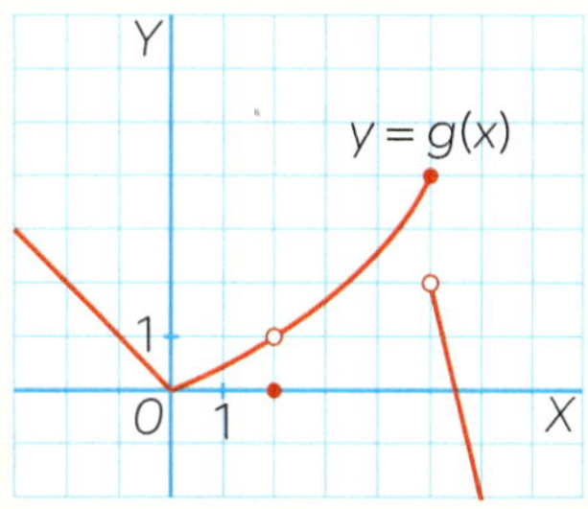

La funció $f(x)$ és contínua, la seva gràfica no té salts.

La funció $g(x)$ no és contínua. Presenta discontinuïtats en $x = 2$ i en $x = 5$.

17 Les funcions següents són contínues? Si no ho són, indica'n les discontinuïtats.

a

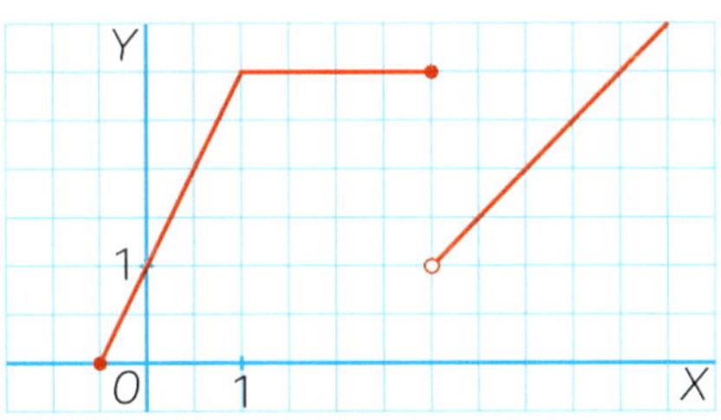

b

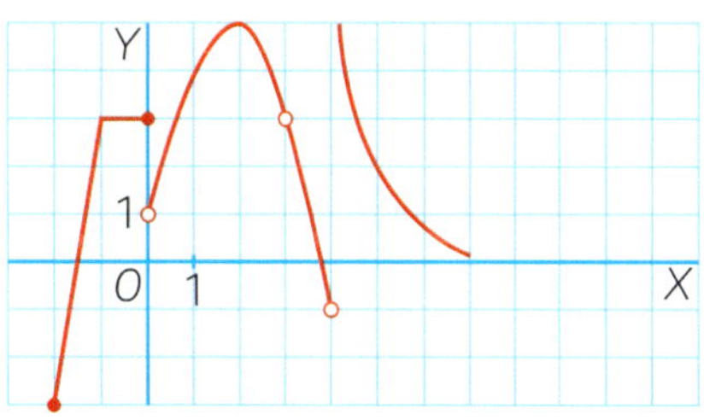

18 En una tarifa telefònica, els dos minuts inicials costen 0,50 €. A partir de llavors, cada minut o fracció costa 0,10 €. Representa gràficament el preu en funció del temps per als primers 10 minuts de conversa i, en cas que no sigui una funció contínua, indica on presenta les discontinuïtats.

19 Una companyia elèctrica ofereix la tarifa mensual següent, pensada per a empreses que han de consumir molta energia.

- Els primers 200 kWh consumits es cobren a 0,25 €/kWh.
- A partir d'aquí, el preu és de 0,10 €/kWh.

Escriu la funció que determina el preu en funció del consum, representa-la i estudia'n la continuïtat.

Periodicitat

Una funció és **periòdica** si els seus valors es repeteixen cada cert interval de la variable independent. La longitud de l'interval esmentat s'anomena **període** i es representa per T.

$$f(x) = f(x + T)$$

Exemple

La gràfica mostra l'altura que assoleix la cabina d'una roda de fira en funció del temps.

Podem observar que:

- $f(1) = f(3) = f(5)$
- $f(0,5) = f(2,5) = f(4,5)$

És a dir, cada dues unitats de temps es repeteix el mateix valor de l'altura.

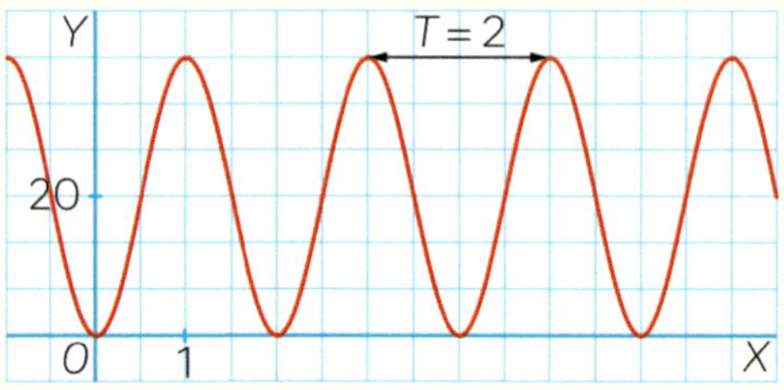

20 Completa la gràfica fins a $x = 20$ si se sap que el seu període és $T = 7$.

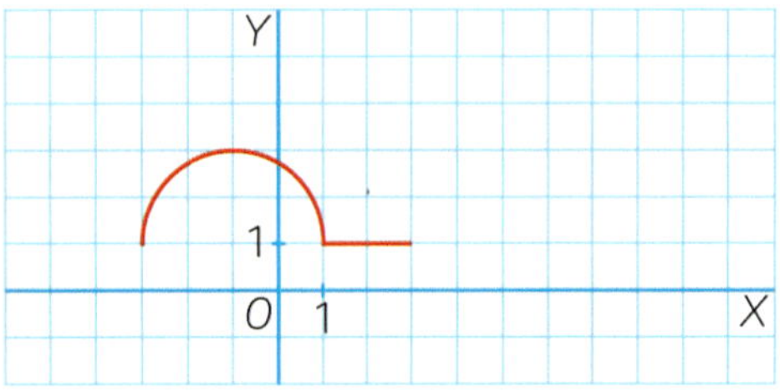

21 Observa la gràfica de la funció següent i contesta les qüestions.

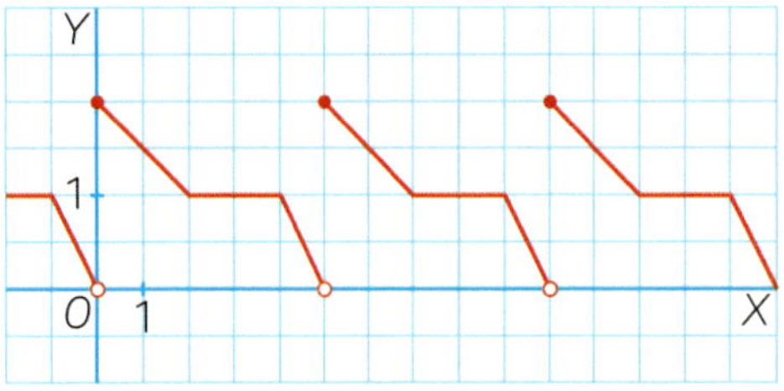

a. És periòdica?

b. En cas afirmatiu, quin és el període de la funció?

c. Calcula $f(23)$, $f(-7)$ i $f(1342)$.

22 La gràfica següent correspon a una funció periòdica de període $T = 6$.

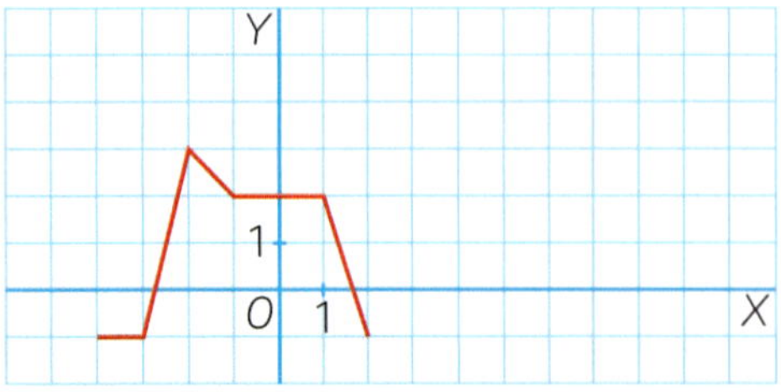

a. Representa uns altres dos períodes de la gràfica de la funció.

b. Quin és el recorregut de la funció?

c. Troba $f(1)$, $f(-2)$, $f(0)$, $f(27)$ i $f(-31)$.

d. En quins punts de l'interval [60, 70] el valor de la funció és $y = -1$?

Simetria

Una **funció parella** és una funció que, per a qualsevol x del seu domini, compleix $f(-x) = f(x)$.

La seva gràfica és **simètrica respecte de l'eix d'ordenades**.

Una **funció senar** és una funció que, per a qualsevol x del seu domini, compleix $f(-x) = -f(x)$.

La seva gràfica és **simètrica respecte de l'origen de coordenades**.

Exemples

A la gràfica observem que $f(-1) = f(1)$, $f(-2) = f(2)$, ..., $f(-x) = f(x)$

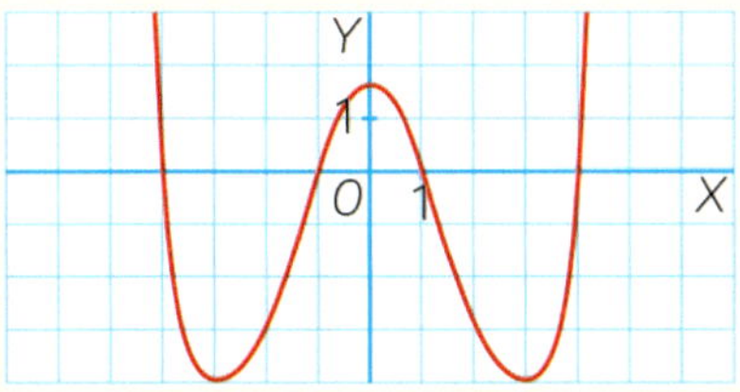

La funció és parella i la seva gràfica és simètrica respecte de l'eix Y.

A la gràfica observem que $f(-1) = -f(1)$, $f(-2) = -f(2)$, ..., $f(-x) = -f(x)$

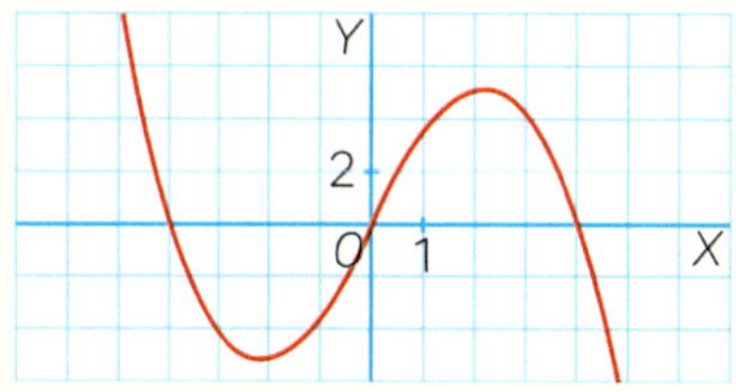

La funció és senar i la seva gràfica és simètrica respecte de l'origen de coordenades.

23 **Indica si les gràfiques corresponen a funcions parelles o senars.**

a 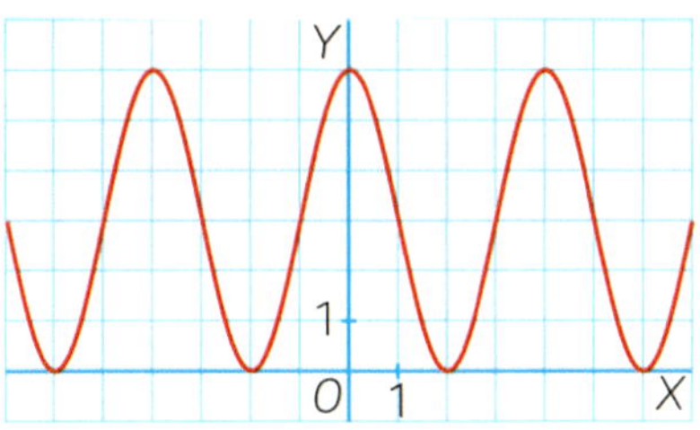

b 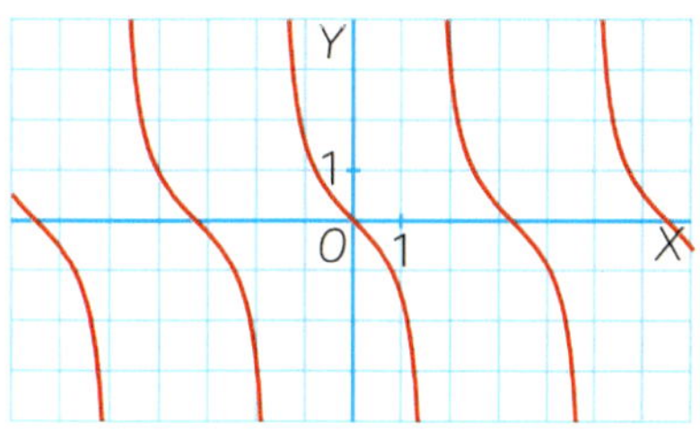

24 **Completa les gràfiques següents perquè cadascuna de les funcions sigui:**

a Parell

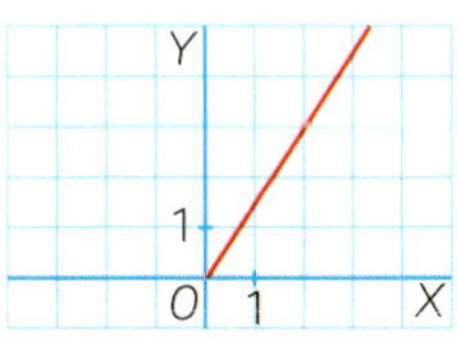

b Senar

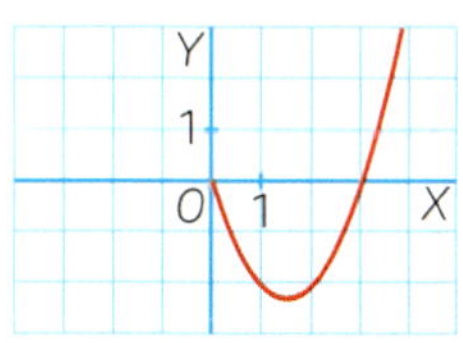

25 **Activitat resolta**

Determina, sense representar les gràfiques, si $f(x) = x^2 - 1$, $g(x) = x^5 + x$, $h(x) = x + 3$ són parelles, senars o no són simètriques.

- Per a $f(x) = x^2 - 1$, tenim que: $f(-x) = (-x)^2 - 1 = x^2 - 1 = f(x)$

  És a dir, $f(-x) = f(x)$, per tant, f és una funció parella.
- Per a $g(x) = x^5 + x$, tenim que: $g(-x) = (-x)^5 + (-x) = -x^5 - x = -(x^5 + x) = -g(x)$

  És a dir, $g(-x) = -g(x)$, per tant, g és una funció senar.
- Per a $h(x) = x + 3$, tenim que: $h(-x) = -x + 3$

  L'expressió no coincideix amb $h(x)$ ni amb $-h(x)$, per tant, h no és simètrica.

26 **Decideix, sense representar-les, si les funcions són parelles, senars o no són simètriques.**

a. $f(x) = 3x^5 + 2x$

b. $g(x) = 2x^3 - 3x^2 - 4x$

c. $h(x) = x^2 + 2$

Creixement i decreixement

S'anomena **taxa de variació** de la funció *f* en l'interval [*a*, *b*] la diferència entre els valors que pren la funció en *a* i en *b*:

$$TV\,f[a, b] = f(b) - f(a)$$

Una funció és **creixent** si, en augmentar els valors de la variable independent, els valors de la variable dependent augmenten o es mantenen. A tots els intervals [*a*, *b*] del domini es compleix: $TV\,f[a, b] \geq 0$	**Exemple:** 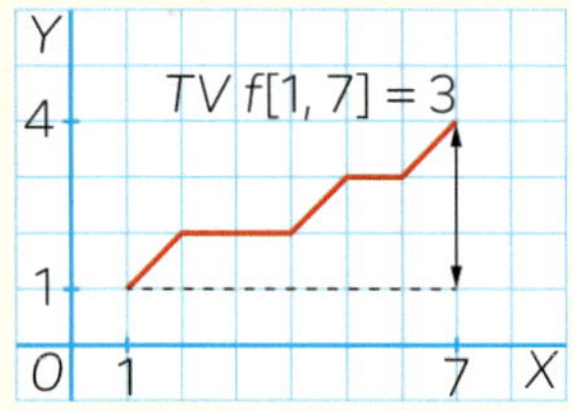
Una funció és **decreixent** si, en augmentar els valors de la variable independent, els valors de la variable dependent disminueixen o es mantenen. A tots els intervals [*a*, *b*] del domini es compleix: $TV\,f[a, b] \leq 0$	**Exemple:** 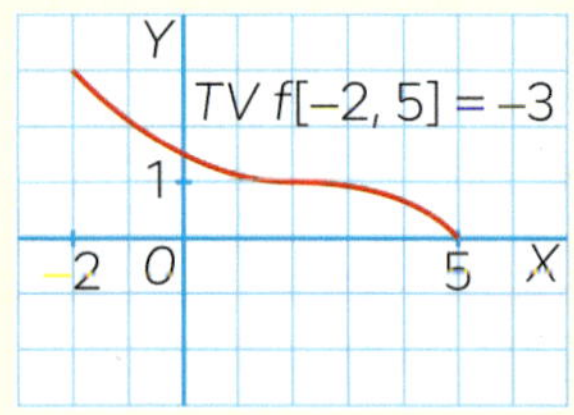
Una funció és **constant** si, en augmentar els valors de la variable independent, els valors de la variable dependent no canvien. A tots els intervals [*a*, *b*] del domini es compleix: $TV\,f[a, b] = 0$	**Exemple:** 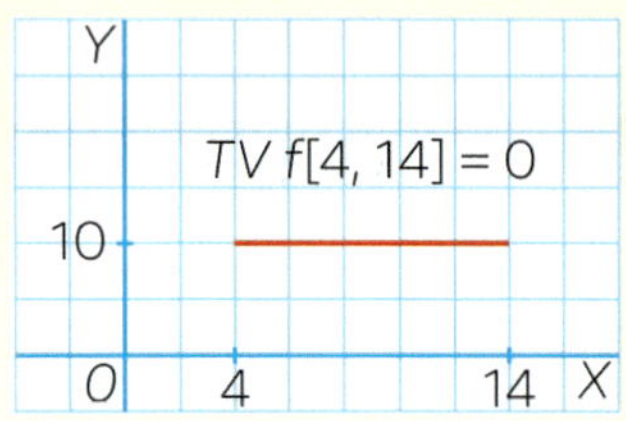

27 L'endocrí d'en Carles fa un seguiment de la seva estatura, de manera que el mesura cada 15 dies.

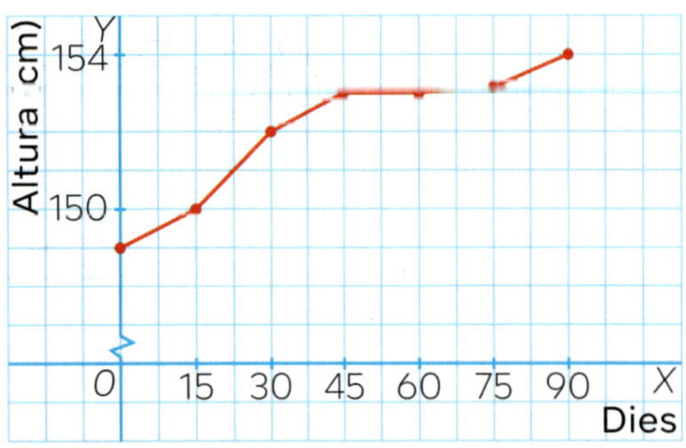

a. La funció és creixent o decreixent?

b. Hi ha algun interval en què l'altura s'hagi mantingut constant?

c. Utilitza les taxes de variació per calcular quant va créixer en Carles els primers 45 dies i durant el període complet de 90 dies.

28 Activitat resolta

Estudia els intervals de creixement i decreixement d'aquesta funció:

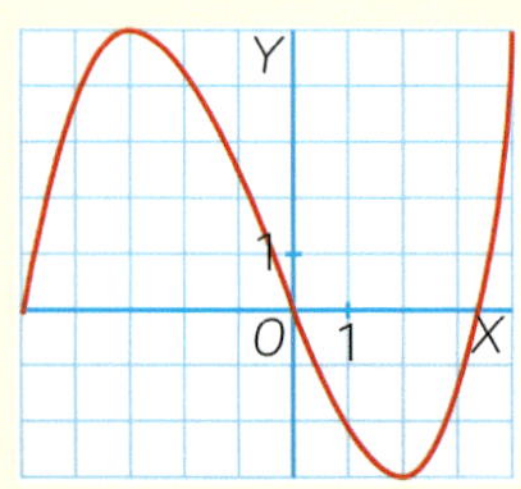

La funció és decreixent entre $x = -3$ i $x = 2$, és a dir, en l'interval $(-3, 2)$.

La funció és creixent fins a $x = -3$, és a dir, en $(-\infty, -3)$ *i* a partir de $x = 2$, és a dir, en $(2, +\infty)$. Per expressar que és creixent en dues semirectes utilitzem el símbol de la unió de conjunts $\cup$. Així, diem que la funció és creixent en $(-\infty, -3) \cup (2, +\infty)$.

29 **Estudia els intervals de creixement i decreixement d'aquestes funcions.**

a

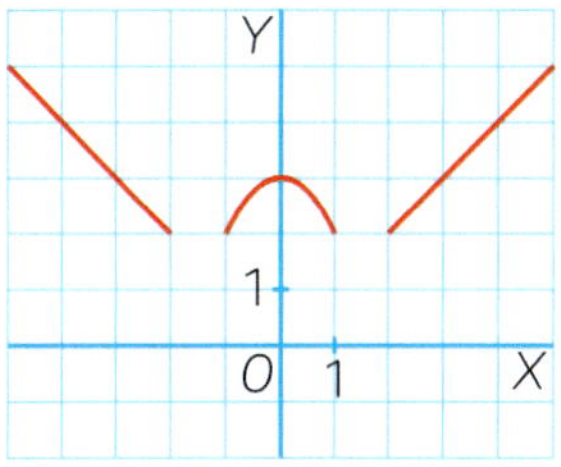

b

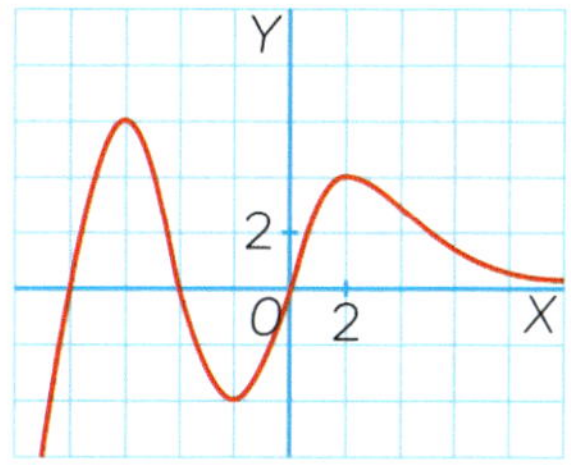

Màxims i mínims

Una funció té un **màxim relatiu** en $x = a$ si en aquest valor la funció canvia de creixent a decreixent. Si a més $f(a)$ és el valor més gran que pren la funció, diem que la funció té un **màxim absolut** en $x = a$.

Una funció té un **mínim relatiu** en $x = a$ si en aquest valor la funció canvia de decreixent a creixent. Si a més $f(a)$ és el valor més petit, es diu que té un **mínim absolut** en $x = a$.

Exemple

- La funció de la gràfica és creixent en $(10, 50) \cup (80, +\infty)$ i decreixent en $(0, 10) \cup (50, 80)$.
- Té un màxim en $x = 50$ perquè canvia de creixent a decreixent. És un màxim relatiu perquè el valor de la funció en aquest punt no és el més alt del domini.
- Té mínims en $x = 10$ i $x = 80$ perquè la funció canvia de decreixent a creixent. El mínim en $x = 10$ és relatiu i el mínim en $x = 80$ és absolut perquè en $x = 80$ la funció pren el valor més baix del domini.

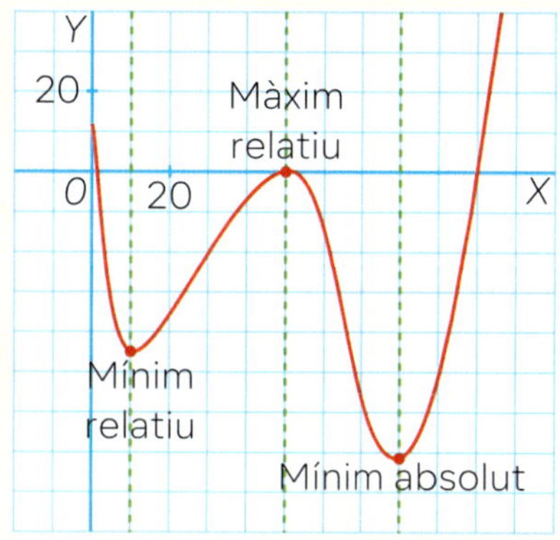

30 **Indica els intervals de creixement i decreixement i les coordenades dels màxims i mínims absoluts i relatius de les funcions següents.**

a

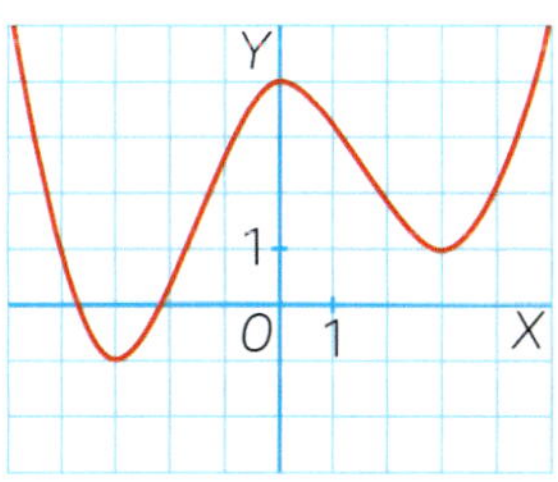

b

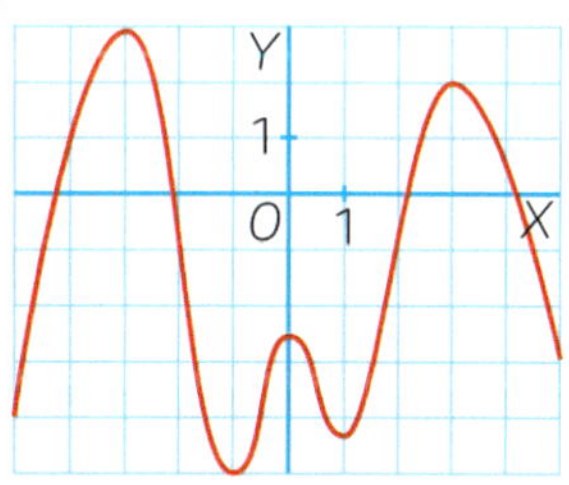

31 **La taula mostra el preu mitjà anual de l'electricitat al mercat a l'engròs entre el 2015 i el 2021 (Font: OMIE).**

Any	2015	2016	2017	2018	2019	2020	2021
Preu (€/MWh)	50	40	52	57	48	34	69

a. Representa gràficament les dades.
b. Expressa mitjançant intervals entre quins anys el preu va augmentar o va disminuir.
c. Quan va pujar més, entre el 2014 i el 2015 o entre el 2020 i el 2021? Calcula les taxes de variació.
d. Localitza els màxims i els mínims de la gràfica.

Què t'ha aportat aquesta activitat?

3 Quines funcions es representen gràficament com a rectes?

Funcions lineals

Una **funció lineal** és una funció de la forma $y = mx + n$. La seva representació gràfica és una recta de **pendent** m i **ordenada en l'origen** n.

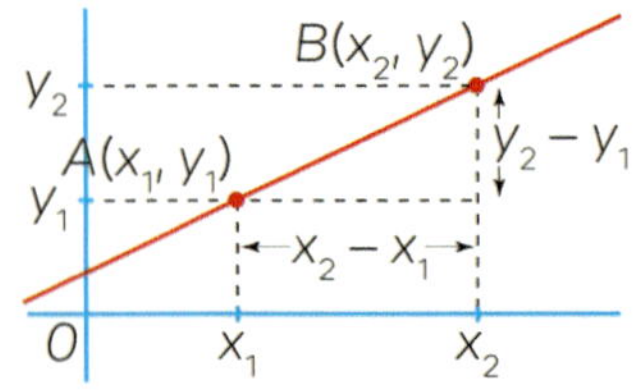

- El **pendent** d'una recta és una mesura de la seva inclinació. Considerant dos punts de la recta $A(x_1, y_1)$ i $B(x_2, y_2)$, el seu pendent és el quocient:

$$m = \frac{y_2 - y_1}{x_2 - x_1}$$

- El signe del pendent determina el creixement o decreixement.

$m > 0$

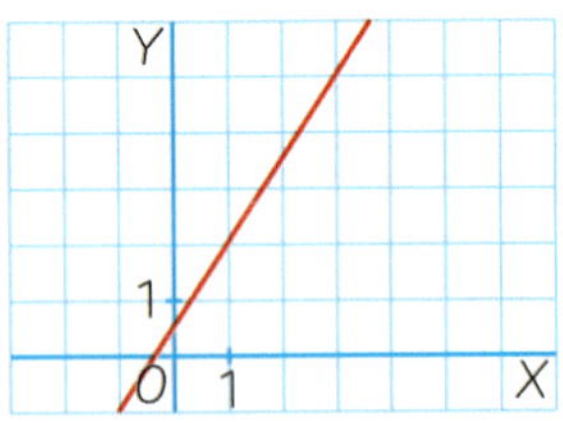

Funció **creixent**

$m < 0$

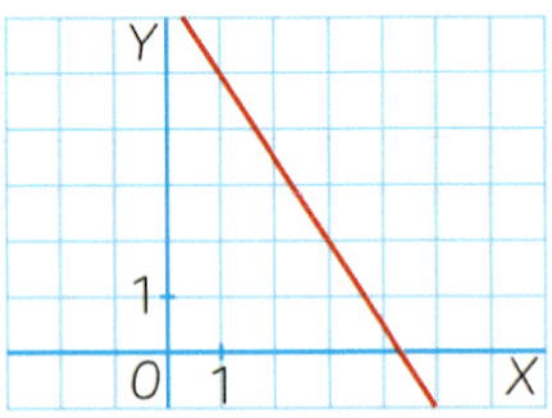

Funció **decreixent**

$m = 0$

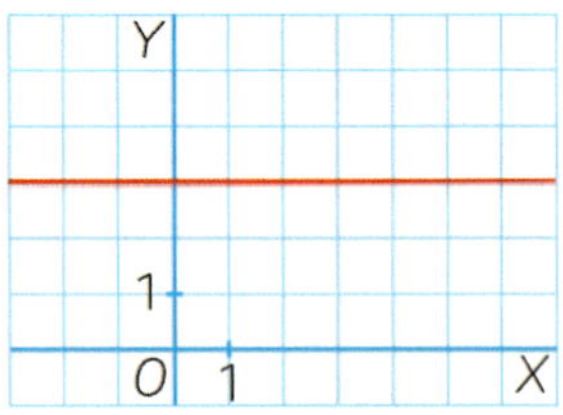

Funció **constant**

- L'**ordenada en l'origen** indica que la recta talla l'eix Y en el punt (0, n).
- La funció lineal $y = mx$ s'anomena **funció de proporcionalitat directa**. El pendent és la constant de proporcionalitat i l'ordenada en l'origen és 0, per la qual cosa la recta passa per l'origen.

Exemple

La funció $y = -\frac{3}{2}x + 2$ és una funció lineal.

- El pendent és $m = -\frac{3}{2}$. Com que és negativa, la recta és decreixent, com podem observar a la gràfica. També veiem el significat gràfic del quocient $m = \frac{y_2 - y_1}{x_2 - x_1}$.
- L'ordenada en l'origen és $n = 2$; veiem a la gràfica que la recta talla l'eix Y en (0, 2).

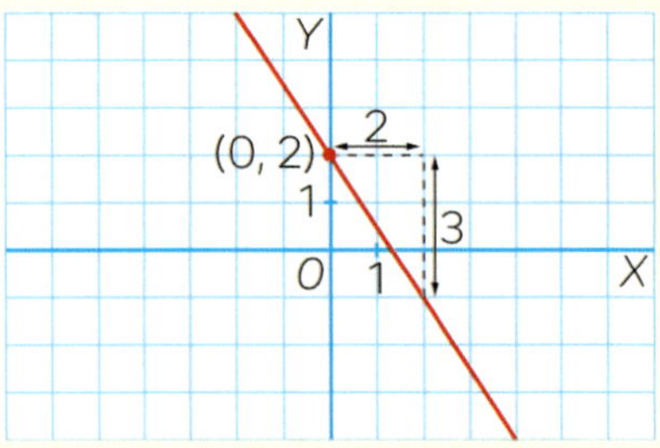

32 **Comprova que la funció $f(x) = 2(x + 3) - 5(x + 1)$ és lineal. Indica'n el pendent i l'ordenada en l'origen i representa-la gràficament.**

33 **Cerca la fórmula de les funcions lineals donades per les taules següents. Quins són de proporcionalitat directa?**

a.

x	−4	0	4	8
$f(x)$	−1	0	1	2

b.

x	−4	0	4	8
$f(x)$	14	10	6	2

c.

x	−4	0	4	8
$f(x)$	6	6	6	6

d.

x	−4	0	4	8
$f(x)$	−3	5	13	21

34 Activitat resolta

Calcula el pendent de la recta que passa pels punts $A(1, 2)$ i $B(5, -1)$ i indica si és creixent o decreixent.

Apliquem la fórmula, prenent com a x_1 i y_1 les coordenades de A i com a x_2 i y_2 les de B.

$$m = \frac{y_2 - y_1}{x_2 - x_1} = \frac{-1-2}{5-1} = -\frac{3}{4} < 0$$

Com que el pendent és negatiu, la recta és decreixent.

35 Calcula el pendent de la recta que passa pels punts $A(-1, 2)$ i $B(7, 3)$ i indica si és creixent o decreixent.

36 Representa la recta que passa pels punts $A(1, 4)$ i $B(3, 0)$. Quin és el seu pendent? És creixent?

37 En Jordi entrena els 200 metres lliures de natació i ha recollit els temps que ha fet a la taula.

Temps (s)	0	15	30	45	60	75
Espai recorregut (m)	0	25	50	75	100	125

Expressa l'espai recorregut en funció del temps. És una funció lineal? De quin tipus?

38 Activitat resolta

Una sala de cinema ofereix un abonament anual de 50 €. Amb aquest abonament, l'entrada costa 5 €, mentre que sense estar-hi abonat costa 9 €. Quantes vegades cal anar al cinema en un any perquè compensi estar-hi abonat?

La despesa en un any en funció del nombre de vegades x que anem al cinema és:

- Amb abonament: $y = 5x + 50$
- Sense abonament: $y = 9x$

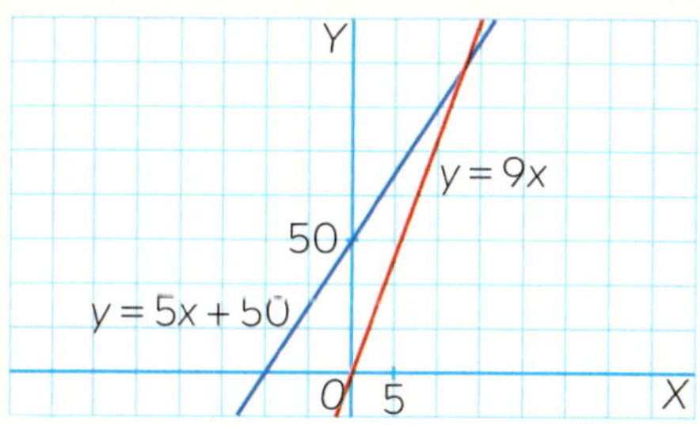

A la gràfica, veiem que a partir d'un determinat valor de x és més rendible estar-hi abonat. Aquest valor és el punt de tall de les rectes, és a dir, la solució del sistema d'equacions.

$$\begin{cases} y = 5x + 50 \\ y = 9x \end{cases} \Rightarrow 5x + 50 = 9x \Rightarrow 50 = 4x \Rightarrow x = \frac{50}{4} = 12{,}5$$

Si anem al cinema 13 vegades a l'any o més surt més barat estar-hi abonat.

39 En Julià farà una reforma a casa seva i considera les empreses següents.

Representa les funcions que permeten calcular el preu segons les hores treballades. Què ha de tenir en compte en Julià per triar l'empresa?

40 MAT-TIC Practica la comparació de tarifes lineals amb l'interactiu de GeoGebra *Companyies telefòniques*.

4 I si aprenem diferents maneres d'expressar L'equació d'una recta?

Equacions de la recta

41 La Inés ha d'anar de casa a l'escola passant pel parc. Representa la trajectòria en una quadrícula i explica què es descriu amb l'equació $x - 3y + 3 = 0$. Té raó?

Pista: Comprova si les coordenades dels punts *A*, *B* i *C* verifiquen l'equació.

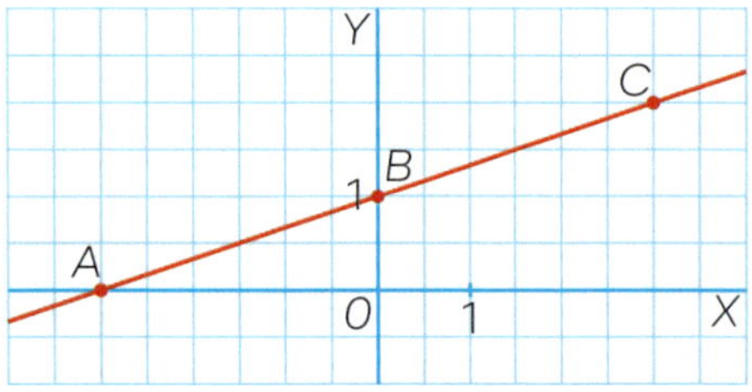

Una **equació de la recta** és una equació que compleixen les coordenades *x* i *y* de tots els punts de la recta.

Exemple

Per comprovar si els punts $A(-100, -199)$ i $B(2, 3)$ pertanyen a la recta $y = 2x + 1$, substituïm les coordenades de *A* i *B* en l'equació i veiem si la verifiquen.

- $2 \cdot (-100) + 1 = -199 \Rightarrow$ El punt *A* pertany a la recta.
- $2 \cdot 2 + 1 = 5 \neq 3 \Rightarrow$ El punt *B* no pertany a la recta.

Per trobar un punt de la recta donem un valor qualsevol a *x* i el substituïm a l'equació per trobar *y*.

- Si $x = 7 \Rightarrow y = 2 \cdot 7 + 1 = 15 \Rightarrow$ El punt $(7, 15)$ pertany a la recta.

42 Comprova si els punts $A(8, 3)$ i $B(-1, -5)$ pertanyen a la recta $y = 3x - 2$.

43 Troba tres punts que pertanyin a la recta $y = \frac{3}{2}x + 1$.

44 MAT-TIC Cerca l'equació de la recta variant el pendent i l'ordenada en l'origen amb l'interactiu de GeoGebra *Analitza l'equació de la recta.*

L'**equació d'una recta** es pot escriure de diverses maneres:

- **Equació explícita.** L'equació explícita de la recta de pendent *m* i ordenada en l'origen *n* és:

$$y = mx + n$$

- **Equació de la recta que passa per dos punts.** L'equació de la recta que passa pels punts $A(x_1, y_1)$ i $B(x_2, y_2)$ és:

$$\frac{y - y_1}{y_2 - y_1} = \frac{x - x_1}{x_2 - x_1}$$

- **Equació punt-pendent.** L'equació punt-pendent de la recta que passa pel punt $A(x_1, y_1)$ i té pendent *m* és:

$$y - y_1 = m(x - x_1)$$

- **Equació general o implícita.** És l'equació de la recta escrita de la manera següent:

$$ax + by + c = 0$$

45 Activitat resolta

Escriu l'equació general de les rectes següents.

a. **Recta de pendent $m = \frac{1}{2}$ i ordenada en l'origen $n = -1$.**

b. **Recta que passa pels punts $A(2, -3)$ i $B(1, 5)$.**

c. **Recta de pendent $m = -2$ que passa pel punt $A(7, -4)$.**

a. Amb el pendent i l'ordenada en l'origen podem escriure l'equació explícita. Després traiem denominadors, passem tot al primer membre i reordenem.

$$m = \frac{1}{2}, n = -1 \Rightarrow y = \frac{1}{2}x - 1 \Rightarrow 2y = x - 2 \Rightarrow x - 2y - 2 = 0$$

b. Podem utilitzar l'equació de la recta que passa per dos punts. Després traiem denominadors, passem al primer membre i reordenem.

$$\frac{y-(-3)}{5-(-3)} = \frac{x-2}{1-2} \Rightarrow \frac{y+3}{8} = \frac{x-2}{-1} \Rightarrow -y-3 = 8x-16 \Rightarrow 8x+y-13 = 0$$

c. Utilitzem l'equació punt-pendent, traiem parèntesi i operem.

$$y - (-4) = -2(x - 7) \Rightarrow y + 4 = -2x + 14 \Rightarrow 2x + y - 10 = 0$$

46 En cada cas, escriu una equació de la recta que et resulti senzilla i després opera per obtenir l'equació general.

a. Recta que passa pels punts $A(-1, -1)$ i $B(2, 3)$.

b. Recta que passa pel punt $A(1, 5)$ i té pendent $m = 2$.

c. Recta que passa pel punt $A\left(0, \frac{1}{6}\right)$ i té pendent $m = \frac{1}{3}$.

47 Activitat resolta

Obtingues el pendent i l'ordenada en l'origen de la recta $\frac{y-3}{2} = \frac{x+1}{5}$.

Operem fins a aïllar la variable y per obtenir l'equació explícita.

$$\frac{y-3}{2} = \frac{x+1}{5} \Rightarrow 5y - 15 = 2x + 2 \Rightarrow 5y = 2x + 17 \Rightarrow y = \frac{2x+17}{5} \Rightarrow y = \frac{2}{5}x + \frac{17}{5}$$

Per tant, el pendent de la recta és $m = \frac{2}{5}$ i l'ordenada en l'origen és $n = \frac{17}{5}$.

48 Obtingues el pendent i l'ordenada en l'origen de les rectes següents.

a. $\frac{y+1}{4} = \frac{x-2}{3}$ **b.** $3x + 2y - 3 = 0$ **c.** $y - 3 = 5(x - 4)$

49 Obtingues l'equació general de la recta que passa pels punts donats.

a. $A(3, 0)$ i $B(0, 3)$ **b.** $A(2, -1)$ i $B(5, 2)$

50 Troba l'equació general de les rectes que tenen el pendent i passen pel punt que s'indica a cada apartat.

a. $m = 3$, $A(1, 7)$ **b.** $m = -3$, $B(0, 2)$

51 Quin és el pendent de la recta que té ordenada en l'origen $n = -1$ i que passa pel punt $A(2, 0)$?

Posicions relatives de les rectes

52 MAT-TIC Practica amb l'interactiu de GeoGebra *Posicions relatives de dues rectes.*

Dues rectes són **paral·leles** si tenen el mateix pendent. En cas contrari són **secants** i es tallen en un punt.

53 Activitat resolta

Estudia les posicions relatives dels parells de rectes següents.

a. $\begin{cases} r: 5x+y-3=0 \\ s: 10x+2y=0 \end{cases}$ **b.** $\begin{cases} r: 2x+y-3=0 \\ s: y=x-6 \end{cases}$

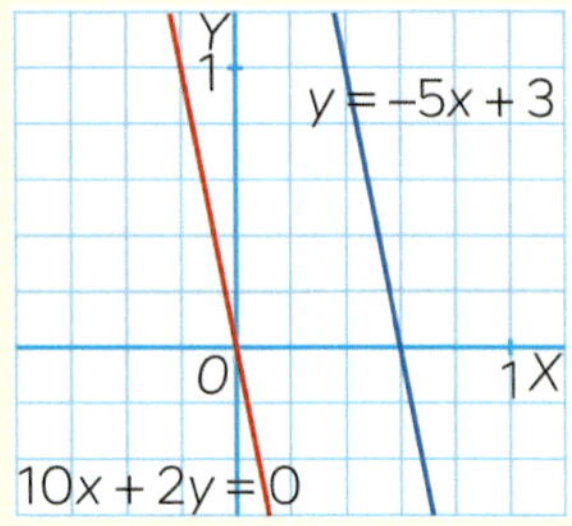

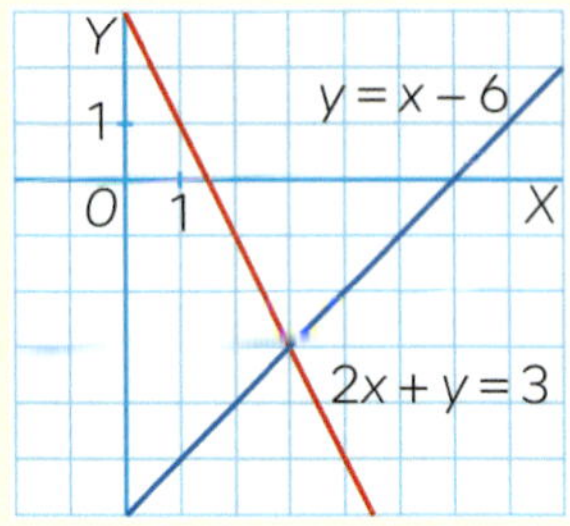

a. $\begin{cases} r: 5x+y-3=0 \Rightarrow y=-5x+3 \Rightarrow m_r=-5 \\ s: 10x+2y=0 \Rightarrow y=-5x \Rightarrow m_s=-5 \end{cases}$

Com que els pendents són iguals, les rectes són paral·leles.

b. $\begin{cases} r: 2x+y-3=0 \Rightarrow y=-2x+3 \Rightarrow m_r=-2 \\ s: y=x-6 \Rightarrow m_s=1 \end{cases}$

Com que els pendents són diferents, les rectes són secants.
El punt de tall és la solució del sistema:
$-2x+3=x-6 \Rightarrow x=3 \Rightarrow y=-3$
Les rectes es tallen en el punt (3, –3).

54 **Indica si les rectes són paral·leles o secants i, en cas que siguin secants, troba el punt on es tallen.**

a. $\begin{cases} r: -x+y=3 \\ s: 3x+2y=-4 \end{cases}$ **b.** $\begin{cases} r: 2x+y=5 \\ s: -6x-3y=9 \end{cases}$ **c.** $\begin{cases} r: -3x+6y=4 \\ s: 2x-4y=7 \end{cases}$ **d.** $\begin{cases} r: x+2y+1=0 \\ s: -4y=8 \end{cases}$

55 Activitat resolta

Troba l'equació general de la recta paral·lela a la recta r: $3x-y+5=0$ que passa pel punt $A(1, 7)$.

Escrivim r en forma explícita per obtenir-ne el pendent: $y=3x+5 \Rightarrow m_r=3$

La recta que busquem és paral·lela a r, per la qual cosa també té pendent 3. La seva equació explícita serà de la forma: $y=3x+n$

Per calcular n substituïm les coordenades de A en l'equació: $7=3\cdot 1+n \Rightarrow n=4$

La recta buscada és $y=3x+4$. L'escrivim en forma general: $3x-y+4=0$.

56 **Troba les equacions de rectes següents.**

a. Recta paral·lela a r: $x-2y-7=0$ que passa pel punt $A(2, -3)$.

b. Recta paral·lela a s: $y+3=0$ que passa pel punt $B(-1, 0)$.

57 **Considerant les rectes $r: \frac{1}{2}x+2$, s: $y=-2x+17$, t: $3x+8y-16=0$, troba l'equació de la recta que passa pel punt de tall de r i s, i és paral·lela a t.**

58 **Calcula k perquè es compleixin les condicions indicades.**

a. Que les rectes r: $2x-y+1=0$ i s: $x+ky-5=0$ siguin paral·leles.

b. Que les rectes r: $-x+5y+3=0$ i s: $kx+2y-5=0$ siguin secants.

5 I si la funció és un polinomi de segon grau?

Funcions quadràtiques

59 MAT-TIC Comença a familiaritzar-te amb les funcions quadràtiques amb el GeoGebra *Treballa amb els coeficients de la funció quadràtica.*

a. Com s'anomena la corba?

b. Té màxims o mínims?

c. Què passa en modificar el lliscador a?

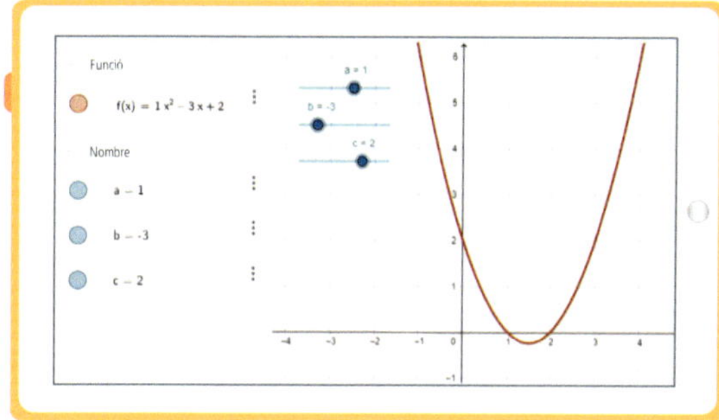

Les **funcions quadràtiques** són funcions de la forma $f(x) = ax^2 + bx + c$, on els coeficients a, b i c són nombres reals i $a \neq 0$.

- La gràfica d'una funció quadràtica és una corba que s'anomena **paràbola**.
- Tenen sempre un màxim o un mínim absolut anomenat **vèrtex** de la paràbola.
- L'**eix de simetria** de la paràbola és la recta vertical que passa pel vèrtex.
- Tenen **un únic punt de tall amb l'eix d'ordenades**.
- Poden tenir **cap**, **un o dos punts de tall amb l'eix d'abscisses**.

Exemple

Les funcions $f(x) = x^2 - 6x + 11$ i $g(x) = -x^2 + 8x - 2$ són funcions quadràtiques. En representar gràficament aquestes funcions obtenim les paràboles següents.

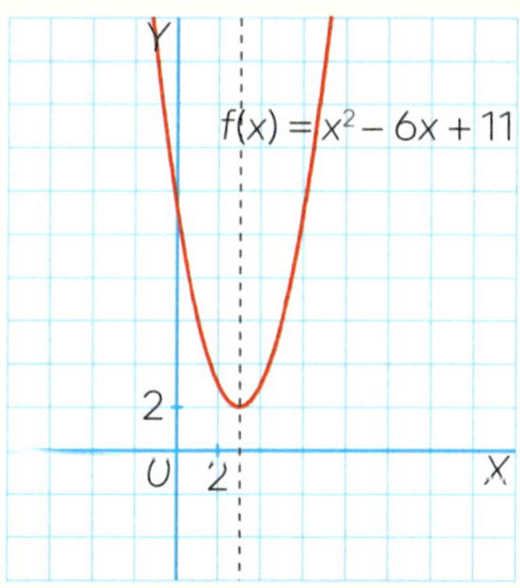

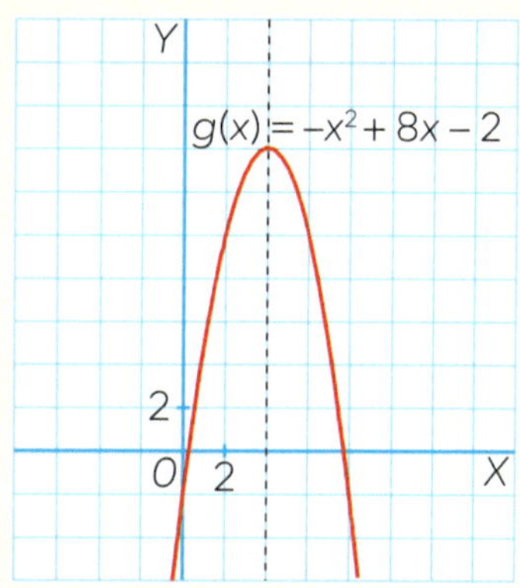

- La paràbola s'obre cap amunt.
- El seu vèrtex és un mínim absolut.
- Té un punt de tall amb l'eix Y.
- No té punts de tall amb l'eix X.
- És simètrica respecte de la recta vertical que passa pel seu vèrtex.

- La paràbola s'obre cap avall.
- El seu vèrtex és un màxim absolut.
- Té un punt de tall amb l'eix Y.
- Té dos punts de tall amb l'eix X.
- És simètrica respecte de la recta vertical que passa pel seu vèrtex.

60 Observa la gràfica i contesta les preguntes.

a. Correspon a una funció quadràtica? Per què?

b. El seu vèrtex és un màxim o un mínim absolut? Observes alguna cosa especial en la seva posició?

c. Quants punts de tall amb l'eix d'abscisses té?

d. Quina relació hi ha entre la posició del vèrtex i el nombre de punts de tall amb l'eix d'abscisses?

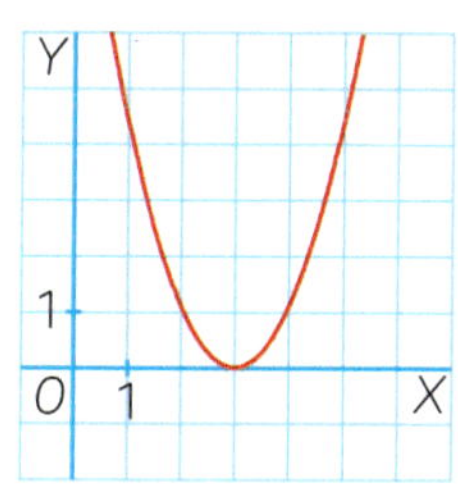

61 Activitat resolta

Observa la paràbola i contesta les preguntes.

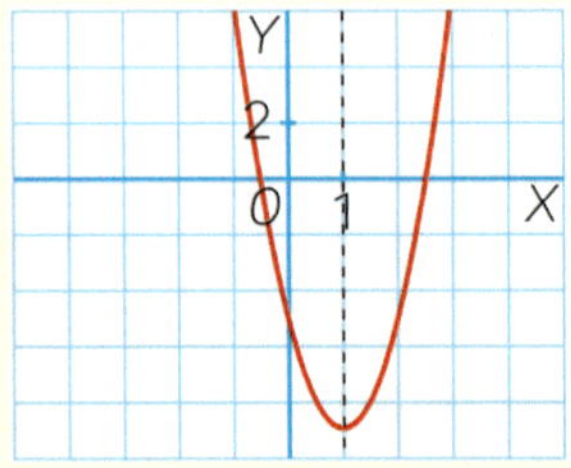

a. Quin és el vèrtex? És un màxim o un mínim absolut?

b. Talla l'eix *X*? En quins punts?

c. Quin és el punt de tall amb l'eix *Y*?

d. Quina és l'equació del seu eix de simetria?

a. El vèrtex és el punt (1, –9). És un mínim absolut.

b. Té dos punts de tall amb l'eix *X*: (–0,5; 0) i (2,5; 0)

c. El punt de tall amb l'eix *Y* és (0, –5).

d. L'equació de l'eix de simetria és $x = 1$.

62 Observa les gràfiques i contesta a les preguntes per a cadascuna de les funcions.

a

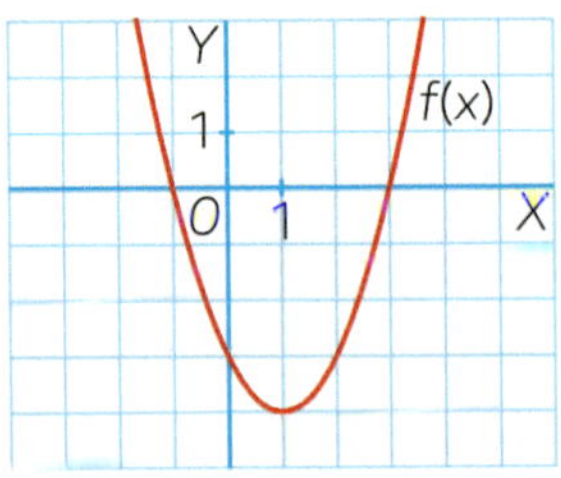

b

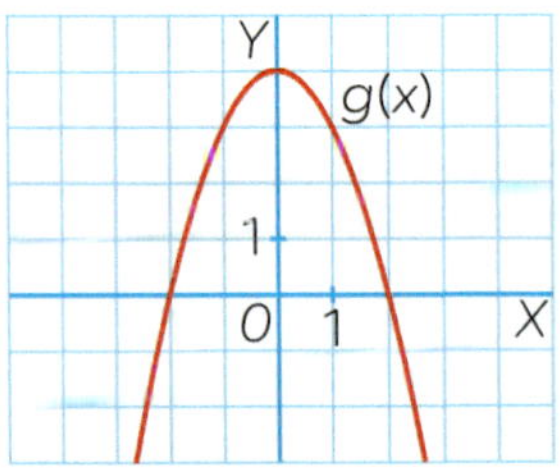

a. Escriu les coordenades dels vèrtexs. Són màxims o mínims absoluts?

b. Tenen punts de tall amb l'eix d'abscisses? Indica'n les coordenades.

c. Indica les coordenades del punt de tall amb l'eix d'ordenades.

d. Escriu l'equació dels eixos de simetria.

63 Activitat resolta

Indica si els punts *A*(–1, 0) i *B*(–2, 11) pertanyen a la gràfica de la funció $f(x) = x^2 - 2x + 3$.

Un punt pertany a la gràfica d'una funció si les seves coordenades compleixen l'equació de la funció.

$A(-1, 0) \Rightarrow (-1)^2 - 2 \cdot (-1) + 3 = 6 \neq 0 \Rightarrow$ El punt *A* no pertany a la paràbola.

$B(-2, 11) \Rightarrow (-2)^2 - 2 \cdot (-2) + 3 = 11 \Rightarrow$ El punt *B* pertany a la paràbola.

64 Indica si els punts *A*(–1, 0), *B*(–2, 2) i *C*(4, 20) pertanyen a aquestes paràboles.

a. $y = x^2 - 2x - 3$

b. $y = x^2 + 5x + 6$

c. $y = -x^2 + 7x + 8$

d. $y = x^2 + x$

65 Activitat resolta

Calcula *b* en la funció $f(x) = x^2 + bx + 8$, si el punt *A*(3, –2) pertany a la seva gràfica.

Les coordenades de *A* han de complir l'equació de la funció.

$-2 = 3^2 + b \cdot 3 + 8 \Rightarrow -2 = 9 + 3b + 8 \Rightarrow 3b = -19 \Rightarrow b = -\frac{19}{3}$

La funció és $f(x) = x^2 - \frac{19}{3}x + 8$.

66 Calcula *c* en la funció $f(x) = x^2 - 5x + c$, si el punt *A*(–1, 7) pertany a la seva gràfica.

Estudi analític de la paràbola

L'estudi analític de la paràbola permet determinar les seves característiques principals i dibuixar-ne la gràfica.

- **Sentit de les branques i caràcter del vèrtex**. Depèn del signe de a.
  - Si $a > 0$ les branques s'obren cap amunt i el vèrtex és un mínim absolut.
  - Si $a < 0$, les branques s'obren cap avall i el vèrtex és un màxim absolut.
- **Vèrtex**. El vèrtex d'una paràbola es troba en el punt l'abscissa del qual és la següent:

$$x=-\frac{b}{2a}$$

  Per trobar l'ordenada se substitueix aquesta abscissa en l'equació de la paràbola.
- **Eix de simetria**. L'equació de l'eix de simetria és la recta vertical que passa pel vèrtex. La seva equació és: $x=-\frac{b}{2a}$
- **Punt de tall amb l'eix Y**. És el punt d'abscissa 0. Substituint $x = 0$ en l'equació de la funció $y = ax^2 + bx + c$, veiem que el punt de tall amb l'eix Y és **(0, c)**.
- **Punts de tall amb l'eix X**. Són els punts amb ordenada $y = 0$. La seva abscissa s'obté resolent l'equació $ax^2 + bx + c = 0$. Depenent del signe del discriminant hi haurà dos, un o cap punt de tall.

Exemple

Considerant la paràbola $y = 2x^2 - 6x + 4$ podem fer l'estudi analític a partir dels coeficients i determinar el següent.

- Com que $a = 2 > 0$, la paràbola té les branques obertes cap amunt i el vèrtex és el mínim absolut de la funció.
- Les coordenades del vèrtex són:

$$x=-\frac{b}{2a}=-\frac{-6}{2\cdot 2}=\frac{6}{4}=\frac{3}{2} \qquad y=f\left(\frac{3}{2}\right)=2\cdot\left(\frac{3}{2}\right)^2-6\cdot\frac{3}{2}+4=\frac{9}{2}-9+4=-\frac{1}{2}$$

  Per tant, el vèrtex de la paràbola és el punt $V\left(\frac{3}{2},-\frac{1}{2}\right)$.
- L'equació de l'eix de simetria és $x=\frac{3}{2}$.
- El punt de tall amb l'eix Y és $A(0, 4)$.
- Per trobar els punts de tall amb l'eix X resolem l'equació $y = 0$.

$$2x^2-6x+4=0 \Rightarrow x^2-3x+2=0 \Rightarrow x=\frac{-(-3)\pm\sqrt{(-3)^2-4\cdot 1\cdot 2}}{2\cdot 1}=\frac{3\pm\sqrt{1}}{2}=\begin{cases}x=2\\x=1\end{cases}$$

  Hi ha dos punts de tall amb l'eix X: $B(1, 0)$ i $C(2, 0)$.

Si és necessari podem obtenir més punts donant valors a x i substituint a la fórmula per calcular el valor corresponent de y. Per cada punt conegut en podem dibuixar també el simètric. A partir de totes les dades obtingudes podem dibuixar la gràfica.

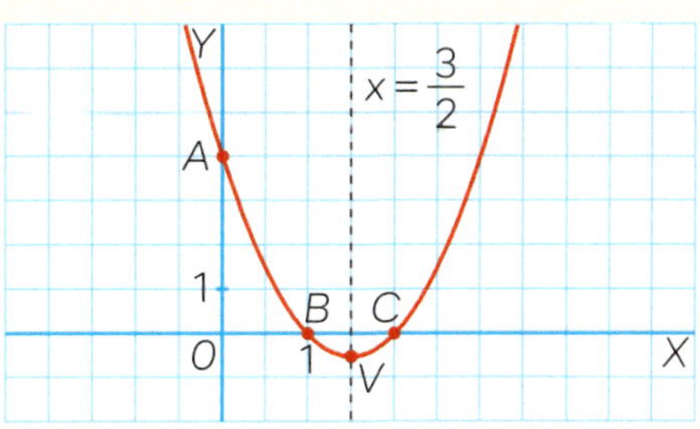

Què sabies ja de les funcions quadràtiques i què has après de nou?

67 Indica el sentit de les branques i si el vèrtex és un màxim o un mínim absolut.

a. $y = (4 - x)^2 - (2x + 1)^2$
b. $y = (5 - x)^2$
c. $y = (3 - x)(x + 1)$
d. $y = 9(x + 1)^2 - x^2$

68 Calcula les coordenades del vèrtex d'aquestes paràboles.

a. $y = (x - 1)^2 - 1$
b. $y = x^2 + 4x + 1$
c. $y = x - x^2$
d. $y = 3x^2 - 18x$

69 Calcula el vèrtex i l'eix de simetria de les paràboles següents. El vèrtex és un màxim o un mínim?

a. $y = x^2 - 2x + 3$
b. $y = x^2 - 5x + 4$
c. $y = x^2 + 6x + 1$
d. $y = x^2 + x$

70 Activitat resolta

L'eix de simetria d'una paràbola és $x = 1$. Si sabem que passa pel punt $P(-2, 2)$, per quin altre punt passa?

La paràbola passa també pel punt simètric de P respecte de la recta $x = 1$. Aquest punt és el que està a la mateixa distància de la recta esmentada que P i també a la mateixa distància de l'eix X, és a dir, que té la mateixa ordenada: el punt $P'(4, 2)$.

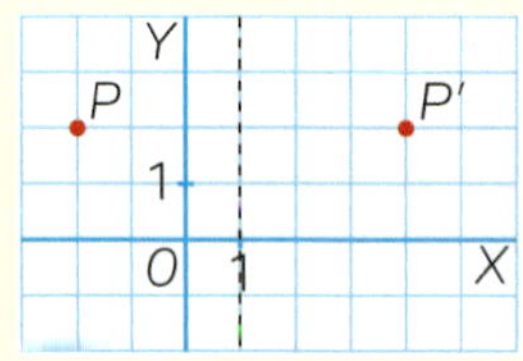

71 L'eix de simetria d'una paràbola és $x = 2$. Si el punt $(0, 5)$ pertany a la paràbola, troba el seu simètric.

72 La gràfica d'una funció quadràtica passa pels punts $(-1, 3)$ i $(-5, 3)$. Quin n'és l'eix de simetria?

73 Calcula els punts de tall amb els eixos de les paràboles següents.

a. $y = 2(x - 1)^2 + 5$
b. $y = x^2 - 20x + 21$
c. $y = x^2 - 4x$
d. $y = -x^2 + 6x$

74 Observa aquestes paràboles i contesta les preguntes sobre cadascuna.

a

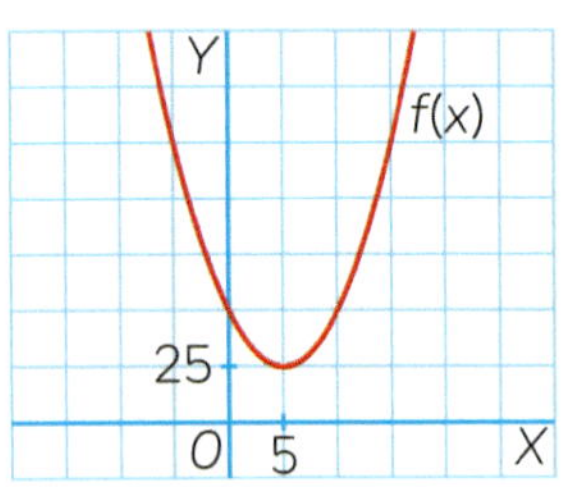

b

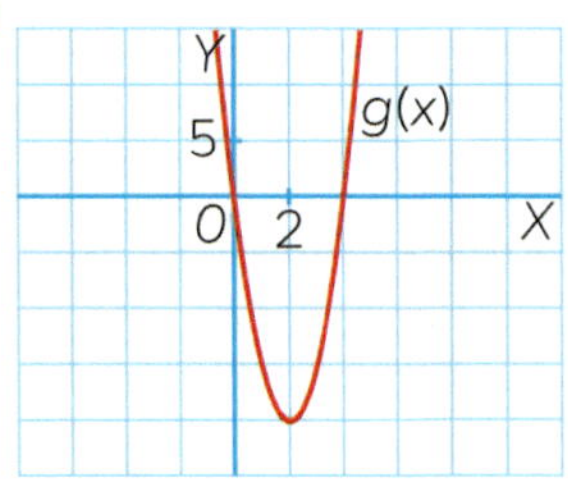

a. Què pots dir del coeficient a?
b. Pots escriure una relació entre els coeficients a i b?
c. Què pots dir del valor del discriminant $D = b^2 - 4ac$?
d. Quant val el coeficient c?

75 Fes l'estudi analític i representa les paràboles següents.

a. $y = x^2 + 2x$
b. $y = x^2 - 6x + 5$
c. $y = x^2 - 2x + 6$
d. $y = x^2 - 4x + 4$
e. $y = x^2 - 4x + 3$
f. $y = x^2 + 6x + 10$
g. $y = x^2 - 5x + 6$
h. $y = x^2 - 6x + 10$
i. $y = 2x^2 - 10x$
j. $y = x^2 - 16$

76 Per evitar accidents de trànsit és molt important mantenir la distància de seguretat amb el vehicle que ens precedeix. La distància mínima de seguretat depèn de la velocitat segons aquesta senzilla funció quadràtica:

$$d=\frac{v^2}{100} \text{ (}d\text{ en metres, }v\text{ en km/h)}$$

Dibuixa amb precisió aquesta funció, triant bé les escales dels eixos, perquè puguem interpretar-la bé.

77 T'has fixat alguna vegada com és el terra de grans places o esplanades de gespa? Segurament deus dir que és pla, però no és així: tenen forma de paràbola, amb una curvatura amb prou feines perceptible, però suficient perquè l'aigua de la pluja flueixi cap als laterals i es pugui canalitzar.

El perfil de la plaça nova de la meva localitat està dissenyat amb aquesta funció:

$$f(x)=\frac{1{,}25-0{,}000125(x-100)^2}{12{,}5}$$

a. Ajuda't de GeoGebra per dibuixar-ne la gràfica.

b. Quina és diferència d'altura entre el punt més elevat i el més baix?

78 Activitat resolta

Una agricultora disposa de 400 m de filferro amb què vol tancar una parcel·la rectangular, aprofitant que per un dels seus costats passa un riu.

Quines són les dimensions de la parcel·la de més superfície?

Si anomenem x i y les dimensions de la parcel·la, de manera que y és la del costat paral·lel al riu, la longitud de filferro necessària per tancar-la és $2x + y$, raó per la qual tenim:

$$2x + y = 400 \rightarrow y = 400 - 2x$$

Per tant, l'àrea de la parcel·la és:

$$A = x \cdot y = x(400 - 2x) = -2x^2 + 400x$$

L'expressió de l'àrea és una funció quadràtica amb $a < 0$; per tant, el seu valor màxim el pren en el vèrtex de la paràbola:

$$x=-\frac{b}{2a}=-\frac{400}{2\cdot(-2)}=100$$

Calculem y substituint en l'expressió de la funció:

$$y = 400 - 2x = 400 - 2 \cdot 100 = 200$$

Per tant, la parcel·la de més àrea que es pot tancar amb 400 m de filferro mesura 100 x 200 m, i la seva àrea és:

$$A = 100 \cdot 200 = 20\,000 \text{ m}^2$$

79 Quines són les dimensions d'una parcel·la rectangular de perímetre 80 m i àrea màxima?

80 Troba dos nombres la suma dels quals sigui 20 tals que el quadrat d'un menys el doble de l'altre sigui mínim.

81 Es vol estudiar el moviment que descriu una pilota després que l'hagin llançada. La trajectòria està determinada per l'expressió $y = -x^2 + 4x$, on x és el temps en segons i y és l'altura de la pilota en metres.

a. En quin moment la pilota assoleix l'altura màxima?

b. Quina és aquesta altura?

82 Un fabricant calcula que el cost en euros de fabricar x unitats d'un dels seus productes està determinat per la funció $C(x) = x^2 + x + 500$.

a. Quantes unitats cal fabricar perquè el cost sigui mínim?

b. Quin és aquest cost?

83 Un hivernacle vist de cara presenta la forma de la gràfica de la funció $f(x) = 2x - \frac{1}{4}x^2$.

a. A quin tipus de gràfica correspon aquesta forma?

b. Calcula l'altura màxima que pot tenir l'hivernacle.

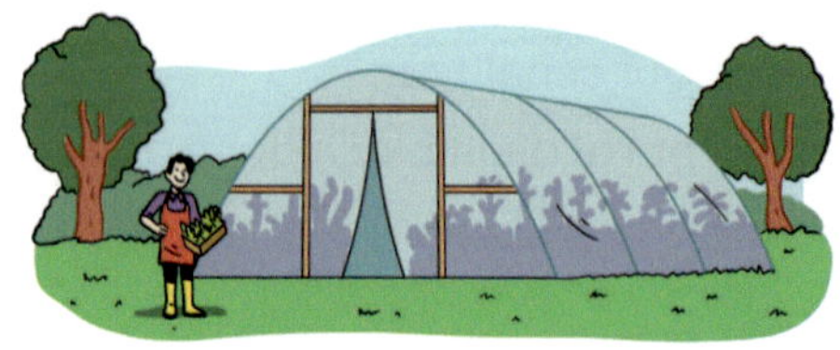

84 Durant el temps en què ha estat en marxa una empresa, els beneficis obtinguts (en milers d'euros) al llarg del temps t (en anys) estan determinats per la funció $B(t) = -t^2 + 12t$.

a. Si l'empresa va tancar quan va deixar de tenir beneficis, quants anys va estar en funcionament?

b. Quan va obtenir el màxim benefici?

c. Representa gràficament la funció $B(t)$.

d. Descriu com han canviat els beneficis al llarg del temps.

85 L'equació de l'espai recorregut per un mòbil és $s(t) = 5 + 3t + 2t^2$.

a. Quina longitud ha recorregut el mòbil al cap de 5 s d'iniciar el moviment?

b. Quina és la longitud recorreguda durant el cinquè segon?

c. Quant temps ha transcorregut quan ha recorregut 157 m des de l'inici?

86 L'energia cinètica és l'energia que té un sistema a causa del seu moviment. Es calcula mitjançant la fórmula $E_c = \frac{1}{2}mv^2$, on l'energia s'expressa en joules; la massa, en quilograms, i la velocitat, en metres per segon.

a. Dibuixa la gràfica considerant un sistema d'1 kg de massa.

b. Indica fonts d'energia que es basin a convertir l'energia cinètica en electricitat.

87 **ENS REPARTIM LES TASQUES.** Treballant per parelles, investigueu sobre les anomenades paràboles solars. Un de vosaltres s'encarregarà de buscar informació sobre la propietat dels objectes parabòlics en què es basa el seu funcionament i un altre, sobre les seves aplicacions. Després ho posareu en comú i elaborareu un breu informe.

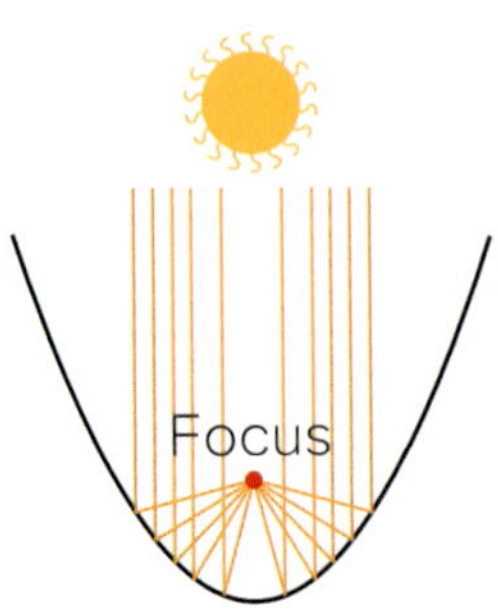

88 **Aprenc a pensar.** Què saps ara sobre funcions, després del teu aprenentatge? Què més t'agradaria saber?

EL NOSTRE REPTE

Prenent el sol

Valora la conveniència d'una instal·lació d'autoconsum elèctric

Preu Mitjà

Tarifa: 0,20 €/kWh
qualsevol dia
i a qualsevol hora

Electritza't

Panells solars de 400 W de potència i $2\,m^2$ de superfície.

Preu de la instal·lació: 900 €/panell

Tarifa: 0,015 €/kWh

Pas 1

Analitza el cas d'un habitatge unifamiliar

La Daniela viu en un habitatge unifamiliar. Ha estat llegint sobre l'autoconsum i es pregunta si deu ser una bona alternativa. Juntament amb la família està avaluant aquestes dues opcions.

- Si la mitjana de consum dels últims tres anys a casa de la Daniela ha estat de 300 kWh al mes, quant els costaria aquest consum en la companyia *Preu Mitjà*?
- Escriu una funció que modelitzi la despesa en funció del consum amb l'empresa *Preu Mitjà*.
- Quants panells solars de l'empresa *Electritza't* necessitarien instal·lar per cobrir la mateixa potència de 4 kW que ara tenen contractada? Quina superfície ocuparien?
- Escriu una funció que modelitzi la despesa amb la companyia *Electritza't* incloent-hi el cost de la instal·lació.
- Representa gràficament les dues funcions. Quant temps faria falta per amortitzar la inversió inicial de panells solars si suposem que el consum es mantindrà estable?

Pas 2

Analitza el cas d'un bloc d'habitatges

L'Albert viu en un bloc de 5 plantes amb 4 habitatges en cadascuna. Al terrat de l'edifici, hi ha una zona ocupada per les màquines de l'aire condicionat, una altra per la maquinària de l'ascensor i una altra per les antenes, amb la qual cosa només hi ha $80\,m^2$ disponibles.

Suposant que cada habitatge té contractats 4 kW, igual que la família de la Daniela, i que cada panell té una superfície de $2\,m^2$, quin percentatge de l'energia que necessiten podrien obtenir amb els panells solars?

Pas 3

Comparteix les teves conclusions

- Què penses de l'autoconsum elèctric? És una opció real?
- A més del possible estalvi econòmic, hi ha altres raons per optar per l'autoconsum?
- Quines altres estratègies hi ha per estalviar a la factura de la llum?

Comparteix les conclusions amb els teus companys fent atenció al volum i a la dicció.

Com ha anat el repte? Entra i fes la teva valoració

EN RESUM

Funcions

Una **funció** és una correspondència entre dos conjunts tal que, a cada valor de la variable independent, x, li correspon un **únic valor** de la variable dependent, y.

- El **domini** d'una funció és el conjunt de valors de la variable independent x.
- El **recorregut** d'una funció és el conjunt de valors de la variable dependent y.

Continuïtat

- Funció **contínua**

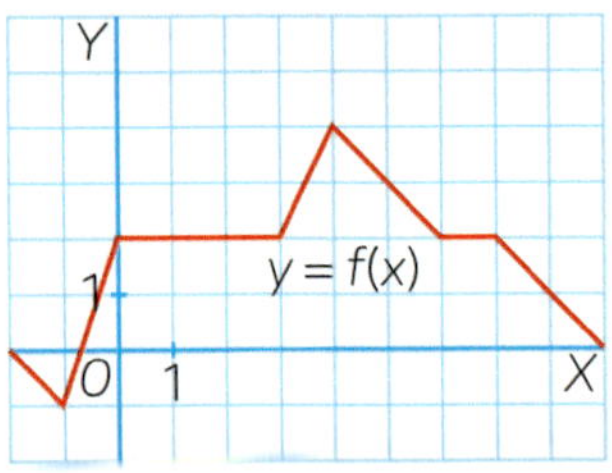

- Funció **no contínua**

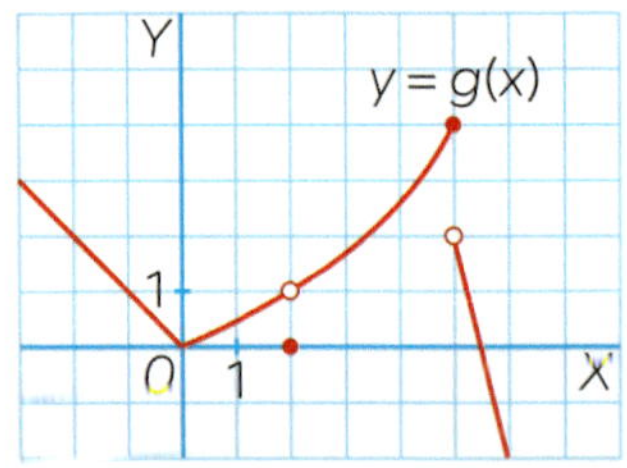

Periodicitat

- Funció **periòdica**: $f(x) = f(x + T)$

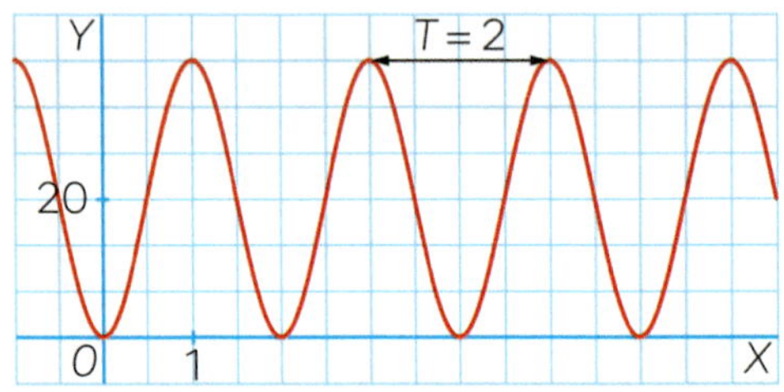

Simetria

- Funció **parella**: $f(-x) = f(x)$
  Simètrica respecte de l'eix Y.

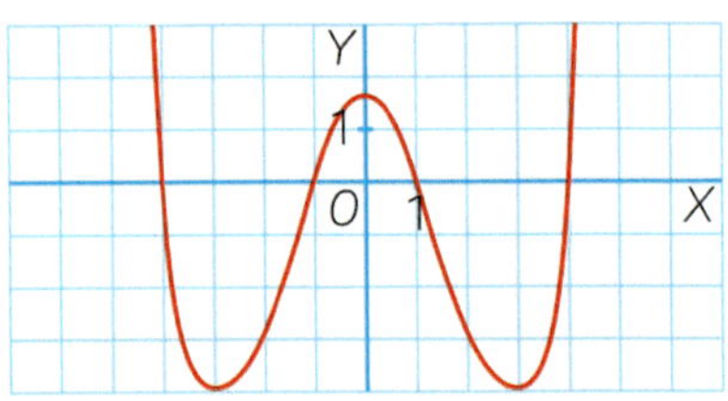

- Funció **senar**: $f(-x) = -f(x)$
  Simètrica respecte de l'origen.

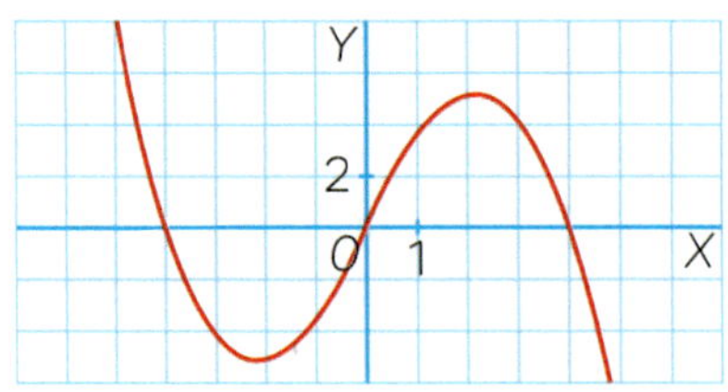

Creixement i decreixement

La **taxa de variació** de la funció **f** en l'interval $[a, b]$ **és:** $TV\,f[a, b] = f(b) - f(a)$

- **Funció creixent**
  $TV\,f[a, b] \geq 0$

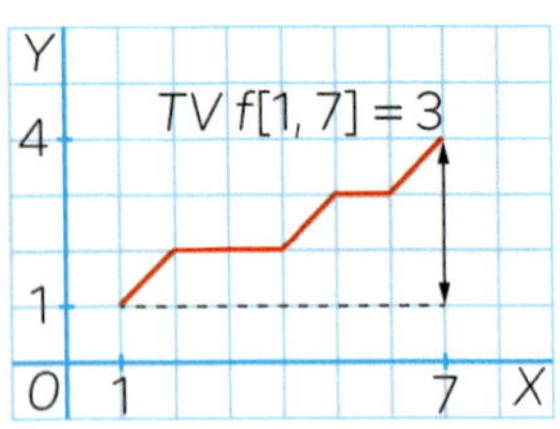

- **Funció decreixent**
  $TV\,f[a, b] \leq 0$

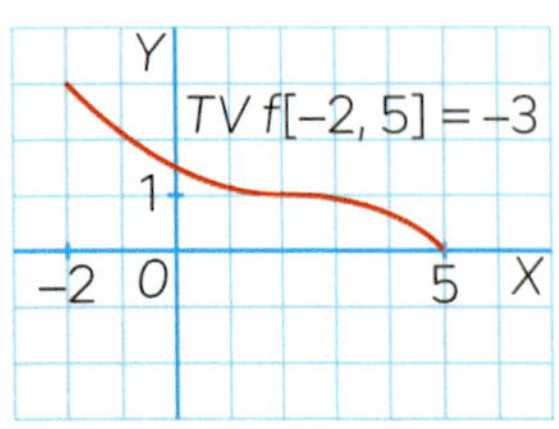

- **Funció constant**
  $TV\,f[a, b] = 0$

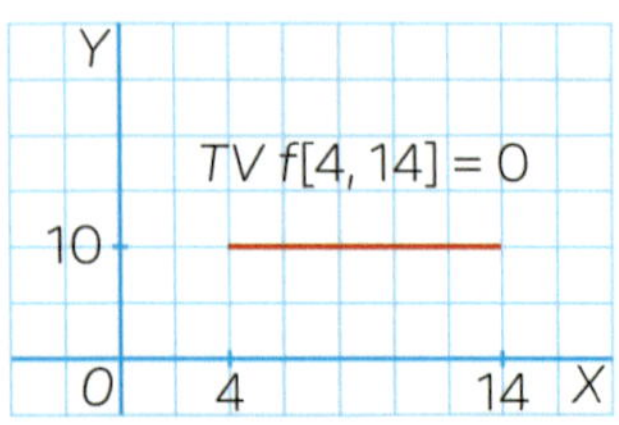

Màxims i mínims

En els màxims, la funció canvia de creixent a decreixent i, en els mínims, de decreixent a creixent.

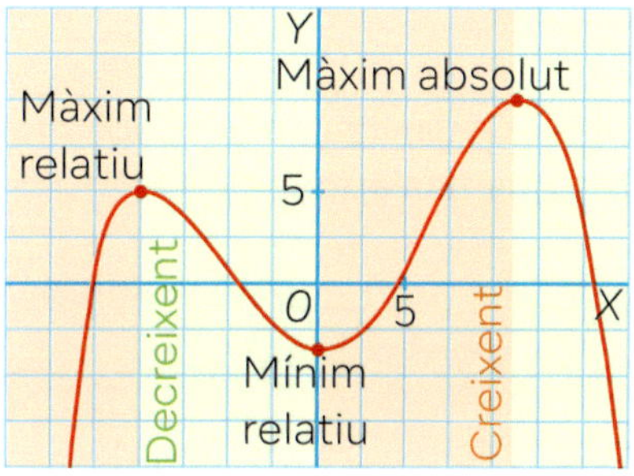

Funcions lineals

Una **funció lineal** és una funció de la forma $y = mx + n$.

- La seva gràfica és una recta de **pendent** m i **ordenada en l'origen** n.
- Si $A(x_1, y_1)$ i $B(x_2, y_2)$ són dos punts de la recta, el seu pendent és $m = \frac{y_2 - y_1}{x_2 - x_1}$.

$m > 0$

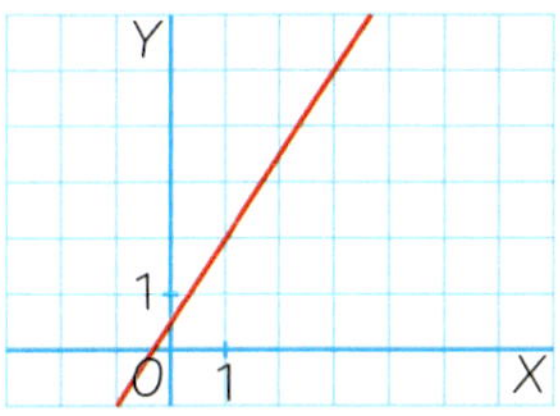

$m < 0$

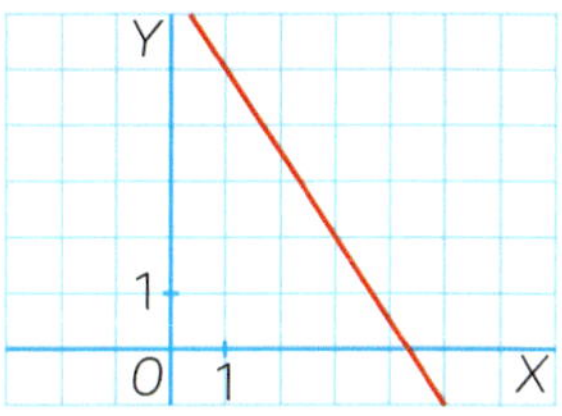

$m = 0$

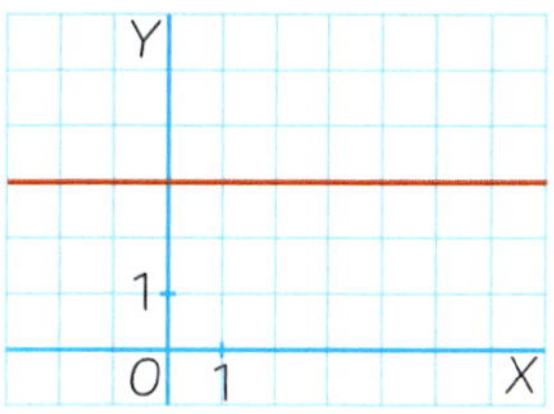

- L'ordenada en l'origen n indica que la recta talla l'eix Y en el punt **(0, n)**.

Equacions de la recta

Una **equació de la recta** és una equació que compleixen les coordenades x i y de tots els punts de la recta. Pot escriure's de diverses maneres.

Equació explícita	Equació de la recta que passa per dos punts	Equació punt-pendent	Equació general
$y = mx + n$	$\frac{y - y_1}{y_2 - y_1} = \frac{x - x_1}{x_2 - x_1}$	$y - y_1 = m(x - x_1)$	$ax + by + c = 0$

Funcions quadràtiques

Una **funció quadràtica** és una funció de la forma $y = ax^2 + bx + c$.

- La seva gràfica és una **paràbola**.
- Si $a > 0$ les branques s'obren **cap amunt** i si $a < 0$, **ho fan cap avall**.
- El **vèrtex** d'una paràbola té abscissa $x = -\frac{b}{2a}$.
- L'**eix de simetria** de la paràbola és la recta d'equació $x = -\frac{b}{2a}$.
- El **punt de tall amb l'eix** Y és **(0, c)**.
- Pot tenir cap, un o dos **punts de tall amb l'eix** X. S'obtenen resolent l'equació $ax^2 + bx + c = 0$.

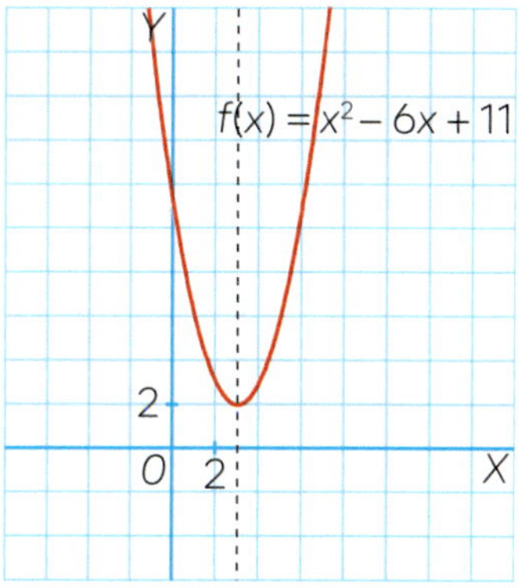

PRACTIQUEM

Activitats

1 **Aprenc a pensar.** Organitza en un mapa mental els conceptes que has après.

2 Per què una funció pot tallar a tot estirar una sola vegada l'eix d'ordenades?

3 Considerant la funció $f(x) = x^2 - 3x + 4$:

a. Calcula $f(3)$, $f(-1)$ i $f(0)$.

b. Hi ha algun valor de x per al qual $f(x) = -2$? I per al qual $f(x) = 4$?

4 **Activitat resolta**

Observa la gràfica i contesta les preguntes.

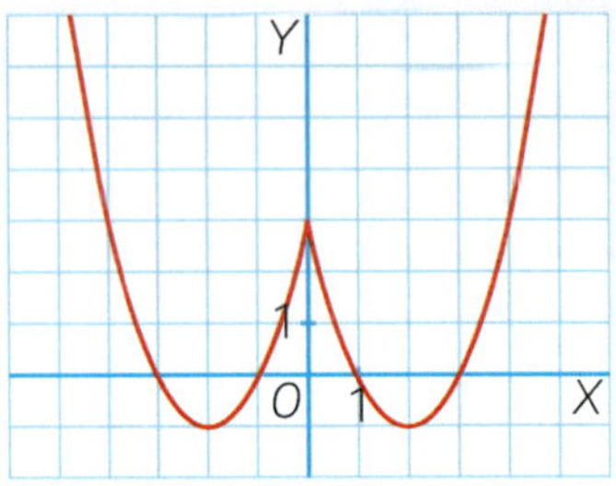

a. Troba'n el domini i el recorregut.

b. Calcula $f(-4)$, $f(-2)$, $f(2)$, $f(4)$ i $f(0)$.

c. Per a quins valors de la variable independent la seva imatge és 0? Hi ha algun valor la imatge del qual sigui –5?

d. És simètrica? És periòdica?

e. Dona els intervals de creixement i decreixement.

f. Quins són els seus mínims? I els seus màxims?

a. El domini són tots els nombres reals i el recorregut és l'interval $[-1, +\infty)$.

b. $f(-4) = 3$, $f(-2) = -1$, $f(2) = -1$, $f(4) = 3$, $f(0) = 3$.

c. Els valors la imatge dels quals és 0 són els d'abscisses $x = -3$, $x = -1$, $x = 1$, $x = 3$. No hi ha cap valor la imatge del qual sigui –5, aquest valor no pertany al recorregut de la funció.

d. La funció és parella, ja que $f(-x) = f(x)$ per a qualsevol valor del seu domini. No és periòdica.

e. La funció és creixent en $(-2, 0) \cup (2, +\infty)$ i decreixent en $(-\infty, -2) \cup (0, 2)$.

f. Els punts $(-2, -1)$ i $(2, -1)$ són mínims absoluts. El punt $(0, 3)$ és un màxim relatiu.

5 Observa la gràfica i contesta les preguntes.

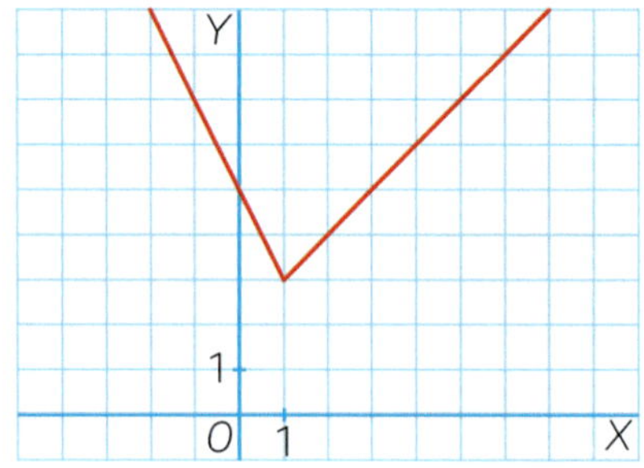

a. Troba'n el domini i el recorregut.

b. Calcula $f(-2)$, $f(-1)$ i $f(0)$.

c. Per a quins valors de la variable independent la seva imatge és 5? Hi ha algun valor la imatge del qual sigui 3?

d. És simètrica? És periòdica?

e. Estudia el creixement i el decreixement.

f. Té màxims o mínims?

6 Observa les gràfiques següents i contesta:

a

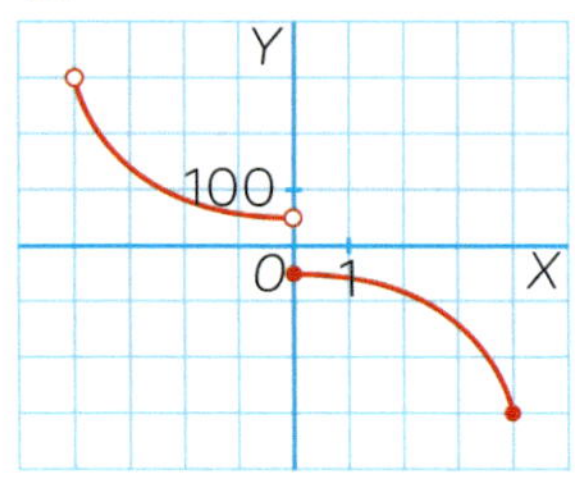

b

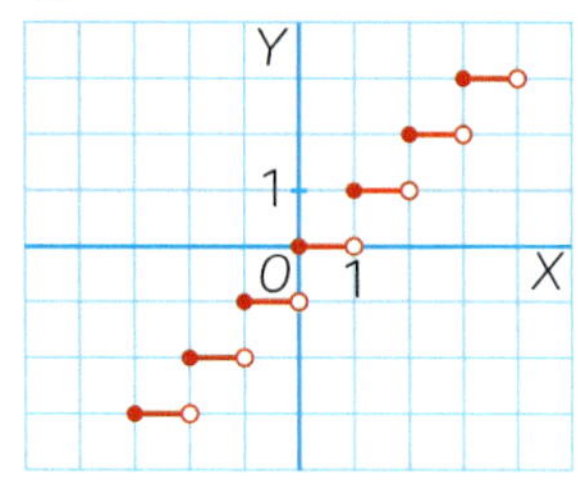

a. Són funcions contínues?

b. On tenen les discontinuïtats?

c. Indica, en cas que n'hi hagi, quant val la funció en les discontinuïtats.

7 Estudia la simetria de les funcions següents.

a

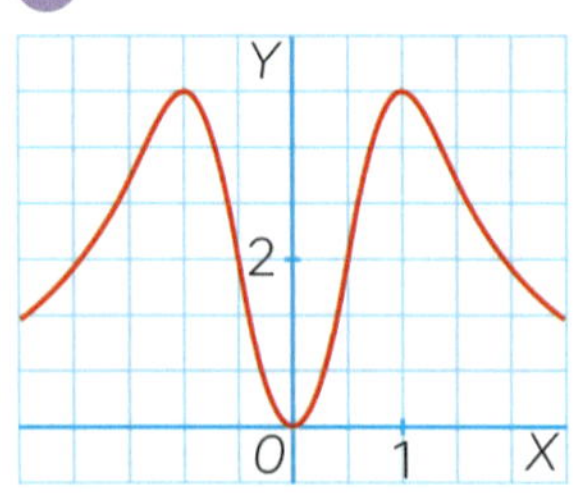

b

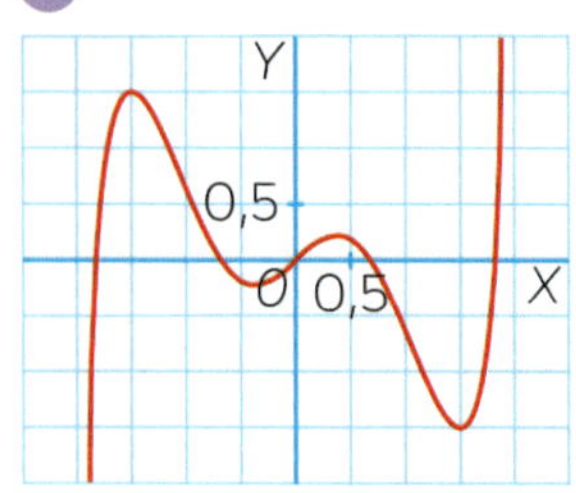

8 Sense representar la gràfica, decideix si les funcions són parelles o senars.

a. $f(x) = x^2 + 4$

b. $f(x) = x^3 - 5x$

9 Calcula el valor de la funció en $x = 150$.

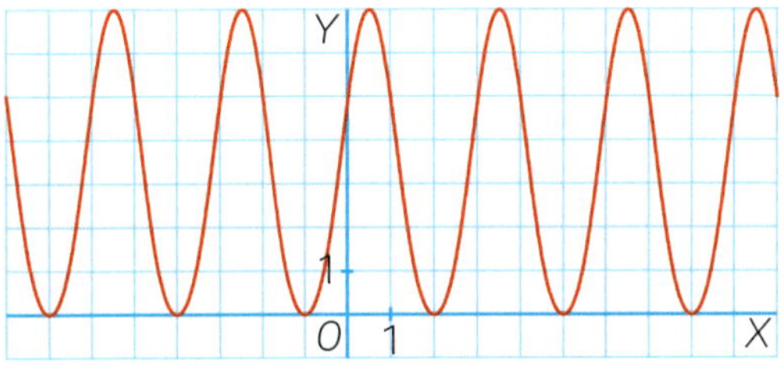

10 Estudia el creixement i decreixement i els màxims i mínims de la gràfica.

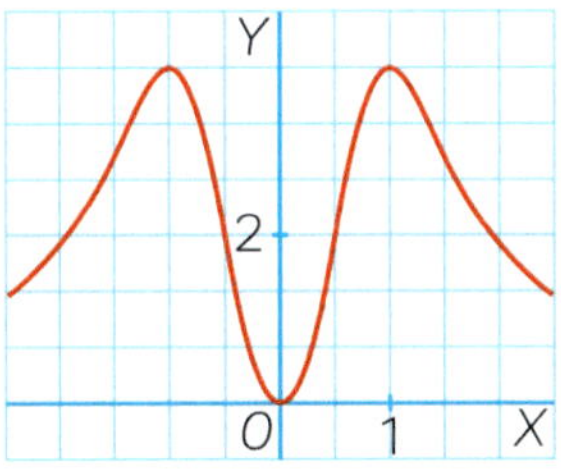

11 Escriu l'equació general d'aquestes rectes.

a
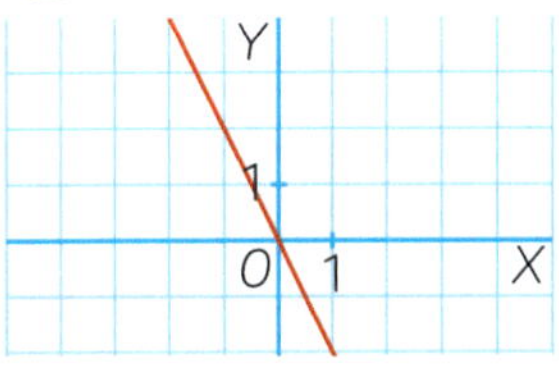

b
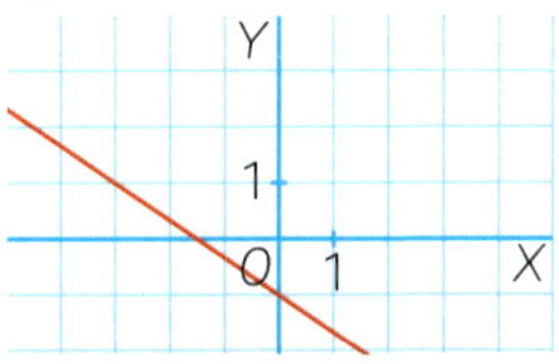

12 Escriu l'equació general de les rectes:

a. Recta de pendent 2 que passa per (1, 4).

b. Recta de pendent –1 que passa per (0, 3).

c. Recta que passa per (–1, 4) i (2, 7).

13 Estudia les posicions relatives dels parells de rectes següents.

a. $\begin{cases} r: x+3y-3=0 \\ s: 3x-2y+2=0 \end{cases}$ b. $\begin{cases} r: -15x+10y=7 \\ s: 9x-6y+7=0 \end{cases}$

14 Escriu l'equació de la recta paral·lela a $y = -7x + 1$ que té la mateixa ordenada en l'origen que $y = 4x - \frac{1}{3}$.

15 Considerant la recta d'equació $y = 2x - 3$:

a. Dibuixa'n la gràfica.

b. Dibuixa una recta simètrica respecte de l'eix X i determina'n l'equació.

c. Dibuixa una recta simètrica respecte de l'eix Y i determina'n l'equació.

16 Fes l'estudi analític i representa les paràboles següents.

a. $y = x^2 - 3x + 2$

b. $y = -x^2 - 4x + 3$

c. $y = 2x^2 + 8x + 8$

d. $y = x^2 + 1$

17 Activitat resolta

Troba l'equació de la paràbola següent.

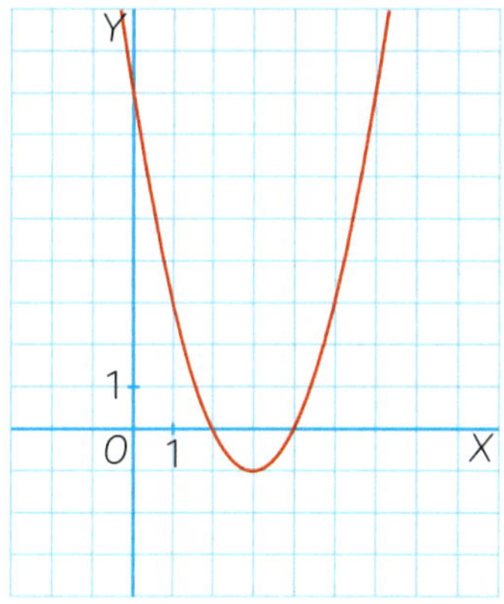

Com que el punt de tall amb l'eix Y és (0, 8), sabem que $c = 8$, raó per la qual la funció és de la forma $y = ax^2 + bx + 8$.

Per calcular a i b substituïm en l'equació les coordenades de dos punts coneguts de la gràfica. Per exemple, si substituïm (2, 0) i (4, 0) obtenim:

$(2, 0) \Rightarrow a \cdot 2^2 + b \cdot 2 + 8 = 0 \Rightarrow 4a + 2b = -8$

$(4, 0) \Rightarrow a \cdot 4^2 + b \cdot 4 + 8 = 0 \Rightarrow 16a + 4b = -8$

Resolem el sistema d'equacions, per exemple, per reducció.

$$\begin{cases} 4a+2b=-8 \\ 16a+4b=-8 \end{cases} \xrightarrow{\cdot(-2)} \begin{cases} -8a-4b=16 \\ 16a+4b=-8 \end{cases}$$
$$8a = 8 \Rightarrow$$
$$\Rightarrow a = 1 \Rightarrow b = -6$$

Per tant, l'equació és $y = x^2 - 6x + 8$.

18 Troba les equacions d'aquestes paràboles.

a
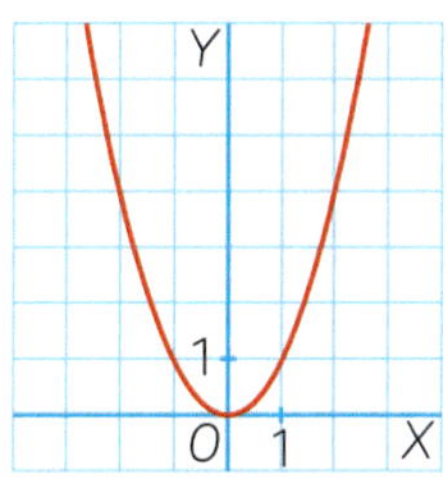

b
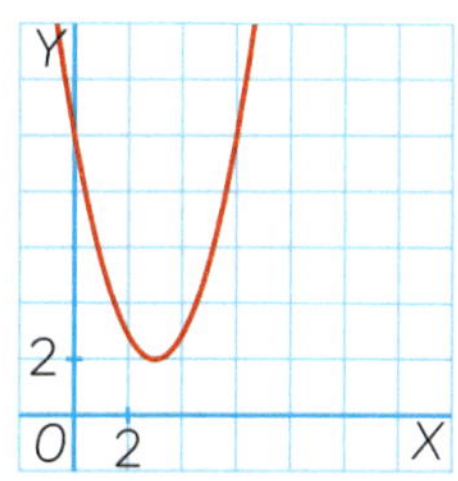

Problemes

19 La Júlia fa un qüestionari als seus estudiants a classe i per cada resposta correcta els suma 0,1 punts, fins a un màxim de 2 punts.

a. Construeix la taula de valors i calcula la fórmula de la funció que relaciona la puntuació amb el nombre de respostes.

b. Quin és el nombre màxim de respostes si no es poden treure més de 2 punts?

20 Els taxis d'una ciutat cobren una quantitat fixa (baixada de bandera) i una quantitat proporcional als quilòmetres recorreguts. La Maria paga 15 € per un viatge de 10 km i 12,50 €, per un viatge de 8 km.

a. Quina és la baixada de bandera?

b. Escriu la funció que relaciona el preu de la carrera amb els quilòmetres recorreguts.

21 Un ciclista surt d'excursió a les 8:30 am a un lloc a 20 km de casa. Als cap de 15 min d'haver sortit, quan ha recorregut 5 km, fa una parada de 10 min. Reprèn la marxa i arriba a la seva destinació una hora després d'haver sortit. S'hi queda 20 min i, després, torna a casa sense parar i arriba a les 10:50 am. Representa la distància en funció del temps.

22 Quan un espeleòleg s'endinsa en una cova, la temperatura baixa 1 °C cada 100 m de profunditat.

a. Troba i representa la funció que relaciona la temperatura amb la profunditat, suposant que a la superfície la temperatura és de 10 °C.

b. L'exploració de la cova de Krúbera-Voronya va assolir una profunditat de 2 km. Si a la superfície la temperatura era de 25 °C, quina temperatura hi havia al fons de la cova?

23 Calcula les coordenades del punt de tall de les diagonals del trapezi de la figura *ABCD*.

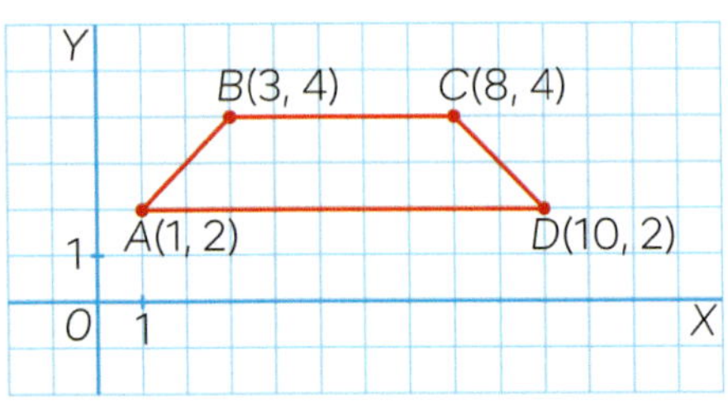

24 L'Àlex té dues ofertes d'ocupació com a venedor de telèfons mòbils:

- Oferta 1: fix mensual de 500 € i comissió de 25 € per mòbil venut.
- Oferta 2: fix mensual de 1000 € i comissió de 20 € per mòbil venut.

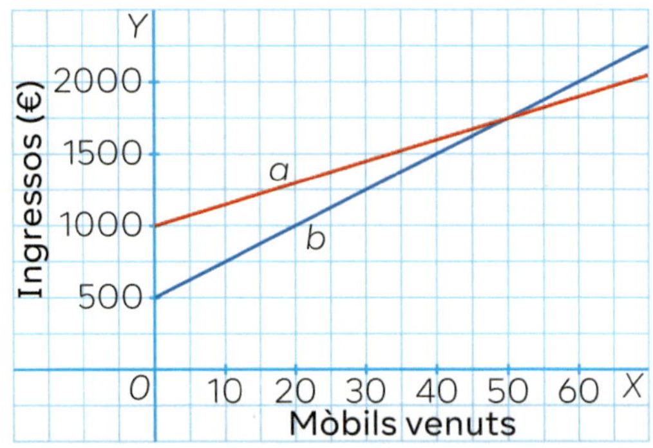

a. Indica quina funció representa cada oferta.

b. Per a quin nombre de mòbils venuts és millor cada oferta?

25 La Irene vol començar a fer classes de guitarra i mira els preus a dues acadèmies del barri:

Estudia les tarifes i explica quin criteri ha de seguir la Irene per triar l'acadèmia.

26 Una pilota de tennis segueix una trajectòria determinada per $y(t) = 8t - t^2$, de manera que t és el temps en segons i y, l'altura en metres.

a. Dibuixa la trajectòria de la pilota.

b. Quan assoleix l'altura màxima? Quina és aquesta altura?

c. En quin moment cau la pilota a la pista?

27 Un comercial cobra per la venda d'un producte una comissió determinada per l'expressió:

$$C(x) = 100 + \frac{x}{100} - \frac{x^2}{1000}$$

on x és la quantitat de la venda en milers d'euros i $C(x)$ la comissió en euros. Troba quina quantitat ha de recaptar perquè la comissió sigui màxima.

28 Expressa la diagonal d'un rectangle amb un perímetre de 20 cm en funció de la seva base, *x*. Quin és el valor mínim d'aquesta diagonal?

29 El preu mitjà d'1 kg de cafè produït en països del sud és de 9 € a la majoria de les botigues i de 12 € en botigues de comerç just.

Si es compra el cafè a qualsevol botiga, el benefici per als productors és del 15 % del valor del producte, mentre que, en el cas de les botigues de comerç just, és del 75 %.

a. Si el cost en origen és de 0,40 €/kg, calcula, en cada cas, el benefici per quilo que va al productor i a la resta de mitjancers.

b. Representa les gràfiques que relacionen el nombre de paquets venuts amb els guanys per al productor.

Comprova el que has après

1 Indica si aquestes gràfiques són funcions.

a

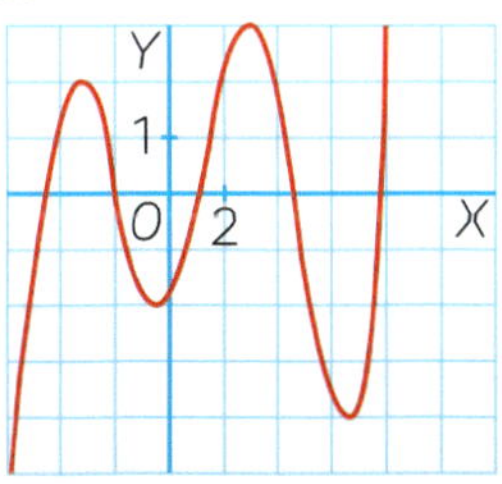

b

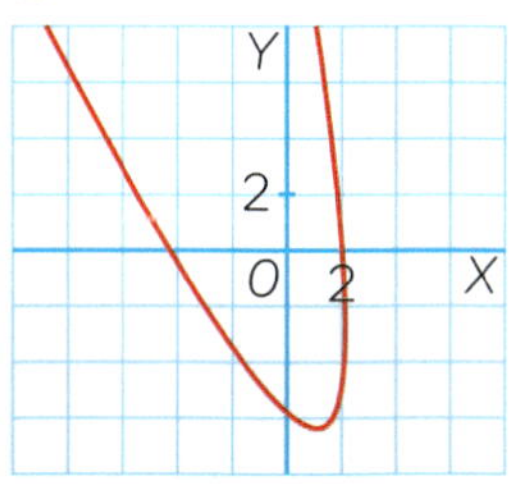

2 Estudia per a cada funció el domini, el recorregut, la continuïtat, la simetria i la periodicitat.

a

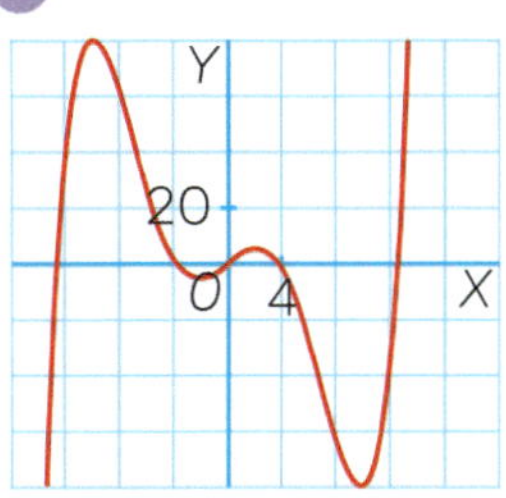

b

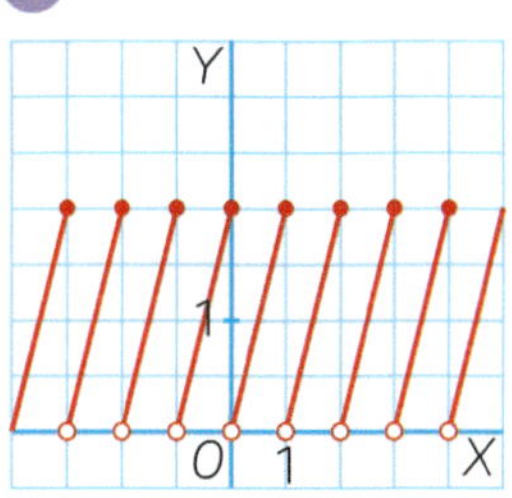

3 La gràfica mostra les dades de concentració de glucosa en sang d'un nen diabètic, a primera hora del matí, durant 15 dies.

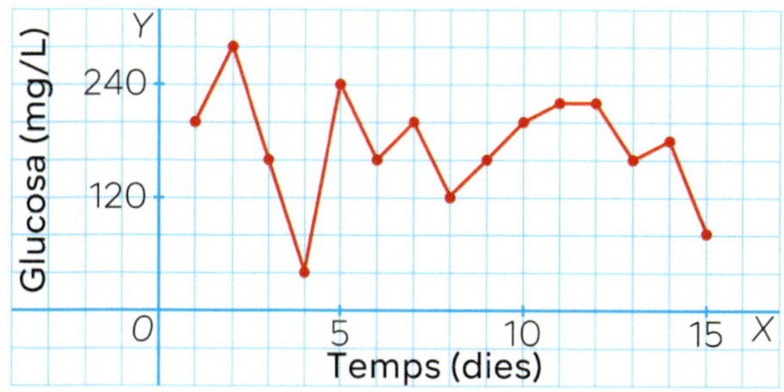

a. Quina va ser la concentració de glucosa més alta? I la més baixa? Troba la diferència entre aquests valors i expressa el resultat mitjançant una taxa de variació.

b. Indica els intervals on la funció és creixent i on és decreixent.

c. Dona les dues coordenades dels màxims i mínims absoluts i relatius.

4 Indica si les funcions són creixents, decreixents o constants. Quin és el punt de tall amb l'eix *Y*?

a. $y = -2x + 3$ b. $y = 4$ c. $y = 4x - 5$

5 Troba l'equació general d'aquestes rectes.

a. Recta que passa pels punts (–1, –5) i (2, 3).

b. Recta que passa per (1, –3) i és paral·lela a la recta $y = 2x - 7$.

6 Considerant la paràbola $y = 2x^2 - 4x - 6$:

a. Calcula les coordenades del seu vèrtex. És un màxim o un mínim absolut?

b. Quin n'és l'eix de simetria?

c. Troba els punts de tall amb els eixos.

d. Esbossa'n la gràfica.

7 Un professor a domicili cobra 5 € per desplaçament i 10 € per cada hora de classe. Troba la funció que dona el preu depenent de la durada de la classe i representa-la.

8 El benefici obtingut per una empresa si ven *x* unitats d'un dels seus productes és:

$$f(x) = -70x^2 + 2800x + 45\,000$$

Quantes unitats s'han de vendre per tenir el benefici màxim?

Les meves competències · Autoavaluació

Bloc 4 SENTIT ESTOCÀSTIC

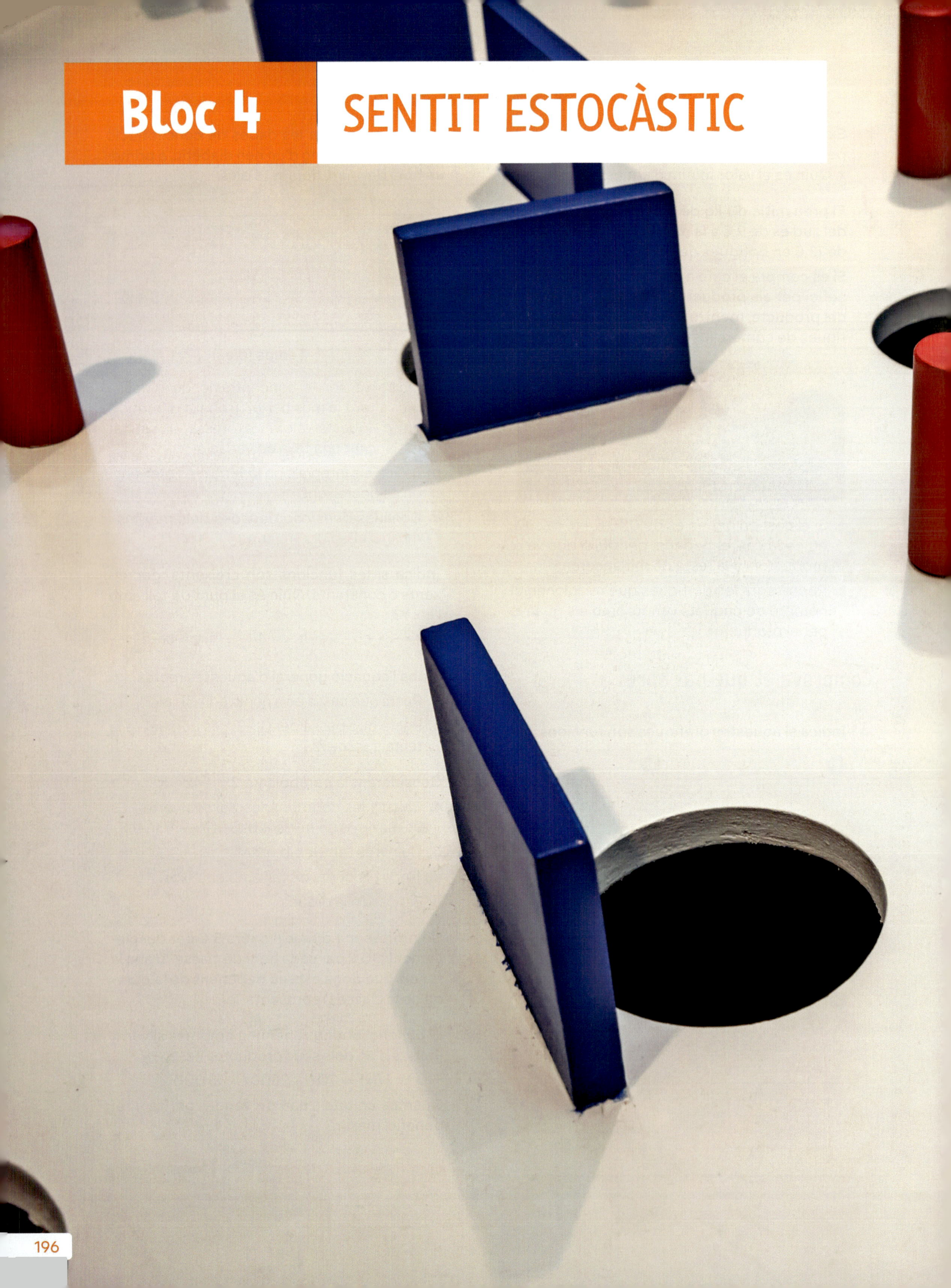

4.1. Estadística: organitzant informació

4.2. Un món aleatori

4.1 Estadística: organitzant informació

COMENCEM!

El canvi climàtic, responsable de les onades de calor

Mundialment, el 2020 va ser l'any més calorós registrat fins ara, empatant amb el 2016, el rècord anterior. En general, la temperatura mitjana de la Terra ha augmentat més de 2 graus Fahrenheit (1,2 graus Celsius) des de la dècada del 1880 a causa de les emissions de gasos d'efecte d'hivernacle, com el diòxid de carboni i el metà, conseqüència de l'activitat humana. [...] Si continuen augmentant, a mitjan segle les temperatures mitjanes d'estiu podrien ser de fins a 4,5 graus més altes que ara.

FONT: NASA

- Recordes com vas viure l'última onada de calor?
- Associes aquest fenomen meteorològic amb el canvi climàtic?
- Coneixes més conseqüències de l'escalfament global? Quines?

APRENEM!

1. Arribar a acords.
2. Classificar variables estadístiques.
3. Organitzar dades elaborant taules de freqüències.
4. Representar informació estadística mitjançant gràfics.
5. Analitzar dades en contextos reals utilitzant paràmetres de posició i de dispersió.
6. Classificar les causes d'un succés amb un diagrama d'Ishikawa.
7. Treballar amb dades i treure conclusions sobre escalfament global utilitzant l'estadística.

EL NOSTRE REPTE

Onada de calor

Fareu un estudi estadístic en grup de les temperatures màximes a Europa durant els últims anys. Després, elaborareu propostes per lluitar contra l'escalfament global basades en les vostres conclusions.

Som-hi!

1 Què s'ha de tenir en compte quan es fa un estudi estadístic?

Població i mostra

1 S'ha fet una enquesta entre els habitants de 3 països europeus per saber quin percentatge de la població té instal·lat aire condicionat a casa:

Disposes d'aire condicionat a casa?

Finlàndia 15 %

Noruega 27 %

Suècia 25 %

Veient els resultats, es podria dir que a tots els països d'Europa, en general, menys del 30 % dels habitants disposen d'aire condicionat? Raona la teva resposta.

La **població** és el conjunt format per tots els individus sobre els quals es vol fer un estudi estadístic.

Una **mostra estadística** és la part de la població sobre la qual es fa l'estudi. Perquè l'estudi sigui vàlid la mostra ha de representar el conjunt de la població, és a dir, ha de ser una **mostra representativa**. Hi ha diverses maneres de triar una mostra, les més usuals són:

- **Mostreig aleatori**: els elements de la mostra es trien a l'atzar.
- **Mostreig aleatori estratificat**: es divideix la població per estrats o parts, segons el caràcter que es vol estudiar. La proporció d'elements de cada estrat en la mostra ha de coincidir amb la proporció de l'estrat en la població.

ESTUDI ESTADÍSTIC D'UNA POBLACIÓ

En una empresa es vol fer una enquesta a 50 treballadors sobre el seu menjar preferit. Si en total hi treballen 360 dones i 240 homes, quants homes i dones han de formar la mostra perquè sigui representativa?

Pas 1

Seleccionem una mostra representativa dels treballadors i en recollim les dades tenint en compte el mateix percentatge d'homes i de dones, és a dir, es fa un mostreig aleatori estratificat. En el nostre cas:

360 dones i 240 homes = 600 individus

Dones: $\frac{360}{600} \cdot 100 = 60\ \%$ Homes: $\frac{240}{600} \cdot 100 = 40\ \%$

Pas 2

Analitzem les dades que hem recollit i n'extraiem conclusions.

En una mostra de 50 persones hi ha:

60 % de 50 = 30 dones

40 % de 50 = 20 homes

2 Per fer un estudi econòmic d'una regió es vol seleccionar una mostra representativa de 1000 persones. La població total és de 2 000 000 d'habitants, dels quals 700 000 viuen en zones urbanes i la resta, en zones rurals. A més, 900 000 persones tenen més de 40 anys.

a. Quantes persones de la mostra han de ser habitants de ciutat i quantes d'una zona rural?

b. Quantes persones enquestades han de tenir menys de 40 anys?

3 Activitat resolta

Per comprovar si les 10 000 bombetes fabricades per una empresa funcionen correctament, es proposen 2 alternatives de control de qualitat:

A. Comprovar les 100 primeres que es fabriquen cada dia.

B. Comprovar-ne una triada a l'atzar de cada 100 de fabricades.

Quina de les dues alternatives ofereix una mostra més representativa?

La B és una mostra més representativa, ja que permet detectar un error en la fabricació que pot sorgir en qualsevol moment del dia.

4 **Per estudiar quant de temps fan esport els alumnes d'un centre, quina és la mostra més representativa?**

A. Els membres de l'equip de bàsquet

B. Un alumne de cada classe

Variables estadístiques

Una **variable estadística** és la característica o la propietat objecte de l'estudi. Pot ser:

- **Qualitativa**: no es pot expressar mitjançant un nombre.
- **Quantitativa**: s'expressa mitjançant un nombre. Pot ser:
  - **Discreta**: només pren valors aïllats.
  - **Contínua**: pot agafar tots els valors possibles d'un interval.

En un estudi estadístic, les variables que es poden analitzar són molt diverses: ingressos familiars, nombre de germans, intenció de vot, país d'origen...

En general, fem servir variables discretes per comptar i contínues per mesurar.

Exemple

A la taula s'observen exemples de cada tipus de variable estadística que es pot estudiar en un grup d'alumnes:

Qualitativa	Quantitativa	
	Discreta	Contínua
Color dels ulls	Edat	Alçada
Esport preferit	Talla de sabates	Pes
Estil musical preferit	Dies de vacances	Temps dedicat a la lectura

5 **Classifica les variables estadístiques següents.**

a. Ingressos familiars

b. Nombre de membres d'una família

c. Nivell d'estudis dels pares

d. País d'origen

e. Feina dels membres d'una família

f. Edat dels membres d'una família

6 **A la fitxa de matrícula d'una escola es recullen els apartats de la imatge amb l'objectiu de fer un estudi estadístic dels alumnes. De quin tipus és cadascuna de les variables?**

1. Nacionalitat
2. Nombres de germans
3. Edat
4. Distància del domicili al centre

2 Com organitzem les dades estadístiques?

Recompte de dades. Freqüències

7 En finalitzar un partit de bàsquet, els jugadors en fan balanç:

Et sembla rellevant la informació que aporten els jugadors?

Observant el marcador, podries dir qui ha tingut més percentatge d'encert? Quines dades hi trobes a faltar?

En una **taula de freqüències** es representen els valors que pren la variable estadística, x_i, amb les seves freqüències associades:

- **Freqüència absoluta**, f_i: és el nombre de vegades que ha aparegut el valor x_i en el recompte.
- **Freqüència relativa**, h_i: és el quocient entre la freqüència absoluta f_i i el nombre total de dades, N.

$$h_i = \frac{f_i}{N}$$

- **Freqüència acumulada**, F_i: és la suma de les freqüències absolutes dels valors iguals a x_i o inferiors.
- **Freqüència relativa acumulada**, H_i: és el quocient entre la freqüència acumulada i el nombre total de dades.

$$H_i = \frac{F_i}{N}$$

Habitualment, les freqüències relatives i les relatives acumulades també es presenten com a percentatges. Per fer-ho, els nombres decimals es multipliquen per 100.

Exemple

Es vol estudiar la nota de Matemàtiques d'una classe de 3r d'ESO amb 30 alumnes. La variable estadística és quantitativa discreta i els resultats obtinguts han sigut:

7 4 5 5 6 3 10 2 6 2
2 5 9 8 7 5 6 7 4 3
3 8 4 6 5 7 4 6 5 9

x_i	Recompte	f_i	h_i	F_i	H_i
2	|||	3	0,1	3	0,1
3	|||	3	0,1	3 + 3 = 6	0,2
4	||||	4	0,133	6 + 4 = 10	0,333
5	~~||||~~		6	0,2	10 + 6 = 16	0,533
6	~~||||~~	5	0,167	16 + 5 = 21	0,7
7	||||	4	0,133	21 + 4 = 25	0,833
8	||	2	0,067	25 + 2 = 27	0,9
9	||	2	0,067	27 + 2 = 29	0,967
10			1	0,033	29 + 1 = 30	1
		$N = 30$	1		

La suma de las freqüències relatives i la de les relatives acumulades és igual a 1.

De vegades, a causa de l'efecte de l'arrodoniment, aquesta suma pot no ser exactament 1.

8 S'ha preguntat a 1200 adolescents quina és la seva xarxa social preferida. Els resultats es mostren a la imatge. Elabora la taula de freqüències absolutes i relatives.

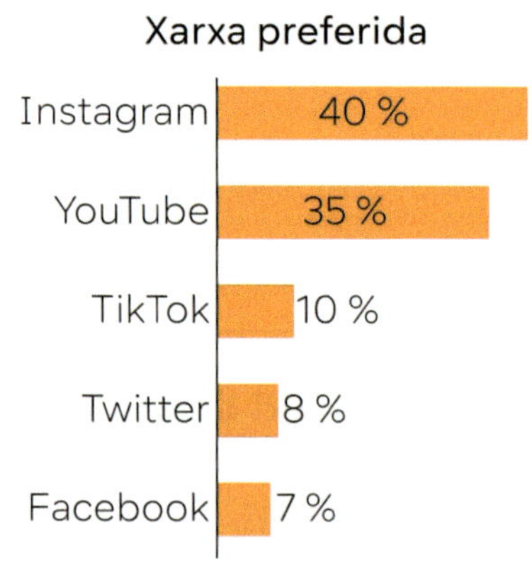

9 S'ha fet una enquesta a 120 persones sobre l'ús que han fet d'internet. Aquests en són els resultats en percentatge (les persones enquestades podien marcar més d'una opció).

Enviar missatges públics o privats	35 %
Revisar l'activitat dels contactes	33 %
Veure vídeos, escoltar música	20 %
Xatejar	26 %
Penjar continguts, comentar l'actualitat	26 %
Jugar en línia	13 %
Crear esdeveniments	4 %

Elabora una taula de freqüències absolutes i relatives dels diferents usos d'internet.

10 Activitat resolta

Per comprovar si el teatre està en crisi, s'ha fet una enquesta entre 50 persones i se'ls ha preguntat quantes vegades han assistit a una representació teatral en l'últim any. Les respostes han sigut:

1 0 2 1 0 2 6 3 4 2 0 0 1 4 5 2 2 1 4 3 1 1 2 3 5
4 3 2 1 1 1 2 0 1 0 0 1 4 2 0 1 3 1 4 0 1 2 3 1 5

a. Fes el recompte i elabora la taula de freqüències absolutes i relatives.
b. Quin és el nombre d'assistències al teatre més freqüent? I el més escàs?
c. Quantes persones han anat menys de 3 vegades al teatre durant l'últim any?

a. Construïm la taula de freqüències:

x_i	f_i	h_i	h_i (%)	F_i	H_i	H_i (%)
0	9	0,18	18	9	0,18	18
1	15	0,30	30	24	0,48	48
2	10	0,20	20	34	0,68	68
3	6	0,12	12	40	0,80	80
4	6	0,12	12	46	0,92	92
5	3	0,06	6	49	0,98	98
6	1	0,02	2	50	1	100
	$N = 50$	1	100			

b. El més freqüent ha estat anar una vegada al teatre durant l'últim any. El menys freqüent és anar-hi 6 vegades l'any.

c. Prenem el valor de la freqüència acumulada fins a 2, ja que el nombre de persones ha de ser inferior a 3. Per tant, 34 persones han anat al teatre menys de 3 vegades l'any, la qual cosa representa un 68 %.

11 **El nombre de germans dels alumnes d'una classe és el següent.**

2 1 0 1 3 2 1 1 0 0 0 2 1 1 2
2 1 3 1 0 1 1 2 3 1 2 1 2 1 5

a. Fes el recompte de les dades i elabora una taula de freqüències en què s'incloguin: freqüència absoluta, freqüència absoluta acumulada, freqüència relativa i freqüència relativa acumulada.

b. Quin percentatge d'alumnes són fills únics?

c. Quin percentatge té més de dos germans?

12 **Una botiga especialitzada en videojocs vol analitzar les seves vendes. Per fer-ho comptabilitza el nombre de videoconsoles de gamma baixa, mitjana i alta que ha venut en els últims 30 dies. Els resultats han estat:**

B, M, A, B, A, B, A, A, M, M, M, B, A, B, A,
A, M, B, M, B, B, A, A, B, B, M, A, M, A, A,

a. Presenta les dades en una taula de freqüències acumulades.

b. Quin tipus de videoconsola és el més venut?

c. Quin percentatge representen les videoconsoles de gamma baixa del total?

Taules de freqüències per a dades agrupades

Quan una variable estadística quantitativa pot tenir molts valors diferents, tant si és discreta com contínua, els valors s'agrupen en intervals per facilitar el recompte.

- Si un interval apareix tancat amb un claudàtor, l'extrem està inclòs en aquest interval. Si apareix tancat amb un parèntesi, l'extrem no hi està inclòs.

Per construir **taules de freqüències de dades agrupades** en intervals, se'n pot agafar el valor mitjà com a valor representatiu de cada interval. A aquest valor l'anomenem **marca de classe** de l'interval, x_i.

És convenient considerar tots els intervals de la mateixa amplitud. Les seves freqüències associades es calculen de la mateixa manera que si es tractés de variables discretes.

Exemple

En un control de velocitat d'una autovia, un radar de trànsit ha detectat las velocitats següents en quilòmetres per hora en 48 cotxes:

132 128 115 110 125 142 132 127 109 145 121 130 129 124 136 116 121 120 135 131 127 140 118 112
102 112 133 115 123 133 142 147 136 116 142 111 102 101 106 124 136 135 124 144 148 124 131 108

Per elaborar la taula de freqüències s'agrupen las velocitats en intervals o classes de 10 km/h d'amplitud, començant per 100 km/h fins a 150 km/h.

Velocitat km/h	Marca de classe x_i	f_i	h_i	h_i (%)	F_i	H_i	H_i (%)
[100, 110)	105	6	0,125	12,5	6	0,125	12,5
[110, 120)	115	9	0,187	18,7	15	0,312	31,2
[120, 130)	125	13	0,271	27,1	28	0,583	58,3
[130, 140)	135	12	0,25	25	40	0,833	83,3
[140, 150)	145	8	0,167	16,7	48	1	100
		$N = 48$	1	100			

13 **TREBALLEM PER TORNS.** Les vendes diàries en euros d'un comerç al llarg d'un mes es mostren a la imatge. Formeu grups i responeu per torns les preguntes.

a. Agrupeu les dades en intervals d'amplitud 75 i elaboreu la taula de freqüències.

b. Quina és la marca de classe més freqüent?

c. Quin percentatge de dies s'han superat els 500 € de vendes?

d. Creieu que hi ha alguna relació entre el dia de la setmana i les vendes?

e. Argumenteu, segons els resultats, quin tipus de comerç podria tenir aquesta distribució de vendes.

14 Les edats dels assistents a un partit de bàsquet es registren a la taula de freqüències següent.

Edat	[0, 10)	[10, 20)	[20, 30)	[30, 40)	[40, 50)	[50, 60)	[60, 70)	[70, 80)
x_i	5	15	25	35	45	55	65	75
f_i	128	232	358	292	156	94	76	44

a. Completa la taula amb les freqüències relatives i acumulades.

b. Quin percentatge d'assistents té menys de 20 anys?

c. Quin percentatge té entre 30 i 50 anys?

d. Quantes persones van assistir al partit?

15 El pes en kg de 24 nens en néixer és:

1,9 3,5 2,8 2,1 1,8 3,6 4,1 4,2 2,7 3,0 2,7 2,0

3,2 3,3 4,2 2,2 3,6 2,1 2,8 1,8 3,5 3,7 3,1 3,4

a. Agrupa les dades en intervals d'amplitud 0,5 i elabora la taula de freqüències.

b. Quants nadons han pesat més de 3 kg?

16 En un viver de plantes s'han classificat per altura i per preu els arbres que es posen a la venda.

Altura (cm)	Nre. d'arbres	Preu (€)
[40, 60)	34	20
[60, 80)	90	20
[80, 100)	110	30
[100, 120)	84	30
[120, 140)	32	50
[140, 160)	22	50

a. Afegeix a la taula la freqüència relativa i l'acumulada del nombre d'arbres.

b. Quant guanyarà el viver si ven tots els arbres dels 2 preus més barats (20 € i 30 €)?

c. Si es venen el 90 % dels arbres, i només en queden els més cars, quant es recaptarà?

3 Com representem les dades estadístiques?

Diagrama de sectors

17 En Pere ha de fer una presentació per a la seva empresa sobre els resultats de l'any i dubta entre dues maneres de fer-la.

Quina et sembla millor? Les inclouries totes dues? Argumenta els pros i els contres que trobes en cadascuna.

En un **diagrama de sectors** cada valor es representa mitjançant un sector circular d'amplitud proporcional a la seva freqüència.

$$\text{Amplitud del sector } (°) = \frac{f_i}{N} \cdot 360° = h_i \cdot 360°$$

- Els diagrames de sectors es fan servir preferentment per a variables qualitatives.

Exemple

S'ha fet una enquesta sobre el nivell de satisfacció a 120 persones que han comprat en un establiment. S'han obtingut els resultats següents:

Qualitat de l'experiència	f_i	Amplitud del sector
Molt bona	8	$\frac{8}{120} \cdot 360° = 24°$
Bona	28	84°
Normal	73	219°
Dolenta	4	12°
Molt dolenta	7	21°
	$N = 120$	360°

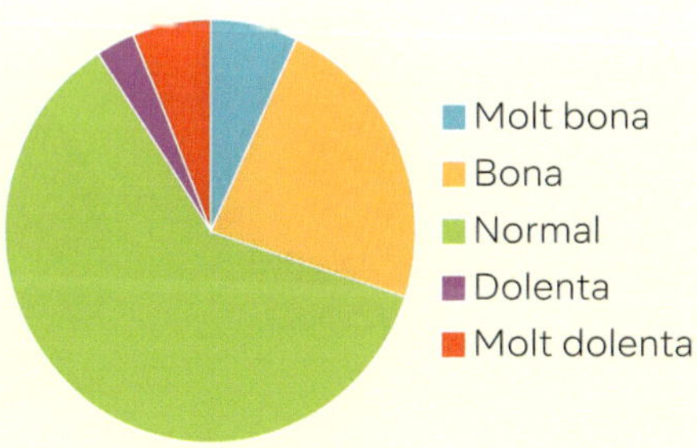

18 A la consulta de pediatria d'un hospital han fet una enquesta per estudiar amb quants mesos comencen a caminar els nadons. Els resultats que s'han obtingut es presenten a la taula següent.

Mesos	10	11	12	13	14	15
Nadons	5	8	18	11	7	1

Representa les dades en un diagrama de sectors.

19 El diagrama de sectors de la imatge mostra la distribució del terra, en percentatge, d'un territori de 36 km^2.

a. Construeix la taula de freqüències associada.

b. Quants quilòmetres no estan urbanitzats?

c. Si el 18 % del bosc són roures, quina és l'extensió de superfície ocupada pels roures?

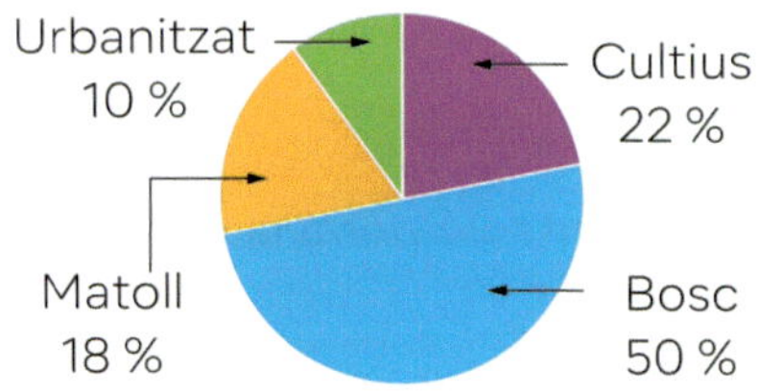

20 Elabora un diagrama de sectors per a les dades que es presenten a les taules següents.

a. Esport preferit de 60 persones

Esport	f_i
Futbol	20
Bàsquet	15
Tenis	10
Natació	10
Golf	5

b. Àrea dels oceans en milions de quilòmetres quadrats

Oceà	f_i
Pacífic	180
Atlàntic	150
Índic	72
Àrtic	20
Antàrtic	12

21 Als països de la Unió Europea, per reduir les emissions de CO_2 i d'altres gasos contaminants, es premia la compra de vehicles híbrids i elèctrics amb incentius econòmics. Al 2020, aquestes van ser les dades de matriculacions noves segons el tipus de combustible:

Combustible	Gasolina	Dièsel	Híbrid	Elèctric	Altres
% de matriculats	55	24	8	10	3

a. Elabora un diagrama de sectors amb les dades de la taula.

b. Quin percentatge del total de vehicles matriculats continua sent de combustió?

22 El nivell de formació de la població de més de 16 anys al nostre país es recull en el diagrama de sectors següent.

a. Quina part de la població té estudis superiors (FP o universitaris)?

b. Quin percentatge no passa de la 2a etapa de l'educació secundària?

c. Quin percentatge de la població completa la 2a etapa de l'educació secundària?

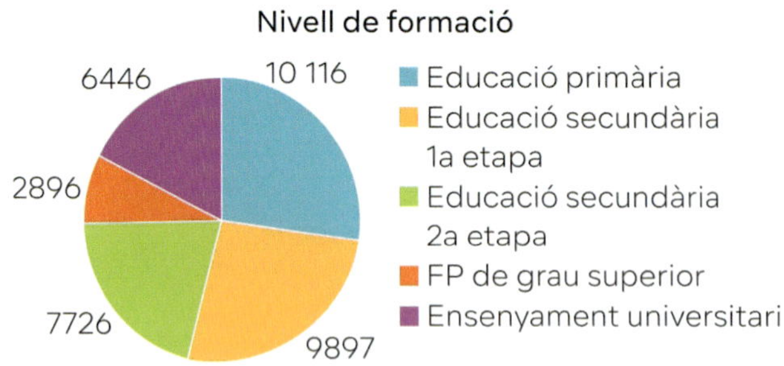

23 En una enquesta sobre comerç a internet s'han obtingut els resultats que es mostren en aquests gràfics.

a. Construeix la taula de freqüències associada a cada gràfic.

b. Representa les dades de la segona gràfica en un diagrama de sectors.

c. Quin és el producte que més compren les persones a les xarxes socials?

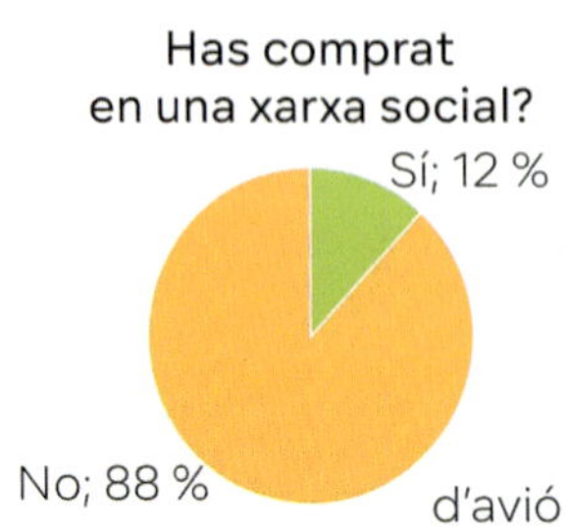

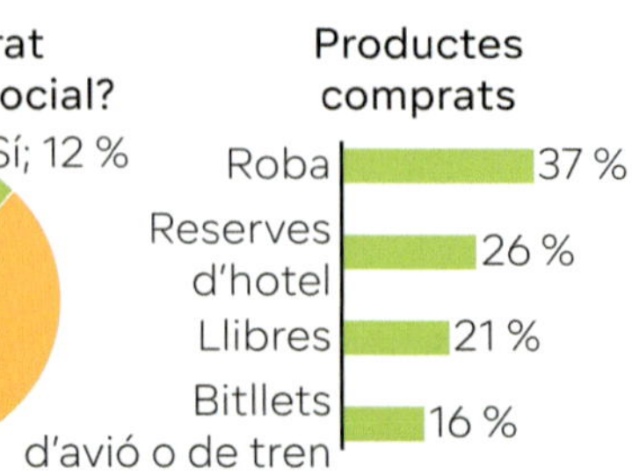

Diagrama de barres i polígon de freqüències

En un **diagrama de barres** cada valor es representa amb una barra de longitud proporcional a la seva freqüència. Es fa servir per a variables qualitatives i variables quantitatives discretes.

Si es marquen els punts mitjans dels extrems superiors de cada barra i s'uneixen, s'obté un gràfic nou anomenat **polígon de freqüències**.

Exemple

A la taula següent es mostra el nombre de germans dels alumnes d'una classe de 3r d'ESO.

Nre. de germans	0	1	2	3	4	5	
f_i	8	6	5	3	1	1	N = 24

Elaborem el diagrama de barres i el polígon de freqüències:

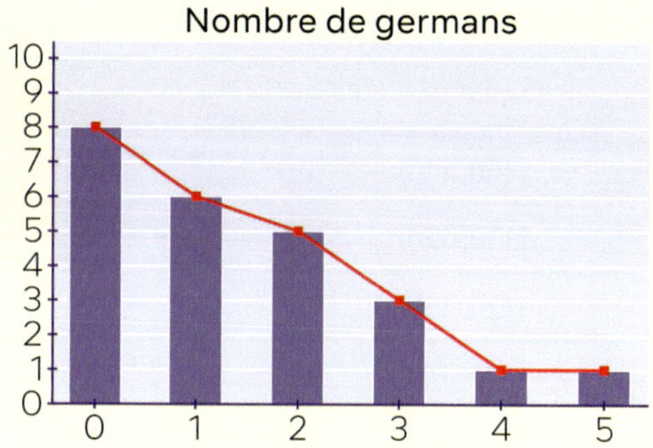

24 La taula indica el temps mitjà diari (en minuts) que els homes i les dones dediquen a les tasques de la llar.

Tasca	Cura dels fills	Cuina	Compra	Neteja	Rentar/planxar
Homes	30	25	15	10	10
Dones	70	80	40	90	45

a. Fes un únic diagrama de barres amb barres diferents per a homes i per a dones.

b. En general, et sembla justa aquesta distribució de temps? A què creus que es deu?

25 Aquests són els resultats que s'han recollit sobre el nombre de fills de cada família en una ciutat.

Nre. de fills	0	1	2	3	4	5 o +
Nre. de famílies	290	170	155	95	53	47

a. Representa les dades en un diagrama de barres.

b. Quin percentatge de famílies tenen menys de 2 fills?

c. Les famílies nombroses són les que tenen 3 fills o més. Quina part del total són famílies nombroses?

26 Les notes mitjanes de 2 classes dels últims 5 anys (en percentatge) s'indiquen en els gràfics següents.

A

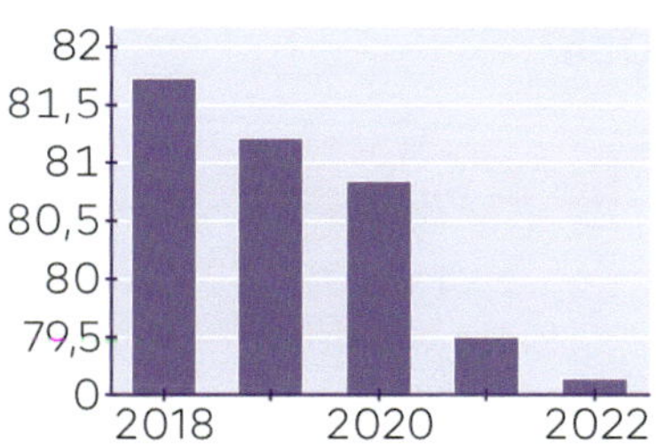

B

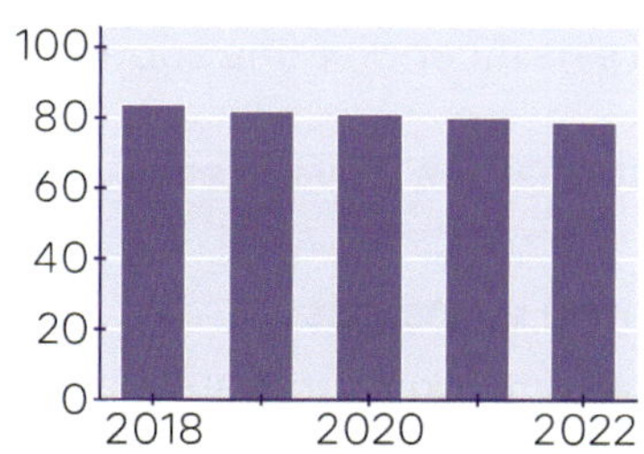

a. Per grups, compareu els diagrames, quina classe penseu que va obtenir els millors resultats?

b. Intenteu donar un valor numèric aproximat de les notes de cada classe dels diferents anys i compareu-les.

c. Creieu que els gràfics ajuden a comparar correctament les notes de les 2 classes? Per què?

Histograma

En un **histograma** cada interval està representat per un rectangle la base del qual té la longitud de l'interval corresponent l'altura del qual és proporcional a la seva freqüència.

Exemple

Si unim les marques de classe de cada interval, s'obté el **polígon de freqüències**.

Pes (g)	Marca de classe x_i	f_i
[100, 110)	105	7
[110, 120)	115	10
[120, 130)	125	13
[130, 140)	135	12
[140, 150)	145	8
		$N = 50$

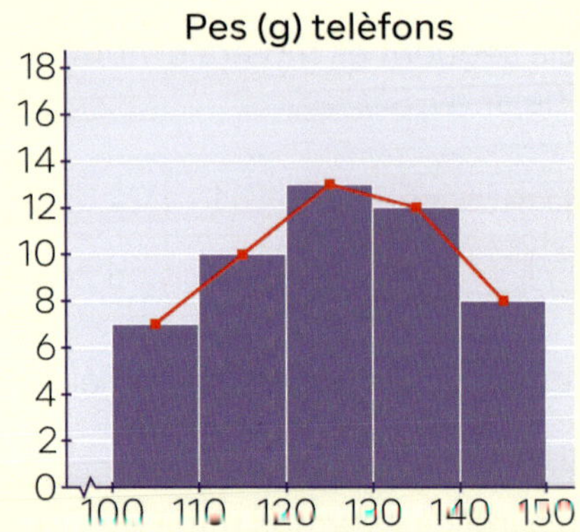

27 Es vol estudiar la rendibilitat del vol matutí Madrid-Oviedo. Per fer-ho, s'estudia el nombre de places lliures d'aquest vol al llarg d'un mes:

5 12 11 23 2 18 19 0 12 1 15 26 10 14 17
21 24 13 12 6 16 25 16 10 22 13 8 5 28 9

a. Agrupa les dades en intervals de 5 unitats i completa una taula de freqüències, absolutes i relatives.

b. Dibuixa un histograma amb les freqüències absolutes i un altre amb les freqüències acumulades.

c. Quin percentatge de dies el nombre de places lliures ha estat superior a 20?

28 A l'histograma de la imatge es representa la superfície de bosc cremada en els últims 20 anys per incendis provocats.

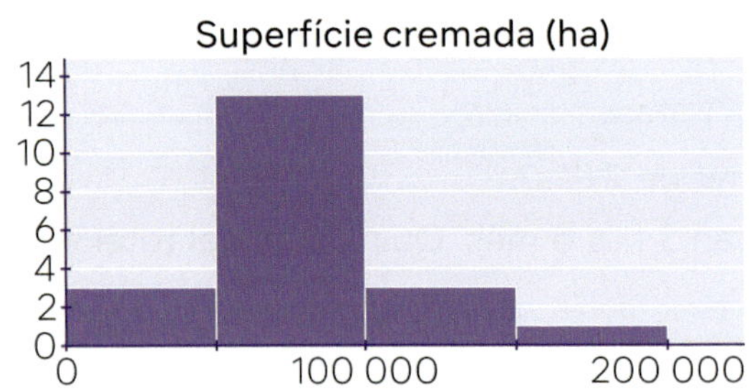

a. Elabora la taula de freqüències absolutes i relatives.

b. Quin percentatge d'anys s'ha incendiat una superfície inferior a 150 000 ha?

En quina mena de gràfic t'és més fàcil visualitzar la informació?

29 Els pesos d'una partida de formatges d'ovella es recullen a la taula següent.

a. Calcula la producció total de formatges.

b. Representa'n la distribució amb un histograma.

c. Quin és el pes mitjà dels formatges?

d. Es pot afirmar que el formatge mitjà és representatiu de la distribució? Raona la teva resposta.

Pes (g)	Nre. de formatges
[340, 350)	4
[350, 360)	8
[360, 370)	10
[370, 380)	14
[380, 390)	8
[390, 400)	6

4 Com analitzem les dades estadístiques?

Paràmetres de posició

30 La Carme rep una oferta de la seva companyia elèctrica per pagar una quota fixa mensual de 50 €. Per comparar-la, obté una factura amb el seu consum per trimestres de l'any anterior.

Creus que li convé acceptar la quota fixa?

Ho podries assegurar veient només el gràfic?

Consum per trimestres

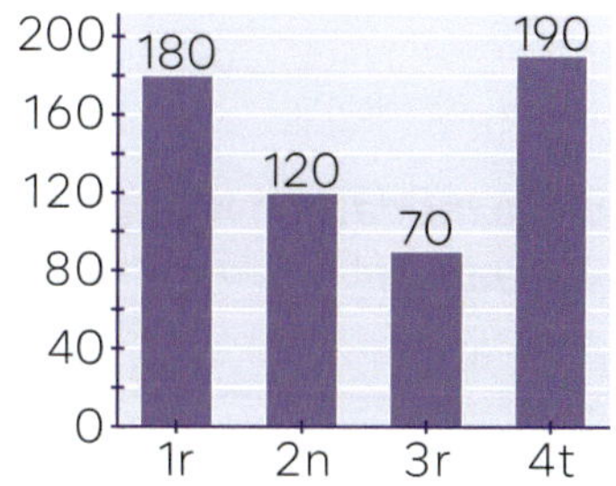

Els **paràmetres de posició** ens donen una idea general de com es distribueixen les dades.

Moda (M_0)

És el valor de la variable que té **més freqüència**. Hi pot haver més d'una moda.

Exemple:

Les notes de l'Albert al llarg d'una avaluació han sigut:

3, 4, 6, 5, 6, 7, 5, 6, 8

La nota de més freqüència és 6, ja que ha aparegut 3 vegades. Per tant, $M_0 = 6$.

Mitjana aritmètica ($\bar{x}$)

Resulta de dividir la suma de totes les dades entre el nombre total de dades.

Si les dades es donen juntament amb les seves freqüències absolutes, la mitjana es calcula com:

$$\bar{x} = \frac{x_1 f_1 + x_2 f_2 + \ldots + x_n f_n}{N} = \frac{\sum x_i f_i}{N}$$

Si hi ha dades que tenen un pes diferent, es fa servir la **mitjana ponderada**.

Exemple:

$$\bar{x} = \frac{3+4+6+5+6+7+5+6+8}{11} = 5,\hat{5}$$

Si les dues últimes notes de l'Albert puntuen el doble, quina n'és la nota mitjana?

Per respondre, es fa servir la mitjana ponderada:

$$\bar{x} = \frac{3+4+6+5+6+7+5+6 \cdot 2+8 \cdot 2}{11} = \frac{64}{11} = 5,82$$

Mediana (M)

És el valor central de la variable, és a dir, el nombre de dades que hi ha inferiors al valor central coincideix amb el nombre de dades que hi ha que són superiors. Per calcular la mediana les dades s'ordenen de més baixa a més alta:

- Si el nombre de dades és **imparell**, és la dada que ocupa el centre de la distribució.
- Si el nombre de dades és **parell**, és la mitjana aritmètica dels dos valors centrals.

Exemple:

Per trobar la mediana de les notes de l'Albert, s'ordenen les dades de més baixa a més alta i es tria el valor central.

3 4 5 5 **6** 6 6 7 8

↑

La mediana és: $M = 6$

Si a l'Albert li fan un últim examen en el qual treu un 5:

3 4 5 5 **5** **6** 6 6 7 8

↑ ↑

La mediana és: $M = \frac{5+6}{2} = 5,5$

Quartils

Divideixen les dades ordenades de la distribució en quatre parts iguals.

- El **primer quartil**, Q_1, és la dada superior al 25 % de les dades.
- El **segon quartil**, Q_2, coincideix amb la mediana: $M = Q_2$.
- El **tercer quartil**, Q_3, és la dada superior al 75 % de les dades.

Exemple:

Calcula els quartils de les notes de l'Albert:

3 4 5 5 5 6 6 6 7 8

Q_1 $\quad Q_2 = 5,5$ $\quad Q_3$

31 Activitat resolta

En un club esportiu juvenil admeten socis amb edats d'entre 12 i 18 anys. La distribució de les edats és:

Edat	12	13	14	15	16	17	18
f_i	4	6	12	16	14	8	4

Calcula la moda, la mitjana aritmètica, la mediana i els quartils.

- Moda: $M_O = 15$
- Mitjana: $\overline{x} = \dfrac{12 \cdot 4 + 13 \cdot 6 + 14 \cdot 12 + 15 \cdot 16 + 16 \cdot 14 + 17 \cdot 8 + 18 \cdot 4}{64} = \dfrac{966}{64} = 15{,}09$ anys
- Mediana: hi ha 64 dades, un nombre parell. Les dades centrals ocupen els llocs 32 i 33, i totes dues corresponen a la dada 15 anys. $M = 15$ anys.
- Quartils:

  La quarta part de 64 és $\dfrac{64}{4} = 16$.

  Primer quartil: la primera dada que tenen 16 dades per sota d'aquest és $Q_1 = 14$

  Les tres quartes parts $\dfrac{3}{4} \cdot 64 = 48$.

  Tercer quartil: la primera dada que el 48 té per sota seu és $Q_3 = 16$.

32 Troba la moda, la mitjana i la mediana de les distribucions següents.

a. 2, 5, 6, 5, 7, 3, 4, 6, 8, 3

b. 4, 3, 3, 5, 6, 2, 5, 6, 7, 2, 1

c. 23, 31, 19, 20, 26, 27, 26, 24, 26, 32, 33

d. 14, 12, 11, 10, 9, 8, 12, 11, 15, 14, 10, 8

33 El nombre de cares que s'obtenen si es tiren enlaire quatre monedes 180 vegades s'observa a la taula següent.

Nre. de cares	0	1	2	3	4
f_i	5	28	52	65	30

a. Troba'n la moda, la mitjana, la mediana i els quartils.

b. Creus que les monedes estan trucades?

34 S'ha fet un estudi estadístic sobre la durada de la bateria, en hores, de 15 models diferents de mòbil en les mateixes condicions i se n'han obtingut les dades següents:

20 22 25 21 23 21 22 24 22 24 21 21

a. Construeix una taula de freqüències i calcula'n la mitjana, la moda i la mediana.

b. Quin percentatge de bateries duren menys d'1 dia complet?

35 MAT-TIC El valor de la mitjana i la mediana es pot estimar quan el nombre de dades no és gaire gran. Pot ser d'ajuda representar les dades sobre una recta, com en la figura.

Ordre	0	1	2	3	4
Dada	0	3	6	9	10

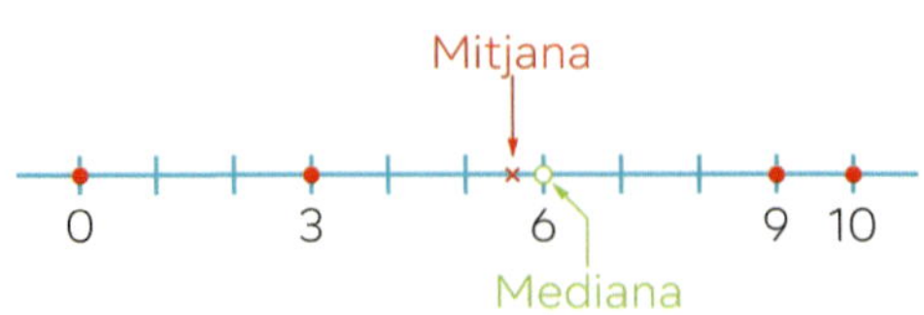

Treballa amb l'interactiu GeoGebra *Estima el valor de la mitjana, la moda i la mediana.*

En el cas de **dades agrupades** en intervals, tenim que:

- L'interval amb més freqüència s'anomena **interval modal**.
- La mitjana es calcula a partir de les **marques de classe** de cada interval.
- L'interval que conté la mediana s'anomena **interval mitjà**.

36 Activitat resolta

Els treballadors de les empreses d'un polígon industrial es distribueixen segons la taula de la dreta.

a. Calcula l'interval modal.

b. Calcula la mitjana.

c. Calcula l'interval mitjà.

Nre. de treballadors	Nre. d'empreses
[10, 20)	3
[20, 30)	8
[30, 40)	12
[40, 50)	7

a. La moda és el valor amb més freqüència. En aquest cas és l'interval [30, 40).

b. Calculem la mitjana a partir de les marques de classe de cada interval:

$$\bar{x} = \frac{15 \cdot 3 + 25 \cdot 8 + 35 \cdot 12 + 45 \cdot 7}{30} = 32{,}67$$

c. Com que hi ha 30 valors, la mediana és la mitjana de les dades que se situen en les posicions 15 i 16, que es troba en l'interval [30, 40), també interval mitjà en aquesta ocasió.

Nre. de treballadors	Marca de classe	f_i	F_i
[10, 20)	15	3	3
[20, 30)	25	8	11
[30, 40)	35	12	23
[40, 50)	45	7	30
		30	

37 Les notes, sobre 100 punts, que han obtingut els aspirants que s'han presentat a una oposició s'observen a la taula següent.

Nota	[0, 20)	[20, 40)	[40, 60)	[60, 80)	[80, 100]
f_i	5	28	52	65	30

a. Troba l'interval modal, la mitjana i l'interval mitjà.

b. Quants aspirants han obtingut una nota per sobre de la mitjana? I per sobre de l'interval mitjà?

38 Troba la mitjana, la mediana i la moda de la longitud de les truites d'una mostra de 136 exemplars seleccionats aquest any en una piscifactoria.

Longitud (cm)	[20, 22)	[22, 24)	[24, 26)	[26, 28)	[28, 30)	[30, 32]
Nre. de truites	8	18	44	39	18	9

La temperatura de l'aigua afecta la mida de les truites, ja que com més elevada és la temperatura, menys creixen. Si l'any passat la mitjana de la mida va ser de 28 cm, aquest any la temperatura ha augmentat o ha disminuït?

39 Per grups, feu una taula amb l'alçada, en cm, dels companys (de cada grup) distribuïda per intervals. Després, representeu les dades i calculeu la mitjana de cada grup.

a. Quina mena de representació heu fet servir? Per què?

b. La mitjana de tots els valors que s'han obtingut per a cada grup, coincidirà amb la de tota la classe? Comproveu-ho.

5 Quina és la distribució de les dades?

Paràmetres de dispersió

40 Les notes de 3r d'ESO A i 3r d'ESO B han sigut:

Notes	3	4	5	6	7	8
3r d'ESO A	6	4	4	2	4	5
3r d'ESO B	1	5	7	6	3	3

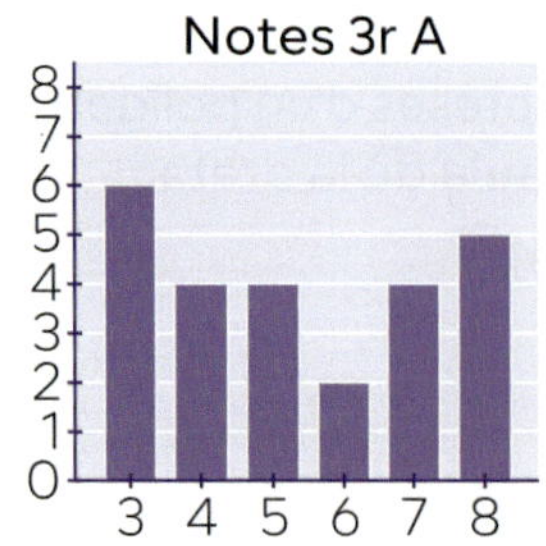

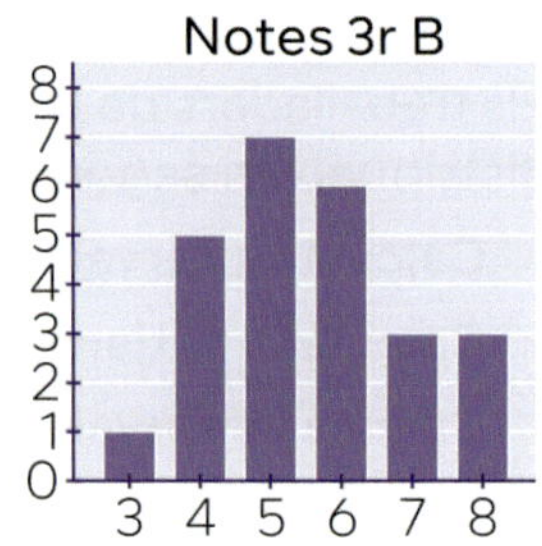

a. Calcula la mitjana per a cada classe. Què obtens?

b. Observa els gràfics i reflexiona sobre les limitacions de la informació que s'obté observant només paràmetres com la mitjana.

El **recorregut** o **rang** és la diferència entre el valor més alt i més baix que pren la variable.

Exemple

Notes	3	4	5	6	7	8
3r d'ESO A	6	4	4	2	4	5
3r d'ESO B	0	5	7	6	3	0

- El rang de les dades a 3r d'ESO A és: $8-3=5$
- El rang de les dades a 3r d'ESO B és: $7-3=4$

41 **Troba el rang de les distribucions següents.**

a. 2, 5, 3, 9, 7, 7, 6, 8, 9

b. 2, 5, 3, 7, 9, 11, 4, 3

c. 10, 11, 15, 19, 12, 16, 17, 18

La **variància, s^2**, és la mitjana dels quadrats de les desviacions de les dades respecte a la seva mitjana.

$$s^2=\frac{(x_1-\bar{x})^2f_1+(x_2-\bar{x})^2f_2+...+(x_n-\bar{x})^2f_n}{N}=\frac{\sum(x_i-\bar{x})^2f_i}{N}=\frac{\sum x_i^2f_i}{N}-\bar{x}^2$$

Exemple

Així calculem la variància de les notes de 3r d'ESO A.

x_i	f_i	x_if_i	x_i^2	$x_i^2f_i$
3	6	18	9	54
4	4	16	16	64
5	4	20	25	100
6	2	12	36	72
7	4	28	49	196
8	5	40	64	320
	N = 25	134		806

- Primer en calculem la mitjana:

$$\bar{x}=\frac{\sum x_if_i}{N}=\frac{134}{25}=5,36$$

- Amb la mitjana i la suma dels termes de la cinquena columna de la taula, calculem la variància:

$$s^2=\frac{\sum x_i^2f_i}{N}-\bar{x}^2=\frac{806}{25}-5,36^2=3,51$$

Quan fem servir els quadrats de les desviacions, la variància no té les mateixes unitats que la variable. Per evitar-ho es pren l'arrel quadrada de la variància com a mitjana de dispersió.

La **desviació típica**, **s**, és l'arrel quadrada positiva de la variància: $s=\sqrt{s^2}$

Exemple

La variància de les notes de la classe de 3r d'ESO A és $s^2=3,51$.

Per tant, la desviació típica és: $s=\sqrt{s^2}=\sqrt{3,51}=1,87$

42 **La quantitat d'emissions de CO_2 (en milions de tones) d'alguns dels països més contaminants de la UE el 2020 són:**

Regne Unit	Països Baixos	Alemanya	Polònia	França	Espanya	Itàlia	Ucraïna
313	145	637	293	280	215	297	189

a. Calcula la mitjana i la mediana.

b. Troba'n la desviació típica.

En distribucions contínues, el **recorregut** és la diferència entre l'extrem superior de l'interval més alt i l'extrem inferior de l'interval més baix.

43 Activitat resolta

Calcula el rang, la variància i la desviació típica de la distribució de freqüències següent.

Intervals	f_i	Marca de classe x_i	x_if_i	x_i^2	$x_i^2f_i$
[0,2)	2	1	2	1	2
[2, 4)	10	3	30	9	90
[4, 6)	18	5	90	25	450
[6, 8)	23	7	161	49	1127
[8, 10)	7	9	63	81	567
	$N=60$		346		2236

En distribucions contínues, la mitjana, la variància i la desviació típica es calculen a partir de les marques de classe de cada interval.

El rang és: 10 – 0 = 10

La mitjana és: $\bar{x}=\frac{346}{60}=5,77$

La variància és: $s^2=\frac{2236}{60}-5,77^2=3,98$

La desviació típica és: $s=\sqrt{3,98}\simeq 2$

44 **En un examen tipus test s'han obtingut aquests resultats:**

Encerts	[0, 2)	[2, 4)	[4, 6)	[6, 8)	[8, 10)
f_i	3	26	54	67	30

a. Quin és el recorregut de la variable?

b. Calcula'n la variància i la desviació típica.

45 **S'ha fet una enquesta a 50 persones sobre el nombre de vegades que van anar al teatre l'any passat. Calcula'n el recorregut, la variància i la desviació típica.**

Nr veces	[0, 3)	[3, 6)	[6, 9)	[9, 12)
f_i	14	25	9	2

6 Com comparem diferents distribucions estadístiques?

Coeficient de variació

46 Observa les puntuacions mitjanes d'una prova dels dos grups d'alumnes que té en Pere. Si la desviació típica del primer grup és 5 i la del segon és 20, què pots dir sobre la dispersió de les dades de cada grup? Les podries comparar?

El **coeficient de variació** d'una distribució estadística és el quocient entre la desviació típica i la mitjana aritmètica.

$$CV = \frac{s}{\bar{x}}$$

El resultat s'acostuma a expressar en forma de percentatge, que en alguns casos pot superar el valor 100%.

47 Activitat resolta

En una oposició s'han fet dues proves de 200 preguntes tipus test.

- **A la prova A la mitjana ha estat de 120 punts i la desviació típica, de 32 punts.**
- **A la prova B la mitjana ha estat de 90 punts i la desviació típica, de 27 punts.**

En quina prova hi ha hagut més dispersió relativa?

Calculem els coeficients de variació de les dues proves:

$CV_A = \frac{32}{120} = 0{,}267$, és a dir, 26,7 % $CV_B = \frac{27}{90} = 0{,}3$, és a dir 30 %

Per tant, la dispersió relativa de la prova B és superior que la de la prova A.

Com més alt és el coeficient de variació, menys fiable és la mitjana en una distribució.

48 Volem valorar l'eficàcia dels fertilitzants Adob Jardí i Plantes Sanes. El primer s'aplica a 10 plantes i el segon, a 12 plantes, i es mesura l'altura de cadascun. Els resultats, expressats en centímetres, són els següents.

Adob Jardí	Plantes Sanes
12, 18, 17, 23, 21, 30, 26, 24, 15, 22	21, 23, 18, 17, 25, 16, 23, 26, 18, 21, 25, 23

a. Calcula la mitjana i la desviació típica per a les dades dels dos fertilitzants.
b. Troba'n els coeficients de variació.
c. Observa els resultats anteriors, quin dels dos fertilitzants et sembla millor?

49 L'alçada de les jugadores d'un equip de futbol és la que s'indica a la taula de la dreta.

a. Calcula'n la mitjana i la desviació típica.
b. Calcula'n el coeficient de variació.
c. Com creu que variarien la mitjana i la desviació típica si les dades fossin d'un equip femení de bàsquet?
d. Si el coeficient de variació fos més alt, què podries dir amb seguretat sobre la nova distribució?

Alçada (cm)	Nre. de jugadores
[150, 160)	4
[160, 170)	11
[170, 180)	7
[180, 190)	3

TALLER FULL DE CÀLCUL

Paràmetres estadístics amb full de càlcul

Per resoldre problemes de càlcul de paràmetres estadístics, especialment quan el nombre de dades és gran, ens podem ajudar d'un full de càlcul:

Les dades corresponen al nombre de germans dels alumnes d'una classe de 3r d'ESO.

Pas 1

Per calcular els paràmetres corresponents, hem d'introduir les dades en les cel·les del full de càlcul i fer servir les funcions següents.

Paràmetre	Funció
Mitjana	= MITJANA[C1:E7]
Moda	= MODA[C1:E7]
Mediana	= MEDIANA[C1:E7]
Rang	= MAX[C1:E7]-MIN[C1:E7]
Variància	= VARP[C1:E7]
Desviació típica	= DESVESTP[C1:E7]
Coeficient de variació	= E14/E9

Les coordenades de les dades de les funcions han de coincidir amb les del full de càlcul.

Les caselles coincideixen amb la de la **mitjana** i la **desviació típica**.

	A	B	C	D	E
1			1	1	3
2			3	2	1
3			2	2	2
4			1	1	1
5			1	3	2
6			0	1	1
7			0	0	5
8					
9				Mitjana =	1,571
10				Moda =	1
11				Mediana =	1
12				Rang =	5
13				Variància =	1,388
14				Desviació típica =	1,178
15				Coeficient de variació =	0,75

Pao 2

Per representar les dades en un diagrama de barres, s'han d'agrupar i ordenar juntament amb les seves freqüències. Quan la taula estigui confeccionada, seleccionem totes les dades i des del menú "Inserir" triem "Diagrama de barres".

Et sembla fàcil fer servir fulls de càlcul?

Valor	Freqüència
0	3
1	9
2	5
3	3
4	0
5	1

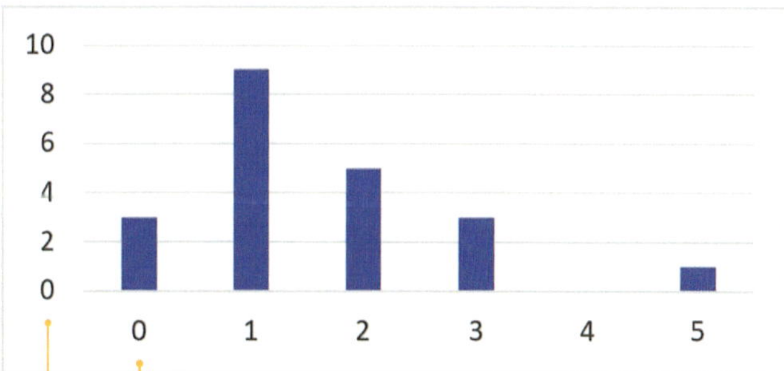

Els eixos de coordenades de la taula es representen, per defecte, agafant la columna de l'esquerra com a ordenades i la de la dreta com a abscisses.

50 Es mesuren les temperatures màximes de 2 ciutats el primer dia de cada mes durant 2 anys i s'obtenen els resultats següents en °C.

Ciutat A: 7, 12, 15, 14, 19, 25, 30, 29, 31, 25, 20, 8, 7, 5, 12, 19, 25, 21, 27, 29, 22, 20, 15, 8

Ciutat B: 0, 3, 7, 16, 19, 24, 30, 32, 30, 25, 18, 8, 1, 1, 3, 8, 15, 19, 27, 31, 30, 19, 10, 2

a. Calcula la mitjana, la moda, la mediana, el rang, la variància, la desviació típica i el coeficient de variació de cadascuna de les ciutats.

b. Representa les dades de cada ciutat en un diagrama de barres i compara-les. Observant només el gràfic, quin conjunt de dades té més dispersió?

c. Les temperatures varien menys al llarg de l'any a les ciutats properes al mar. Podries dir, raonadament, quina ciutat és més probable que estigui situada a la costa?

EL NOSTRE REPTE

Onada de calor

Elabora un estudi estadístic de les temperatures màximes a Europa i proposa mesures que ajudin a combatre l'escalfament global

Pas 1

Cerca d'informació

Ens agrupem en equips de 3-4 membres i triem un país europeu sobre el qual vulguem treballar (França, Països Baixos, Itàlia, Alemanya, Espanya...).

A continuació, busquem informació per a cada país sobre les temperatures màximes del mes de juliol des de l'any 2000 fins a l'actualitat per emplenar la taula següent:

ANY	2000	2001	2002	2003	...	2021	2022	...
TEMPERATURA	●●●	●●●	●●●	●●●	●●●	●●●	●●●	●●●

Pas 2

Anàlisis de dades

- Representa en una gràfica l'evolució de les temperatures màximes del mes de juliol en el període de temps seleccionat.
- Troba'n la mitjana i la mediana.
- Calcula'n el rang, la desviació típica i el coeficient de variació.
- Elabora una breu presentació de tots els resultats que s'han obtingut i la seva interpretació per compartir-la amb la resta del grup.

Pas 3

Elaboració de conclusions

Finalment, cada equip ha de nomenar un portaveu i traslladar els resultats que s'han obtingut per a cada país de manera gràfica, argumentant les conclusions i proposant mesures específiques per mitigar les causes de l'escalfament global mentre la resta de la classe escolta activament. Podeu debatre sobre els temes següents:

- Es poden combatre eficaçment les causes de l'escalfament global de manera individual o l'acció hauria de ser conjunta i coordinada?
- Les conseqüències d'aquest escalfament, afecten tots els països per igual?

Com t'ha anat el repte? Entra i valora'l

EN RESUM

Termes estadístics

L'estadística fa servir mètodes per recollir i organitzar informació amb la finalitat d'analitzar-la i interpretar-la.

- Població: conjunt d'elements sobre el qual es fa un estudi.
- Mostra: part de la població.
- Variables estadístiques: característiques que s'estudien en una població.
  - Qualitativa: no es pot expressar amb un nombre.
  - Quantitativa: es pot expressar amb un nombre.
    - Discreta: té un nombre finit de valors.
    - Contínua: té un nombre infinit de valors.

Ordenació de dades estadístiques

Taula de freqüències			
Freqüència absoluta (f_i)	Freqüència relativa (h_i) $h_i = \frac{f_i}{N}$	Freqüència absoluta acumulada (F_i)	Freqüència absoluta acumulada (H_i) $H_i = \frac{F_i}{N}$

Gràfics estadístics

Diagrama de sectors

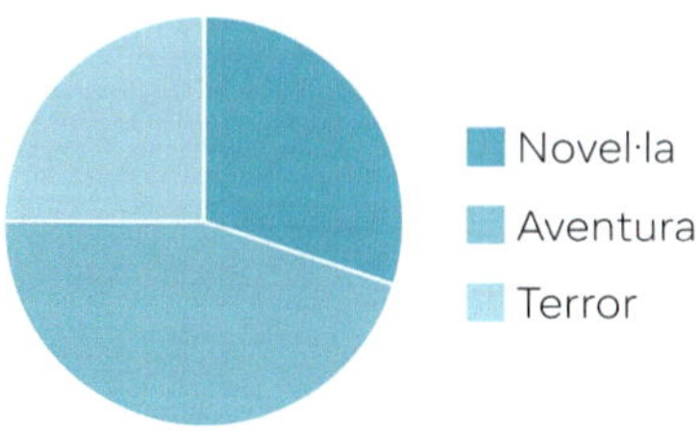

Diagrama de barres i polígon de freqüències

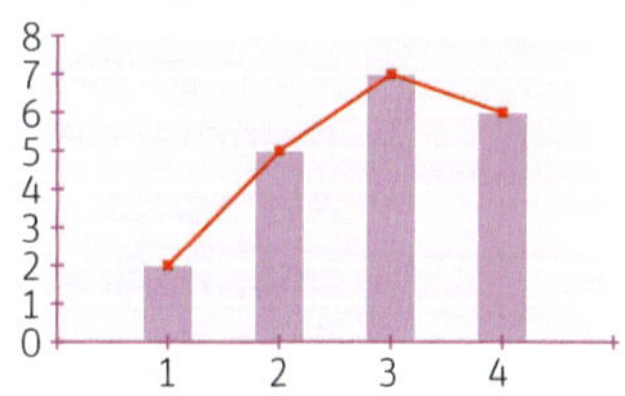

Histograma

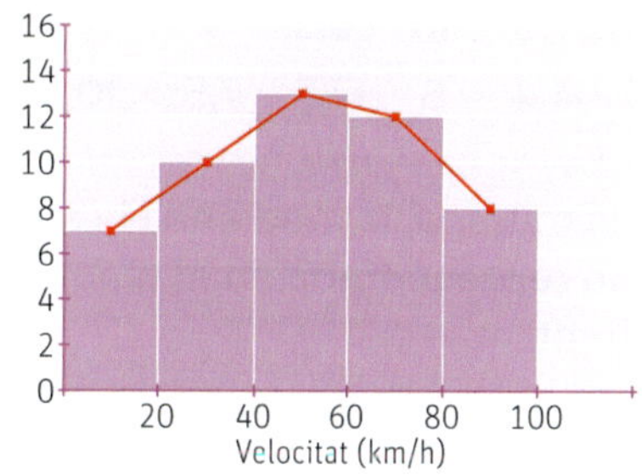

Paràmetres estadístics

Paràmetres de posició	Paràmetres de dispersió
• MITJANA ARITMÈTICA: és el quocient de la suma de totes les dades entre el nombre total de dades. $\overline{x} = \frac{\sum x_i f_i}{N}$	• RANG O RECORREGUT: és la diferència entre el valor més gran i el més petit d'un conjunt de dades estadístiques.
• MEDIANA: és el valor de la dada que ocupa la posició central quan estan ordenades de més petita o més gran.	• VARIÀNCIA: $s^2 = \frac{\sum x_i^2 f_i}{N} - \overline{x}^2$
• MODA: és el valor de més freqüència.	• DESVIACIÓ TÍPICA: $s = \sqrt{s^2}$
Comparació entre distribucions	
• COEFICIENT DE VARIACIÓ: és el quocient entre la desviació típica i la mitjana aritmètica. $CV = \frac{s}{\overline{x}}$	

PRACTIQUEM

Activitats

1 **Aprenc a pensar.** Organitza en un mapa mental els conceptes que has après.

2 El Ministeri de Turisme ha fet una enquesta sobre les maneres de viatjar de la població. Les preguntes són:

1. Nombre de persones que viatgen.
2. Regió de destinació del viatge.
3. Tipus de viatge (turisme, feina, familiar...).
4. Mitjà de transport.

De quin tipus són les variables estadístiques estudiades?

3 Indica si aquestes variables són qualitatives o quantitatives i, en aquest últim cas, si són contínues o discretes.

a. Nombre de clients al dia d'un restaurant.
b. Euros que paga cada client.
c. Marques de cotxes dels clients.

4 Calcula la mediana, la mitjana, el recorregut i el rang de la sèrie de dades següents.

5,5	9,5	16	3,5	9	12
2,5	4,4	5	7,5	7,5	10

5 Determina la mitjana, la mediana i la moda de la distribució representada en el diagrama de barres següent.

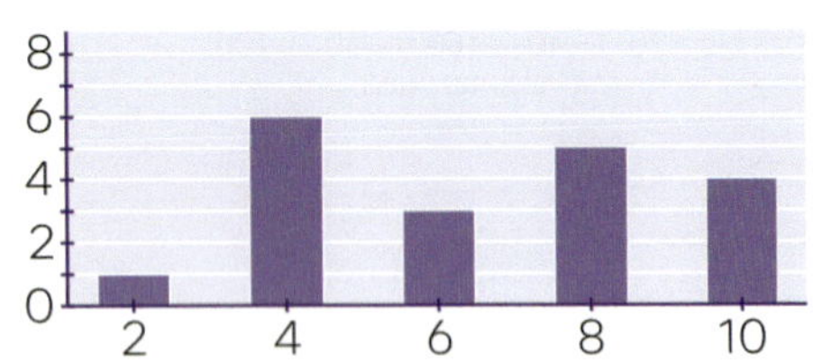

6 Analitza l'histograma següent.

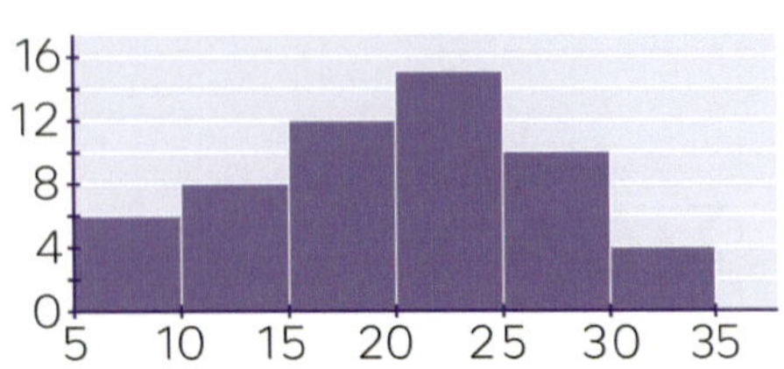

a. Calcula la mitjana, l'interval modal, la moda i l'interval mitjà de les dades.
b. Troba'n la variància i la desviació típica.
c. Calcula el coeficient de variació.

Problemes

7 A Espanya hi ha prop de 20 milions de mascotes. Una empresa de productes per a animals domèstics ha fet una enquesta a 900 llars, dels 17 milions de llars que hi ha al nostre país. A 385 de les llars no hi havia cap mascota; a 212 hi havia gats; a 143, gats; a 286, ocells; a 165, peixos, i a 71 hi havia animals exòtics.

a. Identifica quina és la població i quina és la mostra de la distribució.
b. Digues quina és la variable i indica de quin tipus és.
c. A quantes llars espanyols hi ha gossos? I gats?
d. Segons els resultats de l'enquesta, creus que a les llars hi ha una mascota o més?

8 Els 8 països guanyadors del mundial de futbol han sigut: Alemanya 4 vegades; Argentina, 2; Brasil, 5; Espanya, 1; França, 2; Anglaterra, 1; Itàlia, 4, i Uruguai, 2.

Fes un diagrama de barres, un polígon de freqüències i un diagrama de sectors de la distribució.

9 En una empresa els salaris d'homes i dones en euros són els següents.

Homes: 1090, 1044, 3970, 1224, 1250, 1438, 1072

Dones: 1405, 1070, 1948, 1525, 1090, 1002, 1525, 1968, 1224, 2096, 1703, 1126

a. Calcula el recorregut, el salari mitjà i la mediana per a cada sèrie.
b. Calcula els coeficients de variació de les dues sèries. Quina té més dispersió?
c. Ajunta els salaris de tots els treballadors (homes i dones) i calcula'n el recorregut, la mitjana i la mediana.

10 Segons l'enquesta de població activa del 2018 (INE), el nombre de persones actives (treballant o buscant feina) a Espanya era de 22 806 800, amb la distribució per edats següent.

Edat	Percentatge
De 16 a 19	1,2
De 20 a 24	5,4
De 25 a 29	9,2
De 30 a 34	10,9
De 35 a 39	13,7
De 40 a 44	15,6
De 45 a 49	14,3
De 50 a 54	12,9
De 55 a 59	10,4
De 60 a 64	5,5
Més de 65	0,9

a. Selecciona el gràfic estadístic adequat a aquesta distribució i representa'l.

b. Calcula quantes persones de 65 anys o més estan actives.

c. Quin percentatge de la població correspon a la franja dels 40 als 54? A què creus que es deu?

11 L'equip femení de futbol de la ciutat vol contractar una jugadora per a la temporada vinent. La taula següent resumeix el nombre d'assistències a gol de dues possibles jugadores en els últims deu partits.

Jugadora A	14	2	3	15	15
	6	5	5	18	17

Jugadora B	8	7	14	9	10
	13	12	11	6	10

a. Calcula la mitjana i la desviació típica de les dades.

b. Segons les dades, quina és la jugadora més regular que ha de contractar l'equip?

12 La durada de les trucades des d'un telèfon mòbil es mostra a la taula següent.

Durada (s)	f_i	F_i
[30, 50)	5	5
[50, 70)	8	●●●
[70, 90)	22	●●●
[90, 110)	50	●●●
[110, 130)	30	●●●
[130, 150)	15	●●●
[150, 170)	5	135

a. Completa la taula.

b. Calcula la mitjana.

c. Dibuixa el polígon de freqüències acumulades.

d. Utilitza el gràfic per identificar en quins intervals hi ha la mediana i els quartils.

e. Quantes trucades tenen una durada inferior a 2 minuts?

13 En el diagrama següent es mostren els resultats que s'han obtingut en un test d'aptitud per dos grups d'alumnes, els que han nascut en dia parell, que s'anomena grup A, i els que han nascut en un dia imparell, que s'anomena grup B. Per superar el test cal obtenir 45 punts o més.

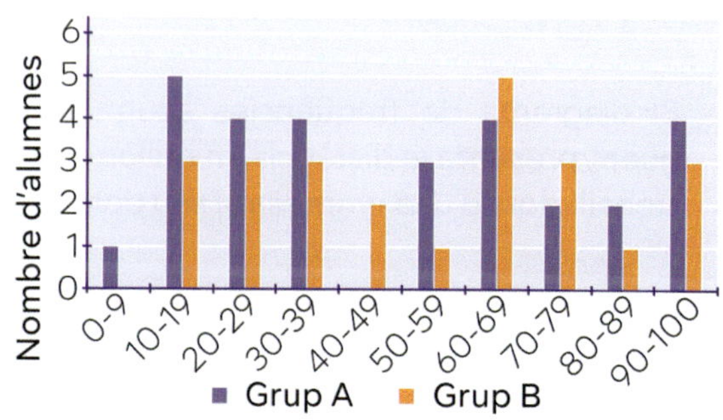

a. Calcula la mitjana dels resultats del test de cada grup.

b. En observar el diagrama, l'examinador afirma que el grup B ha obtingut més bons resultats en general que el grup A.

Quin argument matemàtic podrien fer servir els membres del grup A per afirmar que no és així necessàriament?

14 Segons dades de l'INE, el nombre de joves al nostre país de menys de 25 anys l'any 2020 es recull a la taula.

	Nre. de persones (milers)
De 0 a 4 anys	1981,7
De 5 a 9 anys	2325,4
De 10 a 14 anys	2523,5
De 15 a 19 anys	2389,1
De 20 a 24 anys	2360,7

a. Elabora la taula de freqüències relatives i la de freqüències relatives acumulades.

b. Quin percentatge té menys de 20 anys?

c. Quin percentatge té entre 10 i 20 anys?

15 Dos tiradors han obtingut aquests resultats en el desempat a 20 tirades per incorporar-se a la selecció de tir amb carrabina.

Punts	50	30	20	10	0
Tirador A	4	6	5	4	1
Tirador B	6	3	5	3	3

a. Calcula la mitjana de cada jugador. Et permet seleccionar el candidat?

b. Troba la desviació típica dels dos tiradors.

c. Volem seleccionar el que sigui més regular. A qui triaries?

16 El diagrama de freqüències acumulades següent presenta la distància en quilòmetres dels treballadors d'una empresa al seu domicili.

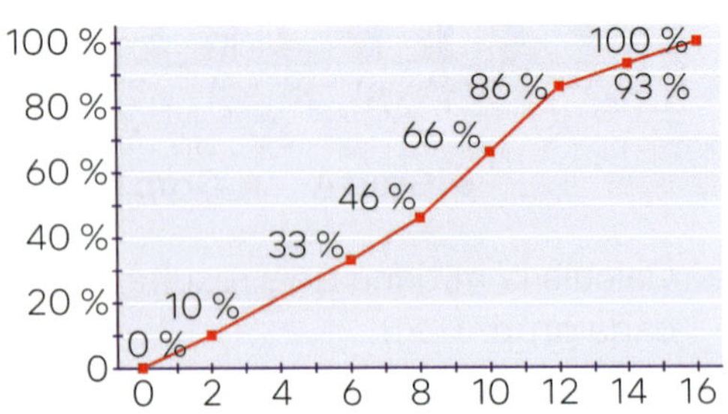

a. Construeix la taula de freqüències.

b. Quants treballadors viuen a menys de 10 km? I entre 8 km i 12 km?

c. A partir del gràfic, troba els intervals en què hi hagi els quartils.

17 Es consideren les distribucions estadístiques següents.

A. Mesures aproximades de la longitud de les mongetes verdes d'una mostra de 100 recollides a l'atzar en una horta. Les mesures s'indiquen en centímetres.

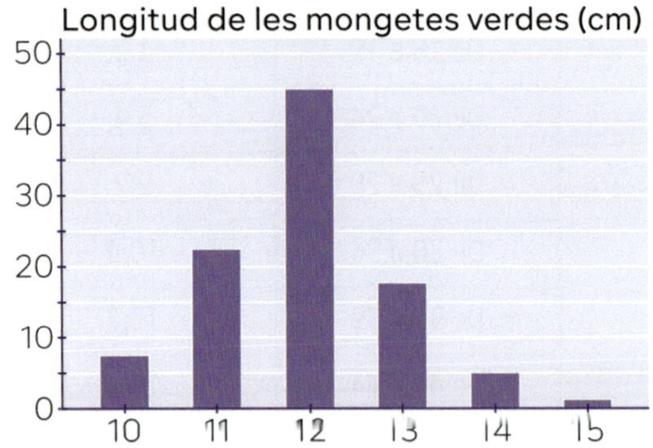

B. Nombre d'hores diàries que 100 joves d'una localitat dediquen a estudiar una assignatura.

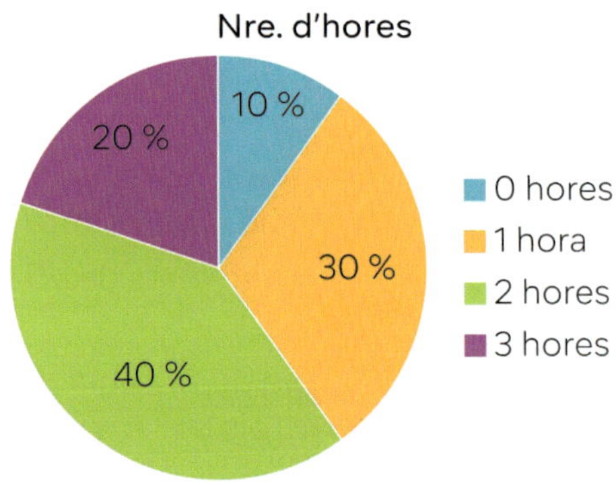

C. Nombre de vegades que 100 estudiants d'una universitat han practicat cert esport de risc.

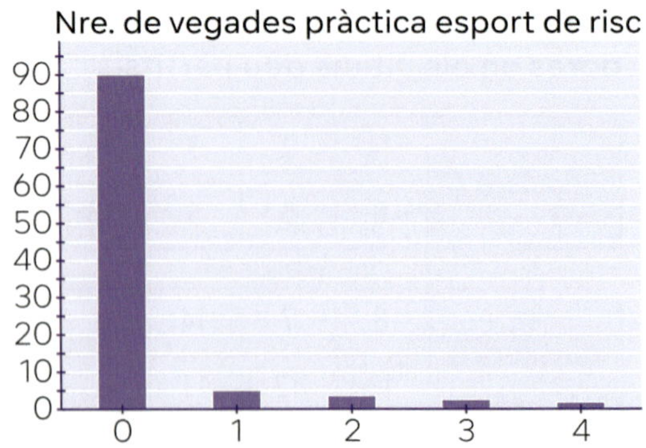

Observa els gràfics de cada distribució, tria raonadament un valor que representi de manera adequada les dades i indica el nombre estadístic que rep.

18 Els diagrames següents mostren informació sobre les exportacions de Zedlàndia, un país que té com a moneda el zed.

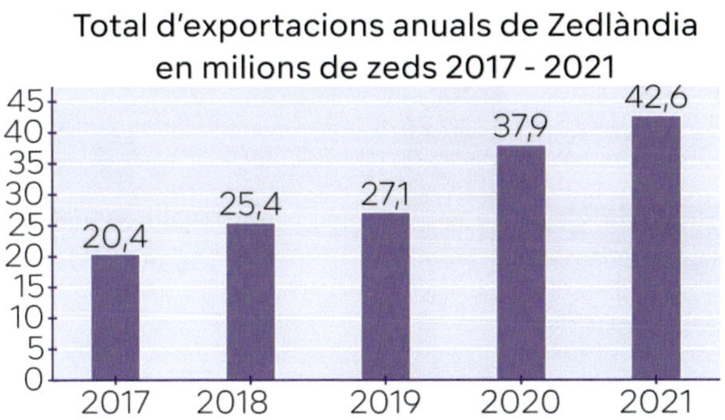

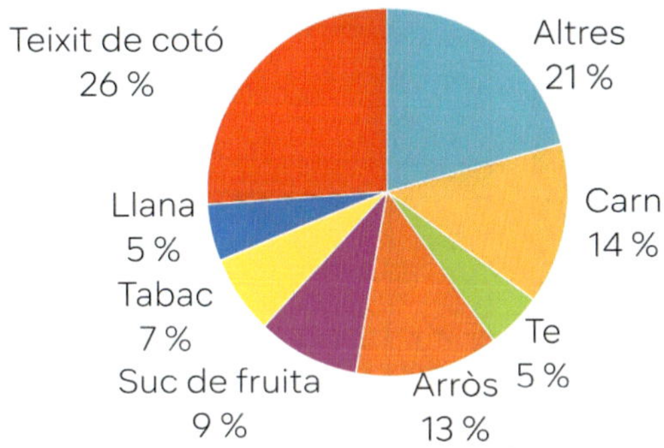

1. Quin va ser el valor total (en milions de zeds) de les exportacions de Zedlàndia el 2021?
2. Quin va ser, aproximadament, el valor de les exportacions de suc de fruita de Zedlàndia l'any 2021?

   A. 1,8 milions de zeds
   B. 2,3 milions de zeds
   C. 3,4 milions de zeds
   D. 3,8 milions de zeds

19 **Aprenc a pensar.** Observa el gràfic.

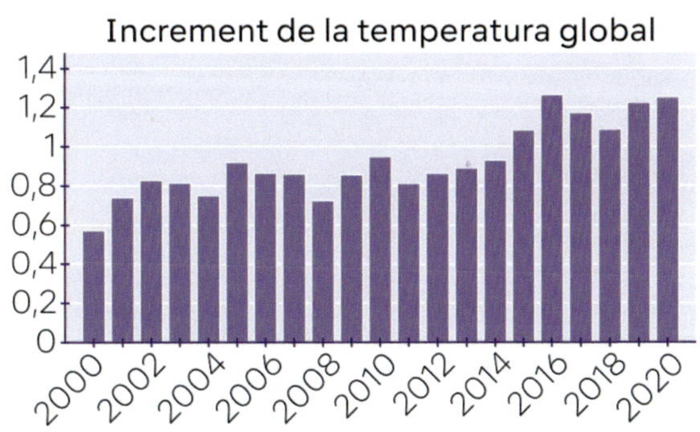

a. Quina tendència observes? Construeix un diagrama d'Ishikawa amb totes les possibles causes d'aquesta tendència.
b. Si només observessis les dades del 2006 al 2011, a quina conclusió arribaries?

Comprova el que has après

1 La Clara i els seus companys han recollit aquestes mesures del pH de mostres d'aigua:

6,99 6,9 7,05 6,89 6,94 7,19 7,08 7,2 7,02

a. Determina la població i la variable estadística que han estudiat.
b. Indica de quina mena de variable es tracta: qualitativa, quantitativa discreta o contínua.

2 El gràfic indica el nombre de vegades que els alumnes d'un grup han anat al cinema aquest any.

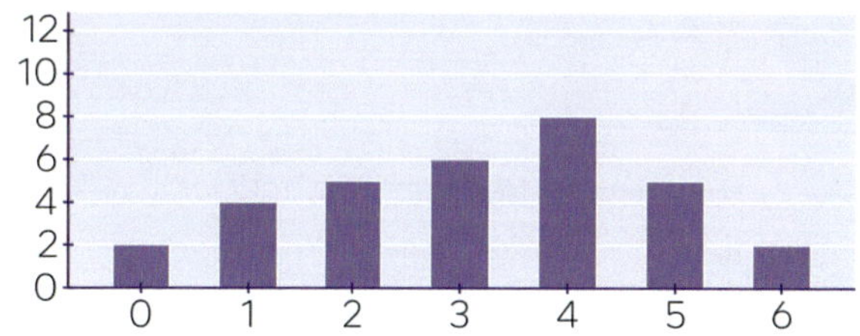

Fes una taula de freqüències amb aquestes dades.

3 El nombre de trucades telefòniques que una centraleta ha rebut durant quaranta dies s'indica a la llista següent.

23	29	46	43	26	15	21	34
28	22	35	34	18	3	40	21
28	34	3	13	9	11	23	12
24	5	32	46	35	7	30	27
12	29	8	11	31	19	5	43

a. Agrupa les dades en 5 intervals d'amplitud 10.
b. Elabora la taula de freqüències de dades agrupades.
c. Representa l'histograma.

4 Per anar a la feina en Joan hi pot anar pel centre de la ciutat o per la circumval·lació. En una setmana ha controlat els temps, en minuts, pels dos camins:

Centre	25	20	16	26	17
Circumval·lació	24	21	17	24	19

a. Calcula la mitjana, la desviació típica i el coeficient de variació de cada ruta.
b. Quina és la millor ruta? Justifica la resposta.

Les meves competències | Autoavaluació

4.2 Un món aleatori

COMENCEM!

VACUNES COVID-19, LES PRIMERES VACUNES DE L'ARN MISSATGER

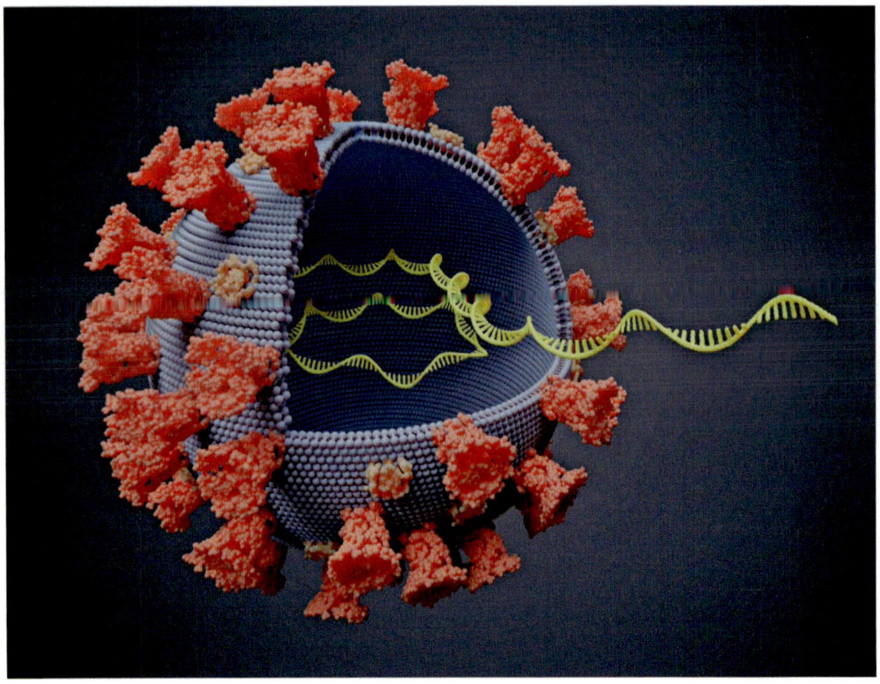

- Has vist el vídeo? Sabies com funcionen les vacunes contra la COVID-19?
- Penses que hi ha dades per assegurar que aquestes vacunes han estat efectives?
- Creus que és equitatiu l'accés a les vacunes en l'àmbit mundial?

APRENEM!

1. Complir les tasques assignades.
2. Identificar experiments aleatoris, descriure successos i operar-hi.
3. Calcular probabilitats en experiments simples i compostos.
4. Calcular el nombre de permutacions dels elements d'un conjunt.
5. Fer previsions basades en evidències.
6. Analitzar situacions relacionades amb la salut.

EL NOSTRE REPTE

Matemàtiques davant la COVID-19

Comparareu les probabilitats d'encomanar-se i emmalaltir greument per COVID-19 entre persones vacunades i no vacunades. Les vacunes salven vides?

Som-hi!

1 Hi ha diferents tipus d'experiments?

Experiments aleatoris

1 Considera aquests dos experiments.

- Experiment 1. Deixar caure una poma des d'una altura determinada i mesurar el temps que tarda a arribar a terra.
- Experiment 2. Llançar un dau cúbic i anotar el nombre que surt.

Partint de les dades obtingudes en fer els experiments, podries predir el resultat que s'obtindrà si es repeteixen?

Un experiment és **determinista** quan se'n pot predir el resultat.

Un experiment és **aleatori** quan:

- Es pot dur a terme tantes vegades com vulguem.
- No se'n pot predir el resultat.

L'**espai mostral**, *E*, és el conjunt format per tots els resultats possibles d'un experiment aleatori.

Exemples

- Calcular el temps que tardarà a recórrer una distància determinada un cotxe que circula a velocitat constant és un experiment determinista.
- Llançar un dau cúbic i anotar el nombre de la cara superior és un experiment aleatori. El seu espai mostral és $E = \{1, 2, 3, 4, 5, 6\}$

2 **Indica si els experiments següents són aleatoris. En cas afirmatiu, escriu l'espai mostral.**

a. Girar l'agulla d'una ruleta amb tres colors i anotar el color al qual assenyala.

b. Deixar caure una bola d'acer i una de goma des de la mateixa altura i observar quina arriba primer a terra.

c. Extreure, sense mirar, una bola d'una caixa que conté 10 boles numerades de l'1 al 10 i prendre nota del nombre de la bola extreta.

d. Pesar un envàs de llet.

e. Extreure una carta d'una baralla i mesurar-ne l'altura.

f. Extreure una carta d'una baralla i mirar-ne el coll.

g. Deixar caure un escuradents sobre un terra de rajoles quadrades i veure si cau dins d'una rajola o a la vora entre dues rajoles.

h. Llançar un dau de 8 cares.

3 Activitat resolta

Escriu l'espai mostral associat al llançament de dues monedes alhora.

Cada moneda pot caure pel costat de la cara (*C*) o de la creu (*X*). Així que l'espai mostral és $E = \{(C,C), (C, X), (X, C), (X, X)\}$.

4 **Escriu l'espai mostral associat a llançar una moneda i extreure una bola a l'atzar d'una urna que conté boles numerades de l'1 al 5.**

Experiments compostos. Tècniques de recompte

Un **experiment compost** és el que està format per diversos experiments simples.

Per obtenir l'espai mostral d'un experiment compost es poden utilitzar algunes **tècniques de recompte** com **les taules de doble entrada**, també anomenades taules de contingència, i els **diagrames d'arbre**.

Exemple

- Per analitzar l'experiment "Llançar dos daus i sumar els punts obtinguts", podem utilitzar una taula de doble entrada.

+	⚀	⚁	⚂	⚃	⚄	⚅
⚀	2	3	4	5	6	7
⚁	3	4	5	6	7	8
⚂	4	5	6	7	8	9
⚃	5	6	7	8	9	10
⚄	6	7	8	9	10	11
⚅	7	8	9	10	11	12

L'espai mostral és: $E = \{2, 3, 4, 5, 6, 7, 8, 9, 10, 11, 12\}$

- En l'experiment "Llançar una moneda tres vegades" no es pot utilitzar una taula de doble entrada perquè hi ha més de dos experiments simples. En aquests casos es pot utilitzar un diagrama d'arbre.

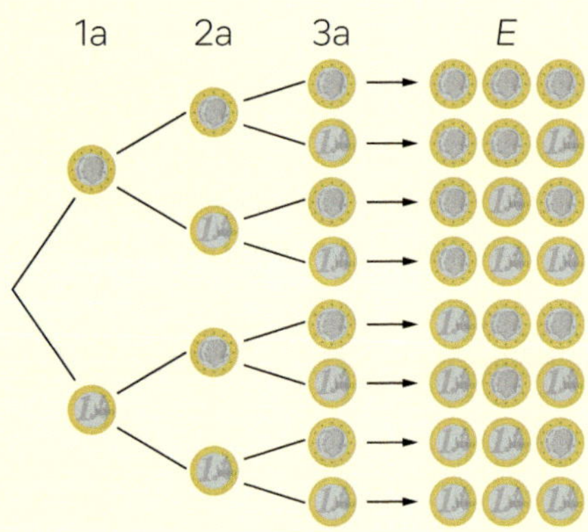

L'espai mostral és :
$E = \{(C, C, C), (C, C, X), (C, X, C), (C, X, X), (X, C, C), (X, C, X), (X, X, C), (X, X, X)\}$

5 Elabora una taula de doble entrada i escriu l'espai mostral per a l'experiment aleatori "Llançar dues monedes i anotar el nombre de creus".

6 Fes un diagrama d'arbre i escriu l'espai mostral per a l'experiment "Llançar tres vegades una moneda i anotar el nombre de cares".

7 Fes un diagrama en arbre i escriu l'espai mostral per a l'experiment "Llançar un dau de 4 cares dues vegades i escriure el nombre que obtens".

8 Escriu l'espai mostral dels experiments següents utilitzant una taula de doble entrada o un diagrama d'arbre.

a. "Triar a l'atzar una vocal i treure una bola d'una bossa que conté una bola vermella i una de blanca".

b. "Llançar una moneda i un dau cúbic".

2 Quins són els elements bàsics en l'estudi de l'atzar?

Successos

9 En un joc de taula a la Inés li ha tocat la targeta que està llegint.

Quins resultats permeten que la Inés pugi de nivell?

Un **succés** és qualsevol subconjunt de l'espai mostral.

- Cadascun dels resultats possibles s'anomena **succés elemental**.
- Un **succés compost** és el que està format per més d'un resultat.
- L'espai mostral, ***E***, també s'anomena **succés segur**.
- El **succés impossible** és el que no es realitza mai. Es representa amb el símbol ∅.

L'**espai de successos** d'un experiment aleatori està format per tots els successos d'aquest experiment. Si l'espai mostral està format per *n* elements, l'espai de successos estarà format per 2^n elements.

Exemple

Si es fa girar la ruleta, els successos de l'experiment són:

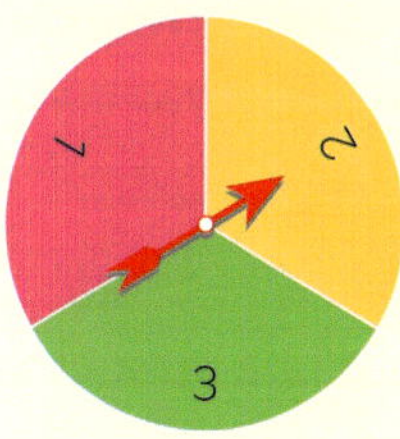

- Succés impossible: ∅
- Successos elementals: {1}, {2} i {3}
- Successos compostos: {1, 2}, {1, 3} i {2, 3}
- Succés segur: *E* = {1, 2, 3}
- Hi ha $2^3 = 8$ elements en l'espai de successos: {∅, {1}, {2}, {3}, {1, 2}, {1, 3}, {2, 3}, {1, 2, 3}}

10 **Indica i classifica tots els successos dels experiments aleatoris següents i escriu l'espai de successos.**

a. L'experiment "Llançar una moneda".

b. L'experiment "Llançar un dau tetraèdric".

11 **S'extreu sense mirar una bola de l'urna de la figura i se n'anota el color.**

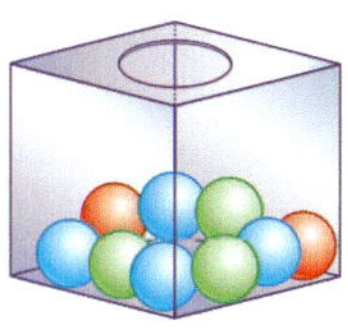

a. Escriu l'espai mostral.

b. Quants successos té el seu espai de successos? Escriu-los.

12 **Considerant l'experiment "Llançar successivament un dau cúbic i un dau octaèdric i anotar el nombre format", escriu un succés impossible i un succés segur.**

13 **S'escriuen a sis paperetes les lletres de la paraula BASKET, es pleguen i es fiquen en una bossa. S'extreu una papereta a l'atzar.**

a. Escriu els successos elementals.

b. Descriu el succés "treure vocal".

c. Descriu un succés impossible.

Operacions amb successos

La **unió de successos**, $A \cup B$, és el succés que es produeix quan es verifiquen A, B o tots dos. Està format per tots els elements de A i de B.

La intersecció de successos, $A \cap B$, és el succés que es produeix quan es verifiquen alhora els dos successos, A i B. Està format pels elements comuns de A i de B.

- Dos successos A i B són **compatibles** si $A \cap B \neq \varnothing$.
- Dos successos A i B són **incompatibles** si $A \cap B = \varnothing$.

El **succés contrari** o complementari d'un succés **A**, $\overline{A}$ o A^c, és el que es verifica quan no es compleix **A**. Està format pels elements de l'espai mostral que no són a **A**. Compleix:

- $A \cap \overline{A} = \varnothing$
- $A \cup \overline{A} = E$

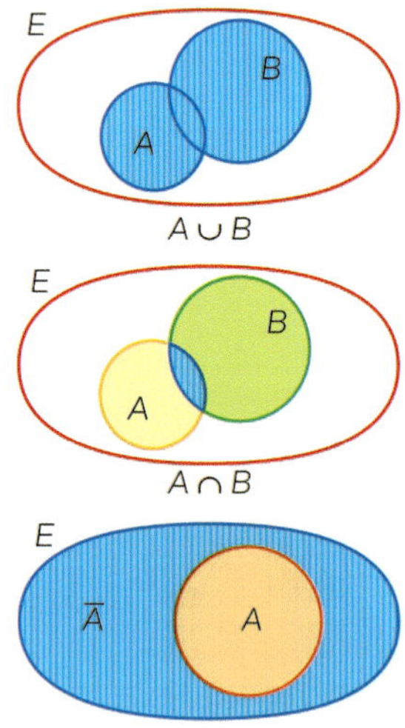

Exemple

En l'experiment que consisteix a llançar un dau cúbic es consideren els successos:

A = "sortir múltiple de 3" = {3, 6}

B = "sortir nombre parell" = {2, 4, 6}

C = "sortir múltiple de 3 o nombre parell" = {2, 3, 4, 6}

D = "sortir múltiple de 3 *i* nombre parell" = {6}

F = "sortir nombre senar" = {1, 3, 5}

- El succés C es produeix quan es verifica A, B o tots dos. Per tant, $C = A \cup B$.
- El succés D es produeix quan es verifiquen els successos A i B alhora. Per tant, $D = A \cap B$. Els successos A i B són compatibles, $A \cap B = \{6\}$.
- Els successos B i F no es poden verificar alhora, $B \cap F = \varnothing$. Són successos incompatibles.
- El succés F és el contrari de B. Si es produeix un no es produeix l'altre. Comprovem que es compleix $B \cap F = \varnothing$ i $B \cup F = E$.

14 **S'extreu una bola a l'atzar d'una urna amb 8 boles iguals numerades de l'1 al 8. Es consideren els successos $A = \{2, 4, 6, 8\}$ i $B = \{2, 3, 4\}$.**

a. Troba la unió i la intersecció de A i B.

b. Troba el succés contrari de A i el succés contrari de B.

15 ### Activitat resolta

En llançar un dau cúbic es consideren els successos A = "sortir un nombre parell", B = "sortir un nombre inferior a 3", C ="sortir 1, 2 o 5" *y* D = "sortir 2". Troba:

a. $A \cup C$ **c.** $\overline{B} \cap C$

b. $A \cap C$ **d.** $\overline{A \cup D}$

Primer determinem els successos: $A = \{2, 4, 6\}$, $B = \{1, 2\}$, $C = \{1, 2, 5\}$, $D = \{2\}$

a. $A \cup C = \{1, 2, 4, 5, 6\}$ **c.** $\overline{B} \cap C = \overline{\{1,2\}} \cap \{1,2,5\} = \{3,4,5,6\} \cap \{1,2,5\} = \{5\}$

b. $A \cap C = \{2\}$ **d.** $\overline{A \cup D} = \overline{\{2,4,6\} \cup \{2\}} = \overline{\{2,4,6\}} = \{1,3,5\}$

16 **Una bossa conté 10 boles numerades de l'1 al 10. Es consideren els successos $A = \{1, 3, 5, 7, 9\}$ i $B = \{4, 5, 6, 7\}$. Troba els successos:**

a. $A \cup B$ **c.** $A \cap B$ **e.** $\overline{A} \cap \overline{B}$ **g.** $\overline{A \cup B}$

b. $\overline{B}$ **d.** $\overline{A \cap B}$ **f.** $\overline{A} \cup B$ **h.** $\overline{A} \cup \overline{B}$

3 Com calculem la probabilitat d'un succés?

Probabilitat d'un succés. Regla de Laplace

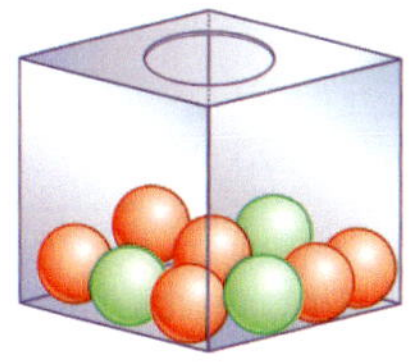

17 **S'extreu a l'atzar una bola de l'urna, se n'anota el color i es retira.**

a. És més probable que la primera bola surti vermella o verda? Per què?

b. Si has tret tres boles verdes, la següent serà vermella o verda?

La **probabilitat d'un succés** A, que es designa amb $P(A)$, és el nombre al qual s'aproxima la freqüència relativa de A en repetir l'experiment indefinidament.

- És un nombre comprès entre 0 i 1.
- La probabilitat del succés impossible és 0.
- La probabilitat del succés segur és 1.

Exemple

En llançar una moneda, el que és previsible és que aproximadament la meitat de les vegades surti cara i l'altra meitat, creu. Si es repeteix el llançament milers de vegades, la freqüència relativa corresponent a que surti cara s'anirà aproximant a 0,5: la probabilitat del succés "sortir cara" és del 50 %, és a dir $\frac{1}{2}$.

Un resultat diferent a "sortir cara" o "sortir creu" és el succés impossible. La seva freqüència relativa i, per tant, la seva probabilitat, serà 0.

El succés "sortir cara o creu" es produirà totes les vegades, és el succés segur, la seva freqüència relativa i, per tant, la seva probabilitat, serà 1.

Si en un experiment aleatori tots els successos tenen la mateixa probabilitat es diu que són **equiprobables**.

Si en un experiment aleatori els successos elementals són equiprobables, la probabilitat del succés A es pot calcular amb la **regla de Laplace**:

$$P(A) = \frac{\text{nre. de casos favorables}}{\text{nre. de casos possibles}}$$

18 Activitat resolta

En una rifa per ajudar una ONG se sorteja una tauleta. S'han venut 1 000 paperetes, de les quals l'Anna n'ha comprat 1, i en Bernat, 10. Calcula la probabilitat de guanyar que en té cadascú.

La probabilitat que surti cadascun dels nombres és la mateixa, són successos equiprobables, per la qual cosa podem aplicar la regla de Laplace. El nombre de casos possibles és 1 000, el nombre de casos favorables de l'Anna és 1 i el d'en Bernat és 10. Per tant:

- La probabilitat que guanyi l'Anna és: $P(A) = \frac{1}{1000} = 0{,}001$
- La probabilitat que guanyi en Bernat és: $P(B) = \frac{10}{1000} = \frac{1}{100} = 0{,}01$

19 **En una classe de 3r d'ESO hi ha 16 noies i 14 nois. Si s'escull una persona a l'atzar, troba les probabilitats que sigui una noia i que sigui un noi.**

Probabilitat del succés contrari

La probabilitat del **succés contrari** de A és $P(\bar{A}) = 1 - P(A)$.

20 Activitat resolta

En una caixa hi ha 24 bombons, dels quals 6 són d'ametlla. S'escull un bombó a l'atzar; calcula la probabilitat que sigui d'ametlla i que no ho sigui.

Si A = "treure un bombó d'ametlla", la seva probabilitat és: $P(A) = \frac{6}{24} = \frac{1}{4} = 0,25$

El succés "treure un bombó que no sigui d'ametlla" és el contrari de A. La seva probabilitat és: $P(\bar{A}) = 1 - 0,25 = 0,75$

21 En una caixa de caramels n'hi ha 10 de menta, 6 de maduixa i 5 d'anís. Si s'escull un caramel a l'atzar, troba la probabilitat que no sigui d'anís.

22 Segons la *International Diabetes Federation*, el 2021 a Espanya hi havia 5 141 300 persones amb diabetis. Si la població espanyola era de 46 745 210 habitants, calcula la probabilitat que un habitant escollit a l'atzar fos diabètic i la probabilitat que no ho fos.

Probabilitat de la unió de successos

La **probabilitat de la unió de successos** depèn de si són incompatibles o compatibles.

- Si A i B són successos incompatibles, és a dir $A \cap B = \varnothing$, es verifica que:

$$P(A \cup B) = P(A) + P(B)$$

- Si A i B són successos compatibles, és a dir $A \cap B \neq \varnothing$, es verifica que:

$$P(A \cup B) = P(A) + P(B) - P(A \cap B)$$

Com sabràs que has comprès aquestes fórmules?

Exemple

En l'experiment "extreure una carta d'una baralla espanyola de 40 cartes", es defineixen els successos: O = "treure un oros", C = "treure una copa" i R = "treure un rei".

- Els successos O i C són incompatibles. La probabilitat del succés "treure un oros o una copa" és: $P(O \cup C) = P(O) + P(C) = \frac{10}{40} + \frac{10}{40} = \frac{20}{40} = \frac{1}{2}$
- Els successos O i R són compatibles. La probabilitat del succés "treure un oros o un rei" és: $P(O \cup R) = P(O) + P(R) - P(O \cap R) = \frac{10}{40} + \frac{4}{40} - \frac{1}{40} = \frac{13}{40}$

23 En una enquesta duta a terme a 500 estudiants de secundària, 100 seguien una dieta saludable, 200 practicaven exercici físic amb regularitat, 50 complien totes dues condicions i la resta, cap d'elles. Si s'escull a l'atzar un estudiant, troba la probabilitat que segueixi una dieta saludable o practiqui exercici físic amb regularitat.

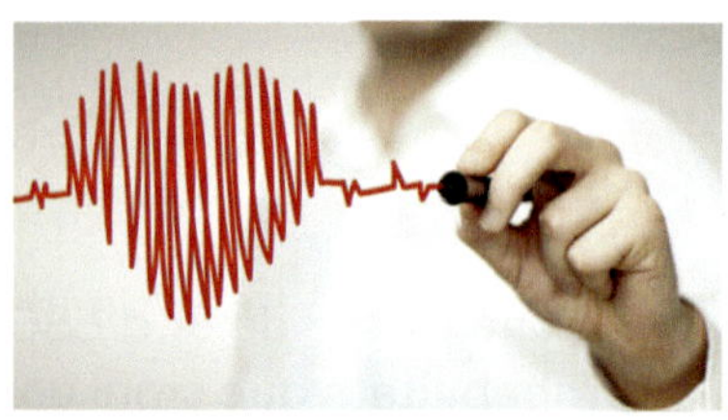

24 En una ciutat, el 10 % de la població té 65 anys o més, el 5 % de la població total pateix insuficiència cardíaca moderada i el 12 % de la població pertany almenys a un d'aquests dos grups. Si escollim un individu a l'atzar, calcula la probabilitat que tingui 65 anys o més i pateixi insuficiència cardíaca moderada.

4 I si l'experiment és compost?

Regla del producte.

25 Es llança un dau tetraèdric i una moneda. Quina és la probabilitat de treure un 4 al dau? I la de treure cara a la moneda? Com es calcularia la probabilitat de treure un 4 al dau i cara a la moneda?

La **regla del producte** indica que la probabilitat d'un succés en un experiment compost és el **producte de les probabilitats de les branques** del diagrama d'arbre que formen el succés.

Exemple

Es llança una moneda i un dau cúbic i es vol calcular la probabilitat de treure creu a la moneda i un 6 al dau.

Representem el diagrama d'arbre i escrivim les probabilitats a les branques que formen el succés. Hi ha 12 resultats possibles.

$E = \{(C, 1), (C, 2), (C, 3), (C, 4), (C, 5), (C, 6), (X, 1), (X, 2), (X, 3), (X, 4), (X, 5), (X, 6)\}$

Per al succés "treure creu a la moneda i un 6 al dau" hi ha un cas favorable: (X, 6). Utilitzant la regla de Laplace:

$$P(X, 6) = \frac{\text{nre. de casos favorables}}{\text{nre. de casos possibles}} = \frac{1}{12}$$

Observa que: $P(X, 6) = P(X) \cdot P(6) = \frac{1}{2} \cdot \frac{1}{6} = \frac{1}{12}$

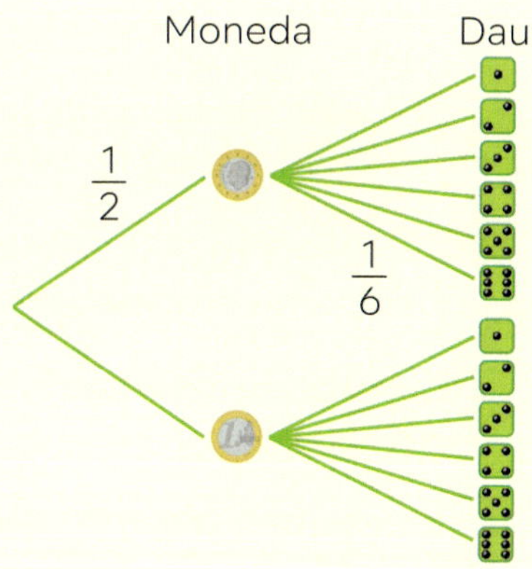

26 Es llança una moneda i un dau de 8 cares. Calcula la probabilitat del succés "treure cara a la moneda i un 7 al dau".

Successos dependents i independents

Dos successos són **dependents** quan la realització del segon està condicionada per la realització del primer. En cas contrari, són **independents**.

Exemple

En una urna hi ha 5 boles vermelles i 3 de blaves. Per calcular la probabilitat d'extreure 2 boles blaves definim els successos A_1 = "treure bola blava a la primera extracció" i A_2 = "treure bola blava a la segona extracció". Hi ha dues maneres de dur a terme l'experiment, sense reemplaçament de la primera bola extreta i amb reemplaçament.

- **Sense reemplaçament.** A_1 i A_2 són dependents.

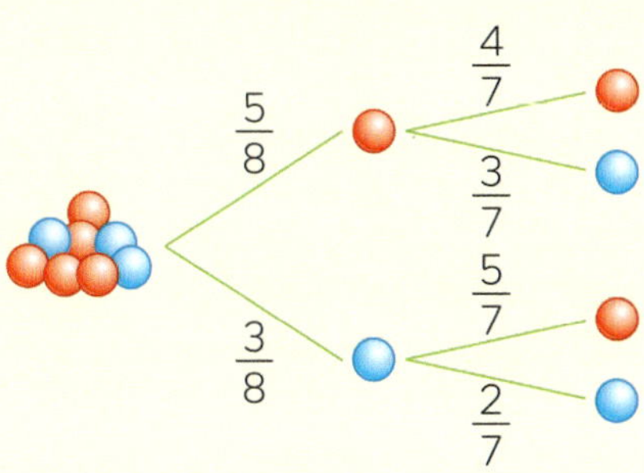

La probabilitat de treure dues boles blaves és:

$$P(A_1 \cap A_2) = \frac{3}{8} \cdot \frac{2}{7} = \frac{6}{56} = \frac{3}{28}$$

- **Amb reemplaçament.** A_1 i A_2 són independents.

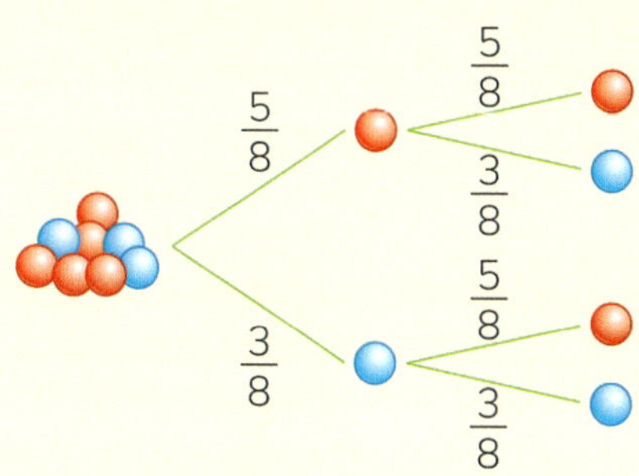

La probabilitat de treure dues boles blaves és:

$$P(A_1 \cap A_2) = \frac{3}{8} \cdot \frac{3}{8} = \frac{9}{64}$$

27 **ENS REPARTIM LES TASQUES.** S'extreuen successivament dues cartes d'una baralla espanyola de 40 cartes. Calculeu la probabilitat dels successos següents treballant per parelles. A l'apartat a, un de vosaltres ha d'explicar com s'ha de fer el diagrama d'arbre i calcular la probabilitat i l'altre ho ha d'escriure i, en l'apartat b, heu d'intercanviar els papers.

a. Treure dues copes tornant a la baralla la carta de la primera extracció.

b. Treure dues copes sense tornar a la baralla la carta de la primera extracció.

28 Es llancen dos daus cúbics amb les cares numerades de l'1 al 6. Troba la probabilitat d'obtenir parell al primer dau i múltiple de 3 al segon.

29 Una urna conté boles iguals numerades de l'1 al 5. S'extreuen dues boles a l'atzar. Calcula, tant amb reemplaçament com sense reemplaçament de la primera bola, la probabilitat que es produeixi cadascuna de les situacions següents:

a. Els dos nombres són parells.

b. La suma és més gran que 8.

30 MAT-TIC Practica el càlcul de probabilitats en extreure cartes sense reposició amb l'interactiu d'GeoGebra *Extracció de cartes d'una baralla.*

31 El tètanus és infreqüent a Espanya, però és mortal en el 70 % dels casos. Si tres persones contreuen el tètanus en el període d'un any, calcula la probabilitat que les tres sobrevisquin.

32 Activitat resolta

A la sala de pediatria d'un hospital, el 60 % dels pacients són nenes. El 20 % de les nenes i el 35 % dels nens tenen menys de 24 mesos. Un pediatre selecciona un pacient a l'atzar, quina és la probabilitat que tingui menys de 24 mesos?

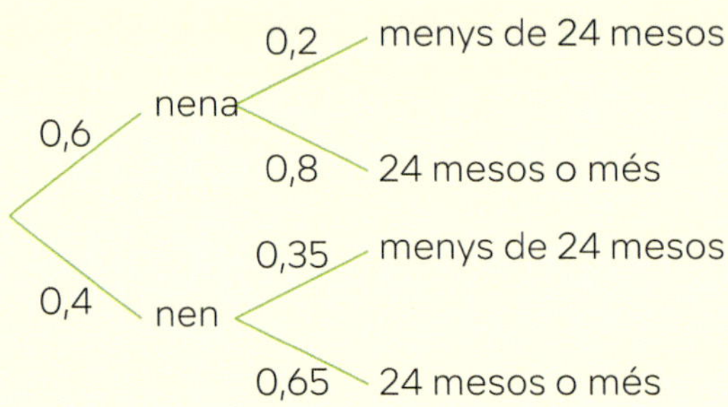

Fem un diagrama d'arbre, expressant els percentatges amb nombres decimals.

La probabilitat que sigui una nena amb menys de 24 mesos és:

$P(\text{nena} \cap \text{menys de 24 mesos}) = 0{,}6 \cdot 0{,}2 = 0{,}12$

La probabilitat que sigui un nen amb menys de 24 mesos és:

$P(\text{nen} \cap \text{menys de 24 mesos}) = 0{,}4 \cdot 0{,}35 = 0{,}14$

La probabilitat que tingui menys de 24 mesos, sent nen o nena és la suma de les dues probabilitats.

$P(\text{menys de 24 mesos}) = 0{,}12 + 0{,}14 = 0{,}26 = 26\ \%$

33 S'està avaluant l'eficàcia de dos tractaments per a una malaltia. El 60 % dels pacients que participen en l'estudi han rebut el tractament 1. El 70 % dels que han rebut el tractament 1 i el 60 % dels que han rebut el tractament 2 s'han curat.

Si es tria un pacient a l'atzar, calcula la probabilitat que s'hagi curat amb algun dels tractaments.

34 En una prova d'un concurs de televisió presenten una bossa que té 3 boles blanques i 2 de negres. D'aquesta bossa cal extreure successivament dues boles, sense tornar a introduir la primera. Tot seguit, apareixen dues opcions i cal triar-ne una. Si el que hem escollit coincideix amb el que ha passat, es guanya la prova. Quina opció és la millor?

A: Les boles són del mateix color.

B: Les boles són de color diferent.

5 Quantes maneres hi ha d'ordenar *n* elements?

Factorial d'un nombre

35 La Blanca, l'Àngela i la Natàlia són les tres finalistes d'un concurs de cuina. Completa el diagrama d'arbre següent que mostra les possibles classificacions.

Quantes classificacions diferents hi ha? Com es podria calcular el nombre esmentat sense fer el diagrama d'arbre?

El **factorial** d'un nombre natural *n* es representa per ***n*!** i és el nombre:

$$n! = n \cdot (n-1) \cdot (n-2) \cdot \ldots \cdot 3 \cdot 2 \cdot 1$$

Els factorials de 0 i 1 es defineixen $0! = 1! = 1$.

Exemple

- $5! = 5 \cdot 4 \cdot 3 \cdot 2 \cdot 1 = 120$
- $7! = 7 \cdot 6 \cdot 5 \cdot 4 \cdot 3 \cdot 2 \cdot 1 = 5040$

36 Calcula els factorials següents.

a. 6!   b. 8!   c. 12!

37 Resol els factorials següents utilitzant la funció factorial de la calculadora. Expressa els resultats en notació científica arrodonint la part decimal a les centèsimes.

a. 20!   b. 45!   c. 51!

Saps localitzar la funció factorial a la teva calculadora?

Permutacions

Les **permutacions de *n* elements** són les diferents maneres d'ordenar els *n* elements d'un conjunt. El nombre de permutacions es representa per P_n i és igual al factorial de *n*.

$$P_n = n!$$

Exemple

Vegem quantes paraules diferents, amb sentit o sense, es poden formar amb les lletres de la paraula LUNCH sense que se'n repeteixi cap.

Les paraules són les permutacions de 5 elements: $P_5 = 5! = 5 \cdot 4 \cdot 3 \cdot 2 \cdot 1 = 120$

Es poden formar 120 paraules diferents.

38 Quants grups de 6 lletres diferents es poden formar amb les lletres de la paraula SILVER?

39 Quants nombres diferents de 8 xifres es poden formar amb els dígits 1, 2, 3, 4, 5, 6, 7 i 8 sense que se'n repeteixi cap?

40 De quantes maneres es poden asseure 9 amics que van al cinema en una fila de 9 butaques?

6 I si no podem calcular la probabilitat de manera teòrica?

Probabilitat experimental

41 A la retransmissió d'un partit de futbol diuen que la probabilitat que un jugador marqui gol en llançar un penal és del 75 %. Com creus que s'ha obtingut aquesta dada?

La **probabilitat experimental** d'un succés és el nombre al qual s'aproxima la seva freqüència relativa quan es repeteix l'experiment moltes vegades.

Exemple

La taula mostra els resultats en llençar xinxetes i anotar quantes en cauen amb la punta cap amunt.

Nre. de xinxetes llançades	50	100	500	1000
Nre. de xinxetes que cauen amb la punta cap amunt	32	71	353	695

Calculem les freqüències relatives:

$$\frac{32}{50}=0,64 \quad \frac{71}{100}=0,71 \quad \frac{353}{500}=0,706 \quad \frac{695}{1000}=0,695$$

Veiem que, en augmentar el nombre de llançaments, les freqüències es van aproximant a 0,7. Per tant, $P(\text{punta enlaire}) = 0{,}7$.

42 Aquests són els resultats d'un cavall de curses. Quina és la probabilitat que el cavall guanyi una cursa?

Nre. de curses	50	120	750	1230
Nre. de curses guanyades	31	74	453	738

43 **Activitat resolta**

Calcula la probabilitat que un jugador de bàsquet encistelli un triple si en tota la temporada ha fet 40 cistelles de 64 llançaments.

Fem una estimació de la probabilitat basant-nos en les estadístiques del jugador:

$$P(A)=\frac{40}{64}=0,625=62,5\%$$

TALLER

Simulació d'experiments aleatoris amb calculadora

Per simular un sorteig entre 7 persones seguim aquests passos.

Pas 1

Prement SHIFT · = obtenim un nombre aleatori entre 0 i 1.

Pas 2

Per obtenir un nombre entre 1 i 7, multipliquem el nombre obtingut per 7, prenem la part entera i hi sumem 1. Per exemple, si obtenim 0,54: com que 0,54 · 7 = 3,78, la part entera del qual és 3, en sumar-n'hi 1 obtenim 4. La persona amb el nombre 4 s'emportaria el premi.

Pots enunciar algun aspecte que no haguessis sentit abans? Què t'ha semblat?

44 Simula amb la calculadora el llançament d'un dau.

EL NOSTRE REPTE

Matemàtiques davant la COVID-19

Calculeu probabilitats sobre les vacunes COVID-19

Pas 1

Organitzeu la informació

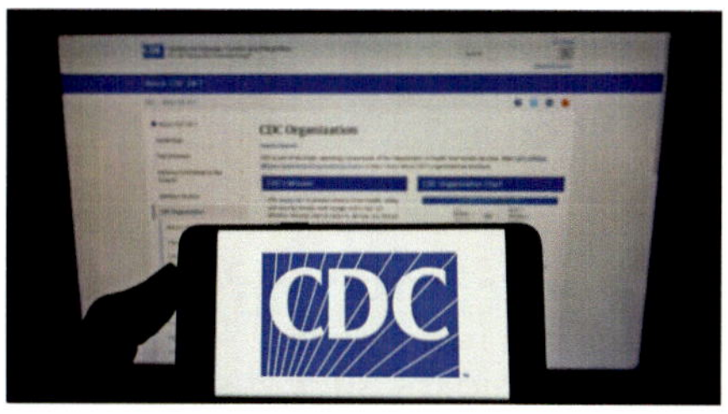

Un estudi estadístic del Centre per al Control i Prevenció de Malalties va analitzar una mostra de gairebé mig milió de persones a Oregon i Washington entre el juliol i el setembre del 2021, és a dir, just abans de la sisena onada, diferenciant-les entre persones vacunades i no vacunades (*Morbidity and Mortality Weekly Report. Centers for Disease Control and Prevention*). Aquestes són algunes de les dades:

- La infecció per coronavirus es va produir en 4146 de 137 616 persones no vacunades i en 3009 de 344 848 persones amb dues dosis de la vacuna.
- De les 4146 persones no vacunades infectades, 375 van haver de ser hospitalitzades i 767 van ser ingressades a urgències.
- De les 3009 persones vacunades que es van infectar, 117 van ser hospitalitzades i 244 ateses a urgències.

Organitzeu la informació mitjançant taules o diagrames que permetin accedir fàcilment a les dades.

Pas 2

Calculeu probabilitats

Calculeu les probabilitats següents per a persones vacunades i no vacunades i expresseu-les en forma de percentatge.

- Probabilitat de contreure la infecció.
- Probabilitat de requerir hospitalització en cas de contagi.
- Probabilitat de requerir ingressar a urgències en cas de contagi.

Pas 3

Apreneu-ne més i extraieu conclusions

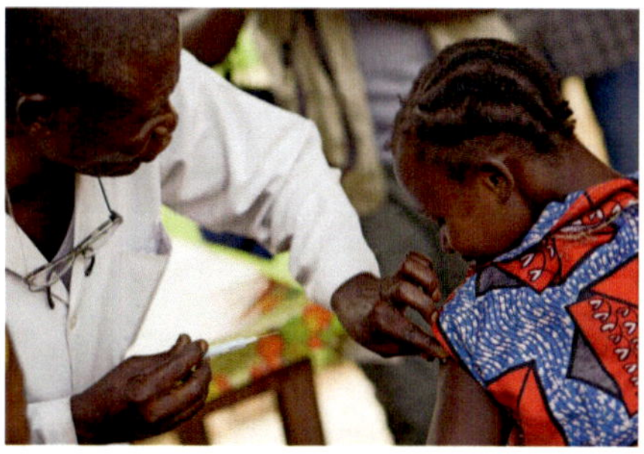

- Busqueu dades estadístiques posteriors que us permetin calcular més probabilitats.
- Quins arguments donen les persones que ofereixen resistència a vacunar-se?
- Investigueu sobre l'alliberament de les patents de les vacunes que es proposa des d'alguns organismes i sobre altres mesures que facilitin l'accés a les vacunes als països en vies de desenvolupament.

Enregistreu un vídeo on exposeu oralment les vostres conclusions. Presteu atenció a les fórmules de cortesia.

Com ha anat el repte? Entra i fes la teva valoració

EN RESUM

Espai mostral i successos

- L'**espai mostral** *E* és el conjunt format per tots els resultats possibles d'un experiment aleatori.
- Un **succés** és un subconjunt de l'espai mostral.
- Un **succés elemental** està format per un sol resultat.
- Un **succés compost** està format per més d'un resultat.
- El **succés segur** és el que sempre es realitza, coincideix amb l'espai mostral.
- El **succés impossible** és el que no es realitza mai. Es representa amb el símbol $\varnothing$.

Operacions amb successos

Unió de successos

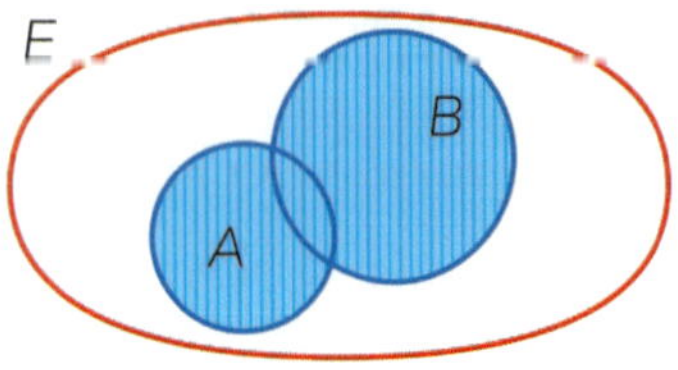

$A \cup B$

Intersecció de successos

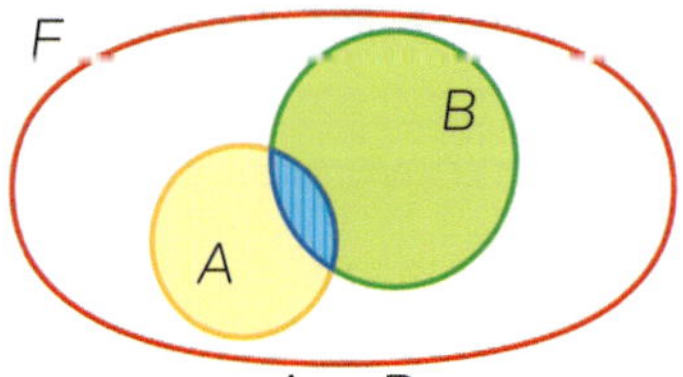

$A \cap B$

Succés contrari

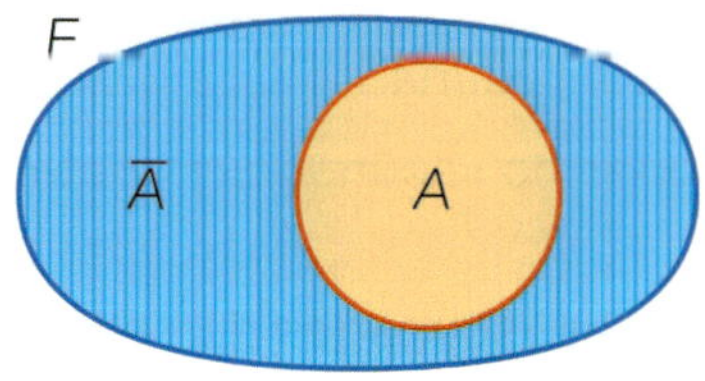

Probabilitat

- La probabilitat d'un succés *A*, que es designa amb **$P(A)$**, és el nombre al qual s'aproxima la freqüència relativa de *A* en repetir l'experiment indefinidament.
- Compleix les propietats següents:

$0 \leq P(A) \leq 1$ $\qquad P(E) = 1$ $\qquad P(\varnothing) = 0$ $\qquad P(\bar{A}) = 1 - P(A)$

- Si els successos elementals són equiprobables, la probabilitat d'un succés *A* es calcula amb la **regla de Laplace**:

$$P(A) = \frac{\text{nre. de casos favorables}}{\text{nre. de casos possibles}}$$

- La **probabilitat de la unió de successos**:
  - Si els successos són incompatibles, $A \cap B = \varnothing$, compleix:

$$P(A \cup B) = P(A) + P(B)$$

  - Si els successos són compatibles, $A \cap B \neq \varnothing$, compleix:

$$P(A \cup B) = P(A) + P(B) - P(A \cap B)$$

Experiments compostos

- Dos successos són **dependents** quan la realització del segon està condicionada per la realització del primer. En cas contrari, són **independents**.
- **Regla del producte**: la probabilitat d'un succés en un experiment compost és el producte de les probabilitats de les branques del diagrama d'arbre que formen el succés.

PRACTIQUEM

Activitats

1 **Aprenc a pensar.** Organitza en un mapa mental els conceptes que has après.

2 Indica quin tipus d'experiments són els següents.

a. Apuntar l'hora de la sortida del sol un dia determinat a la teva ciutat.

b. Pronosticar quin equip guanyarà una competició esportiva.

c. Triar porteria llançant una moneda enlaire a l'inici del partit.

3 Troba l'espai mostral de l'experiment de llançar un dau dels tipus següents:

a. Dau tetraèdric

b. Dau dodecaèdric

c. Dau octaèdric

d. Dau icosaèdric

4 Descriu, per a un dau icosaèdric, els successos següents.

a. "Sortir un múltiple de 3".

b. "Sortir un nombre primer".

c. "Sortir múltiple de 3 i parell".

d. "Sortir múltiple de 3 o parell".

e. "Sortir un nombre més gran que 7"

5 Quants resultats diferents es poden obtenir en llançar tres daus tetraèdrics?

6 S'han llançat a l'atzar n monedes. Sabent que l'espai mostral té 32 elements diferents. Quantes monedes s'han llançat?

7 S'extreuen dues cartes d'una baralla i es mira de quin coll són. Quin és el succés contrari del succés A = "sortir dues cartes d'oros"?

A. Una és d'oros.

B. Cap no és d'oros.

C. Almenys una no és d'oros.

D. Totes dues són copes.

8 Es llança un dau cúbic i es consideren els successos $A = \{1, 3, 5\}$, $B = \{3, 4, 5\}$ i $C = \{5, 6\}$.

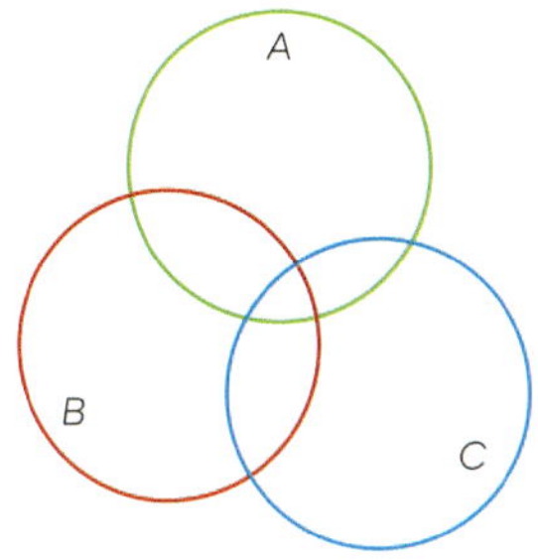

a. Col·loca els nombres a les regions corresponents dels diagrames de Venn.

b. Troba $A \cup B$, $A \cup C$, $B \cup C$ i $A \cup B \cup C$.

c. Troba $A \cap B$, $A \cap C$, $B \cap C$ i $A \cap B \cap C$.

9 En triar a l'atzar un nombre de l'1 al 12 es consideren els successos A = "sortir nombre primer", B = "sortir nombre parell" i C = "sortir més gran que 7". Fes les operacions següents.

a. $A \cap B$

b. $B \cup C$

c. $A \cap C$

d. $\overline{A \cap B}$

e. $\bar{A} \cap \bar{B}$

f. $\bar{A} \cup \bar{C}$

10 Es treu una bola de la bossa de la figura.

Calcula la probabilitat que la bola:

a. Sigui verda.

b. Sigui verda o blava.

c. No sigui vermella.

d. Sigui negra o no sigui blava.

e. Sigui verda, vermella o blava.

11 Es consideren 10 bitllets de loteria numerats de l'1 al 10. S'extreu un bitllet a l'atzar. Calcula la probabilitat que el seu nombre:

a. Sigui parell.

b. Sigui més gran que 7.

c. Sigui múltiple de 3 o més petit que 7.

d. Sigui múltiple de 3 i més petit que 7.

12 Calcula la probabilitat que en girar la ruleta la fletxa s'aturi al color indicat.

a. Al color vermell.
b. Al color blau.
c. Al vermell o al blau.
d. En un color que no sigui vermell.

13 Una urna conté 5 boles morades, 3 de verdes i 2 de grogues. S'extreu una bola a l'atzar. Troba la probabilitat que:
a. Sigui morada.
b. Sigui morada o verda.
c. No sigui morada.
d. No sigui ni verda ni groga.

14 En una bossa hi ha 3 boles verdes i 5 de vermelles. Quantes boles blaves cal ficar a la bossa perquè la probabilitat d'obtenir una bola blava sigui $\frac{1}{5}$?

15 En un determinat experiment es coneixen les probabilitats dels successos següents:
$P(A) = 0{,}55 \quad P(B) = 0{,}45 \quad P(A \cup B) = 0{,}90$
a. Són incompatibles els successos A i B?
b. Calcula la probabilitat de $A \cap B$.

16 Es llancen dos daus i se n'anota la suma.
a. Fes una taula de doble entrada que reculli els resultats.
b. Troba la probabilitat que la suma sigui més petita que 6.
c. Troba la probabilitat que la suma sigui 9.

17 Es llança una moneda i un dau tetraèdric amb les cares numerades de l'1 al 4.
a. Fes un diagrama d'arbre de l'experiment i escriu l'espai mostral.
b. Calcula la probabilitat que surti cara a la moneda i nombre parell al dau.
c. Calcula la probabilitat que surti creu a la moneda i quadrat perfecte al dau.

18 En una bossa, hi ha 5 boles vermelles i 4 de blaves. Es treuen dues boles. Calcula la probabilitat dels successos R = "extreure dues boles vermelles" i C = "extreure dues boles del mateix color", si:
a. Es reemplaça la primera bola extreta.
b. No es reemplaça la primera bola extreta.

19 S'extreuen dues cartes d'una baralla espanyola. Calcula la probabilitat de treure dos reis si:
a. Es torna a la pila la primera carta.
b. No es torna a la pila la primera carta.

20 Es fan dos munts amb les 52 cartes d'una baralla de pòquer. D'una banda, es posen les vermelles (diamants i cors) i, de l'altra, les negres (piques i trèvols). Es treu una carta de cada pila. Troba la probabilitat de:
a. Treure dos cincs.
b. Treure el cinc de cors i un cinc negre.
c. Treure el cinc de cors i el cinc de trèvols.
d. No treure cap cinc.

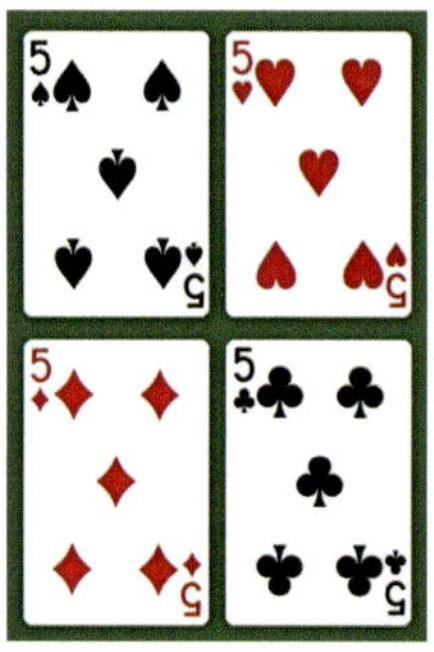

21 De quantes maneres es poden col·locar 10 llibres en una prestatgeria?

22 **Activitat resolta**

Simplifica i resol l'operació $\frac{7!}{4!}$.

Desenvolupem el factorial del numerador fins a arribar al del denominador i simplifiquem.

$$\frac{7!}{4!} = \frac{7 \cdot 6 \cdot 5 \cdot \cancel{4!}}{\cancel{4!}} = 7 \cdot 6 \cdot 5 = 210$$

23 Simplifica i calcula.

a. $\frac{15!}{9!}$ b. $\frac{101!}{99!}$ c. $\frac{2002!}{1999!}$

Problemes

24 Es posen en una pila les tres figures de bastos d'una baralla espanyola, es remenen i se'n treu una rere l'altra sense reemplaçament. Calcula la probabilitat que:

a. L'ordre d'aparició sigui rei, cavall i sota.

b. La sota surti abans que el rei.

25 La taxa d'atur d'un país és del 26 %. Entre els aturats, un 38 % són de llarga durada, és a dir, fa més de dos anys que són a l'atur. Es tria a l'atzar una persona en edat de treballar. Calcula la probabilitat que sigui un aturat de llarga durada.

26 Els bitllets de la loteria nacional són nombres de cinc xifres. A cada sorteig hi ha la grossa i alguns de quantia més petita.

a. Quants elements formen el succés "acabar en 5"?

b. Els bitllets que tenen les tres últimes xifres iguals que la grossa tenen premi. Quants en són?

c. Et deixen triar entre el bitllet 11 111 i el 14 804. Quin escolliries?

27 Un equip de futbol ven samarretes de les seves jugadores numerades de l'1 al 25. Se'n poden comprar de blanques o de blaves. La samarreta 1 és sempre blanca; la 2 és blava; la 3, blanca, i així successivament.

S'escull una samarreta a l'atzar d'un munt que conté samarretes dels 25 tipus. Calcula la probabilitat que sigui:

a. Blanca o múltiple de 6.

b. Blava o múltiple de 5.

28 El dòmino és un joc en el qual la cara superior de cada fitxa està dividida en dos quadrats, cadascun dels quals porta marcats de 0 a 6 punts.

a. Quina és la probabilitat que, triant una fitxa a l'atzar, la suma dels seus punts sigui 12?

b. I que sigui 5?

c. I que no aparegui el 6 en un dels dos quadrats?

29 Dues famílies reserven dues habitacions en un mateix hotel per passar uns dies de vacances. L'hotel té 60 habitacions repartides en 4 pisos. Les habitacions s'assignen a l'atzar. Calcula la probabilitat que les dues habitacions siguin al mateix pis.

30 **Aprenc a pensar.** Fes una previsió basada en evidències del jugador que guanyarà. Es tracta d'un joc per a dos jugadors, en què cadascun disposa de 3 fitxes. Una té una cara verda i l'altra vermella; una altra té una cara verda i l'altra blava, i la tercera, una cara vermella i l'altra blava. Es llancen les 3 fitxes alhora. Guanya el jugador 1 si coincideixen els colors de dues de les fitxes i el jugador 2 si els tres colors són diferents.

a. Quin jugador creus que guanyarà?

b. Juga amb un company i comprova la teva previsió.

31 En un supermercat queden 4 amanides de la marca *A*, de les quals 2 estan a punt de caducar, i 6 de la marca *B*, de les quals 4 estan a punt de caducar. S'escull a l'atzar una amanida, calcula la probabilitat que:

a. Sigui de la marca *A*.

b. Estigui a punt de caducar.

c. Estigui a punt de caducar i sigui de la marca *A*.

d. Sigui de la marca *B* i no estigui a punt de caducar.

e. Estigui a punt de caducar i sigui de marca *B*.

32 Una caixa conté 120 bombetes LED iguals, de les quals 5 són defectuoses. En un control de qualitat es recullen 3 bombetes a l'atzar. Quina és la probabilitat que almenys una sigui defectuosa?

33 L'empresa *Electrix* fabrica dos tipus d'aparells electrònics: lectors de vídeo i lectors d'àudio. Al final del dia els proven i envien a reparar els defectuosos.

La taula següent indica la producció i els percentatges mitjans de lectors defectuosos per dia.

Tipus de lector	Lectors fabricats	Lectors defectuosos
Vídeo	2000	5 %
Àudio	6000	3 %

Indica si les afirmacions següents són certes o no i explica el perquè.

a. Si triem a l'atzar un lector d'àudio, la probabilitat que calgui reparar-lo és de 0,03.

b. Si triem a l'atzar un dels lectors defectuosos, és més probable que sigui un lector de vídeo.

c. La probabilitat que un lector escollit a l'atzar sigui defectuós és 0,04.

34 El punt blau representa un lladre que es vol escapar d'un laberint. A cada bifurcació de camins en tria un a l'atzar. El recinte *A* és una masmorra sense sortida, mentre que el *B* té una porta cap a la llibertat.

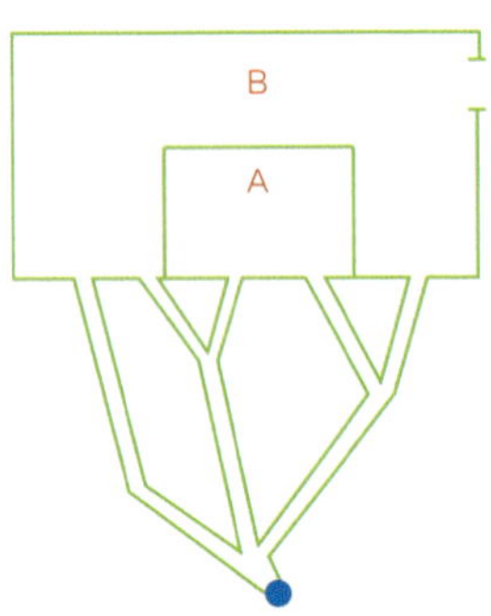

Utilitza un diagrama d'arbre per calcular:

a. La probabilitat que el lladre acabi a la masmorra.

b. La probabilitat que s'aconsegueixi escapar.

35 En una classe, el 76 % dels alumnes ha aprovat Matemàtiques i el 54 % ha suspès Llengua. Han aprovat les dues assignatures el 40 %. Es tria un alumne a l'atzar. Calcula la probabilitat que:

a. Hagi aprovat només Llengua.

b. Hagi aprovat només Matemàtiques.

c. Hagi suspès totes dues assignatures.

d. Hagi aprovat almenys una de les dues assignatures.

36 Un bombo té 3 boles numerades de l'1 al 3 i un segon bombo té 5 boles numerades de l'1 al 5. Es treu una bola del primer bombo i, a continuació, una bola del segon. Calcula la probabilitat que surti:

a. El nombre 34.

b. Un nombre més gran que 15.

c. Un nombre més petit que 30.

d. Un nombre més gran o igual que 25.

37 L'Òscar observa un ratolí que va a la cerca d'un formatge pel circuit de la figura. Quan el ratolí arriba a una cruïlla de camins, en tria un a l'atzar. Per exemple, quan arriba a la primera cruïlla, tria a l'atzar entre els camins *A*, *B* i *C*.

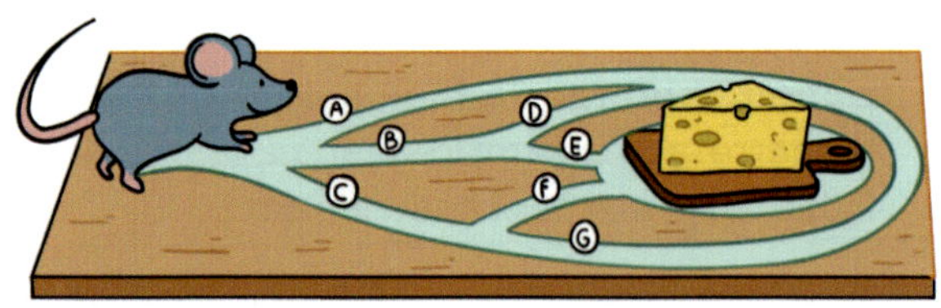

L'Òscar pensa que, com que hi ha 5 arribades i 2 afavoreixen el ratolí, la probabilitat que aquest animal obtingui el formatge és de $\frac{2}{5}$. Creus que té raó?

38 A dos supermercats, d'un total de 100 bosses de fruita seca, 3 porten premi.

a. L'Andrea compra cinc bosses en un dels supermercats. Quina és la probabilitat que obtingui algun premi?

b. La seva amiga Isabel compra tres bosses a l'altre supermercat. Quina és la probabilitat que obtingui els 3 premis?

39 Quina és la probabilitat que un any de traspàs, seleccionat a l'atzar, contingui 53 diumenges?

40 S'ha emès un documental sobre terratrèmols i la freqüència amb què passen.

Una geòloga afirma: "Els propers 20 anys hi ha dues possibilitats de tres que hi hagi un terratrèmol a la ciutat de Zed." Indica quina opció reflecteix millor el significat de l'afirmació de la geòloga.

A. $\frac{2}{3} \cdot 20 = 13{,}3$, així que entre 13 i 14 anys a partir d'ara hi haurà un terratrèmol a la ciutat de Zed.

B. $\frac{2}{3}$ és més que $\frac{1}{2}$, per la qual cosa es pot estar segur que a la ciutat de Zed hi haurà un terratrèmol els propers 20 anys.

C. La probabilitat que hi hagi un terratrèmol a la ciutat de Zed els propers 20 anys és més gran que la probabilitat que no n'hi hagi cap.

41 Al llibre llegim un raonament atribuït a Francis Galton (1822-1911), un dels pares de l'estadística. Aquest raonament té una errada. Quina és? Troba la probabilitat mitjançant un diagrama d'arbre.

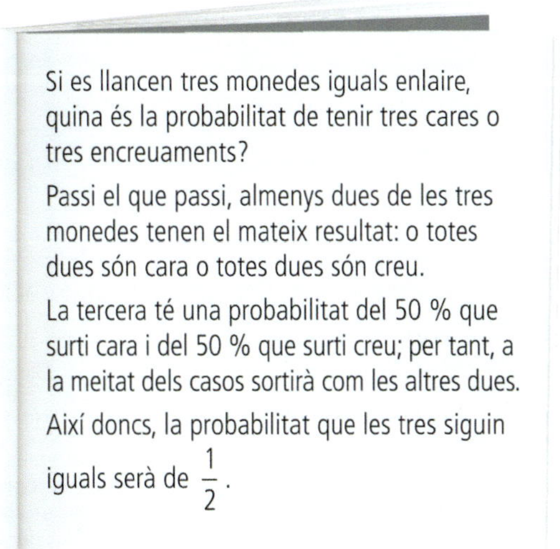
Si es llancen tres monedes iguals enlaire, quina és la probabilitat de tenir tres cares o tres encreuaments?

Passi el que passi, almenys dues de les tres monedes tenen el mateix resultat: o totes dues són cara o totes dues són creu.

La tercera té una probabilitat del 50 % que surti cara i del 50 % que surti creu; per tant, a la meitat dels casos sortirà com les altres dues.

Així doncs, la probabilitat que les tres siguin iguals serà de $\frac{1}{2}$.

Comprova el que has après

1 A l'experiment de llançar un dau cúbic es consideren els successos A = "treure més petit o igual que 5" i B = "treure nombre primer".

a. Descriu l'espai mostral i els successos A i B.

b. Troba la unió i la intersecció de A i B.

c. Troba el succés contrari de A.

2 Els daus per omplir travesses són daus cúbics en què tres cares estan marcades amb un 1 (victòria de l'equip local); dos, amb una X (empat), i una, amb un 2 (victòria de l'equip visitant). Calcula la probabilitat que:

a. Surti un empat.

b. No guanyi l'equip local.

c. No guanyi l'equip visitant.

3 Es llança un dau cúbic. Calcula la probabilitat d'obtenir:

a. 6.

b. Més que 4.

c. Menys que 7.

d. 2 o 3.

4 La Laura ha de triar amb els ulls embenats 2 dels seus regals d'aniversari. Hi ha 3 regals embolicats amb paper blau, 2 amb paper rosa i 1 amb paper verd. Calcula la probabilitat que triï dos regals que:

a. Estiguin tots dos embolicats amb paper verd.

b. No estiguin embolicats amb paper verd.

c. Estiguin embolicats en dos colors diferents.

5 Una jugadora de bàsquet ha anotat 78 dels 90 trets triples que ha llançat els últims partits.

a. Calcula la probabilitat que encistelli 4 llançaments seguits en un partit.

b. Troba la probabilitat que falli 2 llançaments seguits.

6 A la fila d'un cinema s'asseuran 6 persones. Si la sessió és sense numerar, de quantes maneres diferents es poden col·locar?

7 Calcula la probabilitat d'extreure dos oros d'una baralla espanyola, amb devolució i sense devolució de la primera carta extreta.

Les meves competències | Autoavaluació

El llibre de **Matemàtiques** de **3r d'ESO** forma part del Projecte Editorial d'Educació Secundària d'SM Cruïlla.

Autoria
Fernando Alcaide, Joaquín Hernández, María Moreno, Esteban Serrano, Antonio Pérez
– Proyecto MAT-TIC con GeoGebra: Antonio Pérez, José Luis Álvarez, José Manuel Arranz, Rafael Losada, José Antonio Mora, Manuel Sada

Edició
Inés Aira, Julio Linaje, Maite Cantoral, I més Serveis Editorials

Correcció
Incyta Multilanguage, SL

Il·lustració
Juan Antonio Rocafort Huerta; Miguel Echeverría Valero; Shutterstock; 123RF; Sergio Cuesta; Edwin Andrés Diaz Pinzón; OTHER LANDS (cubierta)

Fotografia
María Tejero Farias, Sergio Cuesta, Fidel Puerta; Instituto Geográfico Nacional, Microsoft Excel®, NASA, Quantum Fracture / Archivo SM; Thinkstock; Dreamstime; 123RF; Shutterstock; iStock; Age Fotostock; ARCHIVO SM;
"Calculator" (https://skfb.ly/6GDGt) by Powerbyte7, "5G Antenna" (https://skfb.ly/o7qr7) by DINOX86 tienen una licencia Creative Commons Attribution (http://creativecommons.org/licenses/by/4.0/)

Iconografia
María Tejero, Verónica Matilla / Fidel Puerta

Disseny de cobertes i interiors
Estudi SM

Maquetació
Noemí Expósito, Go Books! Editorial

Responsable de Desenvolupament
Arturo García, Anna Rogero

Responsable de Producte
Eva Béjar

Gerència de Desenvolupament
Aránzazu Tauroni

Gerència d'Art
Mario Dequel

Gerència de Producte
Charo Zazo

Gerència de Producció
Antonio de Pedro

Direcció editorial
Jorge Lite

Totes les activitats contingudes en aquest llibre han de realitzar-se en un quadern a part, mai al propi llibre. Els espais inclosos són merament indicatius i la seva finalitat és purament didàctica.

Gestió de les adreces electròniques
A causa de la naturalesa dinàmica d'internet, SM Cruïlla no es pot responsabilitzar dels canvis o les modificacions a les adreces i els continguts dels llocs web als quals es remet en aquest llibre. Amb l'objectiu de garantir l'adequació dels continguts de les adreces electròniques d'aquesta publicació, SM Cruïlla empra un sistema de gestió que redirigeix els URL, que hi apareixen amb finalitats educatives, cap a diverses pàgines web. SM Cruïlla declina qualsevol responsabilitat pels continguts o la informació que aquestes pàgines puguin contenir, sense perjudici d'adoptar d'una manera immediata les mesures que siguin necessàries per evitar l'accés des dels URL d'aquesta publicació a les pàgines web esmentades, en cas que hi hagi constància que puguin incloure continguts il·lícits o inadequats. Tot i aquest sistema de control, és recomanable que el professorat comprovi amb anticipació les adreces relacionades i que comuniqui a l'editorial qualsevol incidència a través del correu electrònic contacte@cruilla.cat.

ISBN: 978-84-6615-164-1
Imprès a la UE / *Printed in EU*

Aquest llibre és 100% reciclable. Està fabricat per empreses certificades seguint criteris de sostenibilitat per cuidar del planeta.

Hem eliminat el plàstic de la coberta i fem servir paper procedent de boscos gestionats de manera sostenible. Amb l'ús d'aquest llibre contribuïm a plantar arbres i a reduir el CO_2 de l'atmosfera.